高等学校遥感信息工程实践与创新系列教材

地理信息系统实习（基础篇）

——GeoScene Pro

艾明耀　赵鹏程　苏俊英　张聆　秦昆　编著

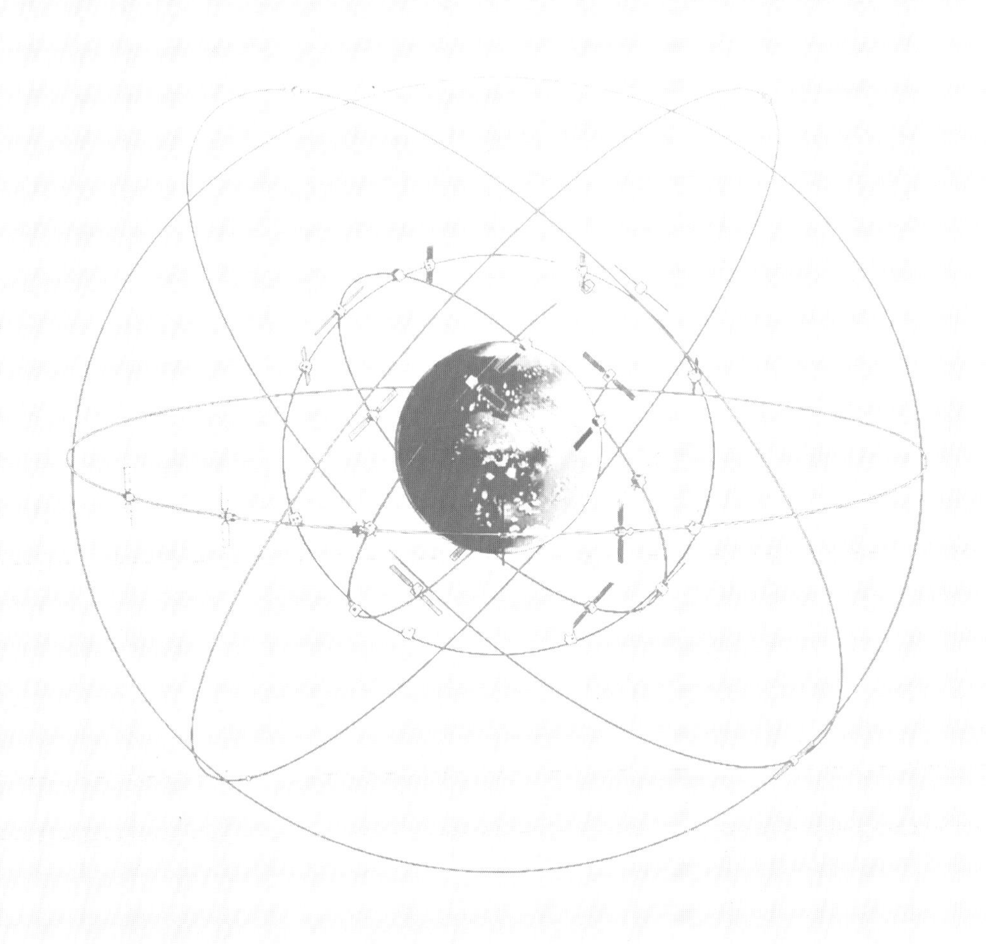

序

实践教学是理论与专业技能学习的重要环节，是开展理论和技术创新的源泉。实践与创新教学是践行“创造、创新、创业”教育的新理念，是实现“厚基础、宽口径、高素质、创新型”复合人才培养目标的关键。武汉大学遥感科学与技术类专业（遥感信息、摄影测量、地理信息工程、遥感仪器、地理国情监测、空间信息与数字技术）的人才培养一贯重视实践与创新教学环节，“以培养学生的创新意识为主，以提高学生的动手能力为本”，构建了反映现代遥感学科特点的“分阶段、多层次、广关联、全方位”的实践与创新教学课程体系，以夯实学生的实践技能。

从“卓越工程师教育培养计划”到“国家级实验教学示范中心”建设，武汉大学遥感信息工程学院十分重视学生的实验教学和创新训练环节，形成一整套针对遥感科学与技术类不同专业方向的实践和创新教学体系、教学方法和实验室管理模式，对国内高等院校遥感科学与技术类专业的实验教学起到了引领和示范作用。

在系统梳理武汉大学遥感科学与技术类专业多年实践与创新教学体系和方法的基础上，整合相关学科课间实习、集中实习和大学生创新实践训练资源，出版遥感信息工程实践与创新系列教材，服务于武汉大学遥感科学与技术类专业在校本科生、研究生实践教学和创新训练，也可为其他高校相关专业学生的实践与创新教学以及遥感行业相关单位和机构的人才技能实训提供实践教材资料。

攀登科学的高峰需要我们沉下心去动手实践，科学研究需要像“工匠”般细致入微地进行实验，希望由我们组织的一批具有丰富实践与创新教学经验的教师编写的实践与创新教材，能够在培养遥感科学与技术领域拔尖创新人才和专门人才方面发挥积极作用。

2017年3月

前　言

应对当前数字化、网络化、智能化融合发展，以及高分辨率卫星影像和人工智能、大数据及自动驾驶技术发展的态势，国家自然资源部进一步明确了测绘地理信息转型升级的理念和思路，提出了实景三维中国建设地理信息公共服务平台、地理信息产业发展等多方面至 2025 年、2030 年的发展目标。地理信息系统是地理空间信息采集、处理、分析和服务的系统，在测绘地理信息领域具有基础性、关键性的作用。因此，面向测绘地理信息人才培养，地理信息系统具有不可或缺的关键作用。

本书针对“地理信息系统基础”理论课程的实践学习需求，所写内容由浅入深，每章的实例前后关联，技术操作逻辑清晰，结合国产地理信息系统平台软件 GeoScene Pro 的使用，重点关注坐标系、地理空间数据获取、数据类型、编辑、转换、可视化、空间分析等课程内容。本书首先简要介绍 GeoScene Pro 软件，引入软件术语，描述 GeoScene Pro 支持的数据类型并设计数据浏览练习。以出租车数据实例让读者熟悉空间数据查询，引起他们学习空间分析的兴趣。再采取理论介绍、软件主要功能概述和实例操作的写作思路，方便读者尽快掌握空间参考与坐标变换、数据编辑与处理、数据组织管理、可视化与制图、空间分析等内容，并超脱实例的限制。将数据编辑、数据转换的成果作为数据组织管理的结果，再进行制图，让读者在数据流转的过程中收获成果、体验学习的乐趣。进一步设计多个实例来练习矢量、栅格、网络、三维空间分析，了解模型构建器和 Python 工具并掌握空间分析，引入时空分析开展综合训练。最后设计了一套融合地理信息系统技术流程的测试方案，来检验学习效果。

本书以 GeoScene Pro 为工具，以地理信息数据为主线，培养读者掌握地理信息获取、处理、分析和可视化的能力。在内容具体组织上，结合当前遥感地理信息技术的发展现状，兼顾先进性和适用性，不仅详细介绍了利用软件解决实际案例的具体步骤，又简要叙述了软件相关功能范畴，为读者自主探索软件功能、解决实际问题提供了思路。教材适用于地理信息系统的初学者。本书的配套数据同时发布在武汉大学遥感信息工程学院网站（http：//rsgislab. whu. edu. cn/rsgislab/list/750. html）和武汉大学出版社数字资源中心（读者可扫描封底“数字资源”二维码下载）。

本书在编写过程中得到了武汉大学胡庆武、王玥、卞萌、张丰、孙朝辉、徐宏平、刘敏等老师的指导、支持和帮助。易智瑞信息技术有限公司的同事给予了大量帮助，包括实例设计、内容完善、书稿校审等。感谢武汉大学遥感科学与技术专业 2021 级、2022 级同学对书稿的试用与建议。

限于编者水平，书中难免有不妥或不足之处，敬请读者批评指正。

编者

2024 年 7 月 25 日于武汉

目　录

第 1 章　GeoScene Pro 软件基础操作

1.1　GeoScene Pro 软件简介

GeoScene Pro 是新一代国产地理空间云平台的专业级桌面软件，在消化、吸收国际先进技术的基础上，拥有地理信息系统(Geographic Information System，GIS)数据编辑与管理、数据治理、高级分析、高级制图与可视化、人工智能、知识图谱、影像处理及二三维融合等核心能力，提供多达上千种功能强大的地理处理工具，可无缝对接 GeoScene 地理信息云平台，方便调用云端资料，快捷发布数据与服务。

GeoScene Pro 是为新一代 WebGIS 平台而全新打造的一款具有高效、强大生产力的高级桌面应用程序，可以对来自本地、GeoScene Online 或者 Portal for GeoScene 的数据进行可视化、编辑、分析，可以同时在 2D 和 3D 中制作内容，并发布为要素服务、地图服务、分析服务和 3D Web 场景等。

GeoScene Pro 软件采用极简的 Ribbon 界面风格，将与当前任务相关的功能按钮平铺在菜单面板中，一目了然，降低了软件使用难度。GeoScene Pro 允许打开多个地图窗口和多个布局视图，可方便、快速地在任务间进行切换。GeoScene Pro 软件采取工程文件的方式来管理地图文档、工具箱、数据库、布局视图、符号库、文件夹等，也可以从本地或 GeoScene Online 和 Portal for GeoScene 中获取资源。GeoScene Pro 是原生 64 位应用，支持多线程处理，极大地提高了软件性能，支持二三维一体的数据可视化、管理、分析和发布。

1.1.1　GeoScene Pro 软件安装与授权

GeoScene Pro 软件下载后，安装简单，按默认步骤即可顺利安装。GeoScene Pro 软件的不同版本对计算机硬软件要求有所不同，相应版本要求可以直接查看软件帮助。以 GeoScene Pro 3.1 为例，为确保软件正常安装及授权，需注意以下两点：

(1)确认电脑软硬件配置符合软件要求。

易智瑞信息技术有限公司推荐使用以下 64 位操作系统：Windows 10 专业版/企业版、Windows Server 2016/2019 标准版和数据中心版。经测试，在 Windows 11 家庭中文版亦可成功安装和使用 GeoScene Pro。

其他推荐配置：

CPU 速度：大于 2.2GHz。

内存/RAM：8GB 或更高。

Microsoft. NET Framework：Microsoft. NET Framework 4. 5. 2 或更高版本。

(2)在安装、授权前建议暂时关闭电脑防火墙和杀毒软件。确保电脑可以联网，以便和许可服务器连通。

GeoScene Pro 软件有不同的许可方式，包括授权用户、单机版和浮动版等。授权用户通过使用组织凭据(用户名和密码)登录来启动软件，因而需要计算机连接网络；可在已安装此软件的任何计算机上使用，而且该类许可允许同一用户在最多三台计算机上同时使用 GeoScene Pro。

单机版许可不需要登录即可使用软件，单机版许可授权一人使用 GeoScene Pro 软件。该类许可允许用户一次在一台计算机上使用该软件，若想在其他计算机上使用此软件，则需解除此前授权，并在新的计算机上再次授权。单机版许可仅在授权时需要连接网络，在软件启动页面通过“设置”→“许可”，选择“单机版许可”，单击“授权”以打开软件授权向导，并按提示输入相关信息和授权码，联网获得授权后方可使用。解除授权的操作与之类似。

针对同一机构的大量用户，GeoScene Pro 提供了浮动版许可，这里以“浮动版许可”模式详述其授权方式。软件安装完成后，启动 GeoScene Pro 软件。如果是第一次运行 Geoscene Pro，则会弹出授权界面，如图 1-1 所示。如非第一次启动软件，则可以在软件的界面上点击设置，随后在左侧菜单点击“许可”，如图 1-2 所示，同样可以打开许可页面。根据许可类型来进行选择，图 1-1 中显示的武汉大学网络浮动版许可，许可级别选择“高级版”，许可服务器(License Manager)选择“geoscenelic. whu. edu. cn”，点击“确定”即可完成授权。如果界面下方“许可”一直灰显，则尝试在关闭电脑防火墙后，点击图 1-1 左

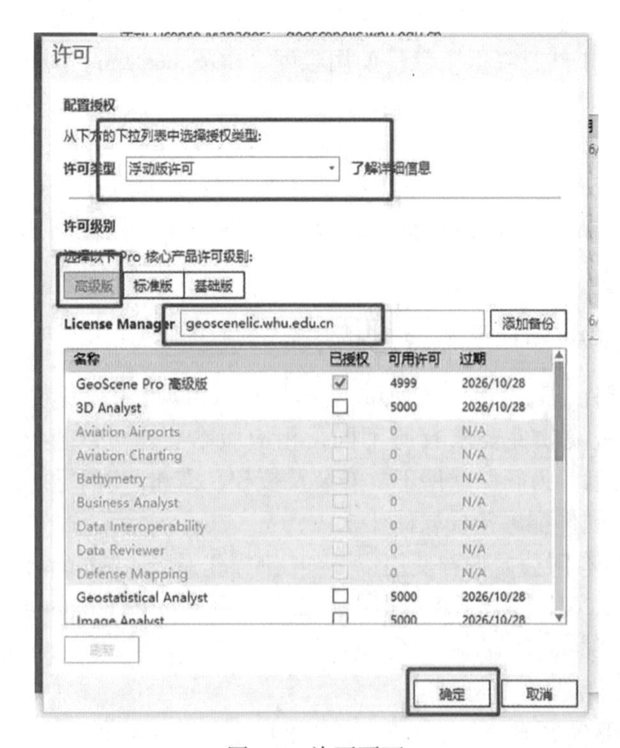

图 1-1　许可页面

下角的“刷新”按钮。可同时勾选“3D Analyst”“Geostatistical Analyst”“Image Analyst”“Network Analyst”和“Spatial Analyst”等功能，即把能勾选的功能全部勾选。

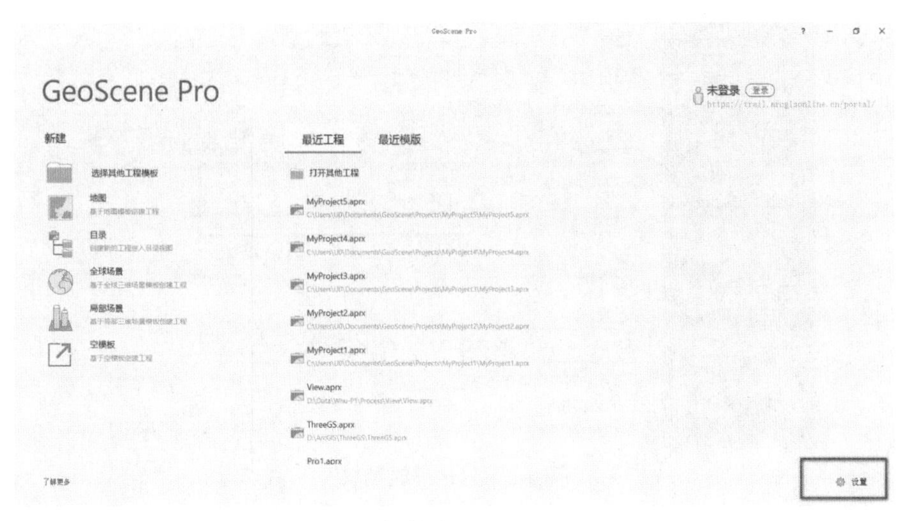

(a)软件首页——设置

(b)软件功能菜单——许可

图 1-2 进入许可页面

由于浮动版许可需要联网并连接许可服务器，但个人电脑在使用软件时有时不具备这一条件。针对这一问题，GeoScene Pro 软件提供了许可借用功能，提供最长 90 天的借用期。在借用时，首先确保电脑能够连接许可服务器，启动 GeoScene Pro 后，点击开始界面的右下角的“设置”，再点击“许可”，在图 1-3 所示的“授权 GeoScene Pro 离线工作”前勾选，并设置天数，即开始进行许可借入。等待数分钟后，借入成功，如图 1-4 所示，软件许可过期日期变为 90 天后。

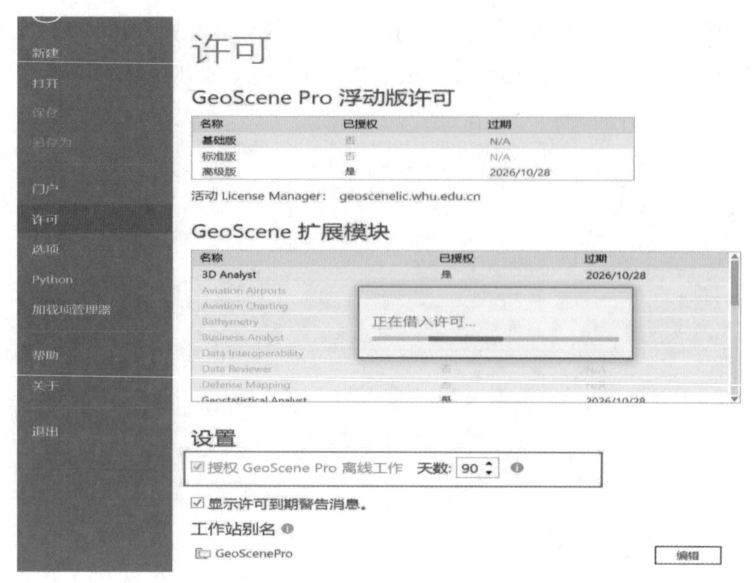

图 1-3　勾选离线授权

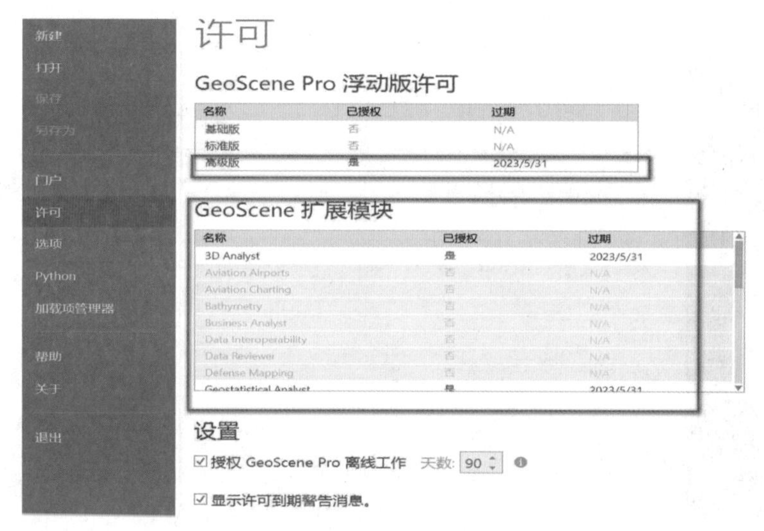

图 1-4　离线授权成功

1.1.2　GeoScene Pro 界面简介

如图 1-5 所示为 GeoScene Pro 软件的界面概览。在整个界面上方为菜单功能区，中间是视图，视图就是核心的工作区。视图可以分为多种类型，如用于展示二维数据的地图、用于展示三维数据的场景、用于制图的布局等；同时在左右两侧也包括相应的窗格，左侧窗格为内容窗格，右侧窗格为目录窗格。其中，内容窗格是当前视图中的各个项目，比如地图中的一些图层或者是布局中的一些布局元素；目录窗格中则列出了属于工程的一些项目工具，包括数据库、工具箱及文件夹连接。

软件界面上部是菜单功能区。功能区有一系列的核心选项卡。以地图视图为例，包括地图插入、分析视图、编辑影像及共享。这些选项卡在地图视图处于活动状态的时候，根据所选择的图层等对象来增加更多的菜单，并显示为可操作状态，即上下文型菜单。

除此之外，还包括在左侧顶部的快速访问工具栏及在视图下方的状态栏，在状态栏中可以实时地观察当前的坐标系、比例尺及当前窗口的位置。

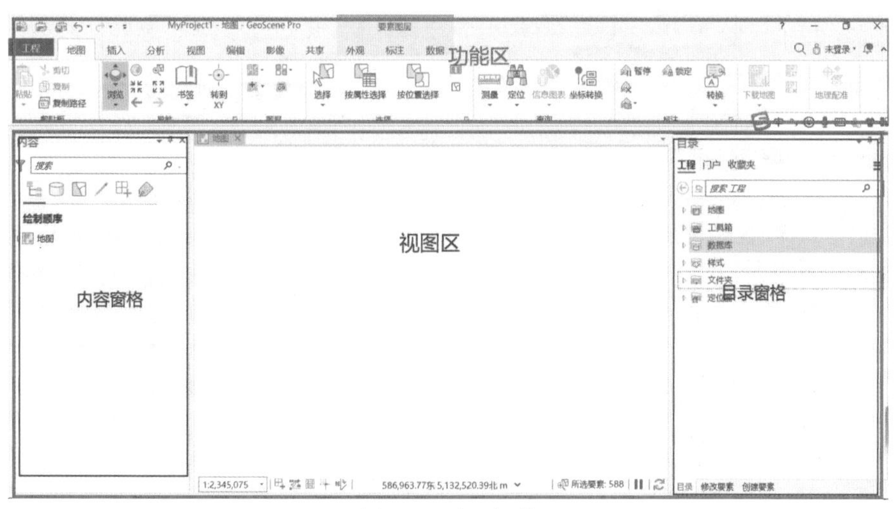

图 1-5　界面概览

1. 创建新工程

打开软件，软件界面如图 1-6 所示，可以通过左侧的列表打开最近使用的工程文件，也可以建立新的工程，一般使用软件提供的默认模板。点击中间列表的“地图”模板新建工程，该模板会在新建的工程中自动加载默认地图视图。

图 1-6　新建工程

选择或输入对应的工程名称和位置。参考图 1-7，选中文件夹后，点击“确定”，即可创建一个新工程。

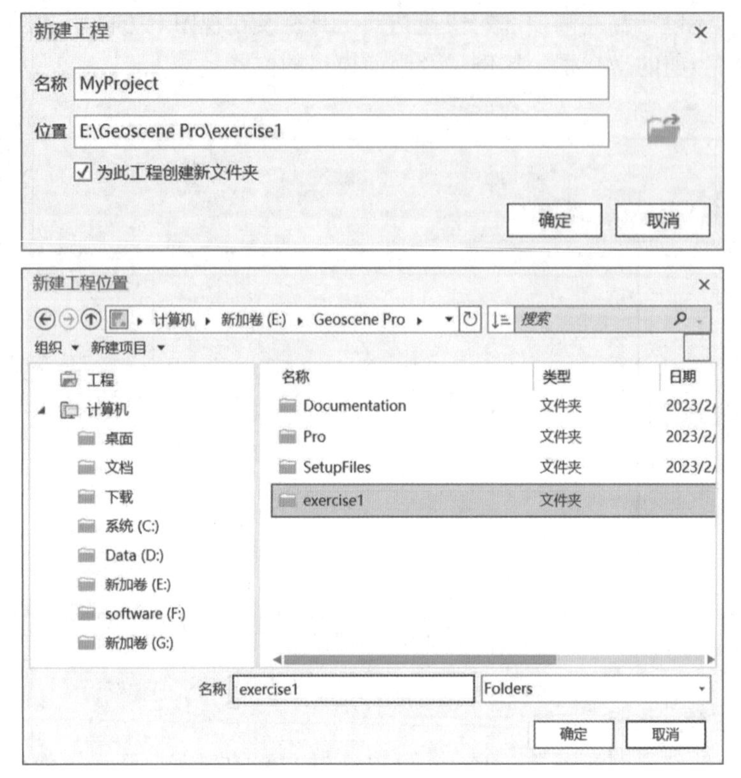

图 1-7　设置名称和位置

2. 添加数据

GeoScene Pro 支持数据库、基于文件的数据集和 Web 服务中的各种项目。提供了 3 种添加数据的方式：添加数据；添加文件夹；直接拖曳。

1) 添加底图数据

点击菜单中“地图”→“添加数据”，选择“BasicPro”→“全国地图_带九段线”文件夹，然后选择“中国行政区_包含沿海岛屿 . shp”，点击“确认”，将行政区划文件加载到工程中，如图 1-8 所示。

接着重复上一步操作，将“九段线 . shp”文件以及“BasicPro \ 湖北地区行政区划图 \ BOUNT_poly. shp”添加到工程中，地图视图中会显示数据所存储的内容。

2) 添加整个文件夹

一般情况下，使用地图菜单功能区中的“添加数据”按钮添加数据。

当使用的数据都存放在一个文件夹时，为了避免重复操作，可以将文件夹连接到工程中。

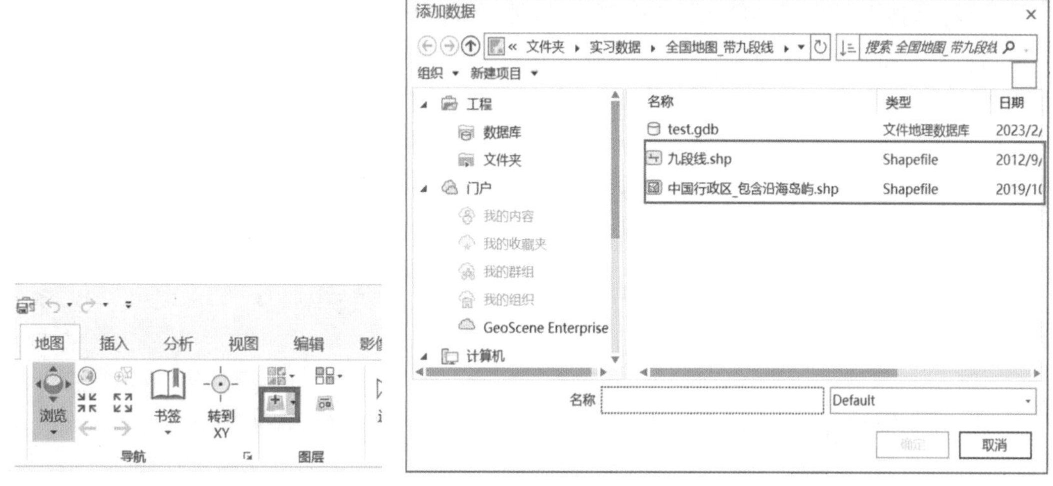

图 1-8　添加地图数据

若要连接文件夹到工程，可点击菜单“视图”→“目录窗格”调出目录窗口，点击目录窗口中的“文件夹”，右键单击“添加文件夹连接”，可以将整个文件夹连接至工程中，图 1-9 为在软件右侧的目录窗格中展示的 BasicPro 文件夹内数据。

之后便可以通过拖曳的方式将该文件夹中的数据加载到地图视图中。

3. 浏览数据

GeoScene Pro 软件提供了导航工具，实现地图浏览功能。浏览工具是针对地图和场景的默认鼠标导航和要素标识工具，如图 1-10 所示。

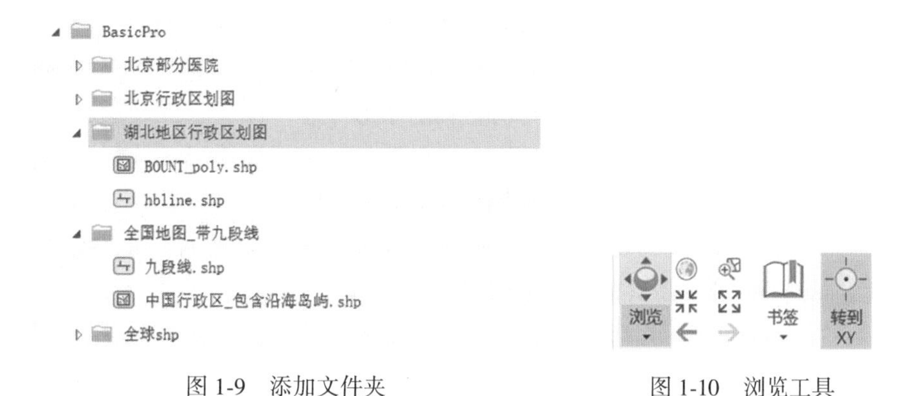

图 1-9　添加文件夹　　　　图 1-10　浏览工具

(1)数据的放大缩小：在功能区的“地图”选项卡的导航组中，单击“浏览”工具，当鼠标处于小手状态时，可以通过滚轮的滑动控制视图的放大缩小；也可以通过“放大”“缩小”按钮调整视图的大小。

(2)视图的调整：单击“全图”工具，缩放到视图中数据的全部范围。单击“缩放至选项”工具，缩放至所有图层中的选中要素。

(3)移动视图：拖动地图可在视图区域内进行平移。

(4)调整视图中心为某一经纬度坐标：单击“转到 XY”，将在地图上显示一个叠加，包含经度和纬度的输入框。默认测量单位为 dd(十进制度)。

在工具条的输入框中，输入经度“114.365818”，纬度“30.534872”，如图 1-11 所示，点击“闪烁”按钮，坐标位置(武汉大学信息学部)将在屏幕上闪烁。

图 1-11　“转到 XY”输入框

在工具条上，单击“平移”按钮，坐标位置将位于地图中心。

(5)还可以按“Ctrl”键同时单击地图中的某一位置，即可在视图中居中该位置。

4. 空间查询

空间查询是 GIS 软件的最基本和最常用的功能，也是 GIS 软件与其他数字制图软件相区别的主要特征。空间查询是利用空间索引机制，从数据库中找出符合该条件的空间数据，包括几何查询、属性查询与时态查询等。

GeoScene Pro 软件支持三种查询方法：交互式查询、属性查询、位置查询。

1)交互式查询

交互式查询是指选择工具按照不同方式选中要素并高亮显示图形及属性。交互式查询有多种选择方式。其中，最基础的是左键双击某图斑，弹出属性窗口。

在“地图菜单”选项卡的选择组中，单击“选择”的下拉箭头，然后选择一种工具，如图 1-12 所示，使用所选的选择工具在要素上绘制相应形状，双击左键完成绘制。

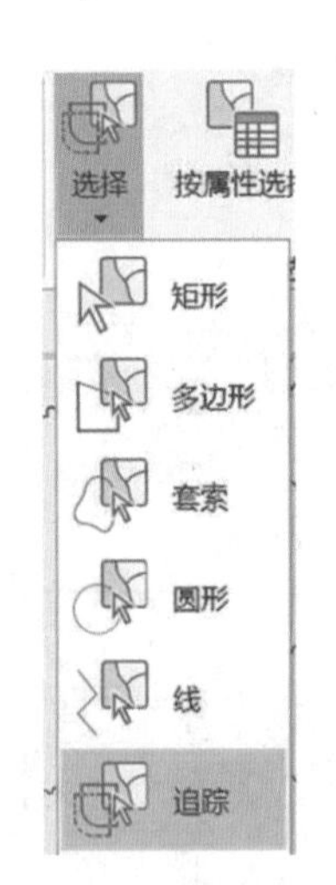

图 1-12　选择工具

(1)矩形选择：单击并拖动一个矩形，选择包含在该矩形范围之内，或与该矩形有交集的图形。

(2)多边形选择：在地图上画一个多边形，选择包含在该多边形范围之内，或与该多边形有交集的图形。

(3)套索选择：绘制一个套索，选择包含在该套索范围之内，或与该套索有交集的图形。

(4)圆形选择：绘制一个圆。选择包含在该圆范围之内，或与该圆有交集的图形。在 2D 环境中，可以选择在绘制圆形时按 R 键输入精确的半径值。

(5)画线选择：画一条直线或折线，选择与该线相交的图形。

(6)追踪选择：单击线或面线段，然后通过沿边界和其他连接线段的连续要素进行追踪来拖动指针，双击以完成线的绘制并作出选择(仅适用于 2D 视图)。

例如，单击选择“矩形”工具，并在视图中按压左键并拖动，绘制矩形框进行选择(图1-13)。

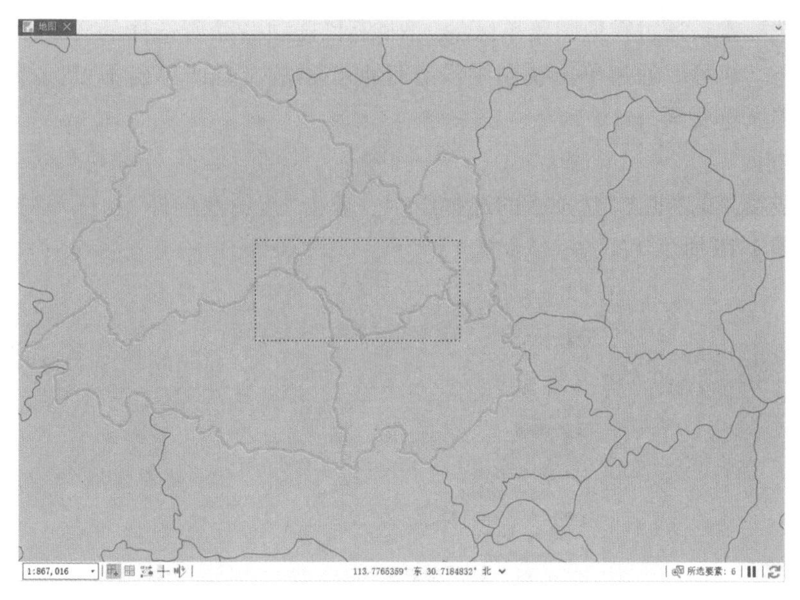

图 1-13 矩形工具

点击菜单区“地图”→“选择”→“属性”，打开属性窗口，查看属性窗口中的内容以了解选中数据的相关信息，如图 1-14 所示。

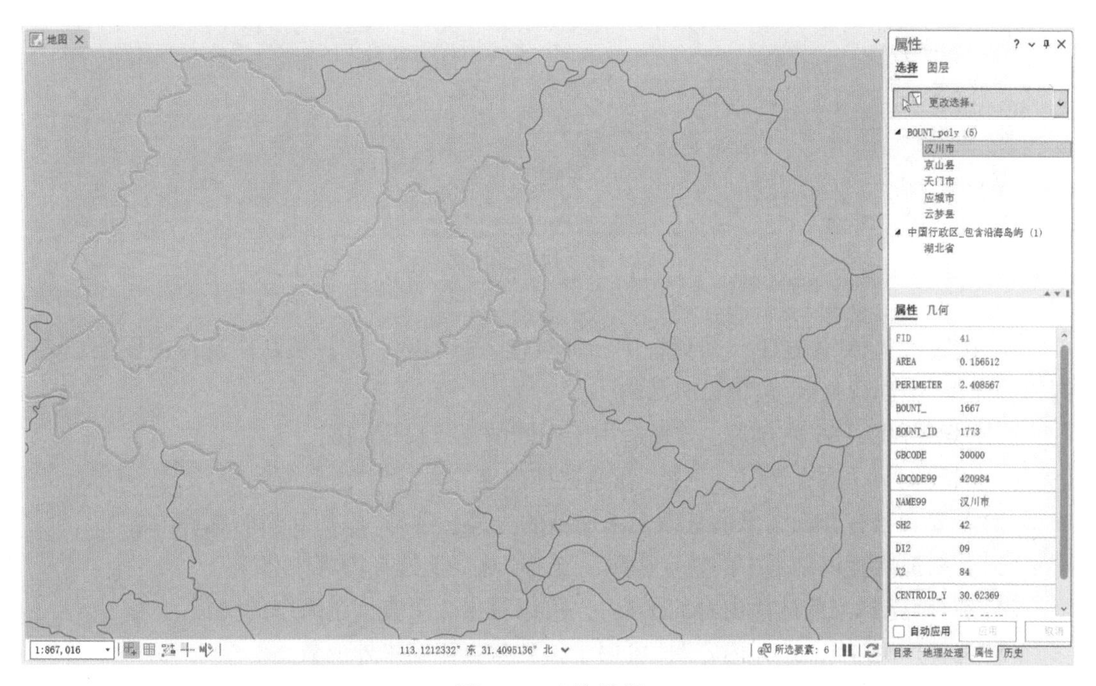

图 1-14 查询数据

如果没有出现属性窗口，可以单击菜单区的“视图”→“重置窗格”，将软件界面恢复为默认格式。

清除所选要素：通过在地图菜单区的“清除”选项清除所选择的要素，将该要素变为非选中状态。也可以通过单击视图中没有任何要素的位置或单击不可选择的图层的要素，同时取消所选要素。

2)属性查询

在地图或场景的“地图”选项卡的选择组中，单击“按属性选择”，打开“按属性选择”对话框，如图 1-15 所示。

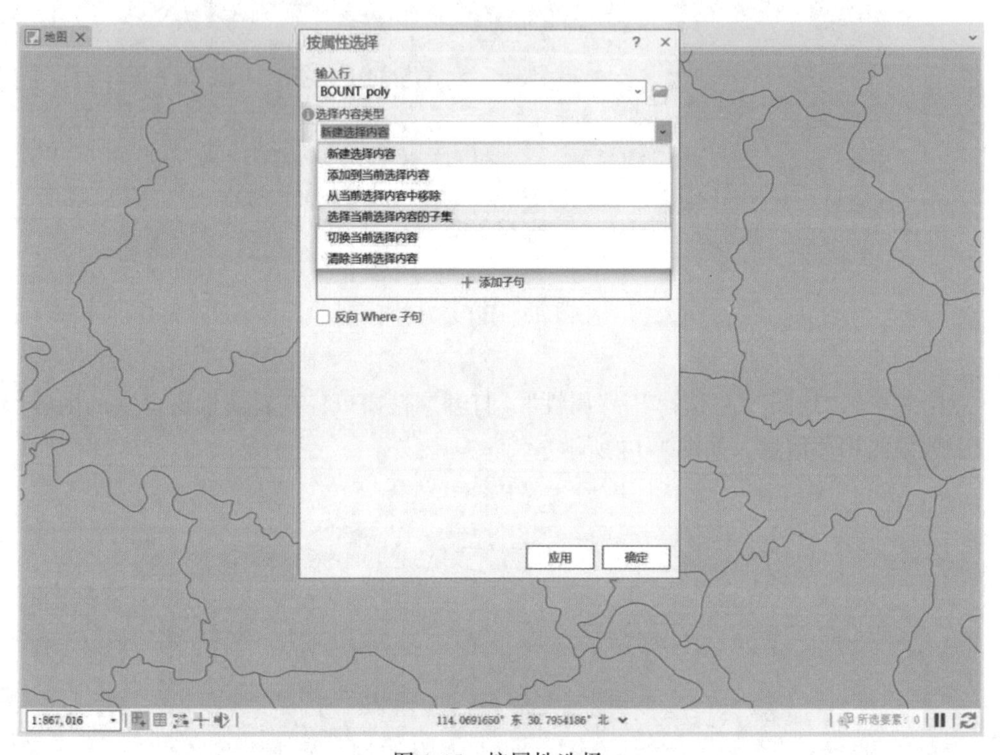

图 1-15　按属性选择

在“按属性选择”图层工具对话框中，针对输入行参数，选择要从中选择的图层或表，例如，选择“中国行政区_包含沿海岛屿”。

选择类型有以下 6 种方案，分别适用于不同的场景(图 1-16)。

(1)当我们第一次查询时，选择“新建选择内容”。

(2)若要在已有查询结果的基础上添加新的查询，选择“添加到当前选择内容”。

(3)若要删除查询结果中的特定数据，选择“从当前选择内容中移除”。

(4)选择“选择当前选择内容的子集”，可以得出 2 个查询结果中的交集。

(5)选择“切换当前选择内容”，可用于得到除查询结果外的数据。

(6)选择“清除当前选择内容”，对当前的选择内容进行清除。

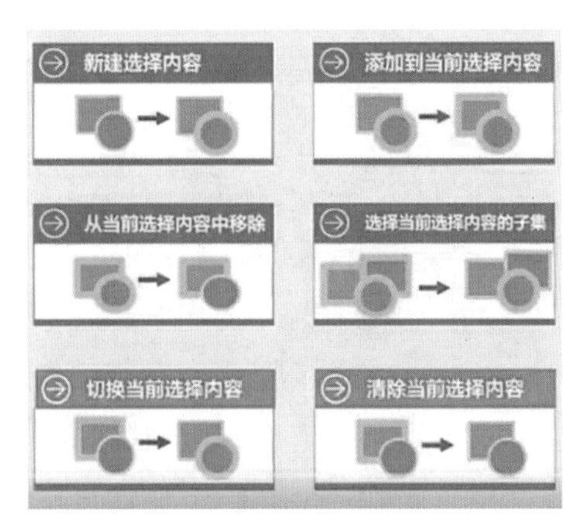

图 1-16 选择类型

如图 1-17 所示，点击“添加子句”，添加查询“NAME99”“等于”“武昌区”，“Or”“NAME99”“等于”“天门市”，然后点击“应用”或“确定”，查询武昌区与天门市，查询结果如图 1-18 所示。

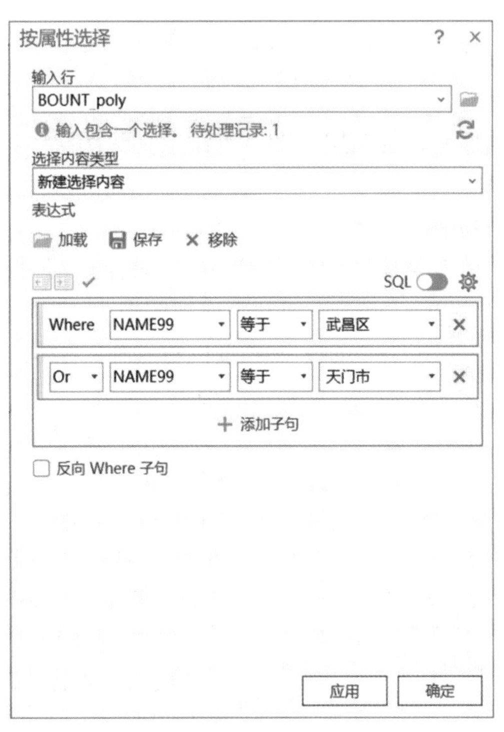

图 1-17 按属性查询工具

如图 1-18 所示，武昌区与天门市对应的图形将在地图上高亮显示，其属性将显示在窗体右侧的属性窗口中(如果没有显示，点击工具栏中的“属性”，将显示属性窗口)。

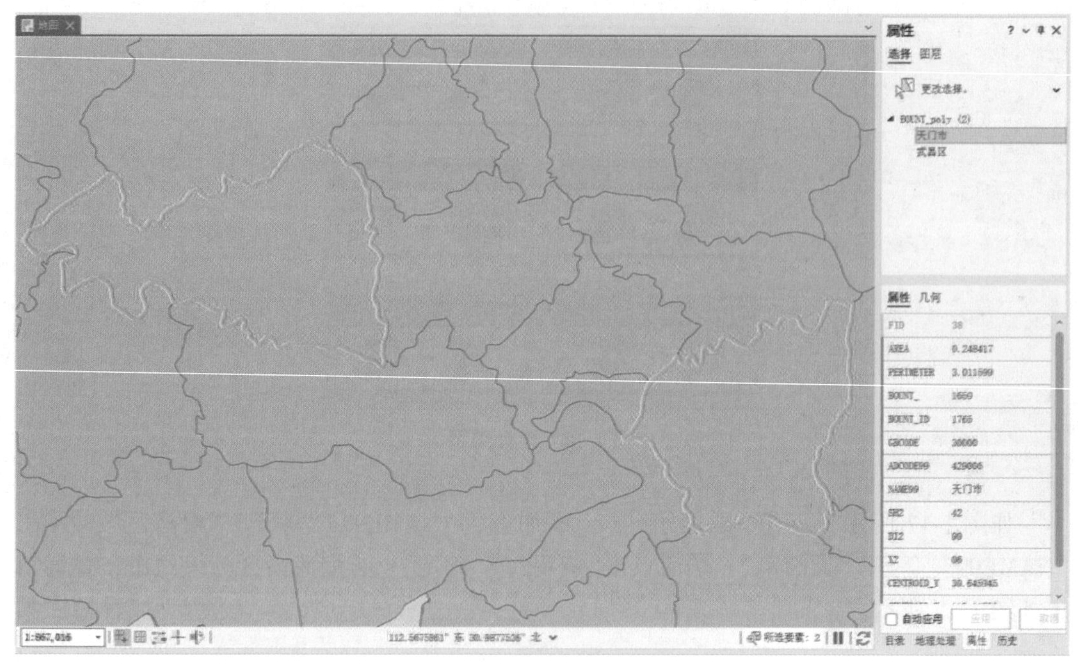

图 1-18　按属性查询结果

3) 位置查询

输入要素是指从中选择要素的图层，即查询结果为该图层中符合条件的要素。

选择要素是指基于该图层中的要素进行查询，是查询的条件之一。以查询与武昌区相接的行政区为例来熟悉该功能。

首先，选中武昌区。单击菜单区的“视图”→“目录窗格”，打开目录窗格。使用拖曳的方式将湖北省边界数据“hbline. shp”添加到工程视图中。

其次，单击菜单区的“地图”→“选择”→“按位置选择”工具，打开“按位置选择”工具面板。

图 1-19　按位置查询工具

查询和被查询的要素都位于“BOUNT_poly. shp”图层，因此选择输入参数“BOUNT_poly. shp”，要查询“与武昌区相邻的行政区”，选择要素参数同样为“BOUNT_poly. shp”，选择空间关系为“边界接触”，如图 1-19 所示。

最后，点击“确定”，得到查询结果如图 1-20 所示，在内容窗格的“BOUNT_poly”图层上右键单击，选择“属性表”，窗口下方将弹出属性表，点击“显示所选要素”对属性表中的行进行过滤，查看所选要素的记录。

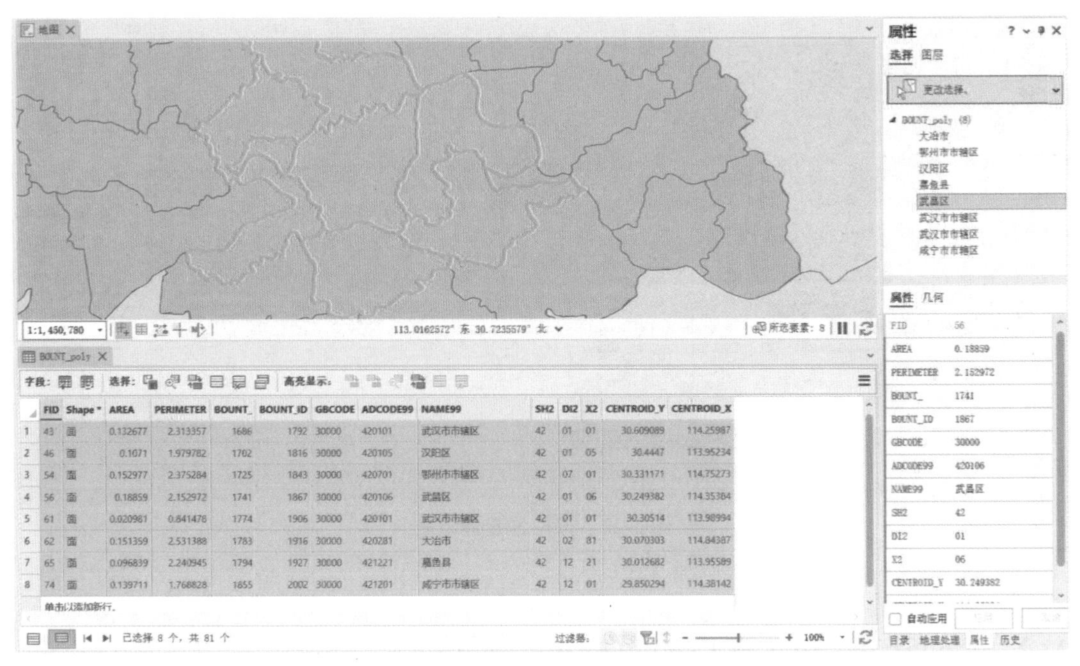

图 1-20　按位置查询结果

进一步，以查询点数据所在城区为例来熟悉空间位置查询功能。

在目录窗格中，通过拖曳的方式将"北京行政区划 . shp"与"北京部分医院 . shp"加入工程中。

点击"按位置选择"，打开参数面板如图 1-21 所示，设置输入要素为"北京行政区划 . shp"，关系为"包含"，选择要素为"北京部分医院 . shp"。

按位置选择
输入要素
北京行政区划
关系
包含
选择要素
北京部分医院
搜索距离
米
选择内容类型
新建选择内容
反向空间关系
应用　确定

图 1-21　按位置查询工具

点击"应用"，得到的查询结果如图 1-22 所示，该类医院数据涉及 6 个区。

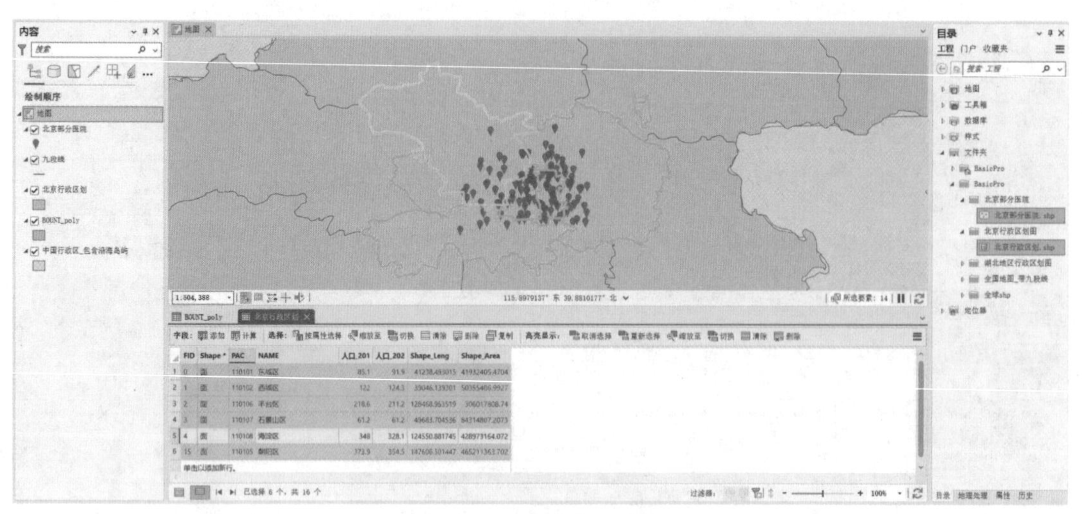

图 1-22　按位置查询结果

1.2　GeoScene Pro 支持的数据类型概述

数据是 GIS 的血液，也对 GIS 软件提出了相应的要求。GeoScene Pro 可使用和集成多种数据类型，包括常见的矢量数据和栅格数据，矢量数据和栅格数据分别是基于要素和栅格的空间数据(包括图像和遥感数据)；此外，也支持表格数据、建筑图纸、激光雷达、Web 服务等。

GeoScene Pro 还可以使用在电子表格和数据库中拥有的数据，并将其与公共数据、实时数据源或与其他组织共享的数据结合使用。

1.2.1　矢量数据

GeoScene Pro 采用要素类来描述矢量数据。要素类是具有相同空间制图表达(如点、线或面)和一组通用属性的常用要素的同类集合(例如，表示道路中心线的线要素类)。最常用的 4 个要素类分别是点、线、面和注记。要素类通常保存在数据库中。

创建要素类主要有以下 4 种方法：

(1)使用“创建要素类”向导；

(2)使用创建要素类地理处理工具；

(3)保存地图图层的内容；

(4)将外部数据源(例如 Shapefile 或 CAD 数据)转换为要素类。

要素数据集是共用一个通用坐标系的相关要素类的集合，该集合中的要素类的坐标系相同。要素数据集用于促进创建控制器数据集(有时也称为扩展数据集)，如宗地结构、拓扑或公共设施网络。包含在扩展数据集中的要素类首先被组织到要素数据集中。

图 1-23 显示了 GeoScene Pro 要素数据集内支持的数据类型。

设置要素数据集的过程包含 3 项主要任务：

(1)创建要素数据集；

(2)添加将包含在要素数据集中的要素类；

(3)创建控制器数据集，例如拓扑、地形数据集、网络数据集、公共设施网络或宗地结构。

以下简要介绍 Shapefile 数据。

图 1-23　要素数据集内支持的数据类型

美国 ESRI 公司研发了 3 种用于存储地理信息的主要数据格式：Coverage、Shapefile 及地理数据库。其中，Shapefile 是一种用于存储地理要素的几何位置和属性信息的非拓扑简单格式，是一种广泛用于数据转换的开放格式，许多非 ESRI 软件包支持 Shapefile。

Shapefile 格式在应存储在同一项目工作空间(同一文件夹)且使用特定文件扩展名的 3 个或更多文件中定义地理要素的几何和属性。这些文件包括以下 7 种。

(1).shp：用于存储要素几何的主文件；必需文件。

(2).shx：用于存储要素几何索引的索引文件；必需文件。

(3).dbf：用于存储要素属性信息的 dBASE 表；必需文件。

几何与属性是一对一关系，这种关系基于 ID。dBASE 文件中的属性记录必须与主文件中的记录采用相同的顺序。

(4).sbn 和 .sbx：用于存储要素空间索引的文件。

(5).prj：用于存储坐标系信息的文件。

(6).xml：ArcGIS 的元数据，用于存储 Shapefile 的相关信息。

(7).cpg：指定用于标识要使用的字符集代码。

用 GeoScene 或 ArcGIS 应用程序查看 Shapefile 时，仅能看到一个代表 Shapefile 的文件；但可以使用 Windows 资源管理器查看与 Shapefile 相关联的所有文件。复制 Shapefile 时，建议在 GeoScene Pro 的目录窗口中或者使用地理处理工具执行该操作。但如果在 GeoScene Pro 之外复制 Shapefile，确保复制组成该 Shapefile 的所有文件。

需要注意 Shapefile 的属性存储特点：无法存储空值；无法向上舍入数字；对 Unicode 字符串的支持不足；字段名称最长只能为 10 个字符；且在同一字段中无法同时存储日期和时间。任何 Shapefile 组成文件都有大小为 2GB 的上限，即可包含的点要素最多约为 7000 万个。Shapefile 中可存储的线或面要素的实际数量取决于每个线或面中的节点数(一个节点相当于一个点)。

同时还需要注意 Shapefile 的限制。虽然 Shapefile 的显示方法可能与要素类类似，但其不具有高级地理数据库行为，因此存在以下限制：

(1)在字段视图中，可添加、删除或复制字段，但字段保存后，不支持修改字段属性。

(2)属性域和子类型不受 Shapefile 支持。

(3)不可向工程“数据库”文件夹添加 Shapefile，但 Shapefile 必须存储于工程文件夹或文件夹连接中。

（4）添加属性或空间索引当前不受图层属性索引选项卡上 Shapefile 的支持。

1.2.2　栅格数据

GeoScene Pro 可用于管理、分析、显示和共享栅格数据。GeoScene Pro 软件提供的栅格数据处理功能为上下文型：软件所显示的菜单等界面选项取决于选择的栅格数据类型。处理多个影像或镶嵌数据集时，菜单功能区中的选项将仅应用于在内容窗格中所选择的图层。当在内容窗格中选中一个影像时，菜单功能区的“栅格图层上下文”选项卡中将显示“外观”和“数据”选项卡。其他核心选项卡，如菜单中的“影像”选项卡，始终可供使用。

GeoScene Pro 为管理和支持大型影像集合提供了丰富的工具集合。构成影像管理的核心组件有 2 个要素：镶嵌数据集和栅格产品。传统意义上，当将一组影像连接在一起时创建出的无缝影像即为一个镶嵌数据。镶嵌数据集不但具有这一功能，而且可通过影像的属性（如采集日期、云覆盖或空间分辨率）帮助管理巨大的影像集合，即使影像由重叠影像组成或影像具有不同的空间分辨率亦是如此。当想要更改显示的影像时无须创建新文件，镶嵌数据集可在内存中处理影像从而快速显示感兴趣的影像，无论集合大小。

大多数影像具有一个元数据文件，其中包含传感器和影像采集条件的信息。通过最常用的传感器，GeoScene Pro 可读取元数据文件，并根据传感器的功能将所有波段编译到可显示多光谱波段、全色锐化影像或热波段的图层中。与镶嵌数据集一样，波段组合在内存中进行操作，因此会快速显示结果且无须创建新文件。GeoScene Pro 不仅支持国际常用的卫星数据，如 ASTER、GeoEye-1、QuickBird、Landsat、SPOT、Sentinel、WorldView，还支持国内卫星数据，如“高分一号”“高分二号”和“高分四号”，以及“资源三号”“天绘一号”“吉林一号”和环境卫星等。

不管是卫星影像还是航空影像，都是通过相机或者遥感传感器将地物对不同波段的光的反射值分别记录下来，因此才有了不同的波段数据。针对栅格影像，“波段”这个词是从光谱学上的色带引用过来的，不同波长的光对应不同的色带，每一个波段都是由传感器采集到的光谱的一段波长，波段可以表示光谱的任何部分，包括可见光、红外光和紫外光。一些栅格具有单波段或单图层（单个特征的量度）的数据，另一些栅格具有多个波段。如果存在多个波段，则每个像元位置都有多个值与之关联。

栅格和影像数据可通过以下 3 种方法在 GeoScene Pro 中受到支持：源数据的存储格式、栅格产品源数据的特定元数据文件及栅格类型。当数据作为栅格类型受到支持时，需要将其添加到镶嵌数据集以便在软件中进行正确处理。表 1-1 列出了 GeoScene Pro 支持的所有栅格文件格式、卫星传感器、航空摄像机和产品格式。

表 1-1　**GeoScene Pro 中支持的传感器与格式列表**

序号	栅格或影像数据格式	栅格数据集	栅格类型	栅格产品
1	ADS		航空影像栅格类型	栅格产品
2	AIRSAR 极化	受支持的栅格数据集文件格式		

续表

序号	栅格或影像数据格式	栅格数据集	栅格类型	栅格产品
3	Altum		航空影像栅格类型	
4	Applanix DSS		航空影像栅格类型	
5	ARC 数字化栅格图形(ADRG)	受支持的栅格数据集文件格式		
6	ASCII Grid	受支持的栅格数据集文件格式		
7	ASTER		卫星传感器栅格类型	栅格产品
8	波段按行交叉格式(.bil)、波段按像元交叉格式(.bip)和波段顺序格式(.bsq)	受支持的栅格数据集文件格式		
9	深海探测属性格网(.bag)	受支持的栅格数据集文件格式		
10	BigTIFF	受支持的栅格数据集文件格式		
11	二进制 Terrain(BT)	受支持的栅格数据集文件格式		
12	位图(.bmp)、设备无关位图(.dib)或 Microsoft Windows 位图	受支持的栅格数据集文件格式		
13	.bsb	受支持的栅格数据集文件格式		
14	地球观测卫星委员会(CEOS)合成孔径雷达(SAR)	受支持的栅格数据集文件格式		
15	压缩的 ARC 数字化栅格图形(CADRG)	受支持的栅格数据集文件格式	文件、表和 Web 栅格类型	
16	控制的影像底图(.cib)	受支持的栅格数据集文件格式	文件、表和 Web 栅格类型	
17	Deimos-2		卫星传感器栅格类型	栅格产品
18	数字地理信息交换标准(DIGEST):ARC 标准栅格产品(ASRP)、UTM/UPS 标准栅格产品(USRP)	受支持的栅格数据集文件格式		
19	数字影像地图(DIMAP)	受支持的栅格数据集文件格式		
20	数字地形高程数据(.dted)级别 0、1 和 2	受支持的栅格数据集文件格式	文件、表和 Web 栅格类型	

续表

序号	栅格或影像数据格式	栅格数据集	栅格类型	栅格产品
21	DMCii 卫星		卫星传感器栅格类型	栅格产品
22	DubaiSat-2		卫星传感器栅格类型	栅格产品
23	地球资源实验室应用程序软件(ELAS)	受支持的栅格数据集文件格式		
24	增强型压缩栅格图形(ECRG)	受支持的栅格数据集文件格式		
25	增强的小波压缩(.ecw)	受支持的栅格数据集文件格式		
26	企业级地理数据库栅格	受支持的栅格数据集文件格式		
27	ENVI 文件头格式	受支持的栅格数据集文件格式		
28	Envisat 影像产品(ESAT)	受支持的栅格数据集文件格式		
29	EOSAT FAST	受支持的栅格数据集文件格式		
30	ER Mapper	受支持的栅格数据集文件格式		
31	ERDAS 7.5 GIS	受支持的栅格数据集文件格式		
32	ERDAS 7.5 LAN	受支持的栅格数据集文件格式		
33	ERDAS IMAGINE	受支持的栅格数据集文件格式		
34	ERDAS RAW	受支持的栅格数据集文件格式		
35	Grid	受支持的栅格数据集文件格式		
36	格网栈	受支持的栅格数据集文件格式		
37	格网栈文件	受支持的栅格数据集文件格式		
38	可扩展 N 维数据格式(.ndf)	受支持的栅格数据集文件格式		
39	文件地理数据库栅格数据	受支持的栅格数据集文件格式		

续表

序号	栅格或影像数据格式	栅格数据集	栅格类型	栅格产品
40	浮点栅格文件	受支持的栅格数据集文件格式		
41	FORMOSAT-2		卫星传感器栅格类型	栅格产品
42	帧照相机		航空影像栅格类型	
43	GDAL 虚拟格式(.vrt)	受支持的栅格数据集文件格式		
44	GeoEye 卫星影像		卫星传感器栅格类型	栅格产品
45	GF-1 PMS		卫星传感器栅格类型	栅格产品
46	GF-1 WFV		卫星传感器栅格类型	栅格产品
47	GF-2 PMS		卫星传感器栅格类型	栅格产品
48	GF-4 卫星		卫星传感器栅格类型	栅格产品
49	Golden Software 格网(.grd)	受支持的栅格数据集文件格式		
50	图形交换格式(.gif)	受支持的栅格数据集文件格式		
51	GRIB	受支持的栅格数据集文件格式		
52	格网交换文件(.gxf)	受支持的栅格数据集文件格式		
53	Heightfield 栅格(.hf2)	受支持的栅格数据集文件格式		
54	HGT	受支持的栅格数据集文件格式		
55	层次型数据格式(.hdf)4 和 5	受支持的栅格数据集文件格式		
56	高分辨率高程(.hre)	受支持的栅格数据集文件格式	文件、表和 Web 栅格类型	
57	HJ 1A/1B CCD		卫星传感器栅格类型	栅格产品
58	IDRISI 栅格(.RST)	受支持的栅格数据集文件格式		
59	IKONOS 卫星影像		卫星传感器栅格类型	栅格产品
60	ILWIS 栅格地图	受支持的栅格数据集文件格式		
61	影像显示和分析(.IDA)	受支持的栅格数据集文件格式		

续表

序号	栅格或影像数据格式	栅格数据集	栅格类型	栅格产品
62	影像服务(来自 GeoScene Server)	受支持的栅格数据集文件格式	文件、表和 Web 栅格类型	
63	影像服务定义(.ISDef)		文件、表和 Web 栅格类型	
64	影像服务引用(.ISRef)		文件、表和 Web 栅格类型	
65	Intergraph 栅格文件：CIT，二进制数据；COT，灰度数据	受支持的栅格数据集文件格式		
66	成像仪和光谱仪的集成软件(ISIS)	受支持的栅格数据集文件格式		
67	ISAT		航空影像栅格类型	
68	日本航天开发署(JAXA) PALSAR	受支持的栅格数据集文件格式		
69	Jilin-1		卫星传感器栅格类型	栅格产品
70	联合图像专家组(JPEG)文件交换格式(JFIF)	受支持的栅格数据集文件格式		
71	JPEG 2000	受支持的栅格数据集文件格式		
72	KOMPSAT-2		卫星传感器栅格类型	栅格产品
73	KOMPSAT-3		卫星传感器栅格类型	栅格产品
74	Landsat 卫星(1~8)		卫星传感器栅格类型	栅格产品
75	LAS(激光雷达数据文件)		文件、表和 Web 栅格类型	
76	LAS 数据集		文件、表和 Web 栅格类型	
77	Magellan MapSend BLX/XLB 格式	受支持的栅格数据集文件格式		
78	MAP	受支持的栅格数据集文件格式		
79	地图服务(来自 GeoScene Server 或 ArcGIS. com)		文件、表和 Web 栅格类型	
80	Match-AT		航空影像栅格类型	
81	多分辨率无缝影像数据库(MrSID)	受支持的栅格数据集文件格式		

续表

序号	栅格或影像数据格式	栅格数据集	栅格类型	栅格产品
82	多分辨率无缝影像数据库(MrSID)MG4 激光雷达	受支持的栅格数据集文件格式		
83	国家影像传输格式(.nitf)	受支持的栅格数据集文件格式	文件、表和 Web 栅格类型	
84	国家土地档案制作系统(NLAPS)	受支持的栅格数据集文件格式		
85	新标记的 USGS DOQ(DOQ2)	受支持的栅格数据集文件格式		
86	NOAA 两级轨道级别 1b 数据集(AVHRR)	受支持的栅格数据集文件格式		
87	OrbView-3 卫星		卫星传感器栅格类型	栅格产品
88	PCI .aux 标注的原始格式	受支持的栅格数据集文件格式		
89	PCIDSK	受支持的栅格数据集文件格式		
90	行星科学数据系统(PDS)	受支持的栅格数据集文件格式		
91	Pleiades		卫星传感器栅格类型	栅格产品
92	可移植网络图形(.png)	受支持的栅格数据集文件格式		
93	QuickBird 卫星		卫星传感器栅格类型	栅格产品
94	RADARSAT-2 卫星	受支持的栅格数据集文件格式	卫星传感器栅格类型	栅格产品
95	RapidEye 卫星		卫星传感器栅格类型	栅格产品
96	栅格处理定义(.RPDef)		文件、表和 Web 栅格类型	栅格产品
97	栅格产品格式(RPF)	受支持的栅格数据集文件格式		
98	RedEdge		航空影像栅格类型	
99	SAGA GIS 二进制格网	受支持的栅格数据集文件格式		
100	Sandia 合成孔径雷达(.gff)	受支持的栅格数据集文件格式		
101	Sentinel-1		卫星传感器栅格类型	栅格产品

续表

序号	栅格或影像数据格式	栅格数据集	栅格类型	栅格产品
102	Sentinel-2		卫星传感器栅格类型	栅格产品
103	Sentinel-3		卫星传感器栅格类型	栅格产品（OLCI 和 SLSTR）
104	航天飞机雷达地形测绘使命（SRTM）	受支持的栅格数据集文件格式	卫星传感器栅格类型	
105	SkySat-C		卫星传感器栅格类型	栅格产品
106	SOCET SET		文件、表和 Web 栅格类型	栅格产品
107	空间数据转换标准（SDTS）数字高程模型（.dem）	受支持的栅格数据集文件格式		
108	SPOT 卫星		卫星传感器栅格类型	栅格产品
109	表		文件、表和 Web 栅格类型	
110	标记图像文件格式（TIFF）	受支持的栅格数据集文件格式		
111	TelEOS-1		卫星传感器栅格类型	栅格产品
112	Terragen terrain	受支持的栅格数据集文件格式		
113	地势图		文件、表和 Web 栅格类型	
114	TerraSAR-X	受支持的栅格数据集文件格式		
115	TH-01		卫星传感器栅格类型	栅格产品
116	UAS（无人机系统）和 UAV（无人机）		航空影像栅格类型	
117	美国地质勘探局（USGS）数字高程模型（DEM）	受支持的栅格数据集文件格式		
118	USGS 数字正射影像象限图（DOQ）	受支持的栅格数据集文件格式		
119	Web 覆盖服务（WCS，OGC 标准）	受支持的栅格数据集文件格式	文件、表和 Web 栅格类型	
120	Web 地图服务（WMS，OGC 标准）	受支持的栅格数据集文件格式	文件、表和 Web 栅格类型	

续表

序号	栅格或影像数据格式	栅格数据集	栅格类型	栅格产品
121	Web 地图切片服务(WMS,OGC 标准)	受支持的栅格数据集文件格式	文件、表和 Web 栅格类型	
122	WorldView 卫星		卫星传感器栅格类型	栅格产品
123	XPixMap(XPM)	受支持的栅格数据集文件格式		
124	ZY02C HRC		卫星传感器栅格类型	
125	ZY02C PMS		卫星传感器栅格类型	
126	ZY3-CRESDA		卫星传感器栅格类型	栅格产品
127	ZY3-SASMAC		卫星传感器栅格类型	栅格产品

有关各传感器的文件格式及内容要求，请查阅 GeoScene 帮助文档。

1.2.3 激光雷达数据

激光雷达(激光探测及测距)是一种光学遥感技术，它利用激光对地球表面进行密集采样，以产生高精度的 x、y、z 测量值。最初激光雷达主要用于机载激光制图应用中，现在多平台的激光雷达也很常见，而且正日益成为替代传统测量技术(如摄影测量)的具有成本效益的新技术。

激光雷达系统的主要硬件组成部分包括一组装载平台(飞机、直升机、车辆及三脚架)、激光扫描系统、GNSS(全球定位系统)和 INS(惯性导航系统)。INS 系统测量激光雷达系统的滚动角、俯仰角与前进方向。

激光雷达是一个主动光学传感器，它在沿着特定的测量路径移动时向一个目标发射激光束。激光雷达传感器中的接收器会对从目标反射回来的激光进行检测和分析。这些接收器会记录激光脉冲从离开系统到返回系统的精确时间，以此计算传感器与目标之间的范围距离。这些距离测量值与位置信息(GNSS 和 INS)一起转换为对象空间中反射目标实际三维点的测量值。

完成激光雷达数据采集测量之后，将通过分析激光的时间范围、激光的扫描角度、GPS 位置和 INS 信息将点数据后处理成高度精确的地理配准 x、y、z 坐标。*XYZ* 信息是激光雷达获取的最重要的信息。

除位置外，回波数量则是其一个重要的属性。从激光雷达系统发射的激光脉冲会从地表和地表上的物体反射出，如植被、建筑物及桥梁等。发射出的一个激光脉冲可能会以一个或多个回波的形式返回到激光雷达传感器，多回波常见于树林区域。任何发射出的激光脉冲在向地面传播时，如果遇到多个反射表面则会被分割成与反射表面一样多的回波。

最先返回的激光脉冲是最重要的回波，它将与地表最高的要素相关联，比如树顶或建筑物顶部。第一个回波也可能表示地面，在这种情况下激光雷达系统只会检测到一个回波。多个回波可以检测在向外发射的激光脉冲的激光脚点内的多个对象的高程。中间的回波通常对应于植被结构，而最后的回波对应于裸露地表 terrain 模型。最后的回波并非始终从地面返回。比如，考虑以下一种情况：一个脉冲在向地面发射的过程中撞到粗壮的树枝，根本没有到达地面。在这种情况下，最后的回波不是从地面返回，而是从反射了整个激光脉冲的树枝返回。

此外，还存在其他附加信息，与每个 *xy* 和 *z* 位置值存储在一起，类似于矢量数据的属性。为记录的每个激光脉冲保留以下激光雷达点属性：强度、回波编号、回波数、点分类值、在飞行航线边缘的点、RGB(红、绿和蓝)值、GNSS 时间、扫描角度和扫描方向。表 1-2 介绍了可以随每个激光雷达点提供的属性。但需要注意的是，激光雷达属性并不总在最终输出的激光雷达文件中提供，可使用激光雷达数据查看工具来查看其位置、属性及与激光雷达数据相关联的分类，如使用 GeoScene Pro。

表 1-2　**激光雷达数据常见属性及其说明**

序号	激光雷达属性	说　明
1	强度	生成激光雷达点的激光脉冲的回波强度
2	回波编号	发射的一个激光脉冲最多可以有 5 个回波，这取决于反射激光脉冲的要素及用来采集数据的激光扫描仪的功能。第一个回波将标记为一号回波，第二个回波将标记为二号回波，以此类推
3	回波数	回波数是某个给定脉冲的回波总数。例如，某个激光数据点可能是总共 5 个回波中的二号回波(回波编号)
4	点分类	每个经过后处理的激光雷达点都可以拥有这样的分类：用于定义反射激光雷达脉冲对象的类型。可将激光雷达点分成很多个类别，包括地面、裸露地表、冠层顶部和水域。使用 LAS 格式文件中的数字整数代码可定义不同的类
5	飞行航线的边缘	将基于值 0 或 1 对点进行符号化。对在飞行航线边缘标记的点赋值 1，而对其他所有点赋值 0
6	RGB	可以将 RGB(红、绿和蓝)波段作为激光雷达数据的属性。此属性通常来自激光雷达测量时采集的影像
7	GNSS 时间	从飞机发射激光点的 GNSS 时间戳。此时间以 GNSS 一周的秒数表示
8	扫描角度	扫描角度的值介于-90°至+90°之间。在 0°时，激光脉冲位于飞机正下方的最低点。在-90°时，激光脉冲在飞机的左侧；而在+90°时，激光脉冲在飞机的右侧，且与飞行方向相同。当前大多数激光雷达系统都小于±30°
9	扫描方向	扫描方向是激光脉冲向外发射时激光扫描镜的行进方向。值 1 代表正扫描方向，而值 0 代表负扫描方向。正值表示扫描仪正从轨迹飞行方向的左侧移动到右侧，而负值正相反

LAS 是美国摄影测量与遥感协会(ASPRS)所创建和维护的行业格式，是用于激光雷达数据交换的已发布的标准文件格式，它保留与激光雷达数据有关的特定信息。

每个 LAS 文件都在页眉块中包含激光雷达测量的元数据，然后是所记录的每个激光雷达脉冲的单个记录。每个 LAS 文件的页眉部分都保留激光雷达测量本身的属性信息：数据范围、飞行日期、飞行时间、点记录数、返回的点数、使用的所有数据偏移及使用的所有比例因子。为 LAS 文件的每个激光雷达脉冲保留以下激光雷达点属性：*xyz* 位置信息、GNSS 时间戳、强度、回波编号、回波数目、点分类值、扫描角度、附加 RGB 值、扫描方向、飞行航线的边缘、用户数据、点源 ID 和波形信息。

GeoScenePro 支持以 ASCII 或 LAS 文件格式提供的激光雷达数据。GeoScene Pro 保留属性信息以供进一步分析。GeoScene Pro 支持以 LAS 或经过优化的 LAS (.zlas)文件形式提供的激光雷达数据。在 GeoScene Pro 中有多种不同的格式(数据集)可用于管理和处理激光雷达数据，其中包括 LAS 数据集、镶嵌数据集和点云场景图层。

LAS 数据集存储对磁盘上一个或多个 LAS 文件及其他表面要素的引用，并不实际存储数据。

1.2.4　设计图纸数据

二三维设计图纸数据是指设计行业常用的数据类型，常见的数据形式为 CAD 数据。计算机辅助设计(CAD)是专业设计人员设计和记录实物时所使用的硬件和软件系统。AutoCAD 和 MicroStation 是两个使用广泛的通用 CAD 平台。这两个系统适合各种各样的应用，工程、建筑、测绘和建材行业的单位或个人使用这些软件来提供各种服务。

GeoScene Pro 接受通过基于 AutoCAD 和 MicroStation 应用程序生成的 CAD 数据。

CAD 数据文件的大小、比例和细节层次各异；它们既可以表示采用某一投影比例的建筑物内部的信息，也可以表示投影格网区域内采用某一区域比例的测量地籍图。CAD 文件可用作地图内容，也可用于描绘建议的设计信息。CAD 工程图通常是新基础设施或自然环境变化的来源，可用于更新 GIS 数据集。GeoScene Pro 将 CAD 文件读取为 GIS 格式的数据集，以将其添加到地图和场景中并迁移到 GIS 数据集中。GeoScene Pro 支持来自 GeoScene for AutoCAD 和 MicroStation 的文件。每个均使用基于文件的矢量格式。这两种格式均支持 2D 和 3D 信息。

DWG 格式是 Autodesk AutoCAD 软件的本地文件格式。除 Autodesk AutoCAD 之外，其他某些 CAD 供应商也使用 DWG 文件格式的版本。GeoScene Pro 可以读取可能包含在 GeoScene for AutoCAD 插件或 Autodesk Civil 3D 软件中创建的要素类数据的 .dwg 和 .dxf 文件。

DXF 格式是一种交换格式，最初开发的目的是用于与其他软件应用程序实现互操作性。随着越来越多的软件应用程序通过 Autodesk 或第三方提供商(如 Open Design Alliance)的许可读/写技术直接支持 DWG 格式，DXF 格式的用途不断减少。

DGN 格式是 Bentley MicroStation 软件的本地文件格式。DGN 格式的独特之处是可以使用非标准文件扩展名进行保存。利用此功能可以对内容进行指示；例如，可以使用 .par 扩展名保存 DGN 格式文件，以便标识包含宗地信息的工程图。

GeoScene Pro 以只读要素集的形式读取 AutoCAD 或 MicroStation 文件，即 GeoScene Pro 只能读取 CAD 数据文件，不能保存 CAD 数据文件。GeoScene Pro 中以只读要素集的形式展现 CAD 文件，该要素集包含空间参考和只读要素类。可以将只读要素数据集和包含的要素类添加到地图或场景中，或以与其他 GIS 数据集相同的方式，将其用于地理处理工作流程中，而无须进行转换。

1.2.5 建筑信息模型

建筑物信息建模(BIM)是跨多个领域创建和管理建筑工程中的 3D、4D 和 5D 信息的过程。GeoScene Pro 接受通过基于 Autodesk Revit 应用程序生成的 BIM 数据。

在 GeoScene Pro 中，直接将 BIM 设计文件作为本地 GIS 要素内容读取。GeoScene Pro 可以按使用任何其他基于文件的只读 GIS 数据源的方式使用 BIM 源内容。GeoScene Pro 将 BIM 文件中元素的几何和参数用作点、折线、面和多面体要素类的只读 GIS 数据源。随后，这种对 BIM 数据的 GIS 解释可用于 GeoScene Pro 的所有界面和功能。

BIM 文件工作空间为 BIM 文件提供地理数据库结构和组织。BIM 文件工作空间、数据集和要素类都可以在地图和场景中作为要素图层，构成有效输入，也是地理处理工具的有效只读输入。

将 BIM 文件工作空间添加到 GeoScene Pro 场景时，它将作为建筑物图层和图层组添加。

1.2.6 三维模型

GeoScene Pro 不仅支持采用 Shapefile 文件存储的多面体要素，也支持采用地理数据库存储和管理 3D 几何类型要素，均可称之为 3D 对象要素类。它使用已定义的地理位置，并引用可以存储为一种或多种格式的 3D 几何网格。

添加 3D 对象要素类的方法有以下两种：①使用“新建要素类”窗格在地理数据库中新建 3D 对象要素类，并在要素类类型列表中选择 3D 对象；②将 3D 格式添加到多面体地理处理工具来添加 3D 模型文件格式，将现有多面体要素类转换为 3D 对象要素类。

创建 3D 对象要素类时，它将使用已定义的地理位置和引用 3D 几何网格来存储和管理要素。将空 3D 对象要素图层添加到场景后，可以使用创建和修改编辑工具以与编辑多面体图层相同的方法来编辑 3D 对象图层。出于性能原因，一些显示属性在编辑 3D 对象时不可用。完成编辑后，要素将完全重新绘制。

3D 对象要素类适用于以下 3D 模型格式：COLLADA (.dae)、Autodesk Filmbox (.fbj)、Wavefront (.obj)、GL 传输格式(.glTF)和二进制 GL 传输格式(.glb)文件。

1.2.7 KML 数据

KML(之前称为 Keyhole 标记语言，Keyhole 为 Google Earth 的前身)是一种基于 XML 的文件格式，用于显示地理环境中的信息。KML 信息可在多种基于 Earth 的浏览器中进行绘制。KML v2.2 版本已被采纳为开放地理空间联盟(OGC)标准。可访问 https://www.opengeospatial.org/standards/kml/，查看完整的 KML 规范及解释说明。

单个 KML 文件可包含不同几何类型的要素，甚至可以包含矢量数据和栅格数据及 3D 模型。GeoScene Pro 可将此内容全部绘制为单个图层。系统支持在源文件中定义的

KML 设置，可以导航并浏览 KML 信息，并更改图层显示的某些方面，但无法修改 KML 本身。

KML 元素可包括能在弹出窗口中查看的信息，但不可配置 KML 要素的属性。KML 图层不具备相关联的属性表。不能在分析中选择和使用 KML 要素。如果希望以使用其他 GIS 数据一样的方式使用此数据，可使用 KML 转图层工具将 KML(或 KMZ)文件转换为文件地理数据库中的要素类。还可通过此工具创建相应的图层文件，以反映 KML 文件中建立的符号系统。

1.2.8 多维科学数据 NetCDF

NetCDF(网络公用数据格式)是一种用来存储温度、湿度、气压、风速和风向等多维科学数据(变量)的文件格式，广泛应用于大气和海洋研究。在 GeoScene 中，通过根据 NetCDF 文件创建图层或表视图，可以用一个维度(例如时间)来显示上述所有变量。

1.2.9 Web 地图服务

Web 地图是地理信息的交互显示。Web 地图包含底图、图层、范围、图例及导航工具(如缩放工具、平移工具、地点查找器和书签)。许多地图还包含交互式元素，如允许在地图(比如影像图和街道图)间切换的底图库、测量工具、显示特定要素属性的弹出窗口及显示随时间变化的数据的按钮。这些元素由来自服务和文件的数据图层组成，可以传达特定消息或提供基于地图的特定功能。

GeoScene Pro 软件可用于加载处理 Web 服务。例如，单击添加数据时，可以浏览至服务器连接并将地图和影像 Web 服务添加到内容列表中，就像加载或处理任何其他数据源一样。只要发布的 GIS Web 服务遵循行业规范，如 GeoScene/ArcGIS 发布的地图服务、Bing 地图、OGC 服务等，均可利用该软件浏览和应用。

1.3 GIS 数据浏览

为便于查看数据，打开 GeoScene Pro 软件后，选择合适的本地文件夹路径，新建一个工程，选择“地图”模板，参考以下内容分别查看矢量数据、栅格数据、三维数据及 Web 服务等。

1.3.1 矢量数据

在软件右侧目录窗格的“文件夹”上右击→“添加文件夹连接”，找到并选中给定的 SHP 文件夹，其中包含 3 个 Shapefile 文件，如图 1-24 所示。

在右侧目录窗格，将 3 个 Shapefile 选中，拖入地图中，3 个 Shape 数据图层即可加入地图中；也可将 3 个 Shapefile 拖入左侧的内容窗格，也会将数据加载到软件中。数据加载视觉效果如图 1-25 所示，使用菜单栏“地图”→导航中的放大、缩小等工具进行数据的浏览与可视化；显示不同类型的图层，如可见图层、可选图层等。

文件夹
MyProject
SHP
WHUInfo_Area. shp
WHUInfo_Line. shp
WHUInfo_Point. shp

（a）软件内目录

名称	修改日期	类型	大小
WHUInfo_Area.cpg	2023/10/8 10:37	CPG 文件	1 KB
WHUInfo_Area.dbf	2023/10/8 10:37	DBF 文件	303 KB
WHUInfo_Area.prj	2023/4/7 17:16	PRJ 文件	1 KB
WHUInfo_Area.sbn	2023/10/8 10:37	SBN 文件	4 KB
WHUInfo_Area.sbx	2023/10/8 10:37	SBX 文件	1 KB
WHUInfo_Area.shp	2023/10/8 10:37	SHP 文件	53 KB
WHUInfo_Area.shx	2023/10/8 10:37	SHX 文件	3 KB
WHUInfo_Line.cpg	2023/4/7 17:16	CPG 文件	1 KB
WHUInfo_Line.dbf	2023/4/7 17:16	DBF 文件	198 KB
WHUInfo_Line.prj	2023/4/7 17:16	PRJ 文件	1 KB
WHUInfo_Line.sbn	2023/10/8 10:36	SBN 文件	4 KB
WHUInfo_Line.sbx	2023/10/8 10:36	SBX 文件	1 KB
WHUInfo_Line.shp	2023/4/7 17:16	SHP 文件	45 KB
WHUInfo_Line.shx	2023/4/7 17:16	SHX 文件	3 KB
WHUInfo_Point.cpg	2023/4/7 17:16	CPG 文件	1 KB
WHUInfo_Point.dbf	2023/4/7 17:16	DBF 文件	187 KB
WHUInfo_Point.prj	2023/4/7 17:16	PRJ 文件	1 KB
WHUInfo_Point.sbn	2023/10/8 10:37	SBN 文件	3 KB
WHUInfo_Point.sbx	2023/10/8 10:37	SBX 文件	1 KB
WHUInfo_Point.shp	2023/4/7 17:16	SHP 文件	6 KB
WHUInfo_Point.shx	2023/4/7 17:16	SHX 文件	2 KB

（b）文件管理器内的目录

图 1-24　添加 SHP 文件夹

图 1-25　Shape 数据可视化

此外，地图菜单栏内还有图层菜单区，里面有地图和添加数据等功能，其中添加数据菜单下拉选项功能丰富，可进行尝试加载不同类型的数据。

1.3.2 栅格数据集

在目录窗格的“文件夹”上右击→“添加文件夹连接”，找到并选中给定的 DOM 文件夹，可以看到该文件夹下有 4 幅正射影像，如图 1-26 所示。

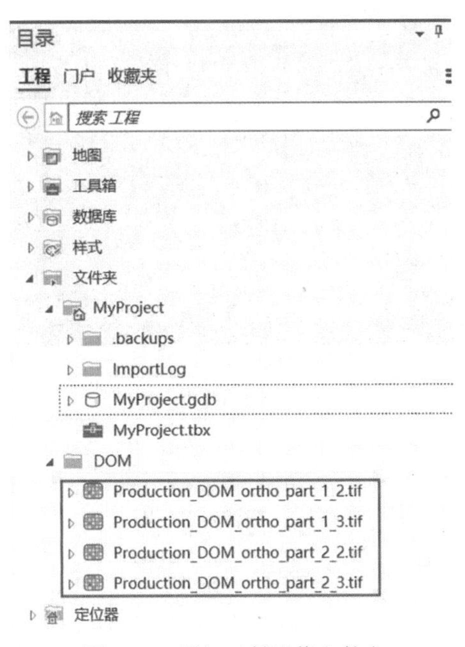

图 1-26　添加正射影像文件夹

随后在工程对应的数据库内建立一个镶嵌数据集，右键数据库→新建→镶嵌数据集，命名为 WHU-RSDOM，坐标系选择“投影坐标系”→“Gauss Kruger”→“CGCS2000”→“投影坐标系 CGCS2000 3 Degree GK CM 114E”，点击“运行”，该数据集自动加载到地图中，但没有内容可显示。

在目录窗口中，右击该数据集，点击“添加栅格数据…”，在“输入数据”下方点击“添加数据”按钮，选中 4 幅格式为“. tif”的正射影像，随后点击“运行”按钮。查看地图窗口中的边界、轮廓线及影像，体验其显示速度等，如图 1-27 所示。

由图 1-27 可以看到该数据集的最下方存在黑边，在左侧的内容窗口中把“边界”和“轮廓线”两个图层前面的显示框勾掉，在黑边处点击一下，在弹出的对话框中查看黑边的像素值，如图 1-28 所示。

为美化显示效果，点击菜单“外观”→“符号系统”→“RGB”，在弹出的右侧“主符号系统”框中选择“掩膜”选项卡，勾选“显示背景值”，并输入刚刚的黑边像素值，即可看到黑边被隐藏，如图 1-29 所示。类似地，有些图像有白边，或不想显示某些颜色，也可采用此方法。

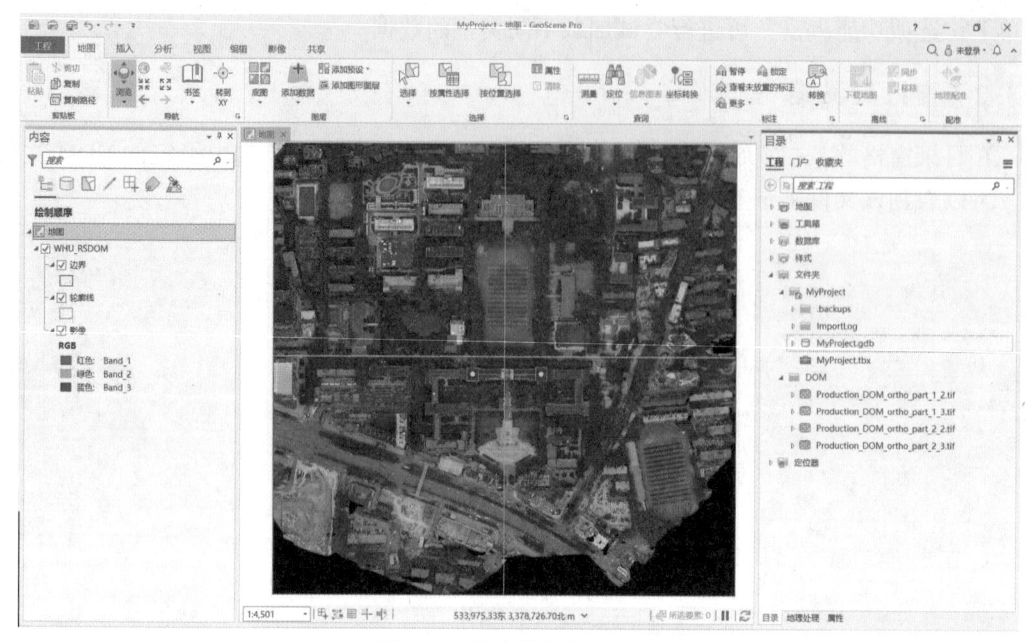

图 1-27　镶嵌数据集的显示

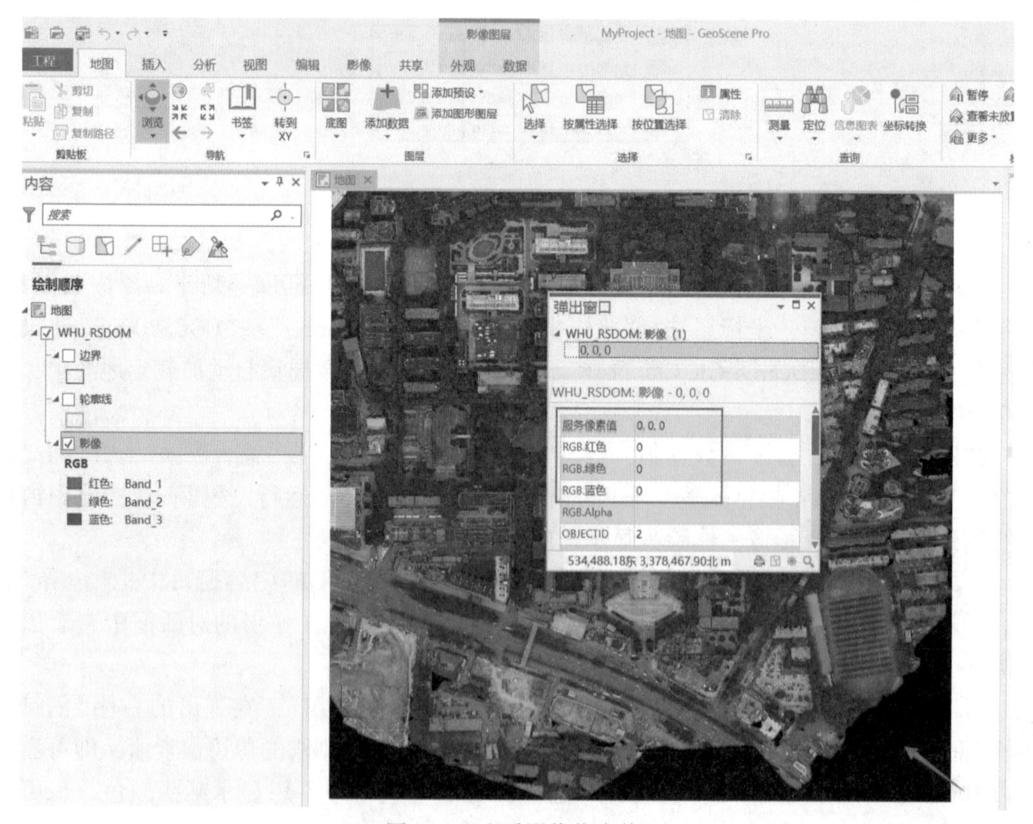

图 1-28　查看影像像素值

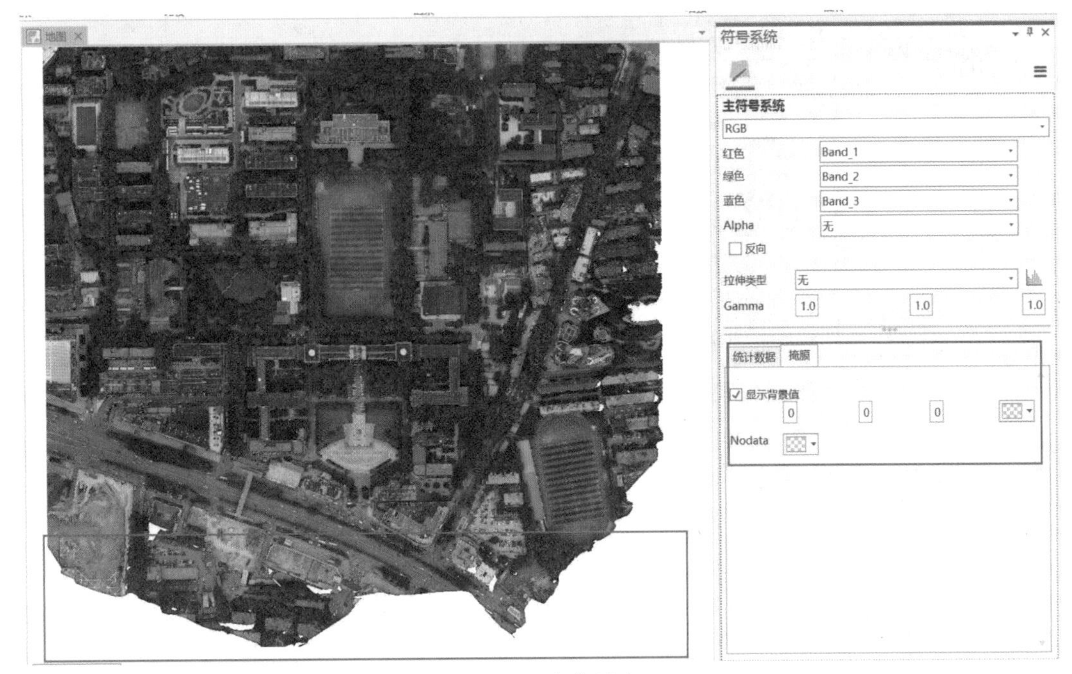

图 1-29 隐藏黑边

尝试比较该镶嵌数据集与单独加载 4 幅正射影像的显示效果差异。进一步构建栅格数据集，并进行查看，比较、分析其与镶嵌数据集的操作及显示的差异。

1.3.3 激光雷达数据集

在目录窗格的“文件夹”上右击→“添加文件夹连接”，找到并选中给定的 LiDAR 文件夹，随后在右侧文件夹下多了一个名为“LiDAR”的目录结构，其中包含一个 LAS 文件，如图 1-30 所示。

右击该 LAS 文件，查看其属性，在弹出的“属性”对话框中可以看到其统计信息均为空，其他信息如常规、LAS 文件和坐标系页面均有不少信息。可以点击“统计分析”对话框下面的“计算”按钮进行计算，就可以看到软件对 LAS 点云数据进行了分类并计算了回波信息等，如图 1-31 所示。

图 1-30 添加 LiDAR 文件夹

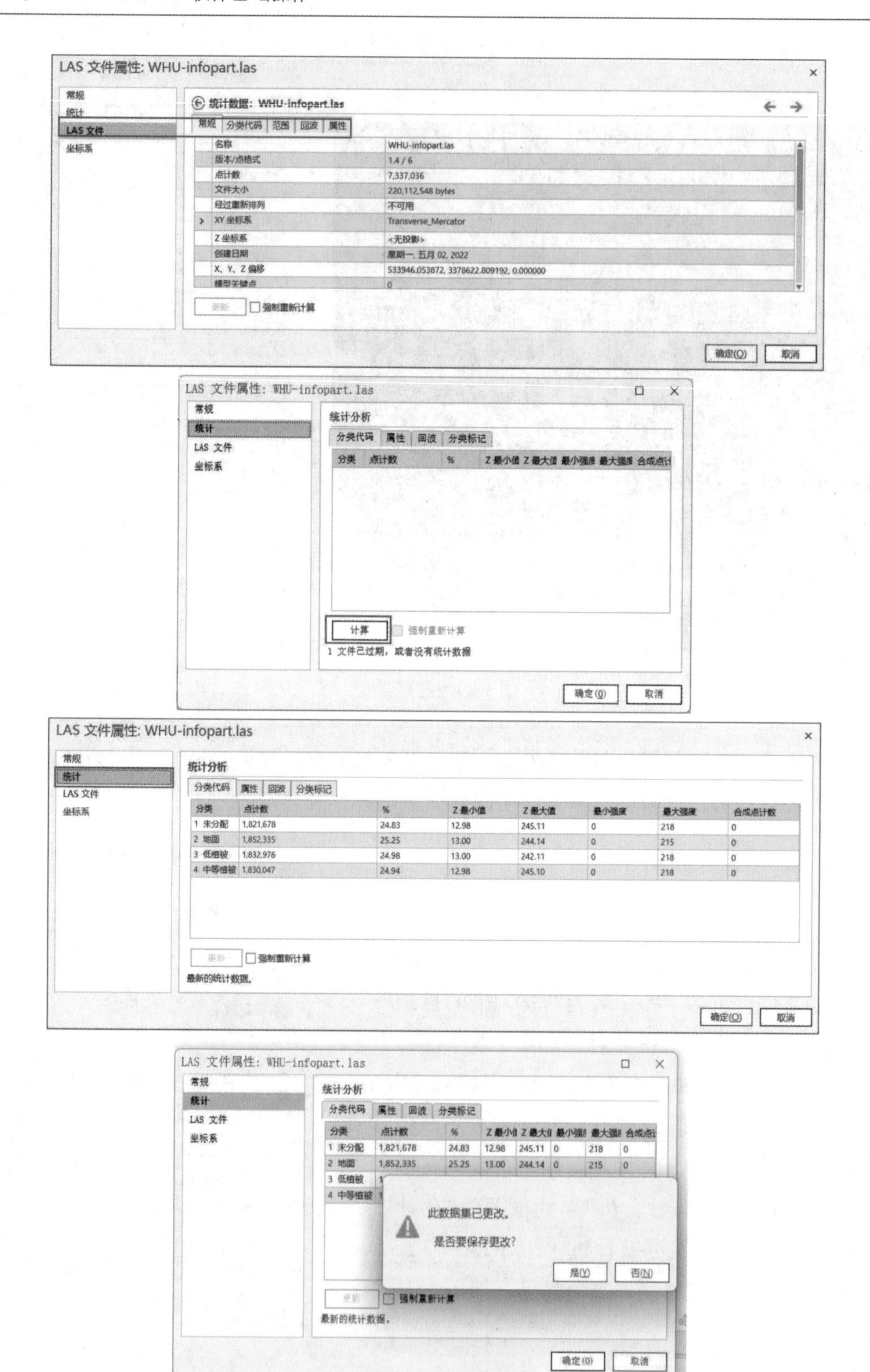

图 1-31　LAS 文件属性

点击“是”，就可保存该文件的统计信息，点击“否”则不保存。此处，点击“否”，在随后构建的 LAS 数据集中进一步对比查看。

在“LiDAR”文件夹上右击，选择新建 LAS 数据集，如图 1-32 所示，并右击该数据集，重命名为 WHU-ip. lasd。

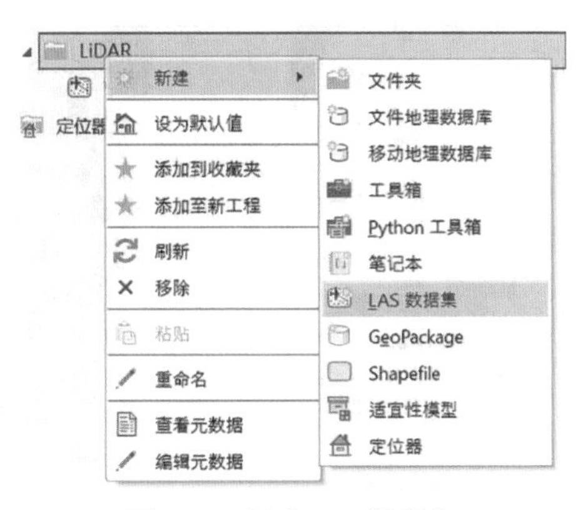

图 1-32　新建 LAS 数据集

在 WHU-ip. lasd 上右击→“属性”，在“属性”对话框中选择“LAS 文件”标签页，点击“添加文件”按钮，将“WHU-infopart. las”添加至数据集后，点击该文件列表的最后一列“详细信息”按钮，可以看到刚刚未保存的统计信息被重新计算出来，如图 1-33 所示。

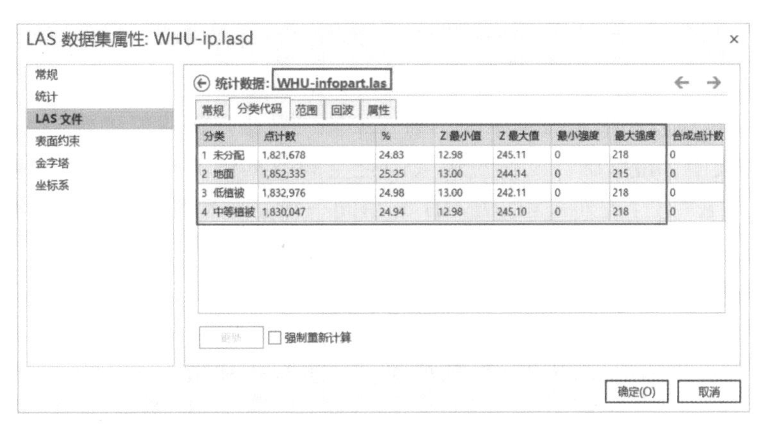

图 1-33　LAS 数据集在添加数据时自动计算其信息

点击菜单“插入”，选择“新建局部场景”，将 WHU-ip. lasd 数据集拖入其中，可以看到其中的 LAS 数据默认以高程渲染。点击菜单“外观”→符号系统下的三角形，可见有不同的显示方式，如分类、坡度、坡向。选择“分类”，可以看到以类别进行的点云渲染，并可在右侧的“符号系统”窗口中修改显示模式，包括点云大小、绘制工具、各类具体的颜色等，如图 1-34 所示。

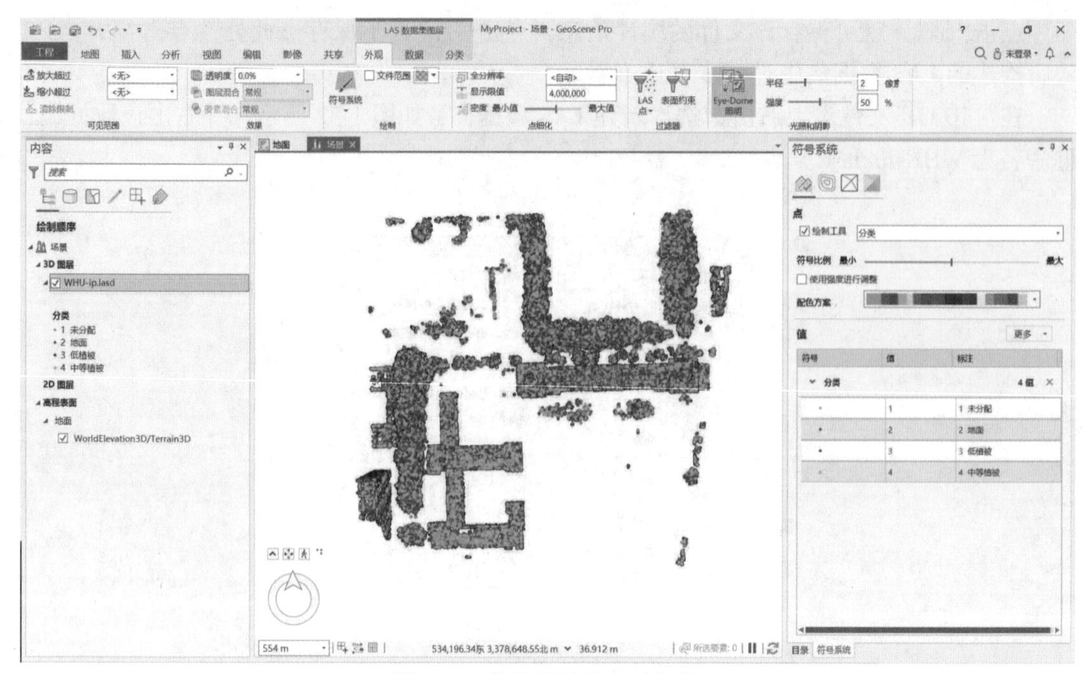

图 1-34　分类显示的点云数据

仔细查看该点云数据的分类效果，可见大多数点的类别是错误的。由于此部分仅进行激光雷达数据的可视化，所用点云数据不完整，仅采集了部分点云数据，导致分类错误。可进一步进行分类，或使用完整的数据。分类及完整的点云数据将在后续章节中介绍。

1.3.4　倾斜摄影三维模型数据

实景三维中国建设是落实数字中国、平安中国、数字经济战略的重要举措。整个“实景三维中国”建设中，最基础、工作量最大的是空间数据体的建设，其中“倾斜摄影三维模型”和“激光点云”已经被列入和传统 4D 产品同一级别的地理场景数据。在上一节中已经查看激光雷达点云，本节主要介绍倾斜摄影三维模型数据的查看。

在目录窗格的“文件夹”上右击→“添加文件夹连接”，找到并选中给定的 OSGBGDB 文件夹，在右侧目录窗格中文件夹下多了一个名为“OSGBGDB”的目录结构，其中包含一个.slpk文件和一个 WHUInfoOSGB.gdb 数据库，如图 1-35 所示。

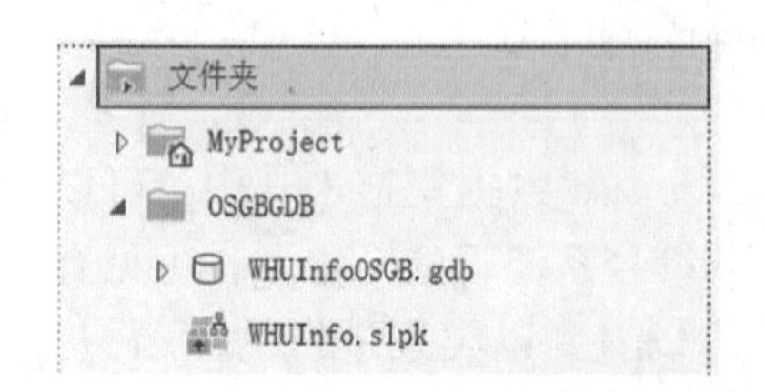

名称	修改日期	类型	大小
WHUInfoOSGB.gdb	2023/10/8 11:20	文件夹	
WHUInfo.slpk	2023/10/8 8:36	SLPK 文件	336,784 KB

(a)软件中OSGBGDB文件夹内的文件和数据库　　(b)文件管理器内的 OSGBGDB 内的目录

图 1-35　OSGBGDB 内展示的倾斜摄影三维模型数据

.slpk 文件和 WHUInfoOSGB.gdb 数据库存储的均为同一场景的倾斜摄影三维模型数据，来源格式均为 OpenSceneGraph 二进制(OSGB)。因 GeoScene Pro 软件不支持 OSGB 的直接显示，需进行转换，.slpk 文件和 WHUInfoOSGB.gdb 数据库以不同的方式转换：分别使用数据管理工具箱中的“创建集成网格场景图层内容”工具和三维数据转换工箱中的“OSGB 倾斜摄影测量三维模型转 SLPK”工具(该工具需要另外的许可)，这里直接加载到软件的场景中显示。

1. WHUInfoOSGB.gdb 数据库中的倾斜摄影三维模型

在右侧目录窗格内，选中数据库中的“Tile__006__003_L21_×××××××”，添加到场景中。为便于查看对比，在左侧的内容窗格内，选中“3D 图层”右击→创建图层组，命名为“Tile_006_003_L21”，表示当前加载的三维模型数据是 006-003 块 Tile(三维瓦片)的 L21 级，并将“3D 图层”内的所有 Tile__006__003_L21_×××××××图层选中拖至“Tile_006_003_L21”图层组内。在“Tile_006_003_L21”图层组上右击→缩放至图层，可以看到如图 1-36 所示的结果。

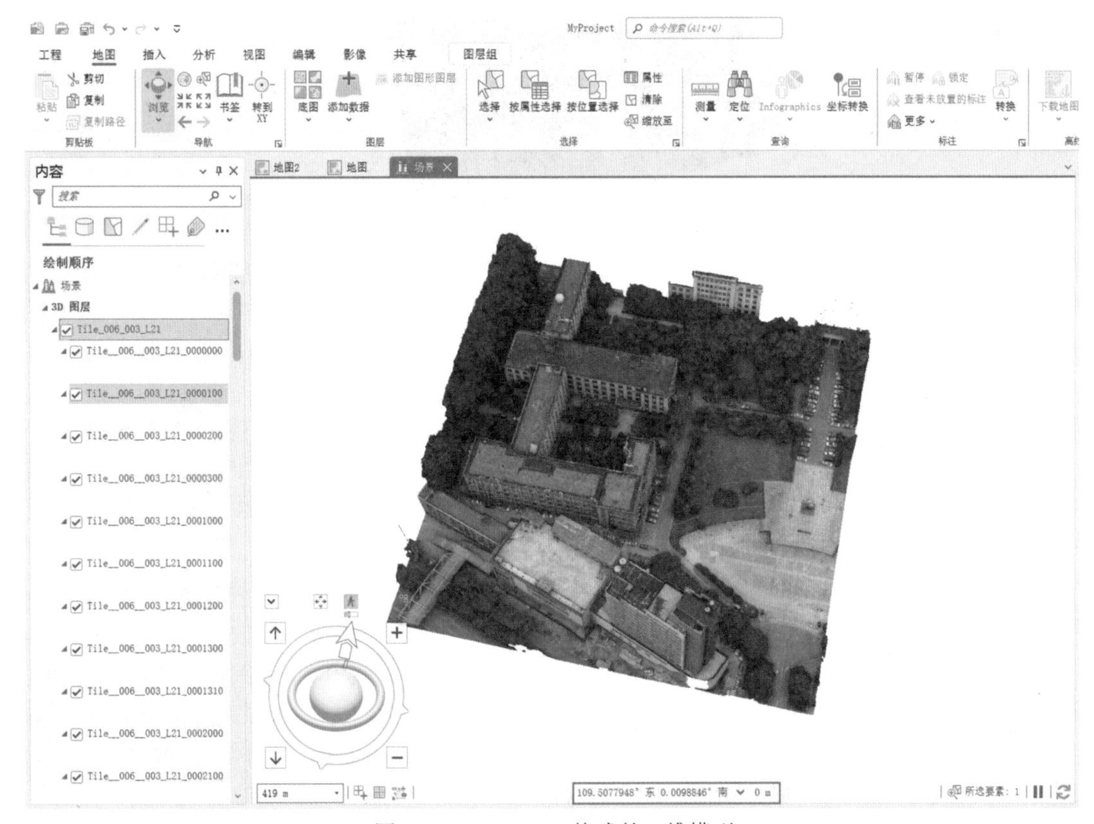

图 1-36　Multipatch 格式的三维模型

注意观察下方状态栏上的坐标值，可见该坐标值有误，与实际坐标并不对应。这是因为采用数据互操作模块转换得到的模型数据，还需要进行坐标平移操作，这些工具将在后续章节中介绍。

2. slpk 文件存储的倾斜摄影三维模型

在右侧目录窗格内，选中“OSGBGDB”文件夹的“WHUInfo. slpk”文件，将其拖入场景中。在左侧内容窗格中，点击“Tile_006_003_L21”前的小三角，将图层组收缩，右击“WHUInfo”→缩放至图层，可见如图 1-37 所示的结果。

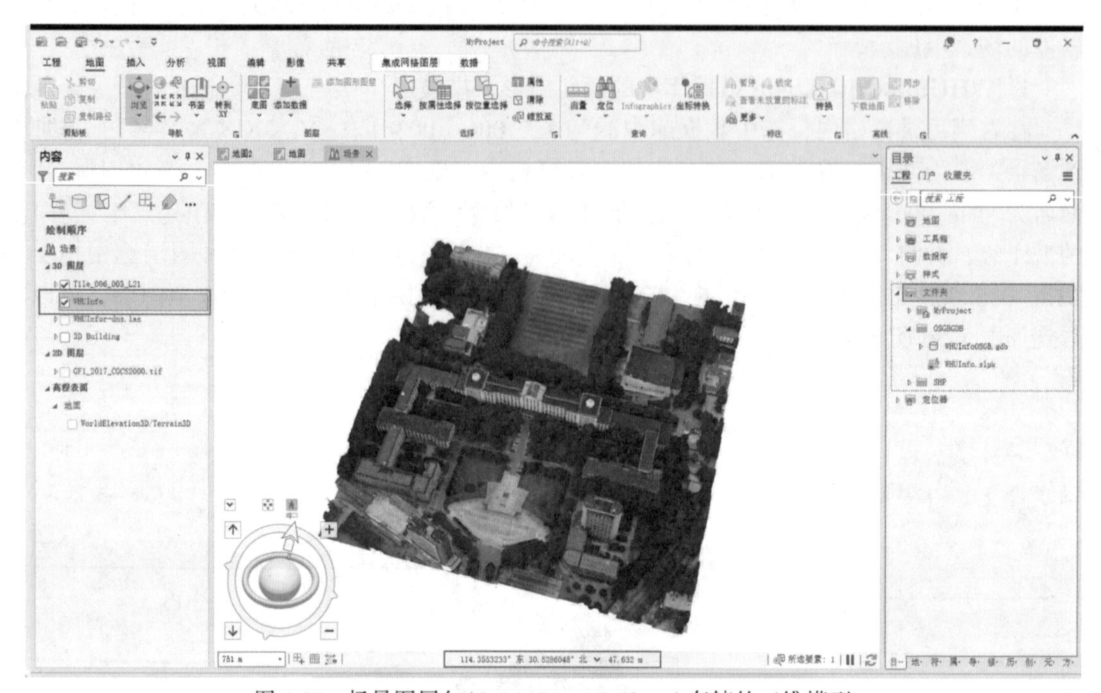

图 1-37　场景图层包(Scene Layer Package)存储的三维模型

再次观察状态栏上的坐标值，已经恢复正常；通过勾选/去掉图层名称前的方框，对图层显示进行控制，可见三维模型与点云数据、卫星影像等能叠加在一起，无明显错位。

同时，通过查看 2 种格式存储的三维模型，发现当前加载的 Tile__006__003_L21 模型只有一部分，其他部分尚未加载，可参考上述步骤将 006-004、007-003、007-004 块加载至软件进行对比，会发现三维模型的范围和内容一致。

1.3.5　BIM 数据

在目录窗格的“文件夹”上右击→“添加文件夹连接”，找到并选中给定的 BIM 文件夹，随后在右侧文件夹下多了一个“BIM”目录结构，以此包含一个 Revit 文件夹→school. rvt→多个 BIM 文件数据集，如图 1-38 所示。GeoScene Pro 将 Autodesk Revit 文件解释为包含多个要素类数据集的单个 GeoScene 工作空间。这些数据集以常见行业建筑领域命名。

点击菜单“插入”，选择“新建局部场景”，将 school. rvt 数据集拖入其中，在左侧内容窗格中关闭 shool_Floorplan 图层组的显示，仅显示 shool 图层组。

1.3.6　Web 地图服务

以下以 https：//services. arcgisonline. com/ArcGIS/rest/services 发布的地图服务为例，

介绍使用 GeoScene Pro 加载地图服务。

首先，使用浏览器打开该链接，该链接提供了多个地图服务，如图 1-39 所示。

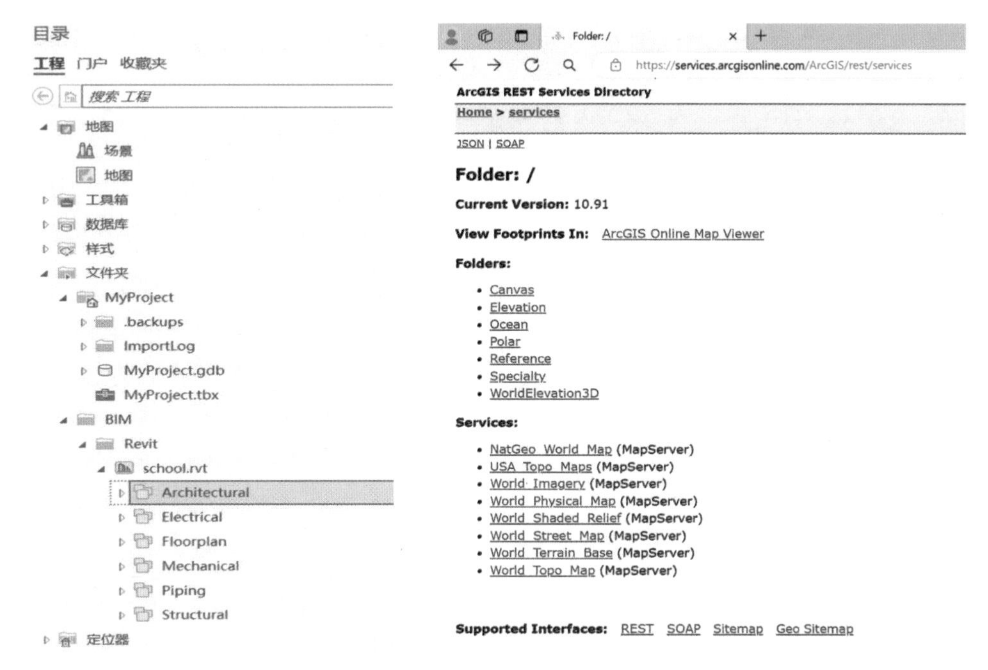

图 1-38 Revit 文件在 GeoScene Pro 中的结构　　图 1-39 地图服务示例

随后选择最后一个地图服务，进入其服务描述页面，可以查看其中的信息，包括发布者、地图图层等信息，见图 1-40。

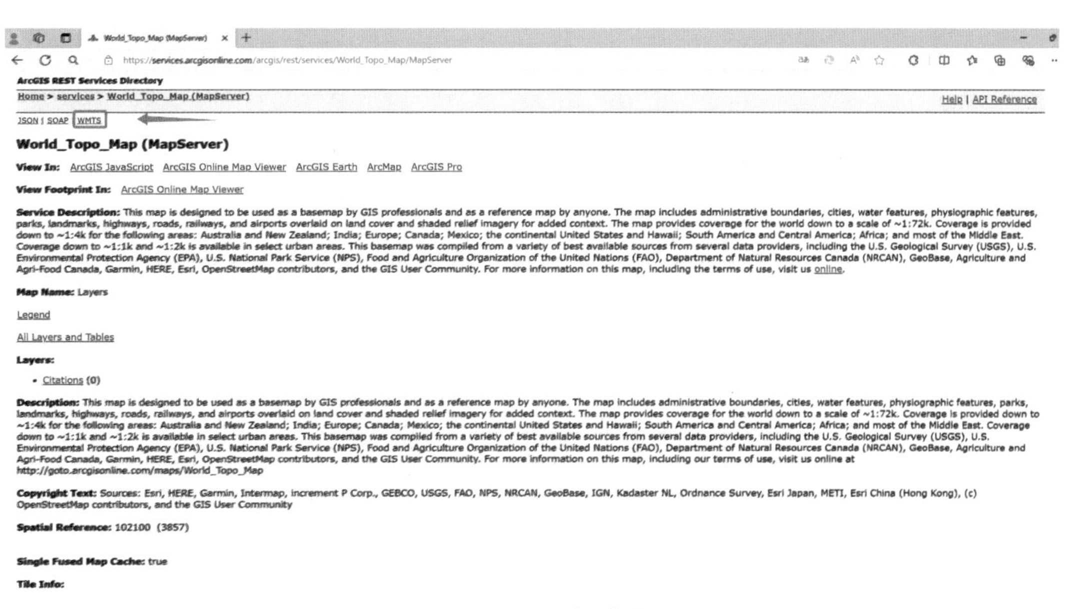

图 1-40 地图服务详细信息页面

点击图 1-40 最上面第三行的“WMTS”，其表示地图切片服务，将打开 WMTS 的描述页面。复制浏览器中的网址，即为该 WMTS 的地址，如图 1-41 所示。

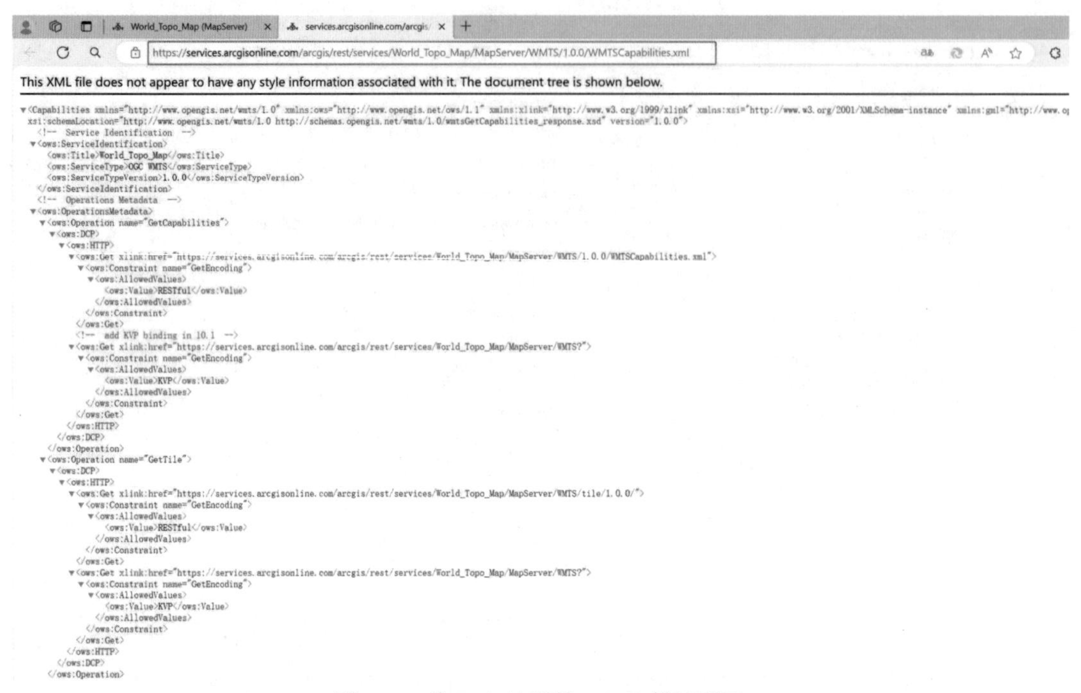

图 1-41　该 Web 地图的 WMTS 描述页面

在 GeoScene Pro 中，点击菜单功能区“插入”→“工程”，选择“连接”下方的三角形，点击“服务器”→“新建 WMTS 服务器”，在弹出的对话框中，粘贴该网址，如图 1-42 所示。

添加 WMTS 服务器连接

服务器 URL

e.com/arcgis/rest/services/World_Topo_Map/MapServer/WMTS/1.0.0/WMTSCapabilities.xml

例如:

http://gisserver.example.com/arcgis/rest/services/mymap/MapServer/WMTS/1.0.0/WMT...

http://gisserver.example.com/maps.cgi?

版本:

默认版本

自定义请求参数

身份验证(可选)

用户名

密码

保存登录帐户

Windows 凭据管理器

连接文件

确定　取消

图 1-42　配置 WMTS 服务器网络地址

如图 1-42 所示，点击“确定”后，在右侧的目录窗格中，文件夹内多了一个 Web 地图服务，如图 1-43 所示。

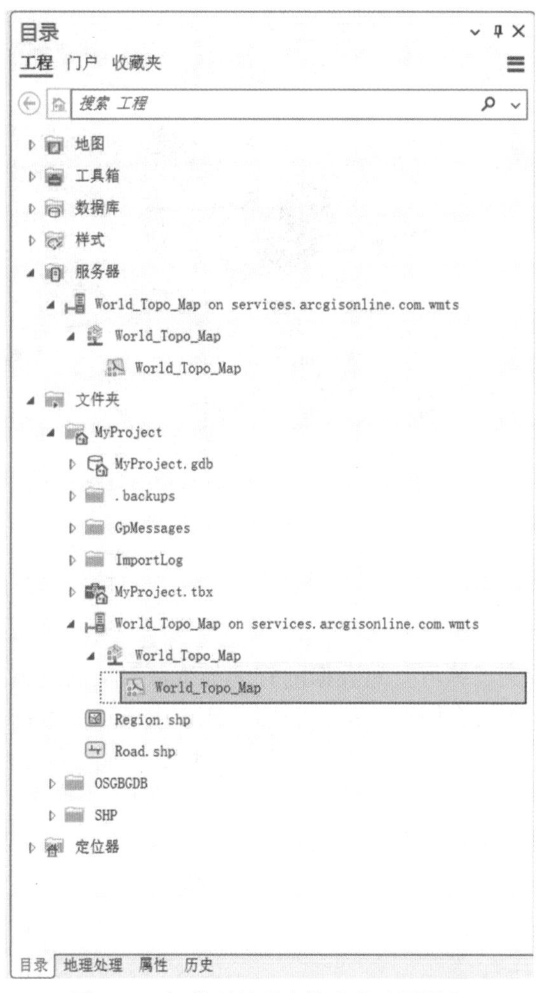

图 1-43 加载到目录窗格中的地图服务

将该地图服务拖曳到地图窗口或内容窗口中，地图服务即可加载到地图中，如图 1-44 所示。

在添加天地图、BING 地图服务时，方法与之类似，但需要申请密钥，在添加地图服务器的页面中输入即可。

此外，GeoScene Online 上还发布一些可用的地图服务，采用以下操作流程加载到地图视图中：点击“工程”菜单→“门户”→“添加门户”→输入“https：//www.geosceneonline.cn/”，再点击“地图”菜单→“地图”菜单下的三角形，出现了三个底图，分别是“矢量底图”“影像底图”和“地形底图”。点击其中任意一个底图，可将其加载到地图视图中。

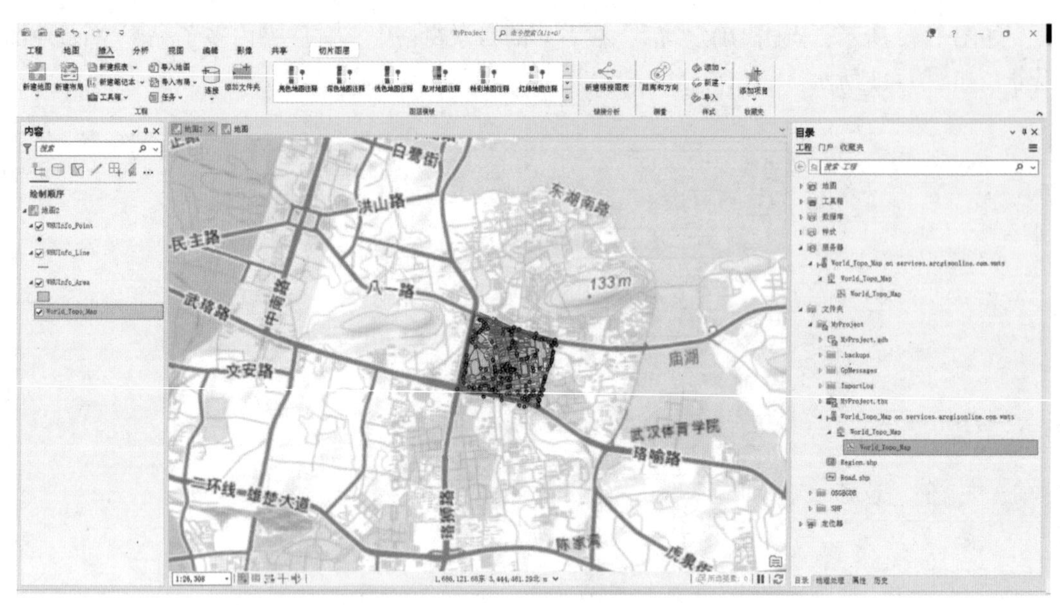

图 1-44　GeoScene Pro 加载地图服务

1.4　简单查询与统计

本节通过一个简单例子练习空间数据的查询与统计，从而熟悉 GeoScene Pro 软件。所用数据为某年北京出租车分布模拟数据，分别是北京主干路网数据 BeijingRoad. shp、某天上午的出租车数据 TaxiData. shp、路网分时平均速度表 RoadSpeed. dbf，以及另外一份供深入探索的 TaxiData_Sample. shp。

在 GeoScene Pro 软件中加载前 3 个数据，查看其空间内容与属性表信息，如图 1-45 所示。表 1-3、表 1-4、表 1-5 给出了这 3 个数据的属性描述。

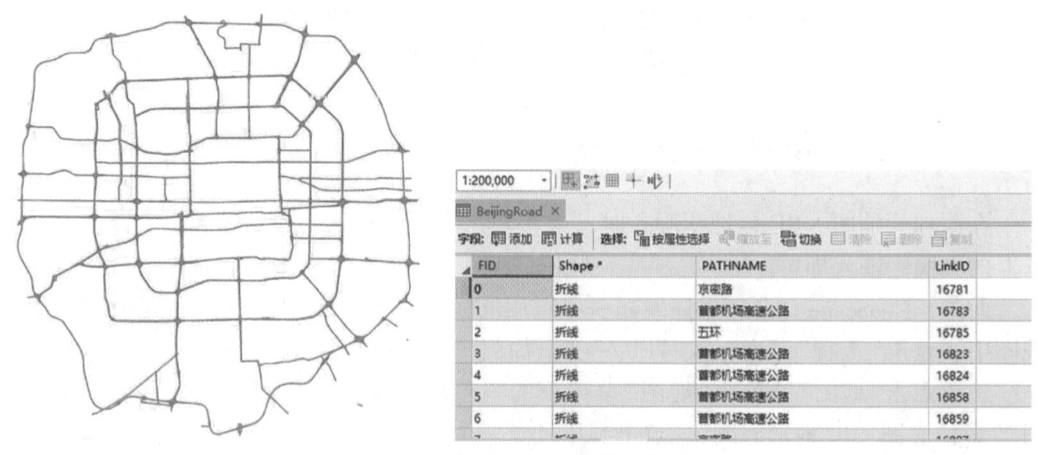

FID	Shape *	PATHNAME	LinkID
0	折线	京密路	16781
1	折线	首都机场高速公路	16783
2	折线	五环	16785
3	折线	首都机场高速公路	16823
4	折线	首都机场高速公路	16824
5	折线	首都机场高速公路	16858
6	折线	首都机场高速公路	16859

(a) BeijingRoad. shp 内容及属性表

图 1-45　三个主要数据的内容及属性(一)

FID	Shape	VehicleID	Time	LinkID	Speed	Status
0	点 Z 值M 值	1140	6.423333	124344	23	0
1	点 Z 值M 值	1140	6.288056	137063	26	0
2	点 Z 值M 值	1140	6.151667	65782	0	0
3	点 Z 值M 值	1140	6.122222	64612	2	1
4	点 Z 值M 值	1140	6.076667	63641	0	1
5	点 Z 值M 值	1140	6.061667	69368	56	1
6	点 Z 值M 值	1140	6.046389	130736	78	1

(b) TaxiData.shp 内容及属性表

OID	LinkID	Speed6_7	Speed7_8	Speed8_9	Speed9_10	Speed10_11
0	16781	49	36.33	42	32	34.5
1	16783	53.94	48	35	52	58
2	16785	35	36	28	51.5	50.5
3	16823	50.5	43	35	54	35
4	16824	35	35	35	35	35
5	16858	35	35	35	35	35
6	16859	45	25	35	35	52
7	16887	53.86	25.5	49.25	61	49.38
8	16888	64.71	59.65	61	57.5	63.13
9	16889	26.82	28.84	87.6	43.92	20.51
10	16890	60.6	50.92	42.33	49.17	46.54
11	16893	42.36	24	59.5	41.6	27.17
12	16894	35	35	35	35	56
13	16895	35	35	35	35	35
14	16896	47	35	35	53.8	67

(c) RoadSpeed.dbf 表内信息

图 1-45 三个主要数据的内容及属性(二)

表 1-3 **BeijingRoad.shp 属性表描述**

名称	说　明
PATHNAME	道路名称
LinkID	道路 ID

表 1-4 **TaxiData.shp 属性表描述**

名称	说　明
VehicleID	出租车车辆 ID
Time	GPS 点的时间(小时)
LinkID	GPS 点所在的道路 ID
Speed	GPS 点速度(km/h)
Status	载客状态：1 为载客，0 为空载，2 和 3 也当空载处理

表 1-5 **RoadSpeed. dbf 属性表描述**

名称	说　明
LinkID	道路 ID
Speed6_7	道路 6—7 时平均速度(km/h)
Speed7_8	道路 7—8 时平均速度(km/h)
Speed8_9	道路 8—9 时平均速度(km/h)
Speed9_10	道路 9—10 时平均速度(km/h)
Speed10_11	道路 10—11 时平均速度(km/h)

1.4.1 数据导入数据库

1. 新建数据库

GeoScene Pro 在新建地图工程时会默认为该工程新建一个与工程同名的文件数据库(. gdb)，用于存储该工程需要的数据及处理工具运行所需的临时数据库，在目录窗格中可见，如图 1-46 所示。

对应工程文件夹下的 . gdb 文件夹，注意观察系统文件资源管理器中该文件夹内的数据，如图 1-47 所示。

图 1-46 目录窗格中的工程数据库

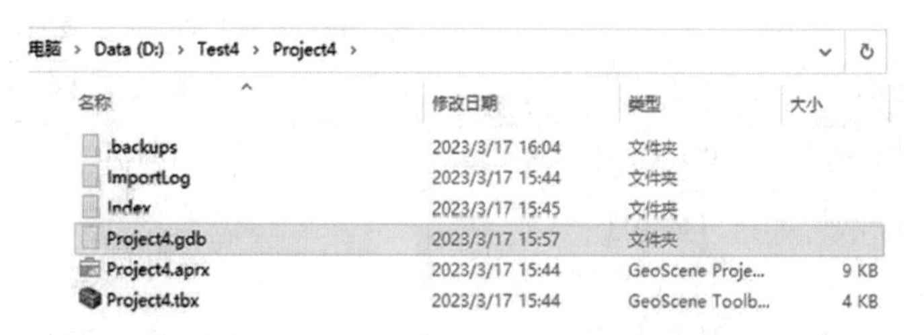

图 1-47 文件资源管理器中的数据库

若想单独新建数据库用于自定义管理数据，可在目录中右键点击“新建文件地理数据库”完成。通过“添加数据库”将其他位置的数据库添加到该工程中，如图 1-48 所示。

除了 GeoScene Pro 自定义的“文件地理数据库”和“移动地理数据库”外，GeoScene Pro 还可以连接已有的商用数据库，通过“新建数据库连接”可选择连接到 SQL Server、Oracle、DB2、PostgreSQL 等常见数据库，如图 1-49 所示。

图 1-48 右击数据库

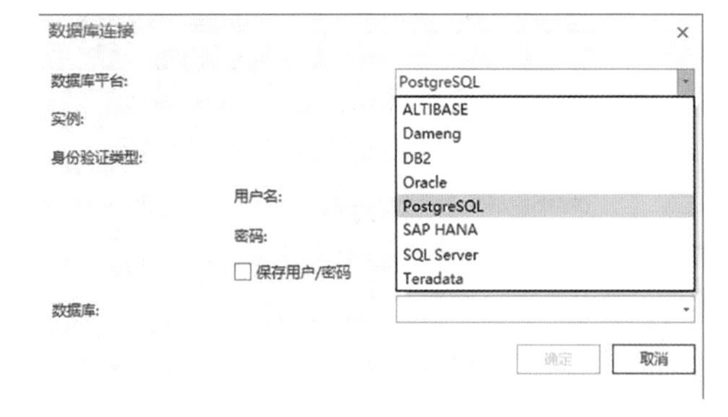

图 1-49 GeoScene Pro 支持的外部数据库

2. 要素数据集与数据导入

GeoScene 为文件数据库提供了新建数据、导入数据、导出数据、数据库管理等功能。

新建菜单中，提供了要素数据集(用于存放一组要素数据的集合)、要素类(可近似为一个.shp 文件)、表(普通表格)、关系类(存储多个表字段之间的关联关系)、栅格数据集、镶嵌数据集等，如图 1-50 所示。

导入菜单中，提供了要素类的导入和表格数据的导入，如图 1-51 所示。

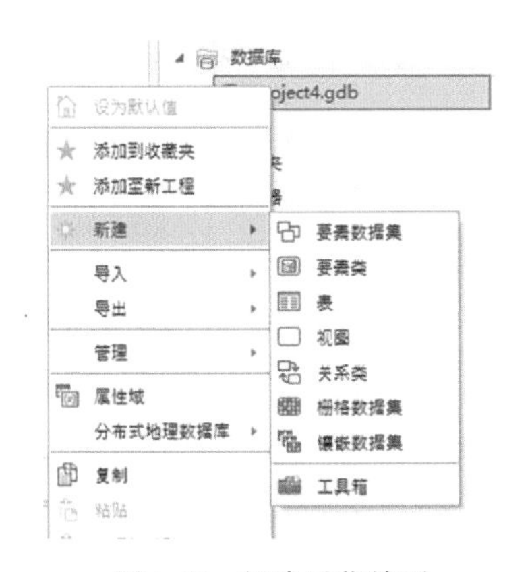

图 1-50 新建子菜单项

图 1-51 导入子菜单项

在此练习中，首先新建要素数据集，然后将已有的文件数据导入该要素数据集中，操作步骤如图 1-52 所示。

在“坐标系”选项卡中选择“投影坐标系”→“Gauss Kruger”→“Xian 1980”→“Xian 1980 3 Degree GK CM 117E”。点击“详细信息”，可查看该坐标系的详细参数，思考为什么选用该坐标系，并查看 GeoScene Pro 提供了哪些坐标系可选，如图 1-53 所示。

图 1-52　新建要素数据集

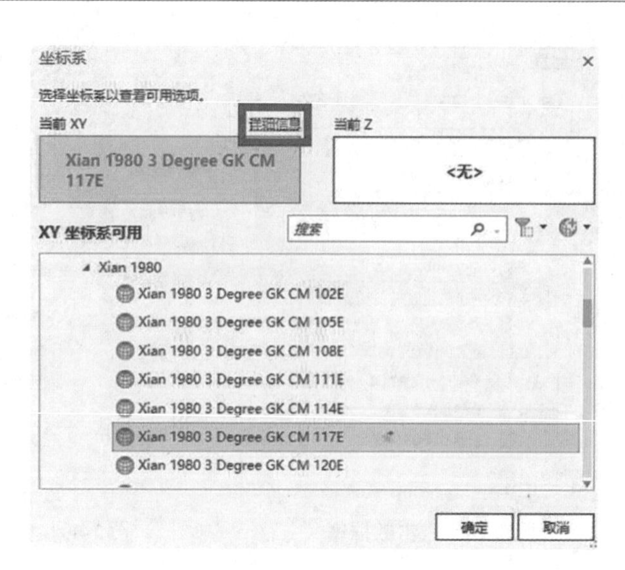

图 1-53　坐标系选择

右击新建的要素数据集，选择"导入"→"要素类"(多个)菜单，导入 TaxiData. shp 和 BeijingRoad. shp 两个要素类数据，如图 1-54 所示。

右击当前使用的数据库，选择"导入"→"表"(单个)，导入 RoadSpeed. dbf 表数据，如图 1-55 所示。

图 1-54　导入 2 个要素类

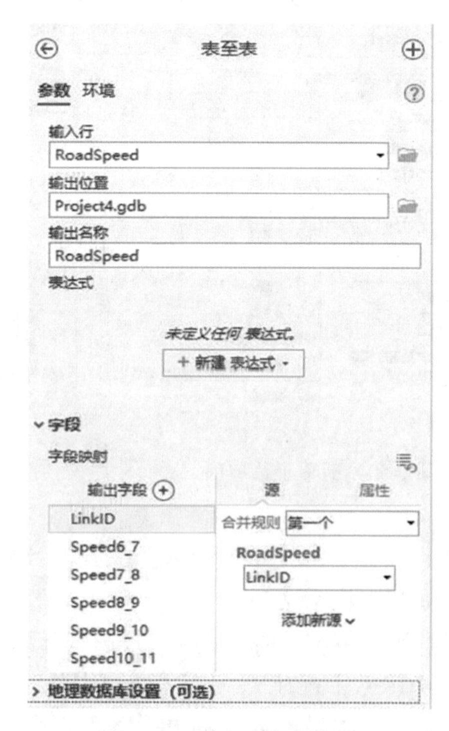

图 1-55　导入速度表数据

数据导入完毕后，目录窗格内数据库显示结构如图 1-56 所示。

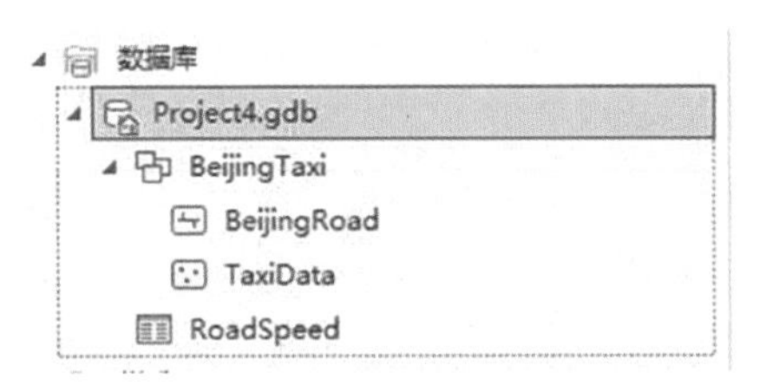

图 1-56　导入数据后的数据库结构

1.4.2　空间查询与统计(出租车覆盖率)

在上一小节操作的基础上，将数据库中 3 个数据拖曳到地图视图中，准备本小节的空间查询统计处理，数据显示如图 1-57 所示。

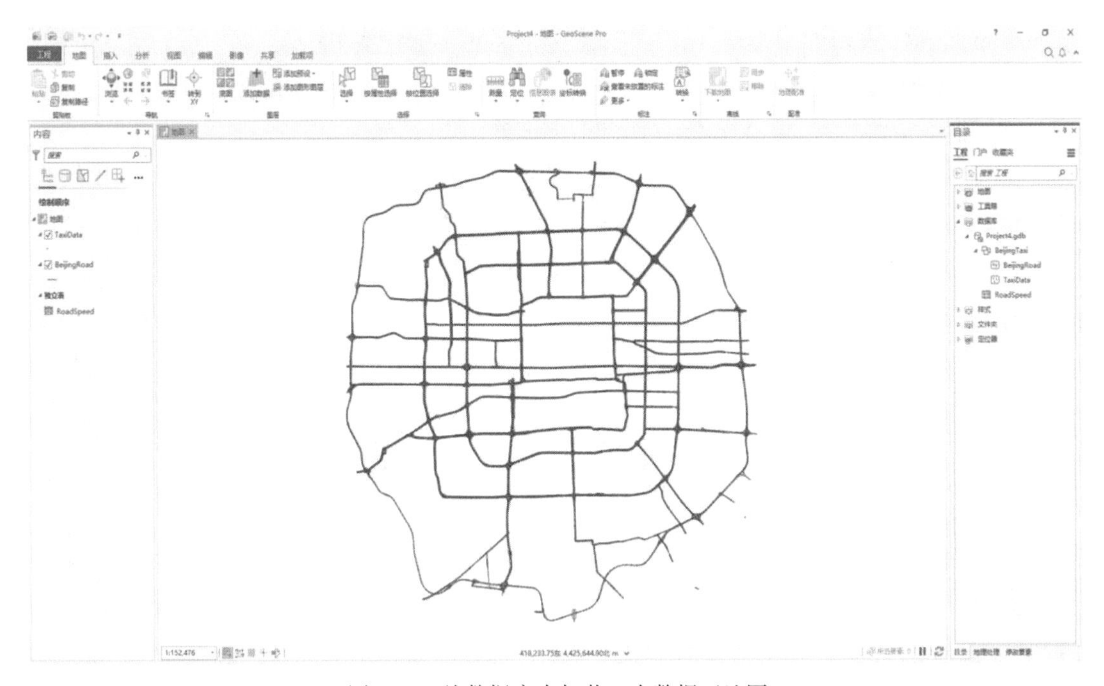

图 1-57　从数据库中加载 3 个数据至地图

(1)使用地图→选择功能区→选择矩形工具，光标变为矩形绘制图标，在图中拉框选出三环的外包围矩形，选择完成后视图如图 1-58 所示。点击同组清除工具，可清除当前选择。

(2)打开 TaxiData 的属性表，计算出租车三环覆盖率=选中的记录数/总记录数，如图 1-59 所示。

(3)按上述操作计算二环、四环、五环内的出租车覆盖率；并将上述结果记录至 Excel 表格中，制作折线统计图，比较分析变化趋势。可以使用选择菜单下的“多边形”代替矩形以更精确地选择范围。

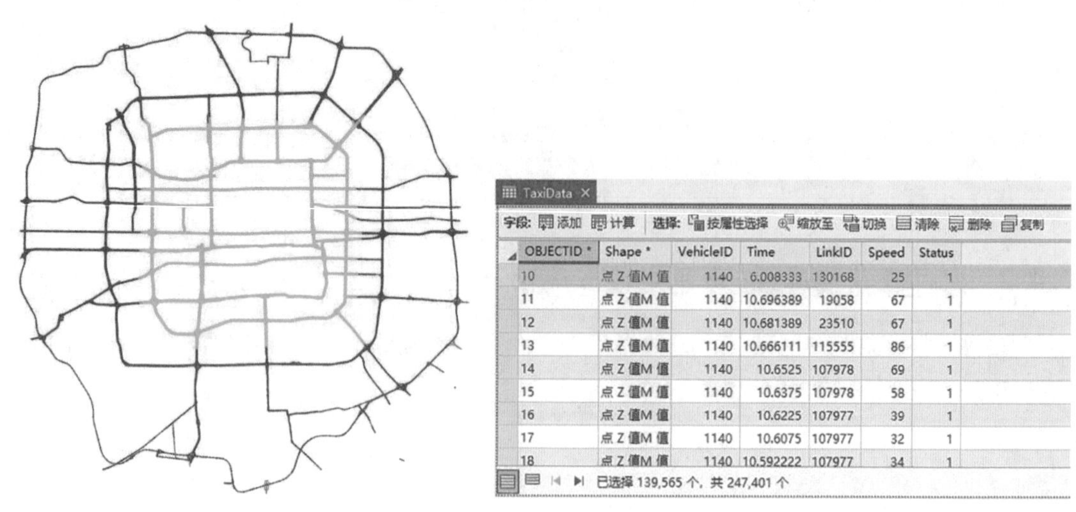

OBJECTID *	Shape *	VehicleID	Time	LinkID	Speed	Status
10	点 Z 值M 值	1140	6.008333	130168	25	1
11	点 Z 值M 值	1140	10.696389	19058	67	1
12	点 Z 值M 值	1140	10.681389	23510	67	1
13	点 Z 值M 值	1140	10.666111	115555	86	1
14	点 Z 值M 值	1140	10.6525	107978	69	1
15	点 Z 值M 值	1140	10.6375	107978	58	1
16	点 Z 值M 值	1140	10.6225	107977	39	1
17	点 Z 值M 值	1140	10.6075	107977	32	1
18	点 Z 值M 值	1140	10.592222	107977	34	1

图 1-58　矩形选择要素

图 1-59　矩形选中后的属性表信息

(4)查询二环、三环、四环、五环线上的出租车覆盖率，并制作折线统计图，比较分析变化趋势。有三种方式来实现某条长路线上的点数据：①查看路网数据，找到 X 环的线路位置，通过拉框或多边形选择概略数据集，结合“Ctrl+左键”去除不必要的选择，查询二环线上的覆盖率；②与方式①类似，先选择到概略数据集，再设置选择的选项方式为“从当前选择内容中选择”，结合“Shift 键+框选”进一步优选数据。选择选项的启用方式为点击菜单“地图”→“选择”→点击右下角三角形，当然选项也可以变为“从当前选择内容中移除”，需要注意选择选项对后续操作的影响，如果修改后记得改回默认模式；③还可以综合运用“属性查询+空间查询”的方式，即先使用“按属性选择”的“PATHNAME”找到某个线路，再利用“按位置选择”，设置合理的空间关系，此处可设为“位于”(即点在线上，而且是在选中的线上)。第三种方式涉及空间拓扑关系，将在后续拓扑编辑章节中详细介绍。

(5)参考步骤(4)，进一步查询二环、三环、四环、五环线上的空车覆盖率。

1.4.3　属性查询(道路流量与速度统计)

与上一小节类似，仍是加载 3 个数据到地图视图后，准备后续处理，不必新建地图，直接在上小节的基础上使用“菜单地图”→“选择”→“清除”清掉当前选择要素。

(1)使用“地图”→“选择”→“属性”工具在路网中点选一条道路(见右侧栏的多种选择方式)，查看道路 LinkID 值，如图 1-60 所示。

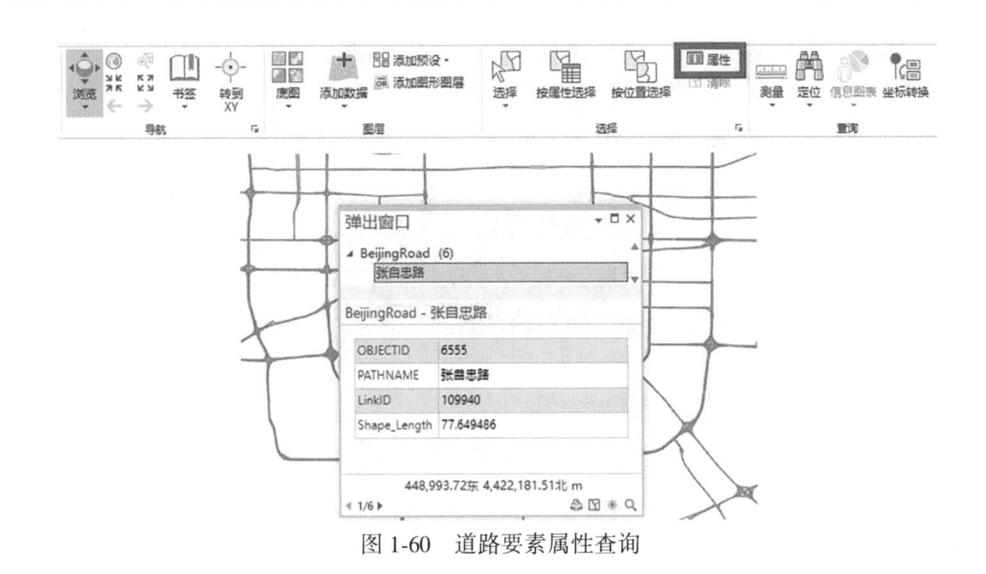

图 1-60　道路要素属性查询

(2)使用“地图”→“选择”→“按属性选择”工具统计在 6—7 时该道路上的点记录，如图 1-61 所示，在 SQL 语句框中输入查询语句。

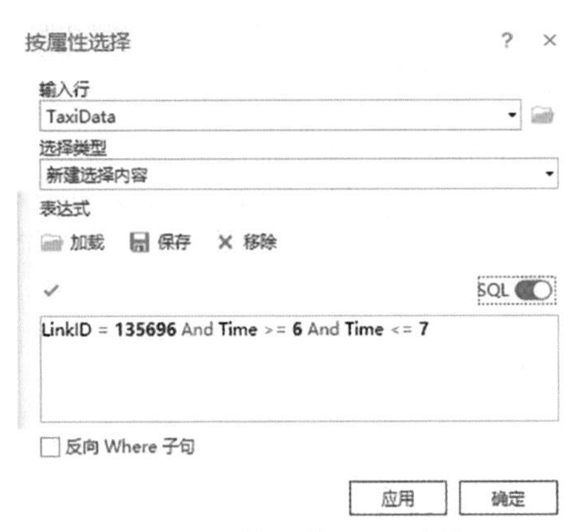

图 1-61　属性查询(SQL 查询)

(3)在属性表查看选中的点记录，如图 1-62 所示。

TaxiData

字段: 添加 计算　选择: 按属性选择 缩放至 切换 清除 删除 复制

OBJECTID *	Shape *	VehicleID	Time	LinkID	Speed	Status
151819	点 Z 值M 值	93418	10.981944	18867	65	0
151820	点 Z 值M 值	93418	10.954167	18740	69	0
151821	点 Z 值M 值	93418	10.94	23508	58	0
151822	点 Z 值M 值	93418	10.926111	18862	47	0
151823	点 Z 值M 值	93418	10.898333	120493	52	0
151824	点 Z 值M 值	93418	10.884444	120493	12	0
151825	点 Z 值M 值	93418	10.87	120493	0	0
151826	点 Z 值M 值	93418	10.856111	120493	52	0
151827	点 Z 值M 值	93418	10.842222	110132	54	0

已选择 6 个，共 247,401 个

图 1-62　属性查询结果

使用“显示所选记录”模型，可只显示当前选中的数据，如图 1-63 所示。

OBJECTID *	Shape *	VehicleID	Time	LinkID	Speed	Status
33218	点 Z 值M 值	24114	6.970278	135696	58	1
62229	点 Z 值M 值	63452	6.590556	135696	67	1
62230	点 Z 值M 值	63452	6.587222	135696	67	1
197924	点 Z 值M 值	100734	6.477778	135696	60	1
197925	点 Z 值M 值	100734	6.474444	135696	60	1
233416	点 Z 值M 值	111470	6.643056	135696	30	1

图 1-63　仅查看选中要素属性

（4）在属性表的 Speed 属性栏上右键点击菜单选择“统计数据”，如图 1-64 所示。

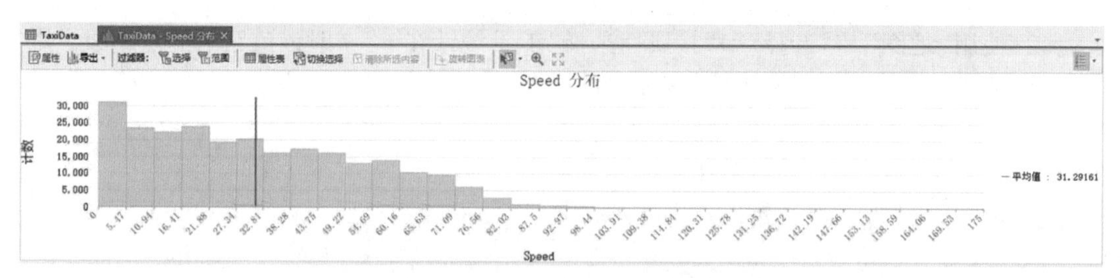

图 1-64　单个属性的统计结果

更多的统计值和表格设置见右侧选项栏，如图 1-65 所示。

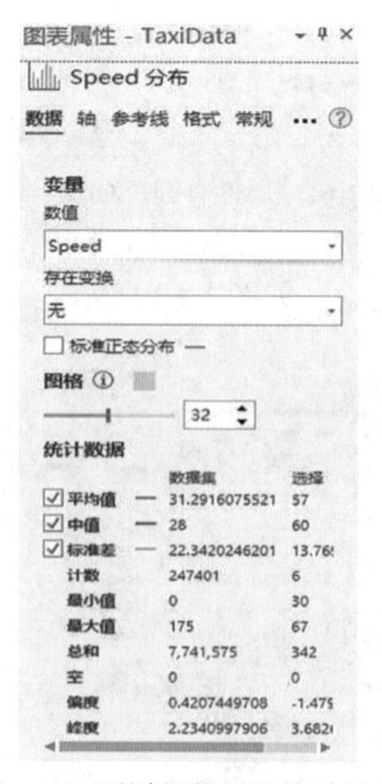

图 1-65　更详细的属性统计结果

选中过滤器中的“选择”，表示只统计已选中的数据。此时结果里的平均值 57 为该路段在 6—7 时的平均速度值，如图 1-66 所示。

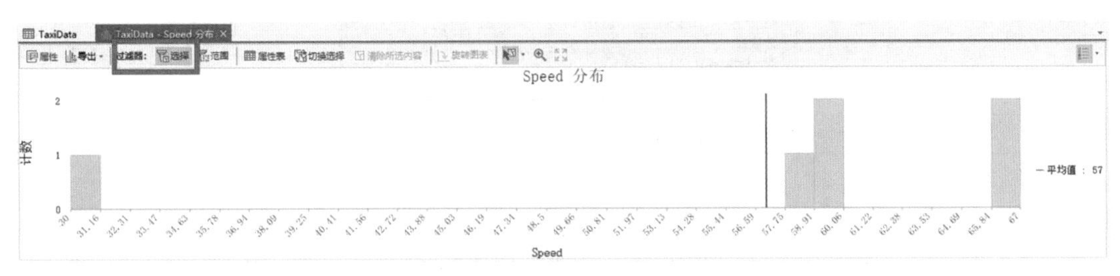

图 1-66 选择集的统计结果

(5)统计在 7—8 时、8—9 时、9—10 时、10—11 时这些时段该路段的点数量，使用 Excel 软件绘制该路段不同时段流量折线图。

(6)尝试统计某一段道路(带有多个 LinkID)的分时道路流量，可通过表连接查询或 SQL 嵌套查询得到结果。进而，可统计二环至五环各环的分时道路流量。

(7)统计在 7—8 时、8—9 时、9—10 时、10—11 时这些时段该路段的平均速度。绘制该路段不同时段平均折线图。

1.4.4 空间连接(路网速度)

参考上一小节最后几步操作，利用浮动车数据生成整个路网的道路平均速度，得到结果文件 RoadSpeed. dbf，这些处理过程略。本小节直接使用结果 RoadSpeed. dbf 进行空间数据连接，得到分时路网速度专题图。

(1)右键点击“BeijingRoad”→“连接和关联”→“添加连接”，见图 1-67。

图 1-67 添加连接的步骤

(2)设置利用 LinkID 进行连接，注意只保留能够成功连接的数据，见图 1-68。

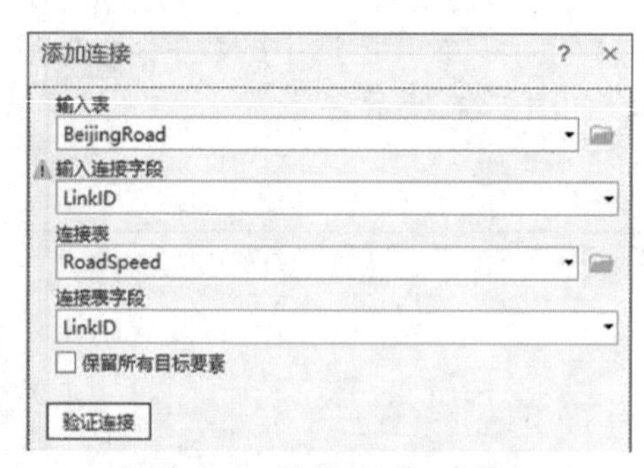

图 1-68　设置“连接”字段

(3)打开 BeijingRoad 的属性表，新增了不同时段、路段的速度属性，如图 1-69 所示。

BeijingRoad

字段: 添加 计算 | 选择: 按属性选择 缩放至 切换 清除 删除 复制

OBJECTID *	Shape *	PATHNAME	LinkID *	Shape_Length	OBJECTID	LinkID	Speed6_7	Speed7_8	Speed8_9	Speed9_10	Speed10_11
1	折线	京密路	16781	39.516516	1	16781	49	36.33	42	32	34.5
2	折线	首都机场高速公路	16783	351.821236	2	16783	53.94	48	35	52	58
3	折线	五环	16785	252.74376	3	16785	35	36	28	51.5	50.5
4	折线	首都机场高速公路	16823	71.263882	4	16823	50.5	43	35	54	35
5	折线	首都机场高速公路	16824	69.3224	5	16824	35	35	35	35	35
6	折线	首都机场高速公路	16858	19.798907	6	16858	35	35	35	35	35
7	折线	首都机场高速公路	16859	23.516779	7	16859	45	25	35	35	52
8	折线	京密路	16887	413.484423	8	16887	53.86	25.5	49.25	61	49.38
9	折线	首都机场高速公路	16888	444.227344	9	16888	64.71	59.65	61	57.5	63.13

已选择 0 个，共 10,282 个

图 1-69　连接后的属性表内容

(4)右键点击 BeijingRoad 图层，打开“符号系统”项。右侧栏显示出了图层当前使用的符号系统，如图 1-70 所示。

图 1-70　图层的符号系统设置

主符号系统中选择“分级色彩”，字段选择“Speed6_7”，类别数设置为“3”。

分类方法有多种可以选择，可根据分类效果作选择，可直接在类别范围值上进行修改，也可以使用“手动间隔”自定义分类范围，如图 1-71 所示。

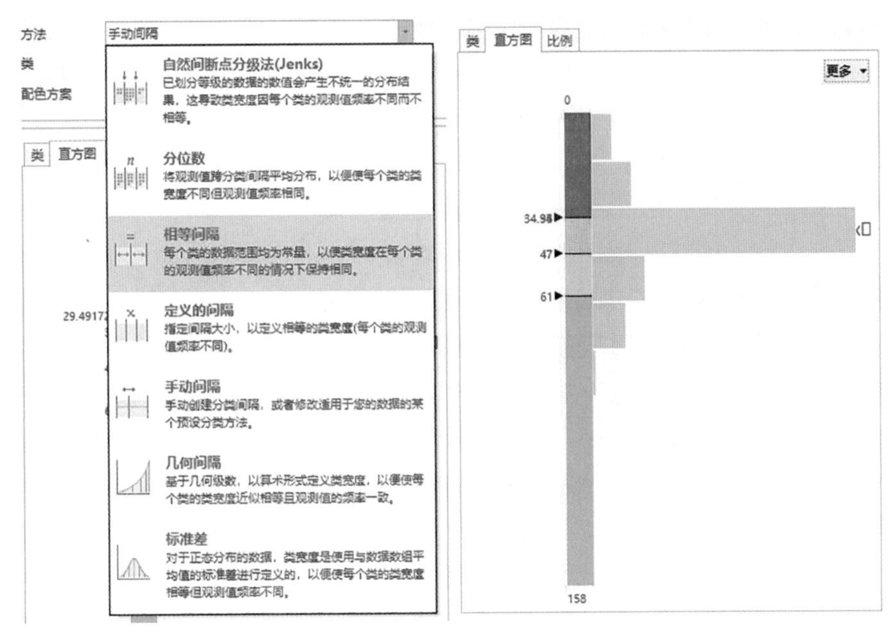

图 1-71　选择颜色间隔

配色方案可选择已有的方案如“由黄到红”，也可“设置配色方案格式”，基于一般公共认知，将速度低设置为红色，速度高设置为绿色，生成自定义的配色方案，如图 1-72 所示。

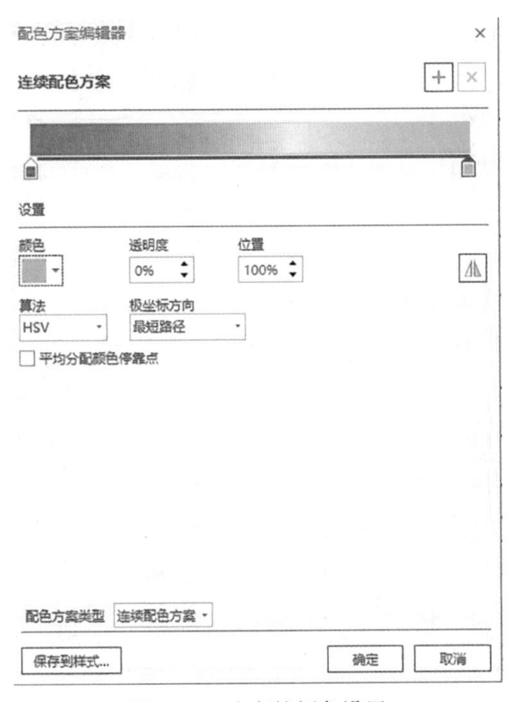

图 1-72　速度的颜色设置

(5)得到路网 6—7 时段平均速度专题图，如图 1-73 所示。

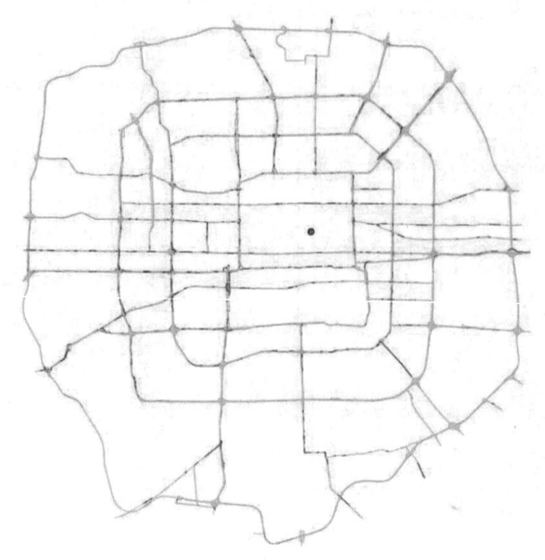

图 1-73　路网 6—7 时速度空间分布图

(6)生成在 7—8 时、8—9 时、9—10 时、10—11 时这些时段的路网速度专题图。

1.4.5　简单制图与输出

本小节在上一小节的基础上生成路网速度专题图。

(1)点击“插入”→“工程”→“新建布局”→选择“ISO 横向 A4”，生成布局画布，如图 1-74 所示。

图 1-74　新建布局

(2)从“布局”页切换回“地图”页，右键点击 BeijingRoad 图层，选择“缩放至图层”，如图 1-75 所示。

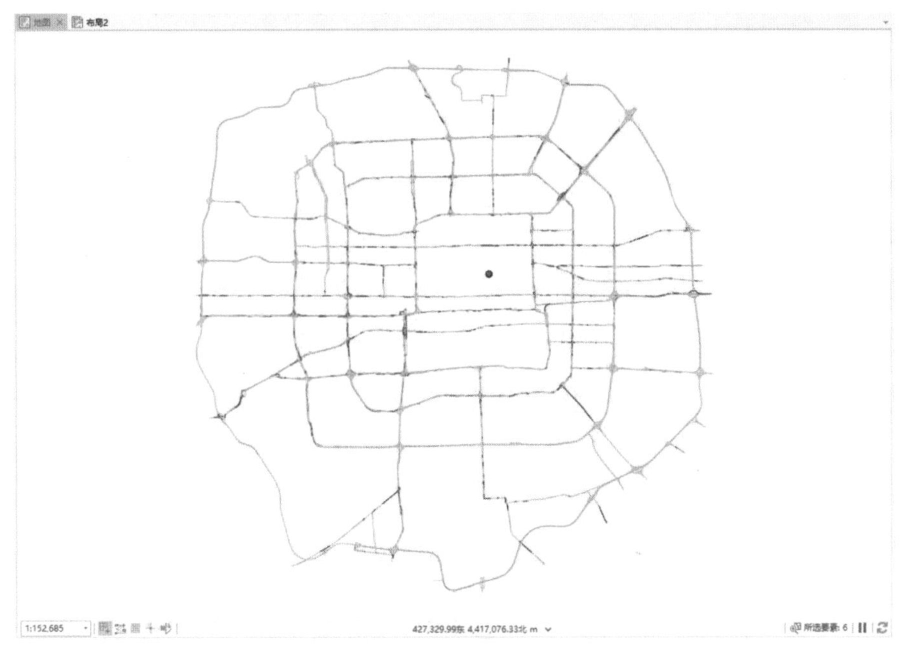

图 1-75 设置地图显示范围

(3)从“地图”页切换回“布局”页，点击“插入”→“地图框”→选择包含地图数据的数据框，如图 1-76 所示。

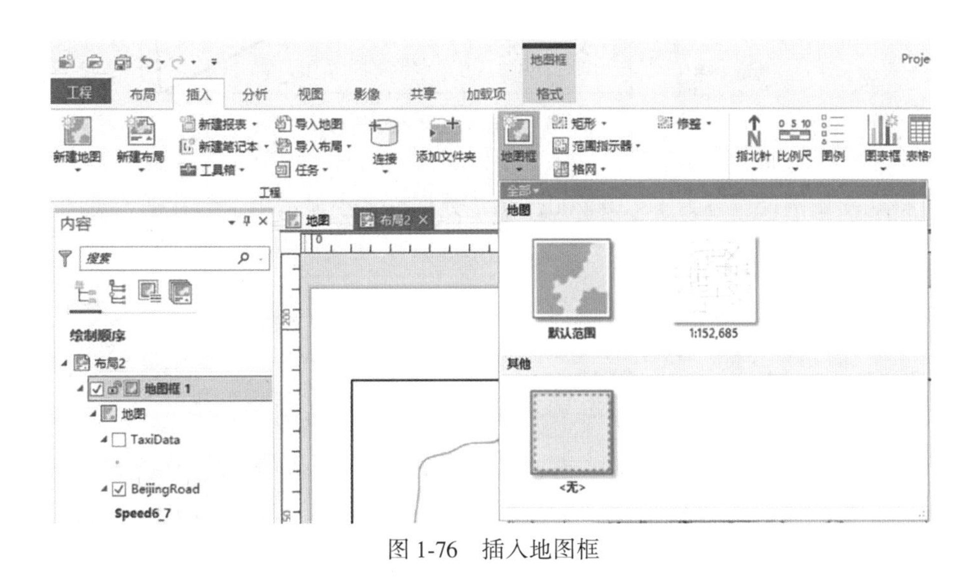

图 1-76 插入地图框

光标变成绘制图标后，在画布上拉框画出数据，见图 1-77。

除了绘制规则的矩形框外，还可以使用其他绘制工具制作不同外轮廓的地图框，如图 1-78 所示。

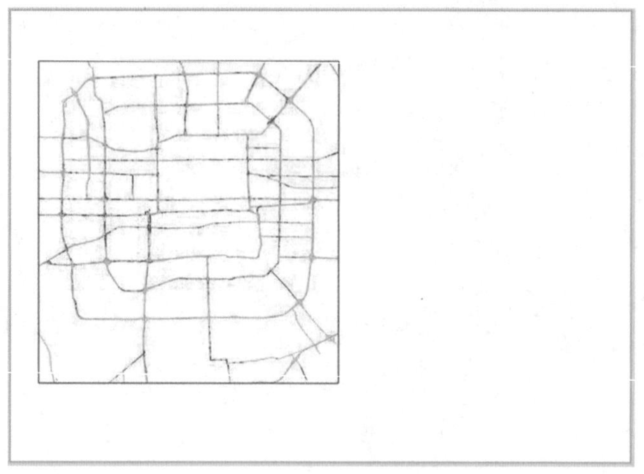

图 1-77　为布局添加数据

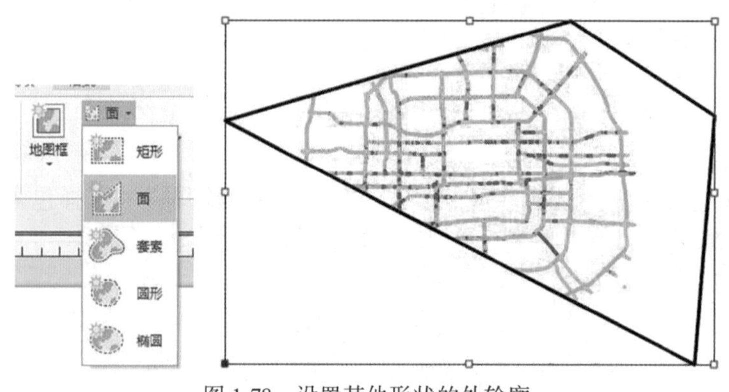

图 1-78　设置其他形状的外轮廓

(4)将地图比例尺设置为 1：200000，调整数据框大小显示出全部数据，见图 1-79。

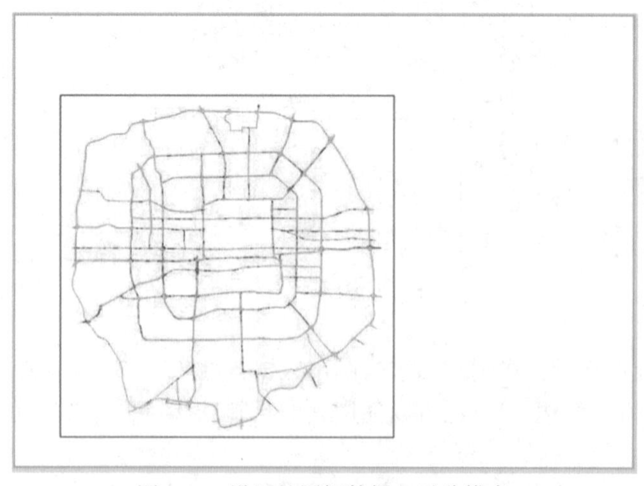

图 1-79　设置地图框数据显示分辨率

(5)点击“插入”→“地图框”→“格网”→“方里格网黑色水平标注格网”，如图 1-80 所示。

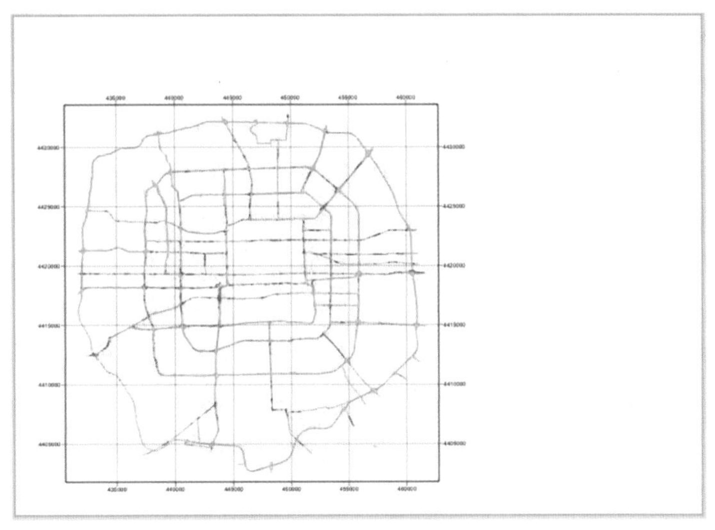

图 1-80　添加格网线

(6)添加标题、指北针、图例、比例尺、其他辅助说明等。各要素属性由设置面板进行自定义设置，见右侧栏，如图 1-81 所示。

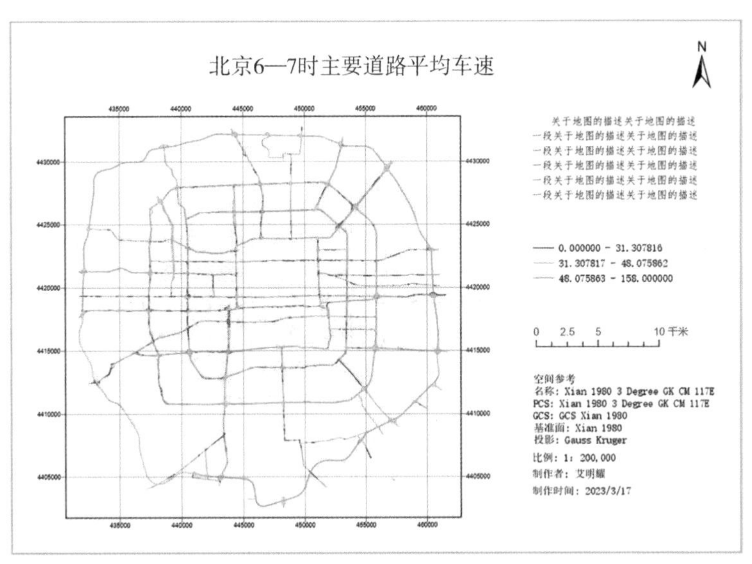

图 1-81　添加其他制图要素

(7)点击“共享”→“导出”→“布局”→在右侧栏输入导出参数，这里选择 PDF 格式，在其他软件中打开制图结果，如图 1-82 所示，该 PDF 文件可分享至其他人。

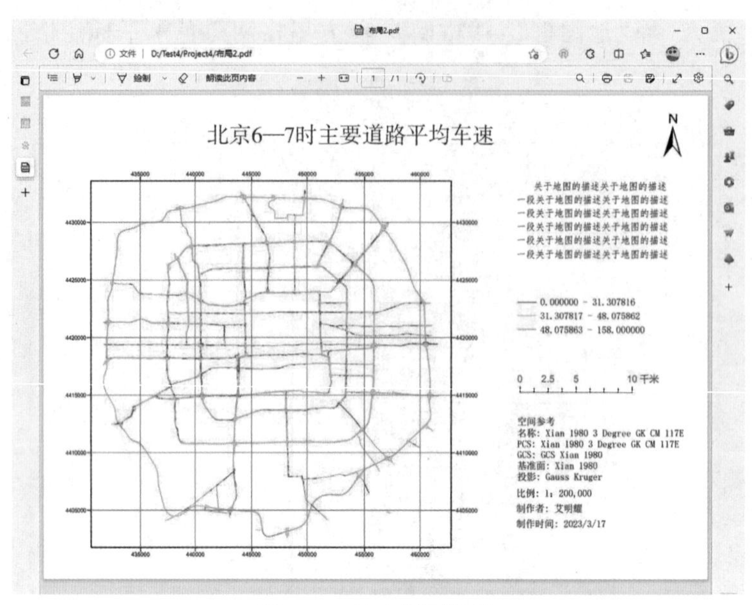

图 1-82　导出制图结果

1.4.6　拓展与思考

(1)利用出租车 GNSS 数据还能进行哪些时空分析？读者可搜索浮动车时空分析相关论文，查阅并思考人类活动轨迹的分析手段与研究意义。

(2)利用出租车数据的载客状态字段 Status 能作哪些分析？

(3)数据三维可视化。新建局部场景，加入 TaxiData_Sample 图层，进入属性项，设置高程用时间字段缩放 500 倍数展示数据(图 1-83)。

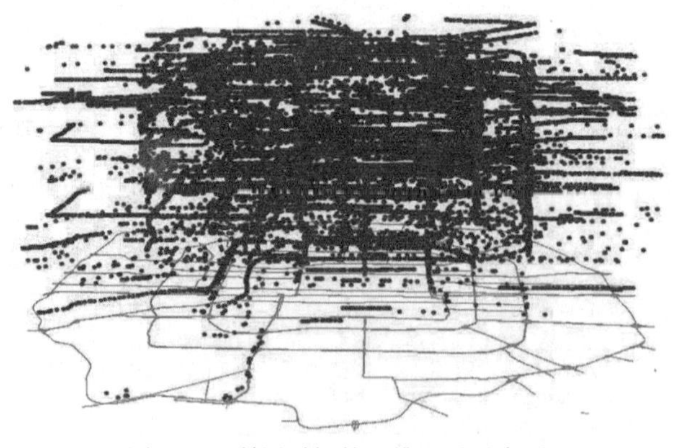

图 1-83　利用时间的三维显示示意图

(4)数据时空可视化。右键点击图层，进入属性页，选择时间项进行设置。参考本书第 7 章的内容。

(5)关于数据查询的效率问题：同样是 TaxiData 的要素类，存储在文件中的 Shapefile

(TaxiData. shp)与工程数据库中，对其进行 SQL 属性查询的速度是否一致？请读者实验操作并思考原因。同时，针对 SQL 中常见的表联合查询，是否能在两个 Shapefile 之间进行？又能否在同一工程数据库中的两个要素类之间进行？读者可进一步实验并验证。更进一步，当使用外部数据库时，如使用 Oracle、SQL Server 等商用数据库时，这些联合查询的操作是否可行？

第 2 章　空间参考与坐标变换

2.1　空间参考概述

任何特定区域的地理数据都存储在独立的图层中。例如，道路存储在一个图层中，宗地存储在另一个图层中，而建筑物则存储在第三个图层中。要让各图层中的数据能在显示和查询时整合，各图层必须以通用方式显示其在地球表面上的位置。空间参考给出了这一功能，即空间参考定义了空间对象或数据的空间坐标。此外，空间参考还提供了以不同方式引用不同区域内的数据所需的空间框架。

没有空间参考的地理数据，是没有任何实际意义的。空间参考系统是用于定位地球表面的水平坐标系和定位数据的相对高度或深度的高程坐标系的统称。水平坐标系统即通常所说的地理空间坐标系统，或可直接称为坐标系。高程坐标系是采用不同的基准面表示地面点高低的参考系。空间参考涉及如图 2-1 所示的几个概念。

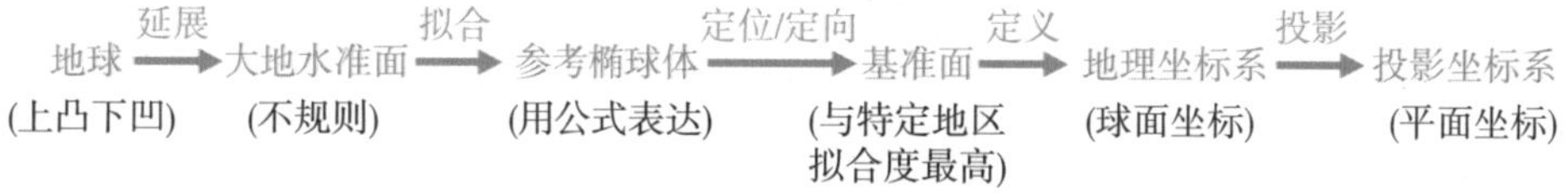

地球(上凸下凹) —延展→ 大地水准面(不规则) —拟合→ 参考椭球体(用公式表达) —定位/定向→ 基准面(与特定地区拟合度最高) —定义→ 地理坐标系(球面坐标) —投影→ 投影坐标系(平面坐标)

图 2-1　空间参考的概念逻辑

地球像一个倒放着的大鸭梨，是两极略扁、中间略大的不规则球体。最高的山峰珠穆朗玛峰与太平洋的马里亚纳海沟之间高差近 20km，地球的表面形状极不规则。地球的自然表面有高山，也有洼地，是崎岖不平的，要使用数学法则来描述它，就必须找到一个相对规则的数学面。假设当海水处于完全静止的平衡状态时，从海平面延伸到所有大陆下部，而与地球重力方向处处正交的一个连续、闭合的曲面，这就是大地水准面。大地水准面仍然无法用数学规则来表示。

大地水准面非常接近一个规则椭球体，但并不是完全规则。因而可以用数学法则表达的椭球体去近似描述大地水准面，用椭圆绕短轴旋转而生成一个椭球体。地球椭球体表面是一个规则的数学表面，可以用数学公式表达，因此在测量和制图中就用它替代地球的自然表面。于是就有了地球椭球体或者参考椭球体的概念、不同的限制条件、不同的研究方法得到的地球椭球体不同。椭球体的三个数学要素：长半轴(赤道半径)、短半轴(极半径)及扁率(椭球体的扁平程度)。

有了参考椭球体，还需要一个基准面将这个椭球体与地球联系起来，确定相对位置，比如轴向、中心点的位置，控制参考椭球体和地球的相对位置，该计算方法又分为绝对定位和参考定位。绝对定位使用地球的质心作为原点，由卫星数据得到，一般称为地心坐标系。参考定位关注在特定区域内与地球表面吻合，一般设定一个大地原点，该点为参考椭球体与大地水准面相切的点，一般采用参心坐标系进行描述。基准面的确定或者说椭球体定位的确定是一个复杂的专业工作，是地球物理专业研究的关键问题，定位的好坏直接影响到后续测绘成果的质量。

大地测量中以参考椭球体为基准面建立地理坐标系，是以大地经度和大地纬度表示地面点位的球面坐标系。基准面一旦确定，标志着地理坐标系已经建立。地理坐标系在大地测量中也称为大地坐标系。

2.2 坐标系

2.2.1 基本坐标系

在 GIS 领域，坐标系通常分为以下三种。

地理坐标系(Geographic Coordinate System，GCS)，用经纬度表示地物的空间位置，国内常用的有北京 54 坐标系(Beijing 1954)、西安 80 坐标系(Xian 1980)、World Geodetic System 1984(WGS 1984)、2000 国家大地坐标系(China Geodetic Coordinate System 2000，CGCS2000)。

投影坐标系(Projected Coordinate System，PCS)，用二维平面直角坐标表示地物的空间位置，国内常用的有北京 54 坐标系高斯-克吕格投影(Gauss Kruger Beijing 1954)、西安 80 坐标系高斯-克吕格投影(Gauss Kruger Xian 1980)、兰勃特等角圆锥投影(Asia Lambert Conformal Conic)。

垂直坐标系(Vertical Coordinate System)，即高程坐标系，地物相对于标准海平面的高程，国内常用的有 1956 黄海高程(Yellow Sea 1956)、1985 黄海高程(Yellow Sea 1985)等。在创建带有 *Z* 值的要素时会用到垂直坐标系。

2.2.2 地理坐标系与投影坐标系的差异

地理坐标系定义数据在地球表面的位置，而投影坐标系则表明数据是如何绘制在一个平面上的，不管这个平面是一张纸，还是计算机屏幕。地理坐标系的描述对象是球形的，其记录位置的单位是角度，通常是度或(°)；投影坐标系的表征对象是平面的，采用线性单位记录位置，通常是米或千米，如图 2-2 所示。

假如在澳大利亚野外查找一个位置，移动终端如手机上给出的位置为 134.577°E，24.006°S，那么这个地点应该在何处？图 2-3 中的两个点 A 和 B 都是对的，且都是 134.577°E，24.006°S。其中，A 点是在 Australian Geodetic Datum 1984 地理坐标系下，B 点则是在 WGS 1984 地理坐标系下。如果没有确认位置数据是在哪个地理坐标系下，则无法确认地点到底是在崖上 B 处还是崖下 A 处。

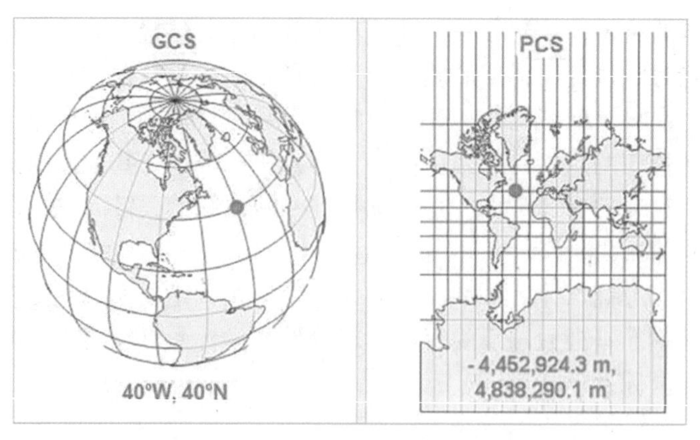

图 2-2　典型坐标系

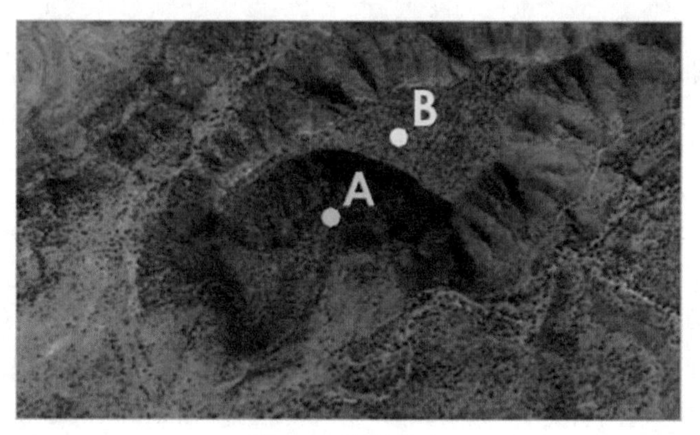

图 2-3　澳洲某地

地理坐标系用于定义地球表面模型上的位置。GCS 使用想象的线(经度和纬度)构成网络(经纬网)来定义位置。那么为什么不知道一个位置的纬度和经度就可以知道它在哪里？图 2-3 中的位置 A 和位置 B 为何都是正确的？事实上，我们已经知道地球并不是一个完美的球体，地球表面充满了高低不平的场景，有高山也有深海、沟渠，是一个不均匀的圆形表面。由于行星旋转，两极比赤道更靠近地球中心。但是为了绘制经纬网，就需要一个地球的模型，至少是普通球体，即使不是一个完美的球体，如图 2-4 所示。

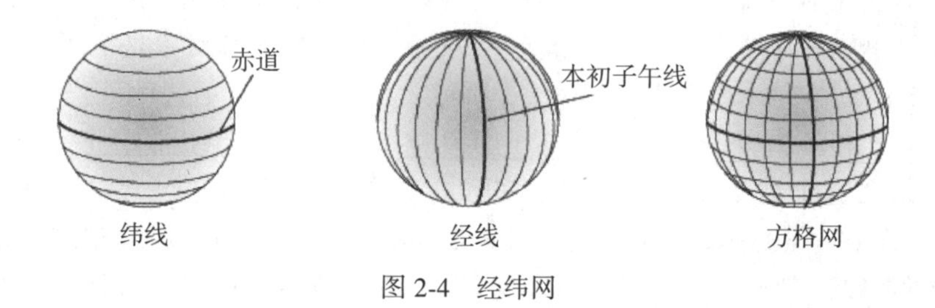

图 2-4　经纬网

因此，各国研究者提出了很多不同的模型，即存在很多不同的地理坐标系。WGS

1984 被设计为拟合地球表面所有区域的坐标系，适用于映射全球数据。而上述 Australian Geodetic Datum 1984 地理坐标系则设计为尽量拟合澳大利亚周围地表的地理坐标系，在澳大利亚大陆的精度良好，其他地方的准确性就差。

地理坐标系给出了坐标值与实际位置的关联，例如坐标 134.577°E，24.006°S 仅给出地点在地理坐标系内的位置，在了解它在地球上的位置之前，必须知道它所在的坐标系。

尽管数值能给出位置的描述信息，但这一信息仍缺乏位置的基准。地球表面和地理坐标系 GCS 是圆形的，但地图和电脑屏幕是平的。这带来了一个问题，我们无法在平坦的表面上绘制圆形地球而不会变形。想象一下，剥开橙子皮，试图让它在桌子上平铺，越是接近平铺，就越要撕裂橙子皮，如图 2-5 所示。其实这就是地图投影。地图投影描述了如何去扭曲地球——如何撕裂和伸展橙子皮。对地图最重要的部分是变形最小，即在平面地图上展示最佳。

图 2-5　地图投影示意图

我们已经了解到有许多不同的地图投影，并且每个都以不同的方式显示地球。有些适合在地图上保持区域，其他则保持角度或距离不变。可以认为，投影坐标系(PCS)是一种使用地图投影展平的地理坐标系 GCS。了解到数据在地球上的位置之前，数据必须具有地理坐标系。将数据进行投影这一操作是可选的，但不能投影地图。我们看到的地图都是平面的，地图必须设置好投影坐标系，以便于数据的绘制，也即数据的投影。这里需要注意的是，一般来讲，地图是二维平面上的，除非特别说明是三维地图。

大部分地理信息管理软件提供了常用坐标系。在 GeoScene 软件中，可以查看坐标系的详细信息，图 2-6 给出了一幅世界地图的坐标系。第一行表示数据采用了投影坐标系；接下来的一行给出了具体的投影方式，WKID 是每个坐标系独有的 ID，由 EPSG (European Petroleum Survey Group)或 ESRI 公司官方给出。投影坐标系中的坐标通常采用线性单位，如米和千米等。图 2-6 中 Fuller 投影的东偏、北偏和选项都是该投影方式的参数。其他投影参数可能还有诸如中央经线、标准纬线和起始原点等。因此可以根据实际需求，定义自己的投影坐标系，修改这些参数以便将投影坐标系驻留在特定位置。例如，Hawaii Albers Equal Area Conic 和 Canada Albers Equal Area Conic 这两个投影坐标系采用相同的投影，但参数不同，显示的效果也不相同，如图 2-7 所示。

坐标系详细信息 ×

投影坐标系	Fuller (world)
投影	Fuller
WKID	54050
授权	Esri
线性单位	米 (1.0)
东偏移量	0.0
北偏移量	0.0
选项	0.0
地理坐标系	WGS 1984
WKID	4326
授权	EPSG
角度单位	Degree (0.0174532925199433)
本初子午线	Greenwich (0.0)
基准面	D WGS 1984
参考椭球体	WGS 1984
长半轴	6378137.0
短半轴	6356752.314245179
扁率	298.257223563

图 2-6　坐标系实例

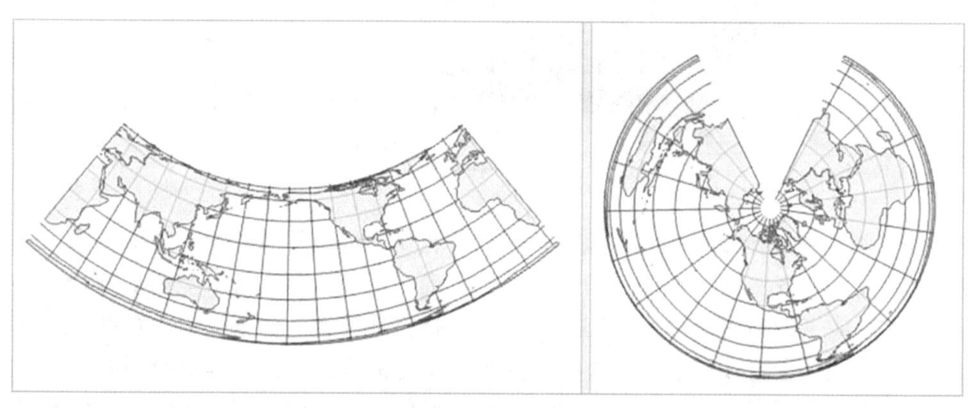

图 2-7　相同投影、不同参数的效果

从图 2-6 中还可以看到，一个投影坐标系肯定包含一个地理坐标系，而且一个投影坐标系是地理坐标系的一个投影(当然可以有多个投影)。本例中 Fuller 所对应的地理坐标系是 WGS 1984，它也有一个 WKID。本初子午线可以是任意经线，只不过通常定义为 0°，它通过英国格林威治(Greenwich)。基准面 Datum 定义采用哪个模型来拟合地球表面及该模型相对于地球表面的位置关系。每个国家或地区均有各自的基准面，以前通常使用的北京 54 坐标系、西安 80 坐标系实际上是指我国的两个大地基准面。椭球体是不规则地球的数字模型，它是基准的一部分。长短半轴和扁率定义了椭球体的尺寸。

需要注意的是，在没有投影的情况下，不可能在平坦的表面上绘制球形的地球。因此，当采用 GeoScene Pro 使用地理坐标系进行平面制图时，它被迫选择投影，且默认会选择一个投影。这种投影易于理解和计算，但它也扭曲了所有区域、角度和距离，因此将它用于分析和测量是无意义的。因此，进行空间分析前，应该选择一个合适的投影坐标系。

2.2.3 常见投影与坐标系

地球椭球体表面是个曲面，不方便进行距离、方位、面积等参数的量算和制图，因此在地图制图和线性量测时首先要考虑把曲面转化成平面。同时，通常的制图成果为纸质图，地图作为平面图，更加符合视觉心理。在地球椭球面和平面之间建立点与点之间函数关系的数学方法，称为地图投影。主要投影类型有圆锥投影、圆柱投影和方位投影等。所有地图投影均会在某些方面(例如距离、面积、形状或方向)产生变形。

常见的投影方式有墨卡托投影(Mercator)、兰勃特投影(Lambert)、阿尔伯斯投影(Albers)和高斯-克吕格投影(Gauss-Kruger)等。

墨卡托投影为正轴等角圆柱投影，是由墨卡托于1569年专门为航海目的设计的。其设计思想是令一个与地轴方向一致的圆柱切于或割于地球，将球面上的经纬网按等角条件投影于圆柱表面上，然后将圆柱面沿一条母线展开平面，即得墨卡托投影。在航海时，朝着一个固定的方向航行，在地图上轨迹也是一条直线，这对于远航非常重要。“等角”不可避免地带来的面积的巨大变形，特别是两极地区，明显的如格陵兰岛比实际面积扩大了N倍，因此它不适用两极的导航。

墨卡托投影中有两个需要关注的重要的特别投影：UTM投影和Web墨卡托投影。通用横轴墨卡托投影(UTM投影)是英国、美国、日本、加拿大等国地形图最通用的投影，属于等角横轴割圆柱投影。Web墨卡托投影使用修改版的墨卡托投影，并已成为Web制图的默认地图投影，与常规墨卡托投影的主要区别就是把地球模拟为球体而非椭球体。Web墨卡托的地理坐标系是WGS 1984。如今主流的Web地图普遍使用该坐标系，如国外的Google Maps、OpenStreetMap、Bing Map、ArcGIS和Heremaps等。国内的地图厂商则使用GCJ02坐标系，是由国家测绘地理信息局制定的地理信息系统坐标系统，它是由WGS 1984坐标系经加密后的坐标系。谷歌中国、高德、腾讯等地图厂商采用GCJ02地理坐标系，也称火星坐标系。百度地图在GCJ02坐标系基础上进一步加密，形成了BD09坐标系，也就是在Web墨卡托的基础之上进行了两次加密。因此，不同网络地图坐标之间在使用时，地图无法进行完美的对接，需要尽量使用同一坐标系的数据。

当在地球上放置一个圆锥体并展开它时，会产生圆锥投影。典型的圆锥投影类型如阿尔伯斯投影(Albers)和兰勃特投影(Lambert)，这两种地图投影都非常适合绘制东西向较长的区域地图，因为沿共同平行线的失真是恒定的。对于圆锥地图投影，图像底部的距离失真最大，因此圆锥投影不适用于投射整个地球球体。阿尔伯斯投影采用双标准纬线投影，也即正轴等面积割圆锥投影。Albers H C于1805年引入这种地图投影，使用两条标准纬线(分割线)，将地图中的所有区域按比例投影到地球上的所有区域。阿尔伯斯投影的地图距离和比例在两个标准纬线上都是正确的，且方向相当准确，投影面积与实地相等；最适合于东西方向分布的大陆板块，不适合南北方向分布的大陆板块。兰勃特等角圆锥投影是 Lambert 于 1772 年创造的众多作品之一，至今仍在广泛使用。它看起来像阿尔伯斯等面积圆锥投影，但标线间距不同，它是保形而非等面积的，在两个标准平行线(通常为 33°和 45°)处使用可展开的圆锥曲面割线，以最大限度地减少失真。

德国数学家高斯和大地测量学家克吕格于 20 世纪初创立了高斯-克吕格投影，又名“等角横切椭圆柱投影”。这种投影在长度和面积上变形都很小，且计算简便，被广泛用在大比例尺地形图的绘制上。为了保证地图的精度，采用分带投影方法，即将投影范围的东西界加以限制，使其变形不超过一定的限度，这样把许多带结合起来，可成为整个区域的投影。在高斯-克吕格投影带内布置了平面直角坐标系统，具体方法是，规定中央经线为 X 轴，赤道为 Y 轴，中央经线与赤道交点为坐标原点，在 GIS 软件中平面直角坐标系与数学中的平面直角坐标系方向一致，将赤道定为 X 轴，中央经线为 Y 轴，中央经线与赤道交点为坐标原点，y 值在北半球为正，南半球为负，x 值在中央经线以东为正，中央经线以西为负。

由于我国位于中纬度地区，全国地图和分省地图经常采用割圆锥投影(Lambert 或 Albers 投影)。在处理显示 1∶400 万、1∶100 万的全国数据时为了保持等面积特性，经常采用 Albers 投影。高斯投影也是我国地图常用投影，我国基本比例尺地形图(1∶100 万、1∶50 万、1∶25 万、1∶10 万、1∶5 万、1∶2.5 万、1∶1 万、1∶5000)除 1∶100 万以外均采用高斯-克吕格投影。该投影在英、美等国家被认为是横轴墨卡托投影 UTM，但需要注意的是二者的比例因子不同。我国地图具体投影方式内容可参考国家标准《国家基本比例尺地图编绘规范》(GB/T 12343)。由于我国疆域均在北半球，y 值均为正值，为了避免 x 值出现负值，规定各点均在横轴方向东移 500km。为了方便不同带间点位的区分，可以在每个点位横坐标的数值前加上所在带号。国内电子地图中的坐标，如果看到 x 坐标的整数部分是 8 位，而 y 坐标整数部分是 7 位就能确定是添加了带号的高斯投影，8 位坐标数值的前两位是带号；如带号在 25 之前则说明是 6 度带。

地图投影选择是否恰当，直接影响地图的精度和使用价值。选择地图投影时，主要考虑以下因素：制图区域的范围、形状和地理位置，地图的用途、出版方式及其他特殊要求。

在国内使用较多的是高斯-克吕格投影坐标系，GeoScene Pro 中可以查看坐标系的详细信息，以图 2-8 所示的 3 度带为例，坐标系名称为 CGCS2000 3 Degree GK CM 114E，投影方式为 Gauss Kruger，WKID 为 4547，授权来自 EPSG，线性单位为“米(1.0)”，东偏移量为 500000.0，北偏移量 0，中央经线是 114.0，比例因子为 1.0，起始纬度是 0.0，其地理坐标系是 China Geodetic Coordinate System 2000。该地理坐标系通常简称 CGCS2000，下面则是 CGCS2000 的相关信息，包括基准面和参考椭球体等。由此例可知，地理坐标系由基准面和参考椭球体定义而来，而投影坐标系则由地理坐标系和投影构成。

在 GeoScene Pro 等常用 GIS 软件中，高斯-克吕格投影坐标系的命名规则是类似的：①名称中带有“3”的为 3 度带投影；②名称中带有“CM”(CM 即 Central Meridian 的简写)表示横坐标不加带号；③名称的编号后面带有“N”表示横坐标不加带号。表 2-1 给出了三类常见坐标系的示例。

坐标系详细信息 ×

投影坐标系	CGCS2000 3 Degree GK CM 114E
投影	Gauss Kruger
WKID	4547
授权	EPSG
线性单位	米 (1.0)
东偏移量	500000.0
北偏移量	0.0
中央经线	114.0
比例因子	1.0
起始纬度	0.0
地理坐标系	China Geodetic Coordinate System...
WKID	4490
授权	EPSG
角度单位	Degree (0.0174532925199433)
本初子午线	Greenwich (0.0)
基准面	D China 2000
参考椭球体	CGCS2000
长半轴	6378137.0
短半轴	6356752.314140356
扁率	298.257222101

图 2-8 高斯-克吕格投影示例

表 2-1 **常见投影坐标系及说明**

类型	投影坐标系名称	说明
1	Beijing 1954 3 Degree GK CM 117E	3 度分带法的北京 54 坐标系，中央经线在东 117°的分带坐标，横坐标前不加带号
	Beijing 1954 3 Degree GK Zone 39	3 度分带法的北京 54 坐标系，中央经线在东 117°的分带坐标，横坐标前加带号
	Beijing 1954 GK Zone 20N	6 度分带法的北京 54 坐标系，分带号为 20，横坐标前不加带号
	Beijing 1954 GK Zone 20	6 度分带法的北京 54 坐标系，分带号为 20，横坐标前加带号
2	Xian 1980 3 Degree GK CM 117E	3 度分带西安 80 坐标系，中央经线为东经 117°，横坐标前不加带号
	Xian 1980 3 Degree GK Zone 39	3 度分带西安 80 坐标系，中央经线为东经 117°，横坐标前加带号
	Xian 1980 GK CM 117E	6 度分带西安 80 坐标系，中央经线为东经 117°，横坐标前不加带号
	Xian 1980 GK Zone 20	6 度分带西安 80 坐标系，中央经线为东经 117°，横坐标前加带号

续表

类型	投影坐标系名称	说　明
3	CGCS2000 3 Degree GK CM 117E	3 度分带国家 2000 坐标系，中央经线为东经 117°，横坐标前不加带号
	CGCS2000 3 Degree GK Zone 39	3 度分带国家 2000 坐标系，中央经线为东经 117°，横坐标前加带号
	CGCS2000 GK CM 117E	6 度分带国家 2000 坐标系，中央经线为东经 117°，横坐标前不加带号
	CGCS2000 GK Zone 20	6 度分带国家 2000 坐标系，中央经线为东经 117°，横坐标前加带号

2.2.4　GeoScene Pro 中坐标系的基本认识

要素定位靠坐标系，制图靠投影。使用地理坐标系的数据源若要直接显示或制图，GeoScene Pro 选用最简单的圆柱投影显示。某种投影坐标系先要转成地理坐标系，才能转换成另一种投影坐标系，因此地理坐标系是转换的基础。

GeoScene Pro 中有地图(场景)坐标系和图层(数据)坐标系，两者可以不一致。只要其坐标系符合标准，有关参数是已知的，软件内部会将该坐标系转换成另一种通用坐标系，使坐标系不一致的多数据源一起使用时，要素的位置、形状相互匹配、相互参照。

坐标系变换会影响距离、面积、方位，投影方式不同，地理位置不同，影响程度不同。

在 GeoScene Pro 中，通过设置地图(场景)的显示单位，可以显示米或经纬度值，这不影响数据的坐标系统，也不影响数据的坐标值(图 2-9(a))。在地图视图中，包含地图框，地图框有空间参考(图 2-9(b))。在新建一个新的地图视图时，数据框坐标系会默认为 Web 墨卡托，在添加了第一个图层之后，地图框会自动转换为第一个图层的坐标系。如果是多个不同坐标系之间的数据叠加，在 GeoScene Pro 中也可以实现而且不报错。这就是动态投影，内部动态投影机制会解决坐标系变换的问题。数据在显示的过程中，会实时地被转换，但不改变数据本身。

在 GeoScene Pro 中，当数据有坐标值，但缺少坐标系或坐标系不正确时，通过目录窗口修改数据源的坐标系，该操作不改变数据内部坐标值，只修改其坐标系统。

在 GeoScene Pro 中，通过投影工具或输出工具导出数据时，数据内部的坐标值会发生永久性变化。

(a)地图属性中的显示单位

(b)地图框的坐标系属性

图 2-9　数据可视化单位设置

2.3　坐标转换

GIS 数据往往建立在不同的空间坐标系上，在处理这些数据的时候，必须在同一个空间坐标系统下才能对数据进行协同和无差别的处理。从一种空间参考系映射到另一种空间参考系就叫作坐标转换。坐标转换主要用来解决换带计算、地图转绘、图层叠加、数据集成等问题。

在上一节的空间坐标系中，已经介绍了地理坐标系和投影坐标系(平面直角坐标系)。为了进行坐标转换，还引入了空间直角坐标系。空间直角坐标系坐标原点位于参考椭球的中心，Z 轴指向参考椭球的北极，X 轴指向起始子午面与赤道的交点，Y 轴位于赤道面与 X 轴成 90°夹角，并指向东构成右手系。

因此，坐标转换的本质是 3 个坐标系之间的相互转换，如图 2-10 所示。坐标转换，按照地理坐标系是否相同，采用不同的转换方法。同一地理坐标系下，不同投影坐标系之间的坐标转换可以通过数学方法进行无损转换。不同地理坐标系下，坐标系统之间的相互转换需要进行参考椭球体的转换，也就是不同空间直角坐标系的转换，涉及图 2-10 中 7 个参数的计算，分别是 x、y、z 三个方向的平移、旋转和比例因子。部分空间直角坐标系的转换参数是涉密的，比如 CGCS2000 坐标系到西安 80 坐标系的转换参数，这种时候进行坐标转换则需要求助于测绘部门。有些时候，比如数据范围比较小，如不超过 30km 时，或对数据精度要求不高时，可以采用简化的方式，仅使用 x、y、z 三个方向的平移量来进行转换，即三参数模式。

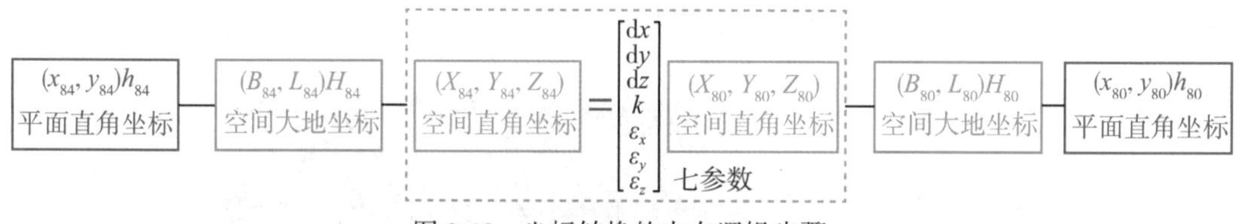

图 2-10　坐标转换的内在逻辑步骤

虽然坐标转换的原理比较复杂，但是在 GeoScene Pro 软件中，提供了非常简单的工具来解决坐标转换和空间参考的问题。在利用 GeoScene Pro 软件进行坐标转换时需要特别注意：在同一地理坐标系下，不同坐标系转换，比如 Web 墨卡托向 WGS 1984 转换，两者都是使用的 WGS 1984 参考椭球，地理变换参数不用填写；在不同地理坐标基准下，不同坐标系转换，比如西安 80 坐标系向 CGCS2000 转换，地理变换参数时会提示叹号(图 2-11)，也就是建议补充该参数，如果没有，也可以强制转换，但是会有偏差，精度较低。

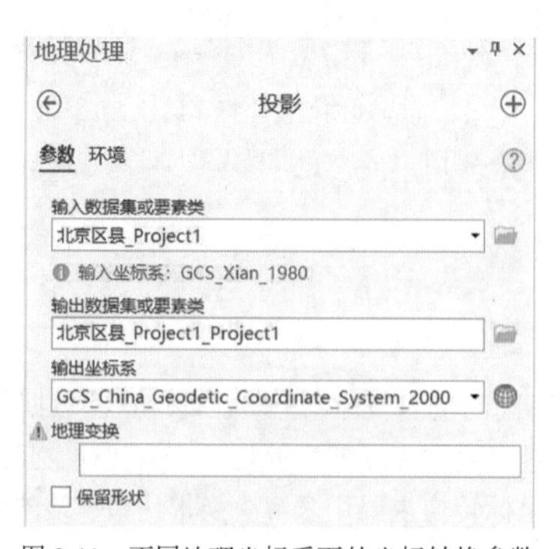

图 2-11　不同地理坐标系下的坐标转换参数

地理变换参数通常采用测量领域的七参数和三参数，在 GeoScene Pro 软件中内置了部分地理变换参数，比如从“Beijing_1954”转换到“WGS_1984”。如果 GeoScene Pro 软件未知椭球体之间的变换方法，也就是没有提供转换方法，就需要使用创建自定义地理变换工具，来定义七参数或三参数，图 2-12 显示的就是七参数的界面示例。在七参数定义好之后，再使用投影工具进行矢量数据的坐标转换。

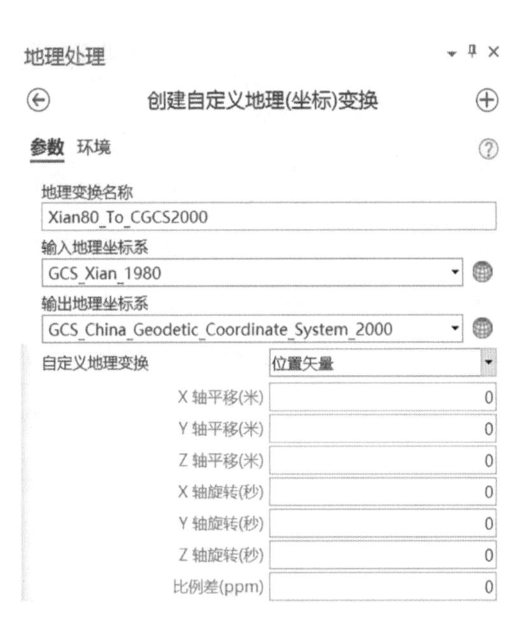

图 2-12　七参数地理变换示例

2.4　坐标系练习

本节以一套 WGS 1984 坐标系的湖北省行政区划数据为基础，进行不同的坐标转换后，显示在多个地图中进行视图联动。

2.4.1　坐标系属性查看

在 GeoScene Pro 中新建一个工程，模板选择“地图”，在内容窗格中查看该地图的属性(右击“地图”→“属性”)，在弹出的“地图属性”对话框窗口中，查看该地图的坐标系，如图 2-13 所示，为 Web 墨卡托坐标系，查看其详细信息，可知其 WKID 为 3857，对应的地理坐标系为 WGS 1984 等。

在 GeoScene Pro 右侧的目录窗格中，在“文件夹”上右击→“添加文件夹连接”，将 Coordinate 文件夹与数据文件夹进行关联，右击 Coordinate 文件夹内的“hubei. shp”→“属性”，查看其属性中的“源”→“空间参考”，如图 2-14 所示，其坐标系未设置，使用“定义投影”工具给该数据定义地理坐标系 WGS 1984。可逐步选择“数据管理工具”→“投影和变换”→“定义投影”；或在该窗口的最上侧框中搜索变换，在搜索到的工具中点击“定义投影”。在“定义投影”工具界面，分别选择 hubei. shp 要素类和 WGS 1984 坐标系，随后点击工具窗格最下方的“运行”即可，如图 2-15 所示。

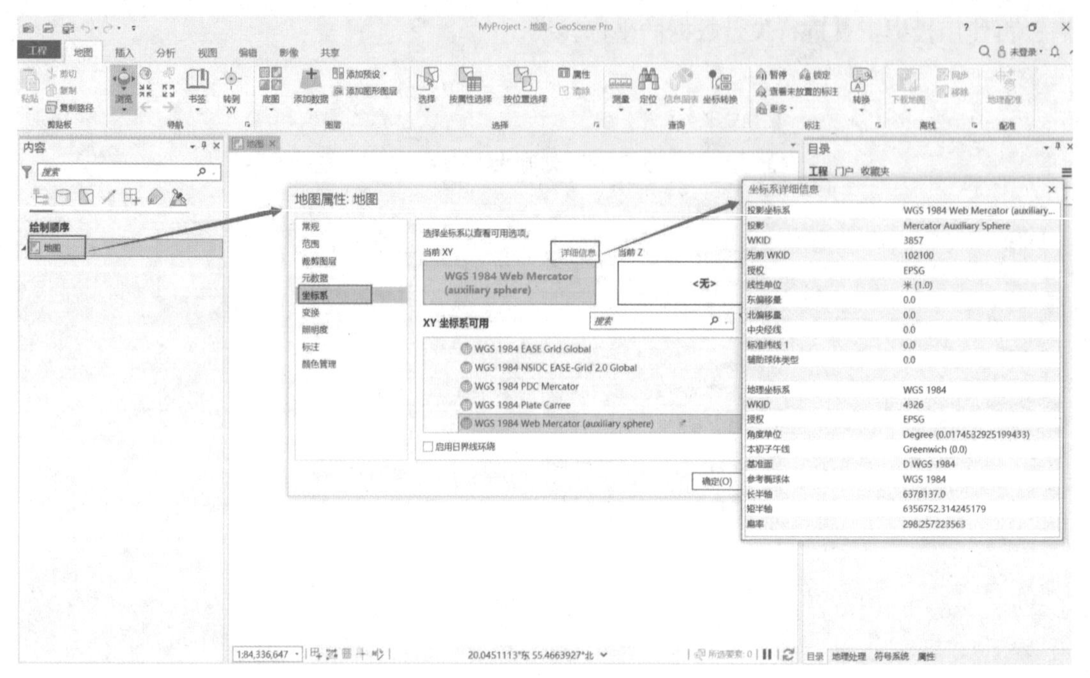

图 2-13　新地图的坐标系属性

图 2-14　未给出坐标系的 hubei. shp 空间参考属性　　　　图 2-15　定义投影工具

此时，GeoScene Pro 默认将 hubei. shp 加入地图中，如果没有自动加入，可将 hubei. shp 文件拖入当前的地图中。查看地图中 hubei 图层的属性，查看其坐标系，或通过右击右侧目录窗格中的“hubeis. shp”，查看其属性，其坐标系应如图 2-16 所示。此时，再次查看地图的坐标系属性，发现其坐标系更新为图层 hubei 的坐标系 WGS 1984，如图2-17所示。

图 2-16　hubei. shp 的空间参考坐标系信息

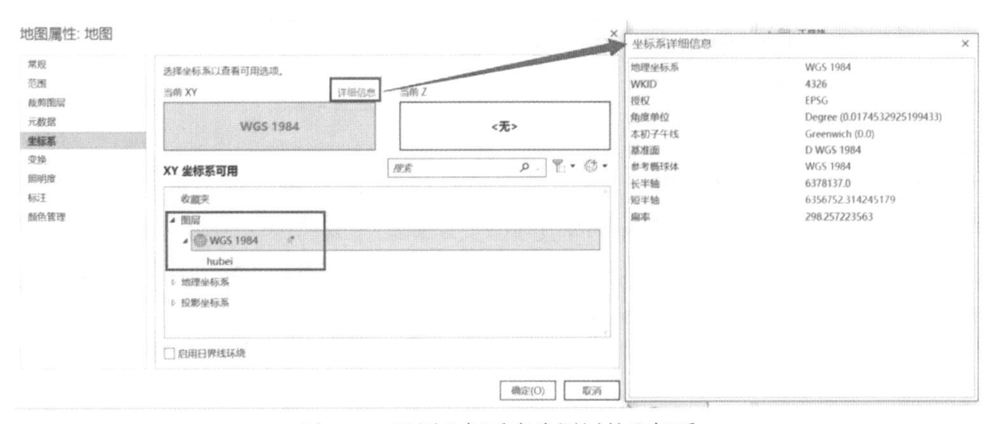

图 2-17　地图坐标系变为图层的坐标系

2.4.2　坐标转换练习

在 GeoScene Pro 中，点击菜单工具，右侧会从当前的目录窗格转换显示为“地理处理”，其中有很多工具，可逐步选择“数据管理工具”→“投影和变换”→“创建自定义地理(坐标)变换”；或在该窗口的最上侧框中搜索“变换”，在搜索到的工具中点击“创建自定义地理(坐标)变换”。如图 2-18 所示。

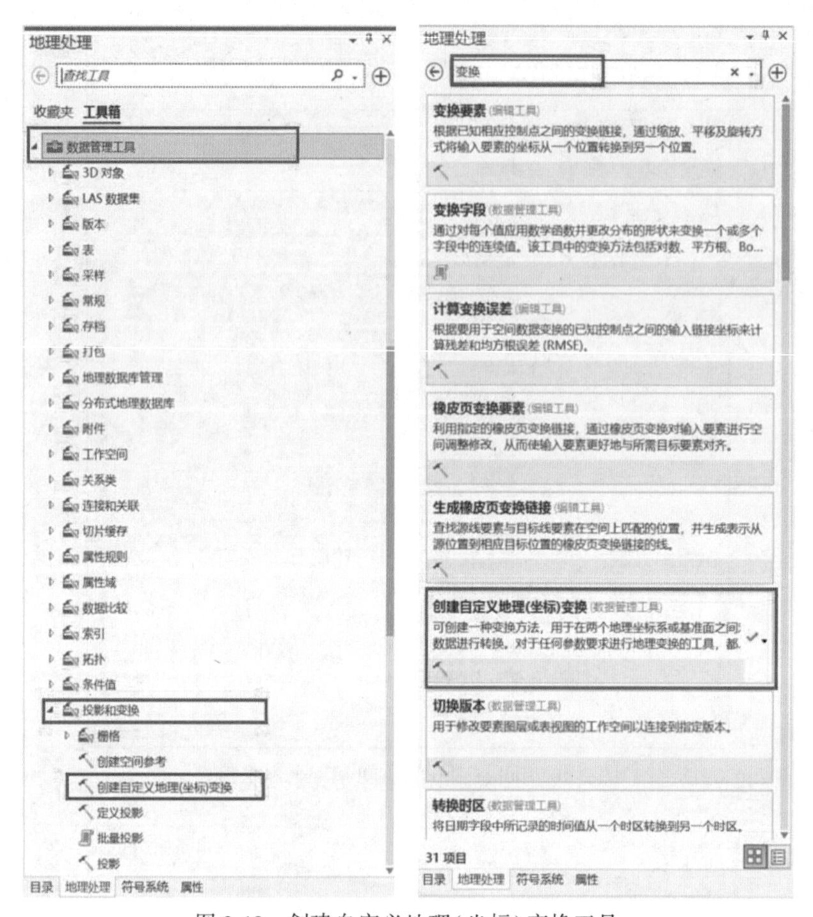

图 2-18　创建自定义地理(坐标)变换工具

由于 WGS 1984 与 CGCS2000 的参考椭球体参数不一，2 种地理坐标系及对应的投影坐标系在进行较高精度的坐标转换时需精确的七参数，一般从测绘部门获取。此处为演示操作步骤，相关平移旋转比例参数未设置。在自定义地理(坐标)变化参数页面，给该变换一个名称“WGS84_To_CGCS2000”，依次选择 WGS 1984 和 CGCS2000 地理坐标系，自定义地理变换参数选择“坐标框架”或“位置矢量”均可，随后点击最下侧“运行”，如图 2-19所示。

随后选择“投影和变换”工具集中的“投影”，或通过搜索找到“投影”工具，为该工具设置数据和坐标系参数，依次选择“输入要素集或要素类”为“hubei”，“输出要素集或要素类”为“新建工程对应数据库内”，并命名为“hubei_cgcs2000_6_111”，因而其完整的路径名称为“D：\ XXX \ MyProject \ MyProject. gdb \ hubei_cgcs2000_6_111”，输出坐标系选择“CGCS2000_GK_CM_111E”。此时，地理变换默认会选用刚刚新建的坐标变换“WGS84_To_CGCS2000”，点击运行可以得到结果(图 2-20)。CGCS2000_GK_CM_111E 是一个中央经线为 111°的 6 度带高斯-克吕格投影坐标系。

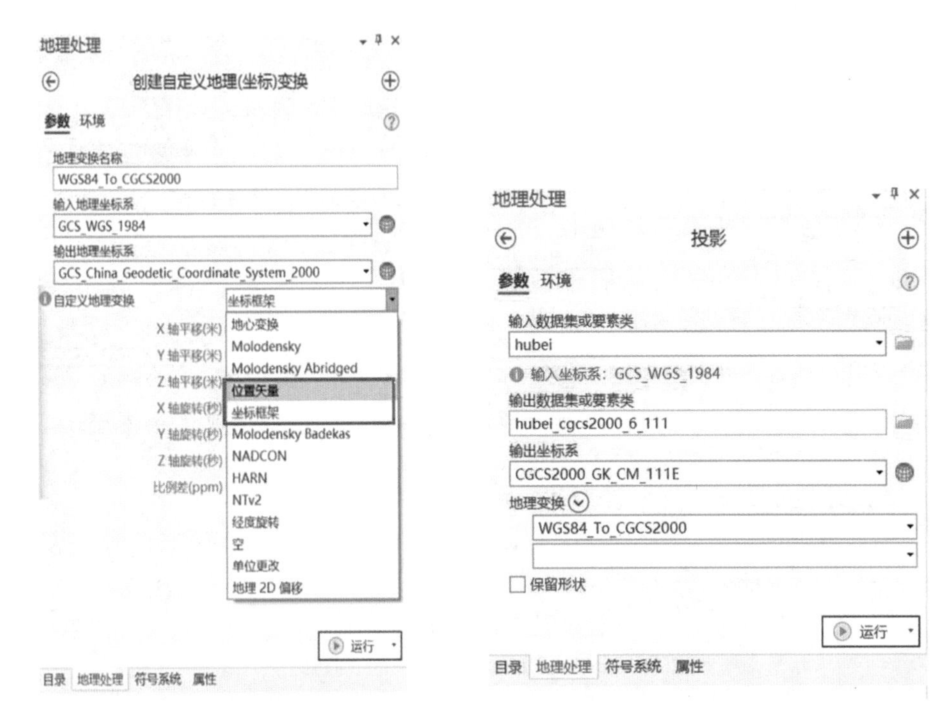

图 2-19　自定义坐标变换　　　　图 2-20　hubei 图层投影至 CSCS2000 6 度带坐标系

我国分省地图一般使用 Lambert 投影，湖北省地图一般采用双标准纬线正轴等角割圆锥投影，2 条标准纬线为 30°30′、32°30′，中央经线为东经 112°。其他省份地图的标准纬线和中央经线需根据实际情况选定或参考相关标准。

再次使用“投影”工具，依次选择“输入要素集或要素类”为“hubei”，“输出要素集或要素类”为“新建工程对应数据库内”，并命名为“hubei_cgcs2000_lambert”，其完整的路径名称为“X：\ XXX \ MyProject \ MyProject. gdb \ hubei_cgcs2000_lambert”；点击“坐标系”对话框的🌐按钮，并新建一个名为“Lambert Hubei”的投影坐标系，如图 2-21 所示，设置其投影方式、中央经线、2 个标准纬线和对应的地理坐标系；点击“运行”，可以得到新的 Lambert 投影坐标系下的 hubei_cgcs2000_lambert 要素类，默认会加到当前地图中。

为了便于展示不同投影坐标系下的数据联动效果，将当前地图中的 hubei 和 hubei_cgcs2000_lambert 两个图层移除。在左侧的内容窗格中，选中这两个图层，右击“移除”。再将地图的坐标系设置为图层 hubei_cgcs2000_6_111 的坐标系 CGCS2000_GK_CM_111E，右击“地图”→“属性”→“坐标系”页面，在右侧的窗口中选择图层 hubei_cgcs2000_6_111，如图 2-22 所示。在地图属性窗口“常规”页面中将地图的显示单位改为“米”，在“变换”页面将其他变换下面的坐标变换删掉，最后点击“确定”，可以看到当前地图下方状态栏中的坐标值已经从经纬度变为平面坐标。

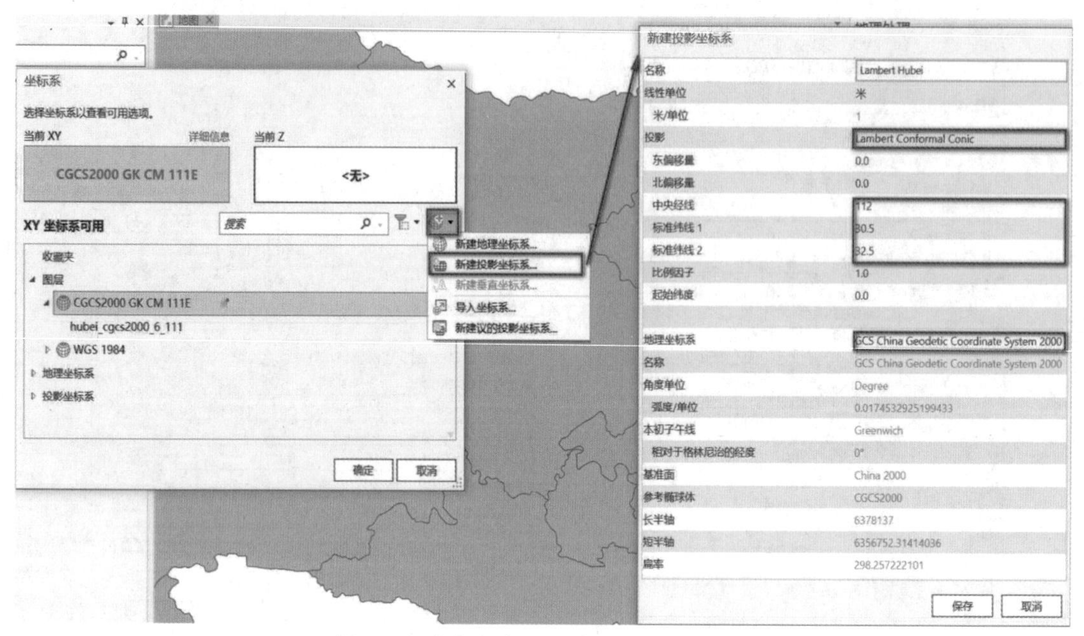

图 2-21　自定义湖北区域的 Lambert 投影

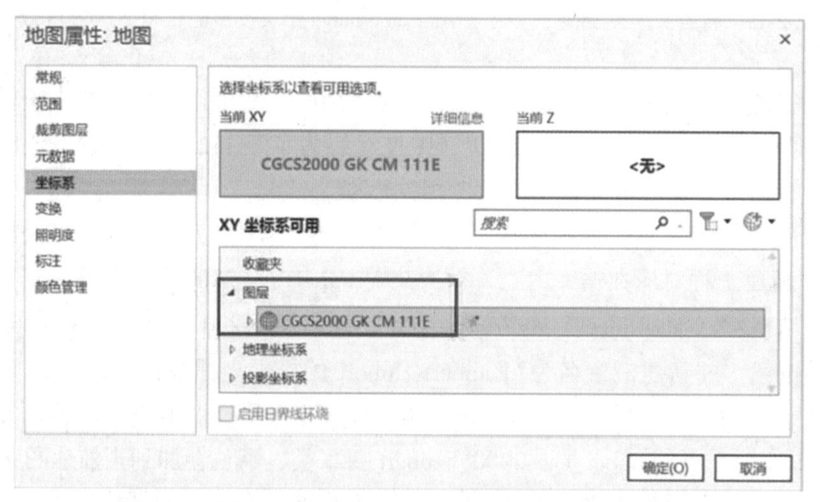

图 2-22　设置地图的坐标系为“CGCS2000_GK_CM_111E”

点击菜单“插入”→“新建地图”，得到“地图 1”，将数据库中的 hubei_cgcs2000_lambert 要素类拖入其中，查看“地图 1”的坐标系属性，已经变为此前定义的“Lambert Hubei”。点击菜单“视图”→“链接视图”→“中心和比例”，随后将“地图 1”拖到下方，在“地图”上拖曳或缩放地图变换显示范围，“地图 1”的显示内容将随之变化，在“地图 1”上操作亦可得到类似的效果，如图 2-23 所示。

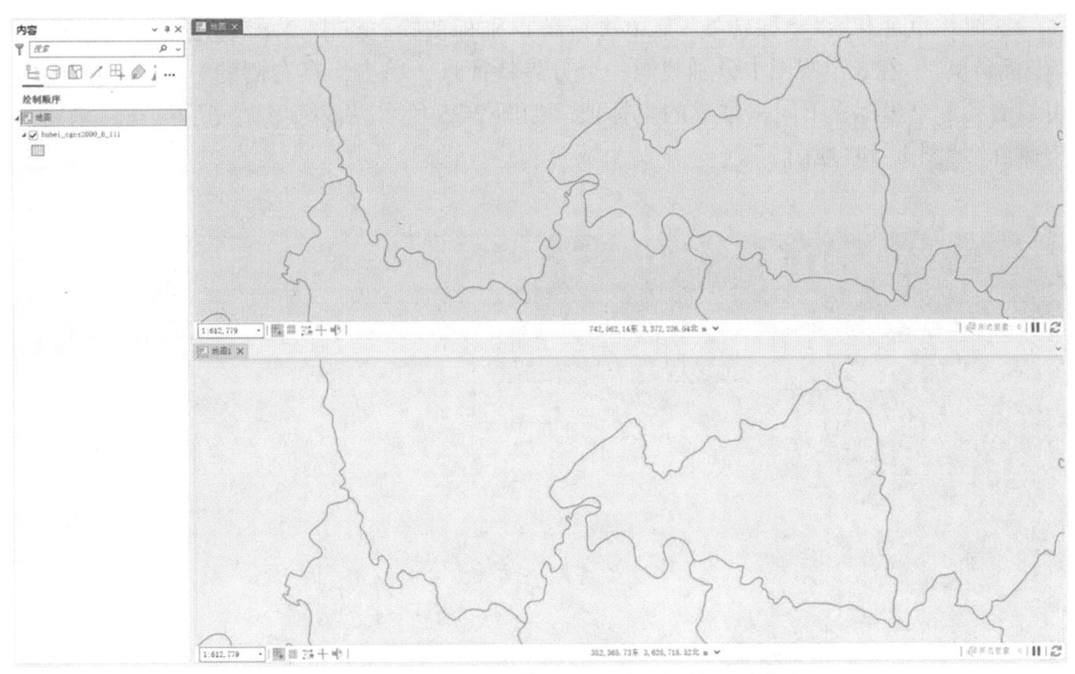

图 2-23　相同参考椭球体(地理坐标系)的地图联动

地图联动的操作也可在不同坐标系下，再次插入一个地图视图“地图 2”，将“hubei.shp”数据拖入其中，可以体验 3 个视图之间的联动，3 个视图的比例相同，但显示的坐标值各不相同，如图 2-24 所示。

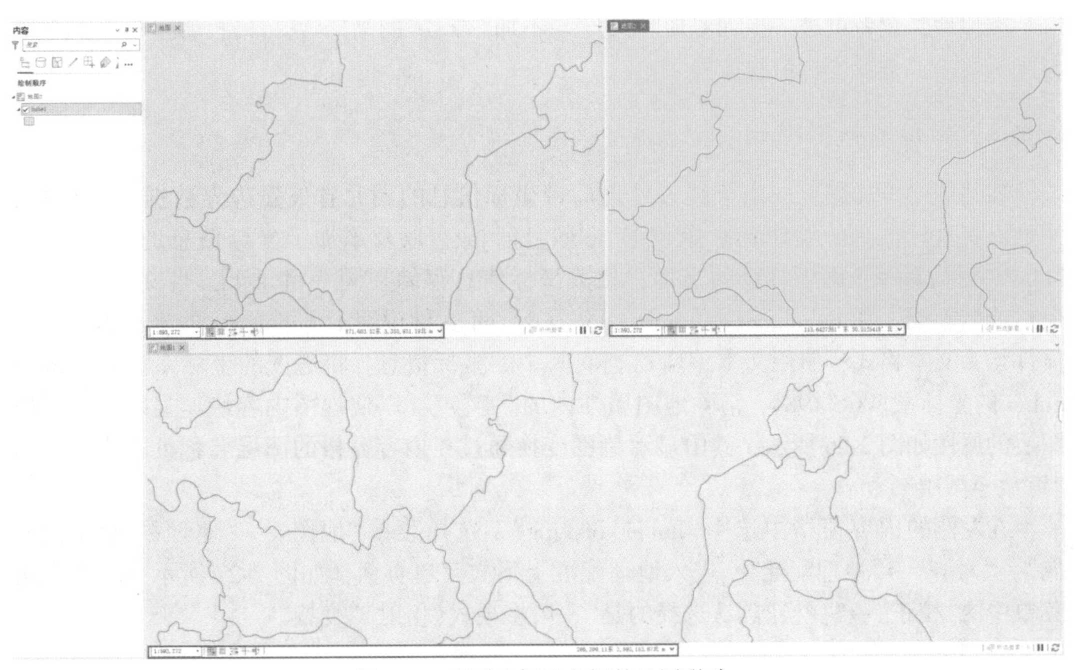

图 2-24　不同坐标系之间的地图联动

同时，也可利用“坐标转换”菜单进行单点坐标变换。点击菜单“地图”→“查询”→“坐标转换”，在 3 个视图中分别找同一个分界特征点，单击，在右侧的“坐标转换”窗口可以看到 3 个坐标系下同一位置的坐标值，如图 2-25 所示。该练习做完后可在目录窗口中删除“地图 1”和“地图 2”。

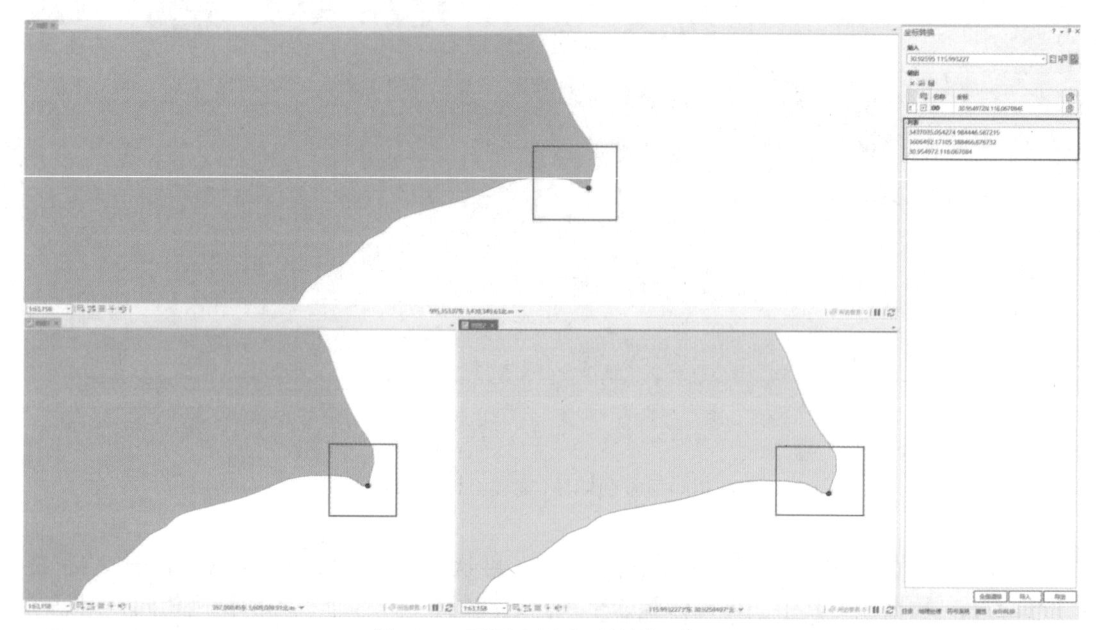

图 2-25　不同坐标系下的同一位置

类似地，读者可进一步练习加“带号”与不加“带号”的高斯-克吕格投影坐标系的联动与坐标转换，查看坐标值的差异。

2.4.3　栅格数据配准

在地图中添加有上一小节经过处理后带坐标信息的湖北省矢量边界数据 hubei. shp，添加没有坐标信息的湖北省影像数据 hubei_bfs. jpg，以及添加了坐标信息的 hubei. jpg。hubei. jpg 为具有正确坐标系的文件，相关坐标信息存储在同一目录下，且文件名相同，仅扩展名不同，如 hubei. jgwx 和 hubei. jpg. aux. xml 文件说明了 hubei. jpg 的坐标信息，两文件均为文本格式，使用文本编辑器查阅其中的坐标信息。将地图的坐标系设置为图层 hubei 的坐标系 WGS 1984，清除地图属性内的“变换”，以便地图内容快速显示。各栅格图层的属性如图 2-26 所示，其中显示范围变换通过在内容窗格的图层名称处右击，选择“缩放至图层”。

在左侧的内容窗格中选中“hubei_bfs. jpg”，选择菜单“地图”→“地理配准”或“影像”→“对齐”→“地理配准”，进入地理配准上下文菜单页面，如图 2-27 所示。其中点击菜单中的“校正”→“变换”默认选择的是“一阶多项式(仿射)”变换。

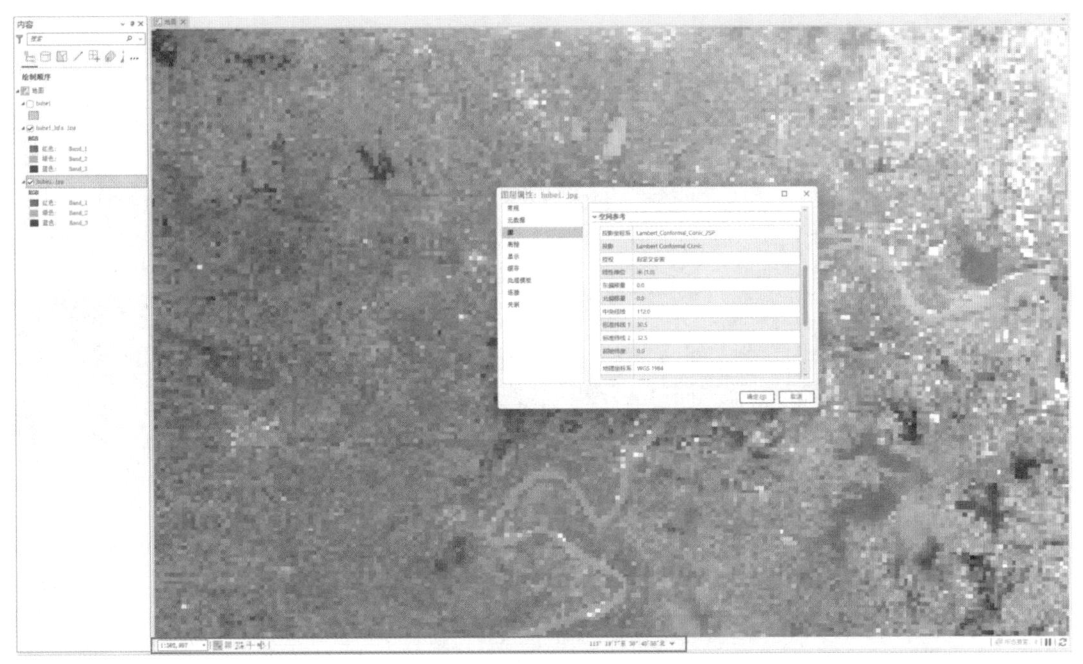

(a) hubei.jpg 属性

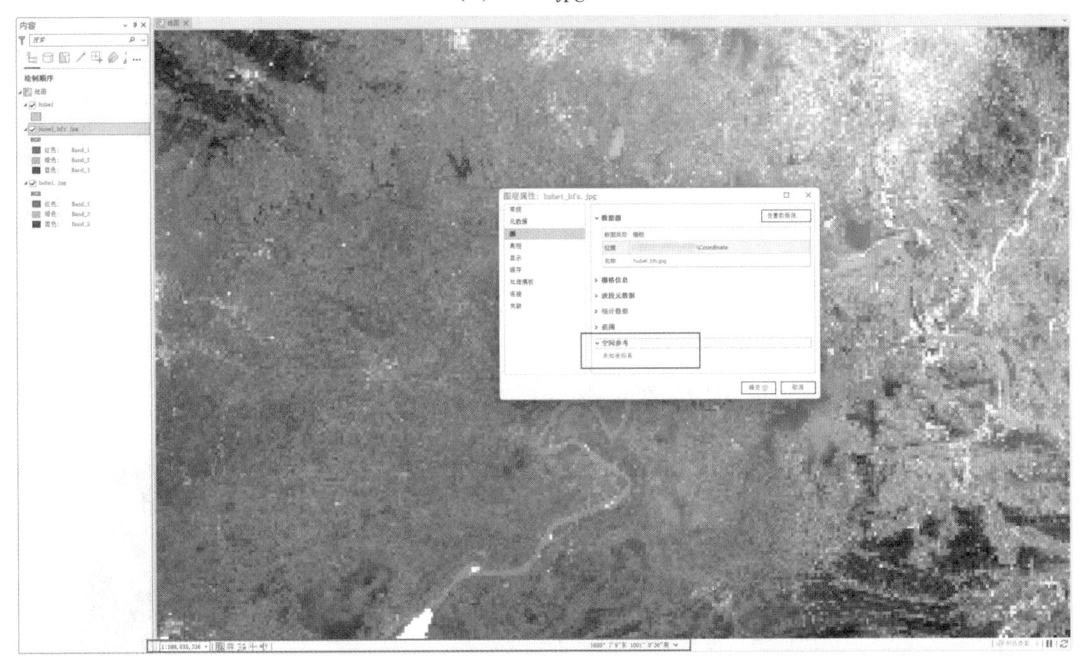

(b) hubei_bfs.jpg 属性

图 2-26 栅格图层的属性

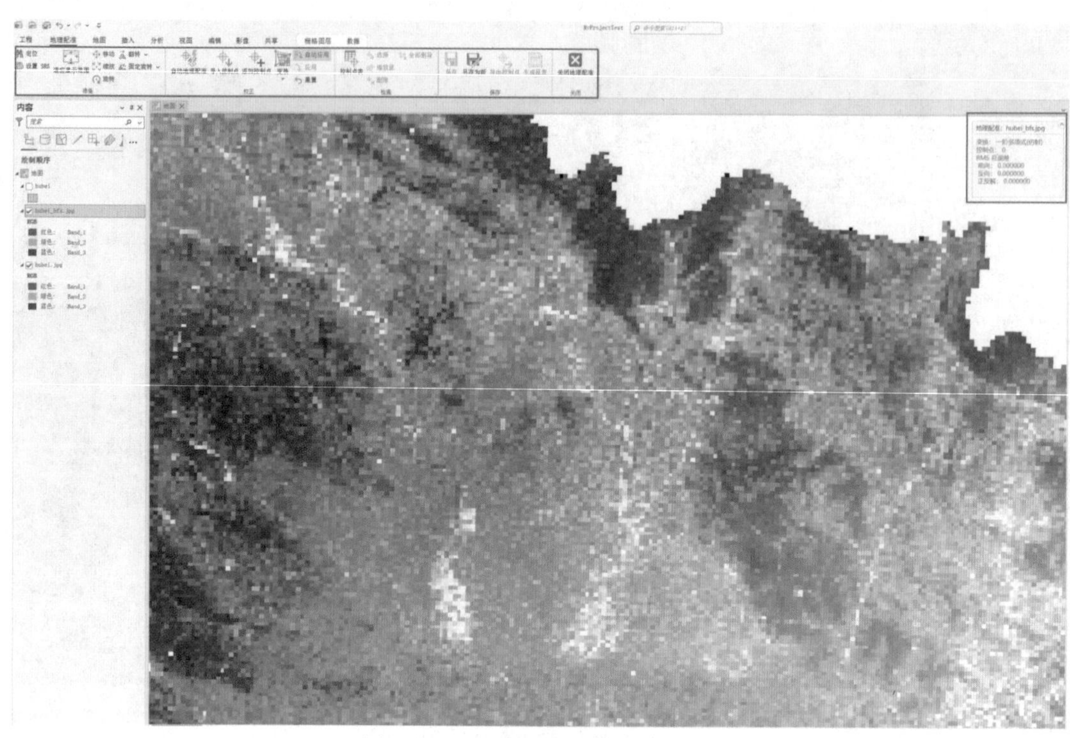

图 2-27　地理配准上下文菜单视图

首先，确认配准坐标系，点击菜单“设置 SRS”，默认设置为地图坐标系，此处为 WGS 1984，修改为“hubei. jpg”，具有的投影坐标系为“Lambert_Conformal_Conic_2SP”，如图 2-28 所示。

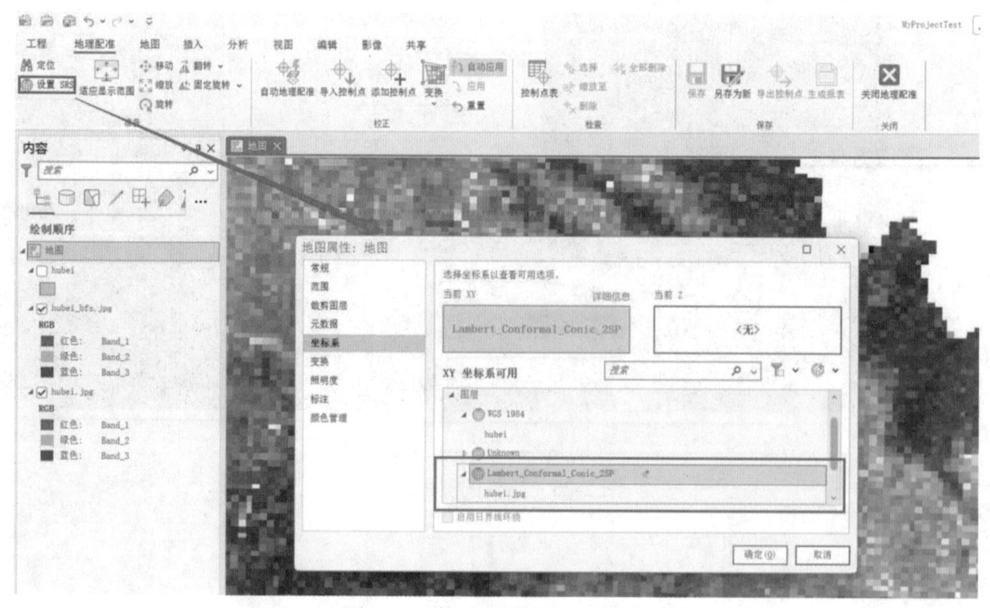

图 2-28　修改配准目标坐标系

随后，使用菜单“校正”→“添加控制点”，为 hubei _bfs. jpg 与 hubei. jpg 或 hubei. shp 之间建立同名点对应。首先，使用 hubei_bfs. jpg 栅格图层的右键菜单中“缩放到图层”，将地图视图调整到影像合适位置并选取影像数据边界特征点；然后，使用 hubei. jpg 或 hubei. shp 的右键菜单中“缩放到图层”，将地图视图调整到对应位置，选取边界特征点；可在内容窗格控制影像或矢量的显示与否，以便选定控制点，并可以选择菜单中“检查”→“控制点表”，来查看控制点对的信息。重复选取多个控制点，一阶多项式需要至少 3 对控制点。注意，先在无正确坐标信息的 hubei_bfs. jpg 上选点，后在有正确坐标信息的 hubei. jpg 或 hubei. shp 上选点。

为了实现精度较高或效果更好的影像配准，可添加多个控制点，如图 2-29 所示，添加了 8 对控制点，点击菜单中“校正”→“变换”，将变换方式变更为“二阶多项式”。在控制点表视图中，可以查看各点残差，如某点误差过大可删除；在控制点表视图的菜单中还可以不勾选或删掉精度较低或错误的点对，以及导入或导出控制点对的信息。

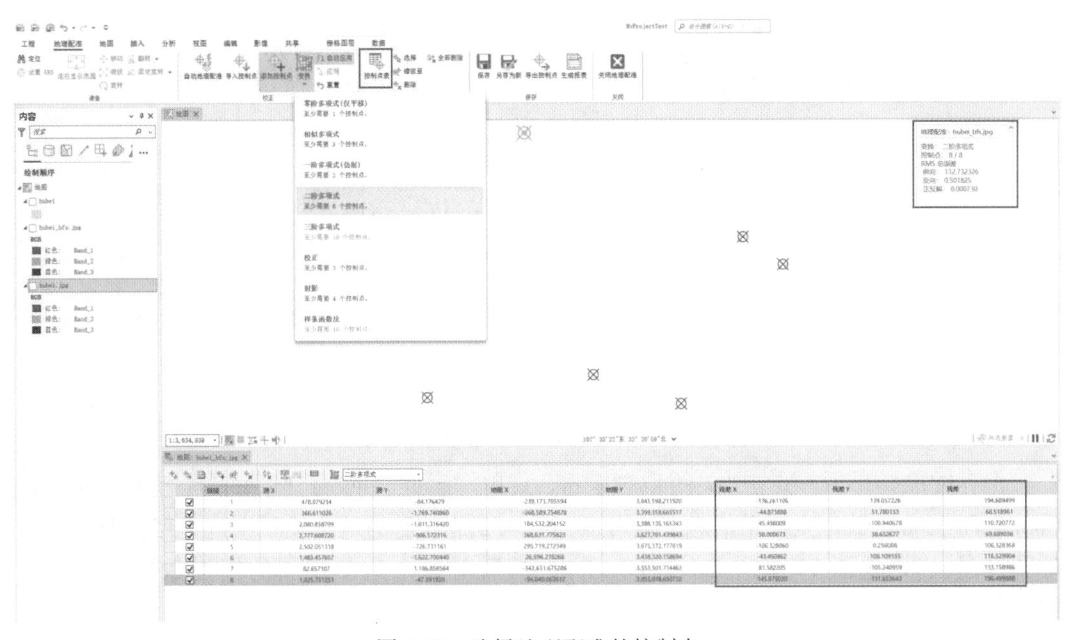

图 2-29 选择地理配准的控制点

栅格地理配准精度或效果达到要求后，可以直接点击菜单中“保存”，从而保存该影像配置的坐标系信息，则在该栅格数据存储的文件夹下生成了一个与之同名但后缀名不同的文件，本例中生成了“hubei_bfs. jpg. aux. xml”和“hubei_bfs. jgwx”文件。或点击菜单中“另存为新”，则可将结果另存为其他格式图像或存储至数据库中，如图 2-30 所示。在输出的同时可以进行坐标转换，选择其他坐标系。

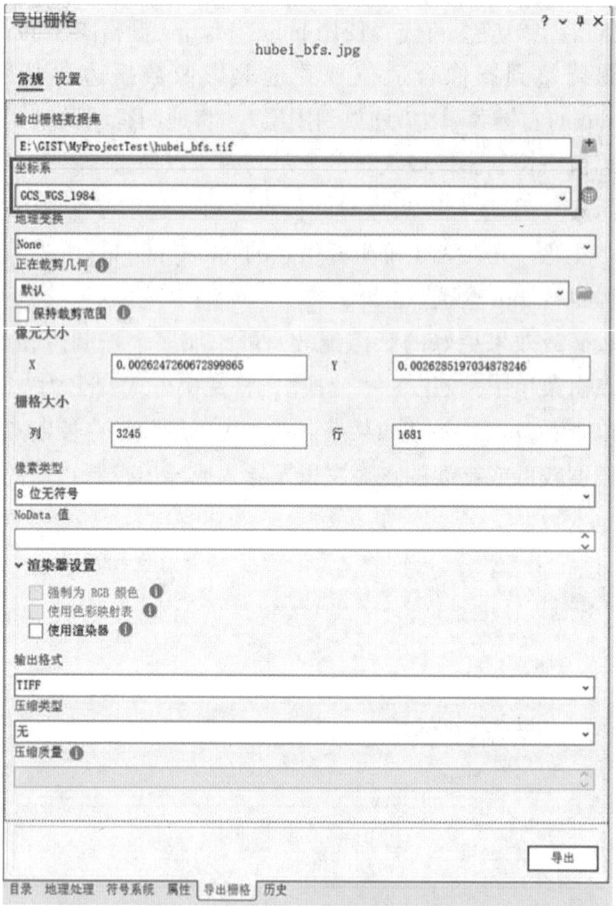

图 2-30　输出栅格

保存配准结果后，点击“关闭地理配准”菜单。至此，hubei_bfs. jpg 具有了 Lambert_Conformal_Conic_2SP 坐标系信息。也可以与 2. 4. 2 节最后的地图关联浏览类似，新建一个地图视图，为“地图 1”添加 hubei_img. jpg，随后对 2 个地图视图的栅格数据进行关联查看。

需要注意，投影等工具亦可用于栅格数据，用法与 2. 4. 2 节中矢量数据类似。使用投影栅格工具(“地理处理”→“工具箱”→“数据管理工具”→“投影和变换”→“栅格”→“投影栅格”)对刚刚获得地理坐标系的 hubei_bfs. jpg 进行处理，如图 2-31 所示，输出栅格数据集为数据库路径内的“hubei_utm_49N”，在“坐标系”对话框中点击选择“地理坐标系”→“UTM”→“WGS 1984”→“Northern Hemispher”→“WGS_1984_UTM_Zone_49N”，由于 hubei_bfs. jpg 本身是 WGS 1984 地理坐标系的 Lambert 投影坐标系，不用选择地理(坐标)变换，重采样选择“双线性插值法”，输出像元大小选择“X 300、Y 300”(表示像元分辨率为 300m×300m)，点击“运行”，可得到栅格投影的结果，如图 2-32 所示。

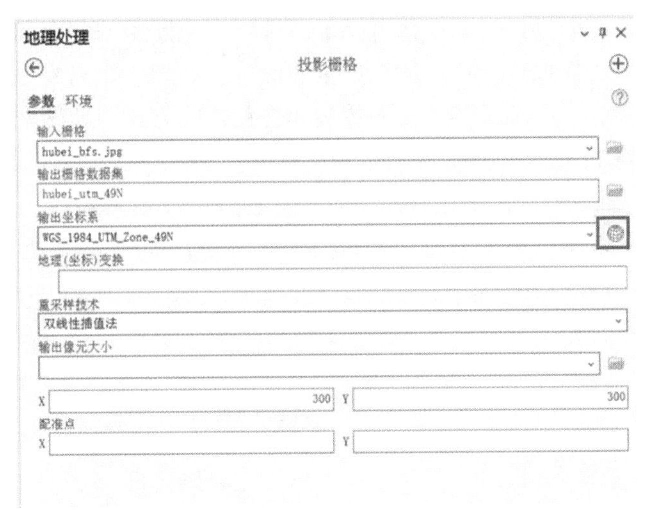

图 2-31　投影栅格工具

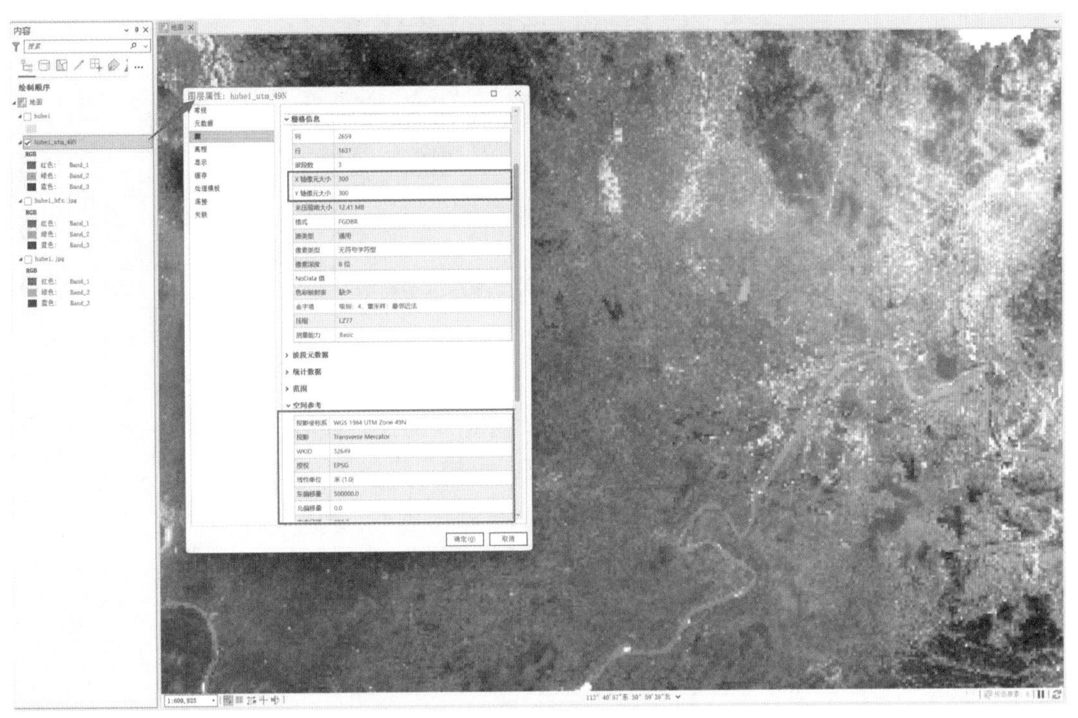

图 2-32　栅格投影结果

2.4.4　矢量数据坐标校正变换

通过上一小节的学习，我们很容易联想到，如果矢量数据没有坐标系或空间位置不正确，那么是否可以做类似的矢量数据“地理配准”？答案是肯定的，但该操作一般称为矢量数据空间校正。实际的工具为“变换”工具，位于编辑菜单页的工具中，“变换”工具使用位移链接执行几何变换，这些链接可指定所选要素或图层的起点和目的地路径，从而在链接之间进行几何最佳拟合变换。所选要素的形状、面积、距离和方向变形程度取决于所选择应用的变换方法，以及位移链接的数量和位置，此方式与地理配准类似。

在右侧目录窗格的“工程”页面下，右击“数据库”→“添加数据”，选择“SpatialAdjust. geodatabase”，其中包含 4 个面状要素类，分别是新地块、新建筑及已有地块和建筑。新建一个地图，将 4 个面状要素类拖入其中，如图 2-33 所示，新地块和新建筑为已有地块东北角的规划蓝图，应与东北角的地块相对应。

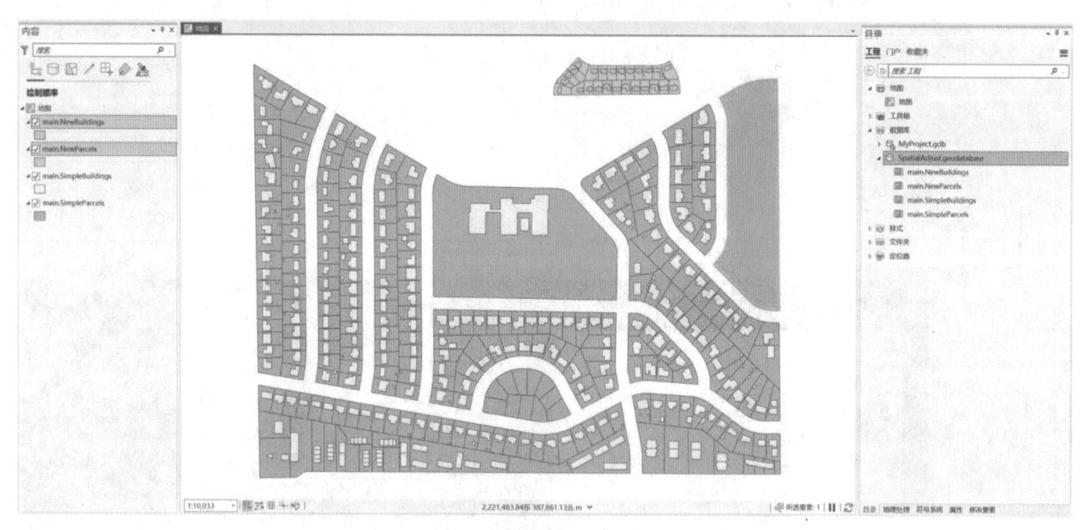

图 2-33　用于变换的地块和建筑数据

在开始变换前，先关闭拓扑，点击菜单中“编辑”→“无拓扑”；启动“捕捉”，点击菜单中“编辑”→“捕捉”→“捕捉已启动”，并勾选相应的捕捉模式，设置捕捉容差等，如图 2-34 所示。若要在编辑要素时暂时关闭捕捉，可按住空格键。

在“编辑”→“要素组”中，单击“修改”，右侧将显示“修改要素”窗格，在“修改要素”窗格中展开对齐并单击“变换”；也可直接点击“编辑→工具→变换”，进入变换窗体页面，如图 2-35 所示。使用“地图”→“选择”或“编辑”→“选择”工具勾选“NewBuildings”和“NewParcels”中的所有要素，并在“变换”页面最上面的图层中直接勾选这两个图层。

点击“变换”页面中部的“添加新链接”，参考“捕捉”提示添加 4 对链接，如图 2-36 所示。变换方法有四种：仿射、相似、橡皮页(线性)和橡皮页(自然邻域法)。仿射用于不同程度地缩放、旋转、平移、反映和倾斜要素，此方法至少需要 3 个位移链接。相似用于均匀缩放、旋转、平移和反映要素，此方法至少需要 2 个位移链接；对于通常不倾斜的 CAD 工程图和其他基于文件的要素数据，这是一个不错的选择。橡皮页(线性)较橡皮页(自然邻域法)稍快一些，且可以生成不错的结果，当很多链接均匀分布在变换区域上时，可以使用此方法，该方法没有考虑自然邻域。橡皮页(自然邻域法)稍慢一些，但准确度更高，当位移链接分散在变换区域中时，可以使用此方法；此方法类似于反距离权重插值法。

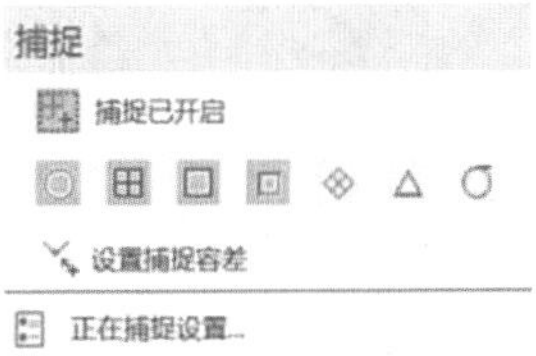

图 2-34 开启“捕捉”

图 2-35 修改要素之变换页面

图 2-36 选中要素和图层并添加 4 对链接

在添加链接过程中，如有错误，要删除位移链接，可单击菜单中“编辑”→“选择”，选择该链接，然后按 Delete 键，或者单击右键并单击“删除”。要删除所有位移链接，可在“变换”页面中单击 ，删除所有链接。可在内容窗格中选择“链接”并右击，打开“链接”图层的属性表，查看其中的残差。

单击右下方的“变换”，将变换要素并自动删除位移链接。得到变换之后的结果，如图 2-37 所示，最后点击菜单中“编辑”→“保存”，根据提示保存本次变换的结果。

图 2-37　矢量要素变换结果

第3章　空间数据编辑

编辑地理数据是在地图上创建、修改或删除图层上要素和相关数据的过程。每个图层都连接至用于定义和存储要素的数据源；通常为地理数据库要素类或要素服务，要素可以是二维(2D)或三维(3D)，用来表示自然界或人工环境中的真实物理对象或数据点，栅格数据亦可在 GeoScene 内编辑。

默认情况下，GeoScene Pro 会在修改现有数据或创建数据时自动启动编辑会话，而不必像 ArcMap 手动启动编辑。编辑任何被授予查看和编辑权限的数据源。保存或放弃编辑内容会自动停止编辑会话。任何后续编辑操作都会恢复编辑会话，直到再次保存或放弃编辑内容。当然，也可以使用以下 2 种方法来防止在应用程序级别上意外执行编辑：①在"编辑"选项卡上"禁用编辑"，将会禁用编辑工具和要素模板，默认情况下，此项已隐藏；②按图层关闭编辑，从而指定可以编辑的图层。这些设置适用于当前地图或场景，注意不要更改在数据源中授予的权限。

在地图或场景中查看和编辑 2D 和 3D 数据。进行编辑工作时，可在地图和场景之间进行切换，并将二者链接起来，以便在活动视图中平移和缩放时，可以在同一范围中心以相同的范围比例同步显示二者。地图用于在 2D 平面视图中显示数据。在场景中则可旋转倾斜地图并在 3D 空间中显示数据。因此，可将场景配置为局部或全局视图，具体取决于实际工作所需的显示或分析类型。当需要最小化距离、方向、比例或面积测量的畸变程度时，即对精度要求较高的场合或需求，使用具有投影坐标系的局部场景或地图将是最佳选择。

3.1　矢量数据编辑

使用 GeoScene Pro 进行矢量数据编辑的一般流程是设置环境、使用模板创建要素、编辑修改要素(含属性)和保存编辑结果。

在对矢量数据编辑之前，一般需要先进行编辑环境的设置，如捕捉设置、约束设置、格网设置等，以提高空间数据编辑的效率和准确性，这三个设置的入口均在"地图(场景)"视图的左下角，如图 3-1 所示。捕捉功能用于准确放置要素并使其与其他要素对齐，可捕捉到点、端点、折点、边、交点、中点、切线等。捕捉的容差值为坐标之间的最小距离，如果一个坐标在另一个坐标的容差值范围内，则会将二者视为同一位置。当需要确定两个点是足够近(可以给定相同的坐标值)还是足够远(各自具有其自己的坐标值)时，自动认为是一个位置。除人工编辑外，还会在关系运算和拓扑运算内部使用此值。约束功能可以将新要素的方向和距离设置为指定值，用法：启动约束后，在创建要素时，右击，即可弹出方向和距离的“约束值设置”对话框。使用参考格网，创建或修改要素的水平或旋转工作平面。在格网设置中，原点、旋转和格网间距均可自定义，并且独立于分配给地图或场景的空间参考进行操作，格网只是辅助绘制要素，不会在布局中出现，出图时不会出现在结果中。

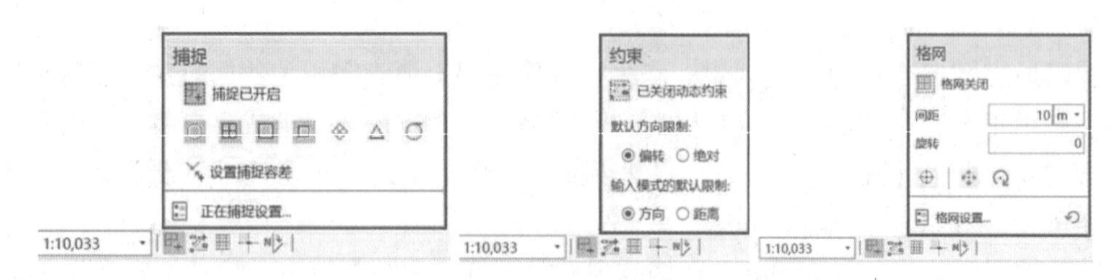

图 3-1　编辑环境设置

3.1.1　新建矢量数据

在 GeoScene Pro 中新建矢量数据的类型较多，常见的有点、线、面三种类型，还提供了多点、多面体、3D 对象、注记和尺寸。多点要素可将点要素集合存储为具有一组属性的单个要素，通常用于简化大型数据集并提高性能，例如激光雷达要素数据。多点要素需要创建多点要素类。多面体和 3D 对象要素存储 x、y 和 z 坐标及其几何，例如 3D 建筑物或 3D 树；可以使用要素构造工具创建它们，或将 3D 模型添加到要素模板库并将其插入场景中。多面体要素包括用于定义地理数据库单行中的 3D 对象边界的区域(或图面)。图面可以存储纹理、颜色、透明度和表示要素部件的几何信息。3D 对象要素包含已定义的地理位置，并引用可以存储为一种或多种格式的 3D 几何格网。注记要素是包含地理位置、要素属性和符号系统的文本元素，符号系统包括字体、大小、颜色和其他可编辑属性。注记要素用于传达要素的重要性，例如，当标注用于显示其他信息(例如国家/地区或城市的名称)时，将显示河流名称。关联要素注记与其关联的地理要素所包含的一个或多个字段的值相关联。链接注记可以与新要素一起自动显示，并在修改链接要素时更新或删除。尺寸注记要素是一种注记要素，包括地理起点和终点，以及表示测量距离的文本元素。对齐尺寸可测量平行于构造基线的真实距离。线性尺寸可沿垂直于由构造基线创建的延长线的尺寸注记线来测量距离。

GeoScene Pro 提供了 2 种方式创建矢量要素：使用模板创建和复制要素创建。使用模板创建要素是最常用的方式，包括 4 个步骤：①点击菜单中“编辑”→“创建”；②选择要素类型模板；③在模板中选择对应的构造工具，不同的要素几何类型的构造工具有所区别；④在地图或场景中绘制要素，右击一些快捷菜单或功能，双击结束要素绘制。

复制要素的前提是当前图层或其他图层中已有要素对应的几何图形，将选中的要素复制或剪切至目标图层，既可以粘贴至同一图层(同时复制要素几何和属性)，也可粘贴至指定图层(自动将属性值复制到匹配的字段)。

打开 GeoScene Pro，新建一个地图工程，在工程对应的数据库内或文件夹内新建点、线、面和多面体要素类或 Shapefile 图层。新建要素类过程中，可以发现，新建 Shapefile 只支持点、线、面和多面体 4 种类型，而在数据库内新建要素类则支持前述点、线、面及多点、多面体、3D 对象、注记和尺寸多种类型。由于本练习需使用点、线、面和多面体四类，在文件夹或数据库内新建均可，并分别命名为 POI、Road、Region、Building_3D。图 3-2 仅给出数据库中 Building_3D 要素类的新建过程：设置名称和类型，添加两个字段 Name 和 Floor，坐标系选择“高斯-克吕格 CGCS2000 3 度带 114°”，容差设置 0.05，分辨率为 0.005，存储配置默认。在数据库中新建点、线、面三类要素类的过程与之类似，如果在文件夹中新建为 Shapefile 更简单，不再赘述。需要注意的是，本练习依托影像采集的点线面要素为 2D 平面要素，因此在新建要素类或 Shapefile 不需要勾选“Z 值”，而图 3-2 中新建多面体时默认勾选“Z 值”。*M* 值则是在需要路径设计时可勾选存储路径的“M 值”选项，如公路领域常见的 K5+950 这类数据。

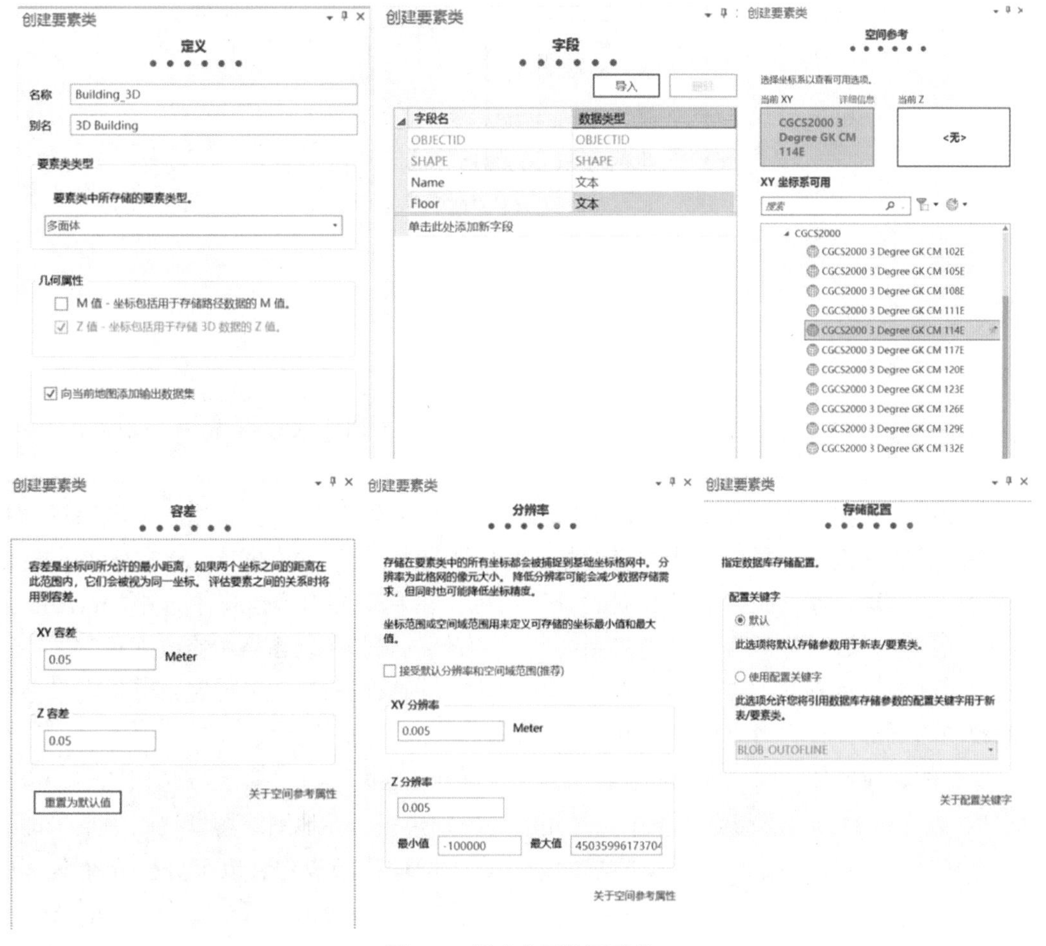

图 3-2 新建多面体要素类

如图3-3所示，通过目录窗格可以看到，在数据库内新建了2个要素类，在文件夹内新建了2个Shapefile文件。在数据库新建点图层POI过程中，为之添加了一个文本长度为25的Name字段，但新建Shapefile时不能添加字段，在随后的编辑过程中仍可添加。

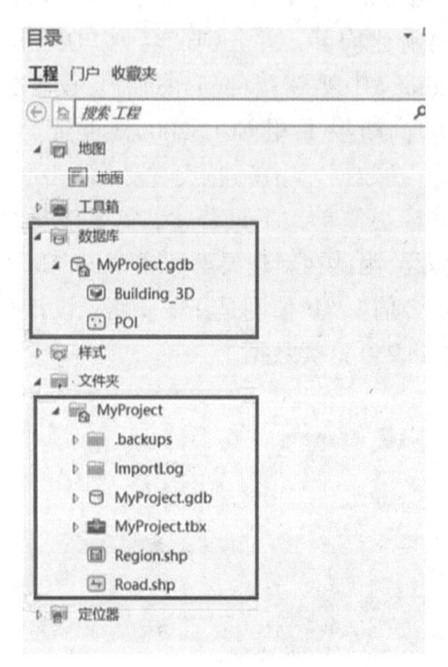

图3-3　新建的4个图层

3.1.2　矢量数据采集与修改

本小节使用武汉大学的影像GF1_2017_CGCS2000.tif和点云数据WHUInfor-dns.las进行矢量采集和修改的编辑操作练习。在目录窗格中，添加Edit文件夹链接，将影像数据拖入地图中，并在左侧的内容窗格中右击“影像”→“缩放至图层”；新建一个局部场景视图，将点云数据拖入场景中，将内容窗格中“场景”最下面的WorldElevation3D/Terrain3D图层前面的框选勾掉，调整点云数据的符号系统；在左侧的内容窗格中选中“WHUInfor-dns.las”，点击菜单中“外观”→“符号系统”，在右侧的符号系统窗格中修改配色方案，选择从绿到红的显示方案，如图3-4所示。调整地图和场景视图的放置位置，可将场景拖至中间视图的下部，查看当前数据，如图3-5所示。

要素的新建操作步骤基本相同，首先点击菜单中“编辑”，在“要素”选项卡中点击“创建”，在右侧的“创建要素”窗格中选择相应的类别模板，在地图或场景视图中点击即可开始创建要素，双击结束。每一类要素的创建有不同的模板操作，以下分别介绍具体的操作。

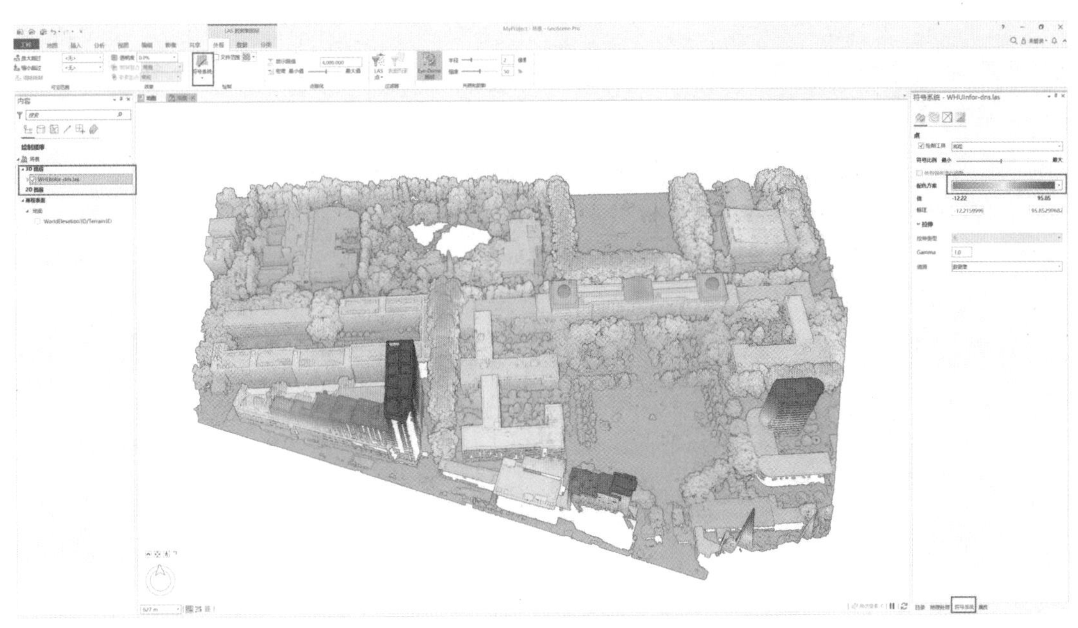

图 3-4 修改点云显示方案

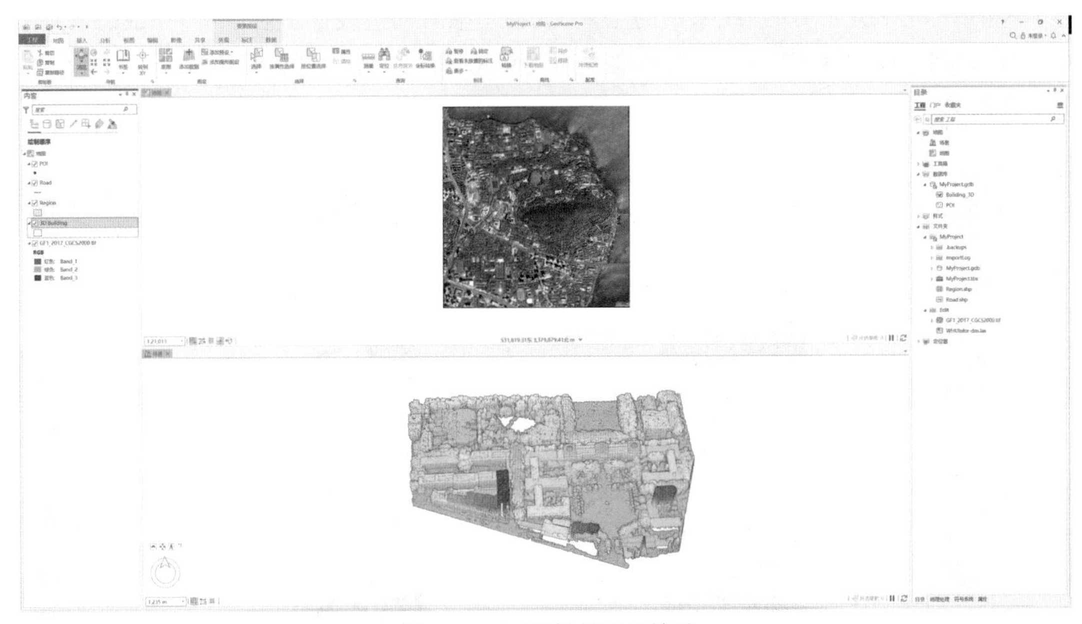

图 3-5 二三维数据显示效果

1. 点要素编辑

创建点要素或多点要素，在“创建要素”窗格中单击 POI 下方的“创建点要素”图标，然后单击地图，或单击右键并指定 x、y、z 坐标位置。单击工具选项板旁边的“向前”箭头，活动模板的工具选项板和要素属性表将出现在窗格内，可在添加点后输入对应的属性，该属性将应用到新要素，该属性值一般用于大量同属性的要素创建之前，如图 3-6 所示。

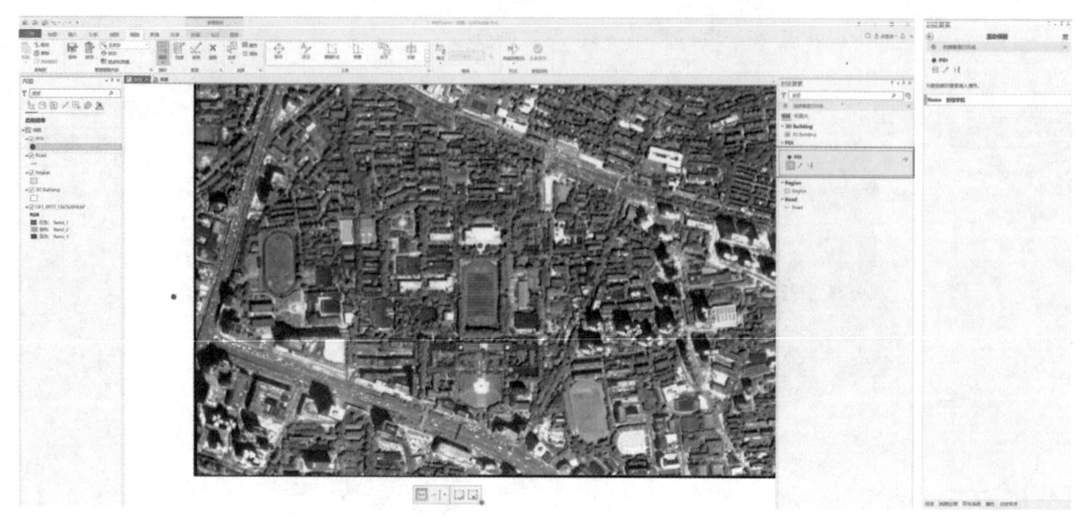

图 3-6　添加点要素

要在临时构造线(此临时构造线是在地图中创建的)的末端生成点要素，在“创建要素”窗格中单击 POI 下方的“线末端的点”，创建临时构造线，然后单击“完成”。此外，单击“线末端的点”后，可在地图上右键单击并使用快捷菜单指定 x、y、z 坐标位置、距离及方向，如图 3-7 所示。

图 3-7　沿线终点创建点要素

点要素模板中还有“沿线创建点”，该工具将沿地图中已选的现有折线要素创建单点和多点要素，将以均匀间距或可变距离创建要素。使用时，首先点击“沿线创建点”，使用“选择”工具选择想要沿其创建点要素的折线，在“创建要素”窗格中选择不同的点模式(数量、等距、变距)，以及勾选附加点等参数，最后点击最下方的“创建”按钮，如图 3-8 所示。

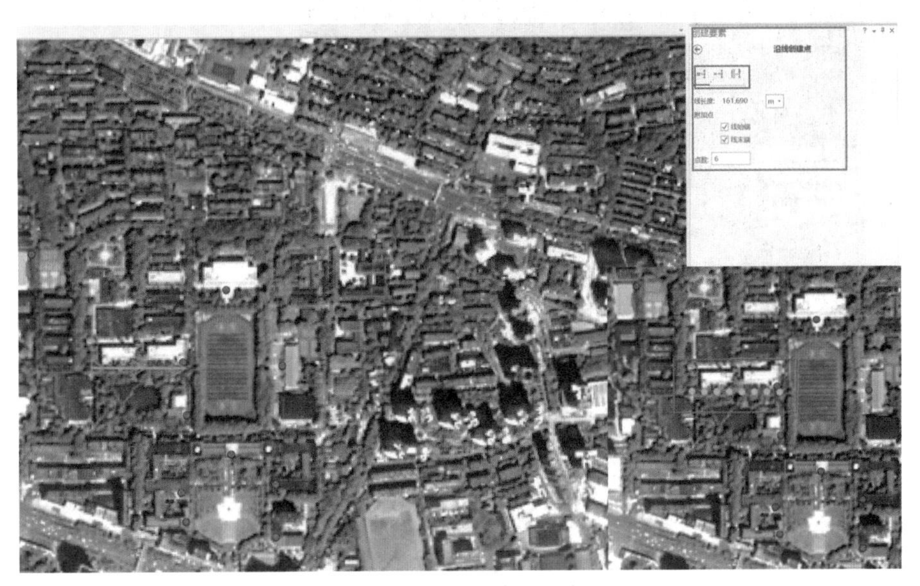

图 3-8 沿线创建点要素

此外，创建点和线末端的点这两种点要素创建模板还提供了不同的规则化创建点要素的工具，均在地图下方，如图 3-9 所示。

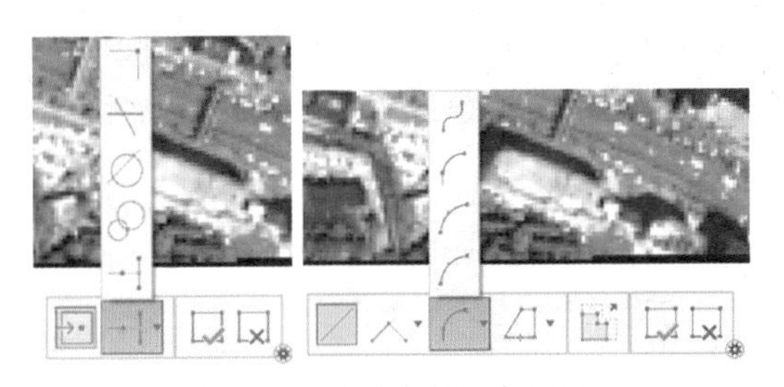

图 3-9 线创建点要素工具

编辑过程中，可以使用 Ctrl+Z 键实现操作回撤。点击菜单中“地图”或“编辑”中“选择”工具，通过点击或拉框，可以实现要素选取。选中后呈高绿色显示，选中后按 Delete 键可以实现要素删除。选中后移动，或使用编辑菜单工具选项页中的“移动”，可实现选中要素的移动。

矢量编辑过程中还可以添加或修改属性。点击菜单中“编辑”→“选择”选项卡→“属性”，打开“属性”窗格，默认显示在右侧；或采用“选择”工具选中某一个要素，右击选择“属性”，同样可以打开“属性”窗格，从而对属性进行编辑。如图 3-10 所示，在输入该点的 Name 属性后，点击最下方的“应用”按钮。

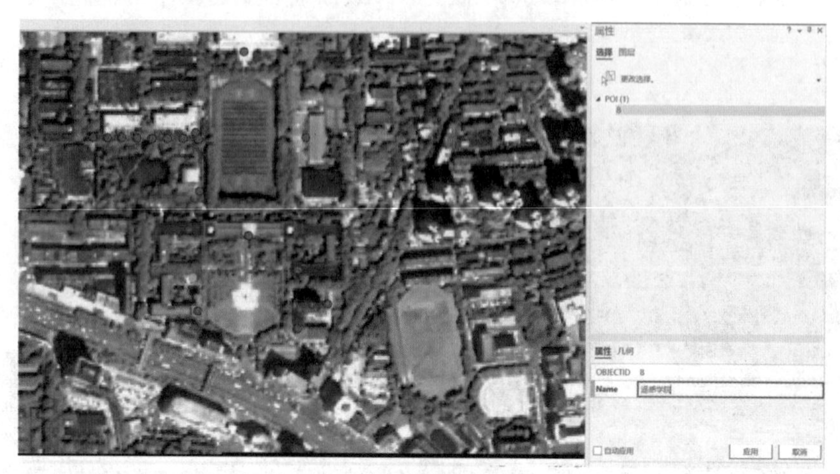

图 3-10　编辑要素属性

对于属性编辑，还可以在图层的属性表中编辑，右击 POI 图层，选择属性表，在属性表每一行的最前方点击，地图上的要素会随之变换选择，如图 3-11 所示，在该行对应的 Name 属性上添加值。

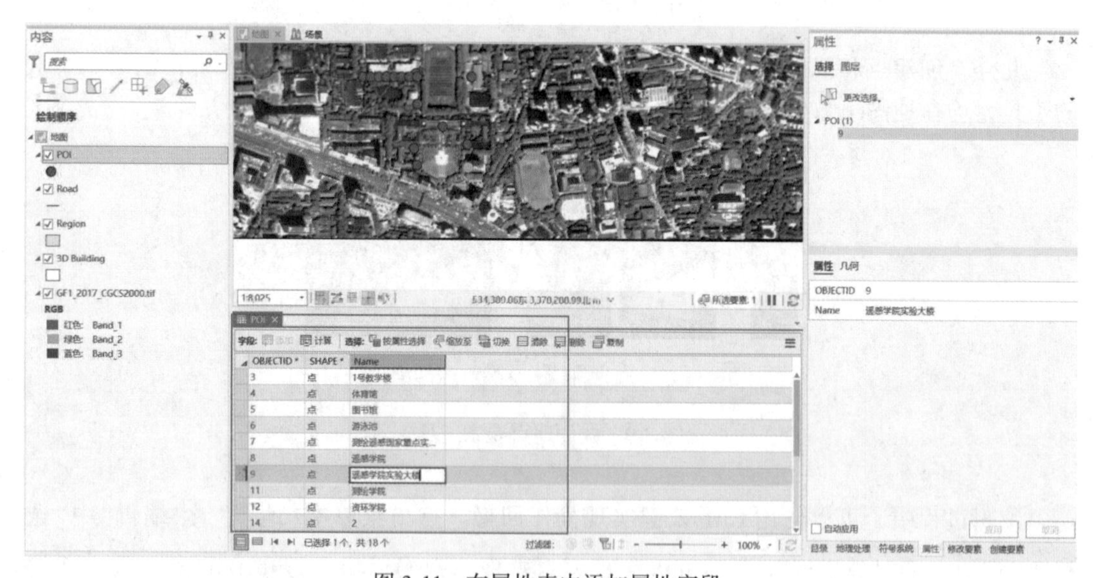

图 3-11　在属性表中添加属性字段

编辑工作结束后应及时保存当前编辑结果。点击菜单中“编辑”→“管理编辑内容”选项卡，单击“保存”和“放弃”将分别保存和放弃当前的编辑内容。如编辑未保存，在软件退出时也会有所提示。

2. 线要素编辑

在“创建要素”窗格中，GeoScene Pro 软件提供的线模板工具可创建单部件和多部件折线要素。用于创建曲线段、90°角或追踪现有要素的相关工具，将显示在活动视图底部的构造工具条中。当创建要素类勾选“Z 值”时，创建线要素为折点分配由当前高程设置定义的 *Z* 值，在地图视图中，默认 *Z* 值为零(0)；在场景中，将在单击场景时根据活动高程表面衍生 *Z* 值。

点击“编辑”→“要素组”，单击“创建”，在创建要素窗格的 Road 下方单击“线”，在地图单击创建第一个折点，或右键单击并指定一个 *x*、*y* 位置。移动光标并单击地图以创建后续折点并绘制其余几何，或右键单击并指定 *x*、*y*、*z* 坐标位置或距离和方向；完成绘制并创建线要素，单击地图下方工具栏中的“完成”，或按 F2，或直接在最后一点时双击而非单击。如果要创建多部件线要素，就要将草图作为多部件要素的一部分完成并继续创建其他部件，可右键单击，并单击“完成部件”，然后创建下一个组件线要素，完成所有线部件绘制后，最后点击“完成”，如图 3-12 所示，从不同方向绘制的两个部件连成一条线。

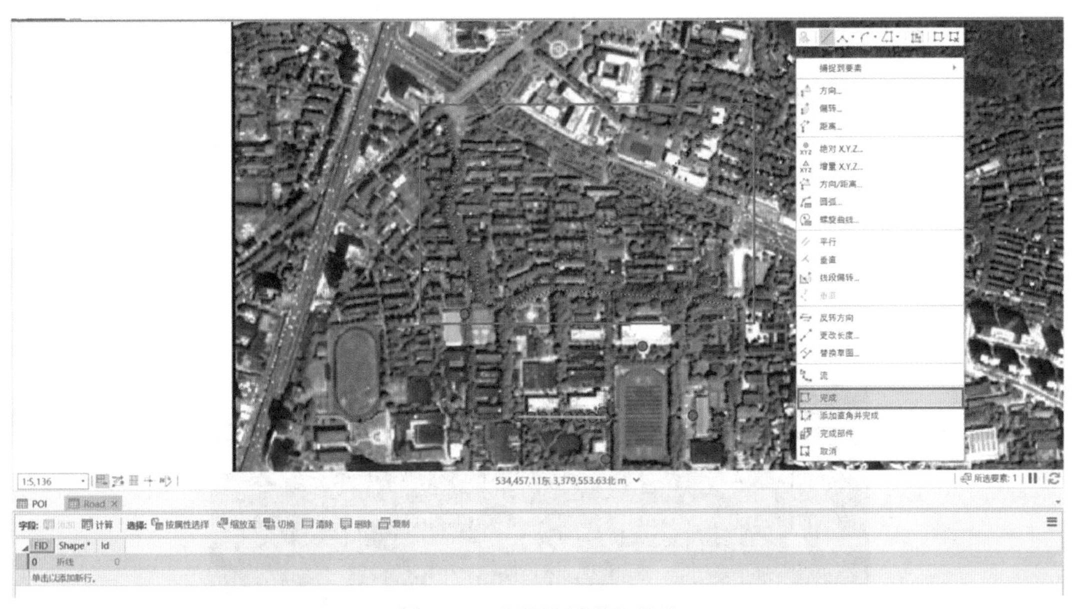

图 3-12 多部件折现矢量化

创建线模板同样在矢量化过程中提供了多个矢量编辑工具，以快速、准确地进行编辑，如图 3-13 所示。

要创建穿过同一图层上现有线要素的分割线，单击“分割”并单击地图，或单击右键并指定坐标位置，以创建穿过同一图层上现有折线要素的新几何。单击“完成”后，同一图层上的新要素和任何重叠折线要素会在每个交叉点处分割成单独的线段。

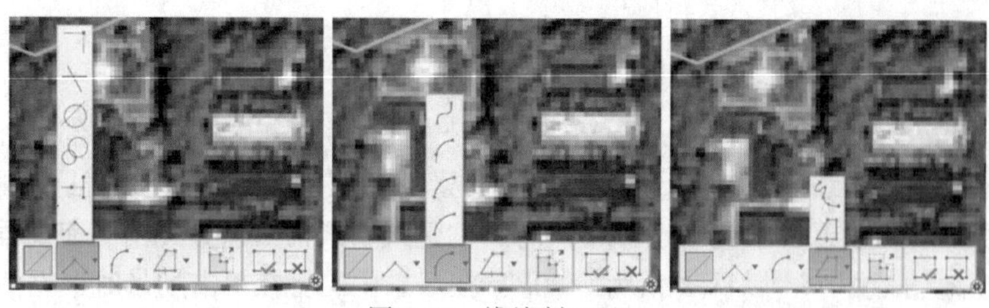

图 3-13　线绘制工具

在“创建要素”窗格的模板中还有“两点线”工具，该工具用于创建两点单部件线要素。创建第二个折点后，草绘会自动完成。还可以单击“线构造”工具条上的“弧”工具并创建两点弧。

“径向”工具会创建一系列源自同一位置的两点径向线。第一次单击将建立原点，随后的单击将为每条线创建端点，继而完成当前草图。

“手绘”工具通过在地图上拖动指针来创建任意形状的折线要素。完成草图后，所有线段均将转换为贝塞尔曲线。

创建具有直角的线要素，单击“直角线”，然后创建线段。

在“创建要素”窗格上，“追踪工具”可创建连续的线段，这些线段将遵循已打开捕捉功能的图层上其他要素的几何。此工具可用于线和面要素模板，在创建线段时，此工具位于构造工具栏上。首先，单击“追踪”，单击要追踪的要素并创建第一个折点。随后，拖动光标指针时虚线出现在要素上，注意：按下 T 键可显示正在追踪的要素的折点。最后，将指针拖动到待追踪的要素上。要完成该追踪，单击地图。要完成要素，右键单击，然后单击“完成”，或按 F2 键，或双击地图。此外还可以组合多个线编辑工具，例如首先使用“绘制线”，待与其他线要素重叠时，再选用地图下方的“追踪工具”进行追踪绘制，追踪绘制完成，再点击“绘制线”，如图 3-14 所示，在中间部分使用了追踪绘制工具。

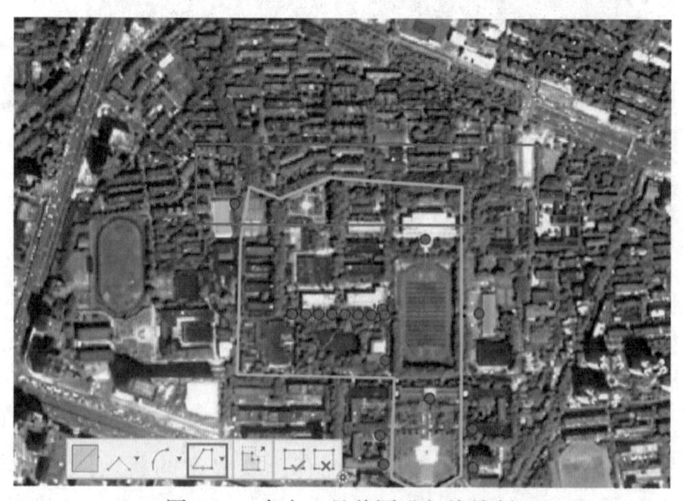

图 3-14　多个工具共同进行线绘制

此外，使用具有偏移的追踪选项以指定偏移创建线段，启动追踪工具后，右击地图，再单击“追踪选项”，设置偏移参数后开始追踪，追踪完成后可使用其他工具继续编辑，如图 3-15 所示。

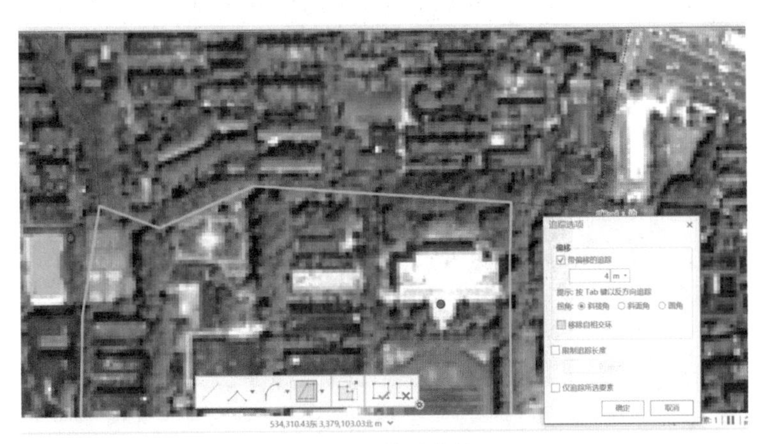

(a)设置偏移参数

(b)带偏移的追踪线结果

图 3-15　带偏移的追踪绘制线要素

由于线要素图层 Road 是源自之前建立的 Shapefile 文件，GeoScene Pro 构建了 3 个属性：FID、Shape 和 Id 字段。而在数据库中新建的要素类，则自动填充 2 个属性：ObjectID 和 Shape 字段。FID 和 ObjectID 是一样的，是要素类中每个对象的唯一 ID 编号，Shape 字段定义了要素类中存储的形状类型：点、线、面、多点或多面体等。这两个字段不能进行名称修改和字段删除。

实际中经常会遇到要添加字段的情况。数据库中的要素类与 Shapefile 数据的添加方法一致，这里以 Shapefile 数据 Road 为例添加字段。首先在内容窗格中选中 Road 图层，点击菜单中“数据”→“设计”选项卡→“字段”，在视图下方的图层属性表的最下一行点击，即可添加，如图 3-16 所示，新增了一个文本类型的 Name 字段，长度改为 25。也可以直接点击菜单中“字段”→“更改”选项卡→“新建字段”，随后在属性表中对字段名称和类型进行更改。可编辑字段的内容与创建点要素图层类似，这里不再赘述。

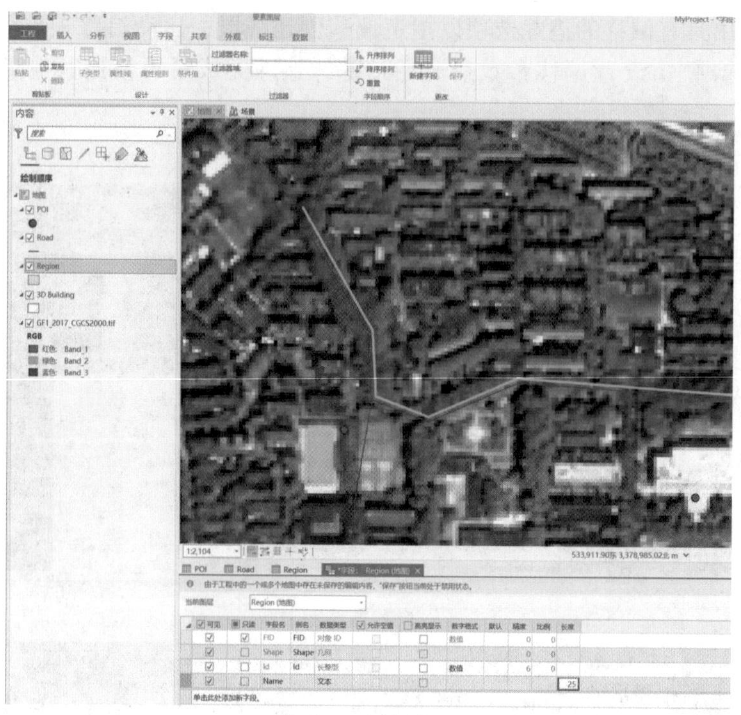

图 3-16　添加字段

编辑完成后及时保存结果。

3. 面要素编辑

在“创建要素”窗格中，面图层的要素模板包括用于创建单部件和多部件面要素的构造工具。其他工具会显示在“构造”工具条上，其中包括可用于创建连续的弧和曲线的工具。

“面”工具用于创建具有多个线段的面。可以使用光标或右键单击来创建线段，并键入方向和距离值，然后使用“构造”工具条上的工具来创建直线和曲线段(包括在一系列连接的弧和曲线)，该工具条与线要素编辑中出现工具条的一致，如图 3-17 所示。要完成多部件面要素的组成部分，右键单击，并单击“完成部件”。完成单个面要素编辑，可右键单击，然后单击“完成”，或按 F2 键，或双击。

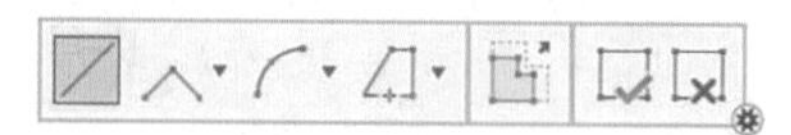

图 3-17　创建面的构造工具条

可以创建矩形、圆、椭圆和自由线等类型的面要素。创建具有直角的面要素，单击“直角线”，绘制到快完成时要闭合形状并以直角自动完成最后两条线段，在创建最后一个拐角的位置右键单击，再单击“添加直角并完成”。

4. 多面体要素编辑

在“创建要素”窗格中，多面体和 3D 对象要素图层的模板包含用于通过添加和修改

3D 面或从预定义几何开始来创建要素并对其进行编辑的工具。两种几何类型的编辑工具和工作流均相同。将含 Z 值的面从面要素图层粘贴到多面体或 3D 对象要素图层中时，点击“选择性粘贴”会自动将其转换为 3D 面。要转换现有的多面体要素，需将其复制并粘贴到 3D 对象要素图层中。要编辑多面体或 3D 对象要素，就使用“编辑折点”工具。

创建多面体或 3D 对象要素时，使用“多面体构造”工具条上的工具来草绘一个面，然后通过拖动 3D 控点来对其进行拉伸。输入数值，需要打开位于场景视图底部状态栏上的“动态约束”。

将武汉大学卫星影像 GF1_2017_CGCS2000.tif 拖入场景中，在内容窗格中勾掉点云数据使之不显示，在右侧的“创建要素”模板中选择“3D Building”，点击“创建 3D 几何”，在卫星影像中勾勒出一个楼栋的底面，如图 3-18 所示，绘制完成后，光标滑到该面上待该面颜色变成蓝色、光标形状变成绿色球状，拖动该球至一定高度，即可完成该栋楼的基本绘制，或在该球处右击“高度”，输入高度值，例如 25，即可完成该栋楼的三维要素创建。

(a)勾勒楼栋底面

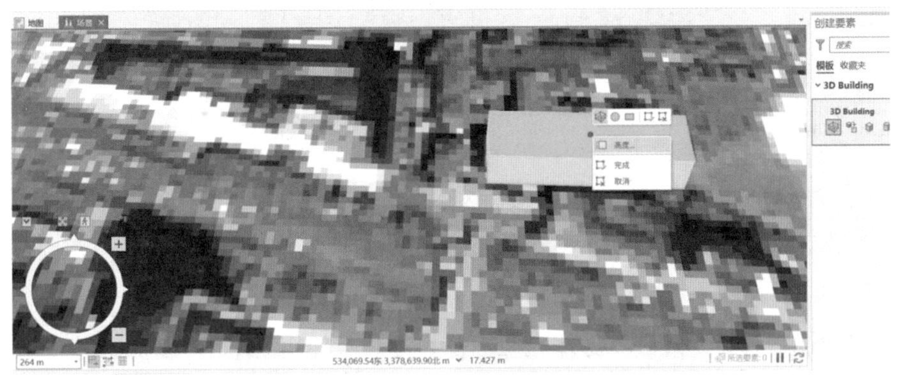

(b)提升楼栋底面至一定高度或右击输入高度

图 3-18　勾勒楼栋的底面

关闭卫星影像的显示，开启点云数据的显示。使用“选择”工具选中该楼栋，使用“编辑”→“工具”选项卡→“移动”，将该楼栋挪动至正确的位置，同时可调整场景三维显示范围，进一步挪动至正确的位置，如图 3-19 所示。

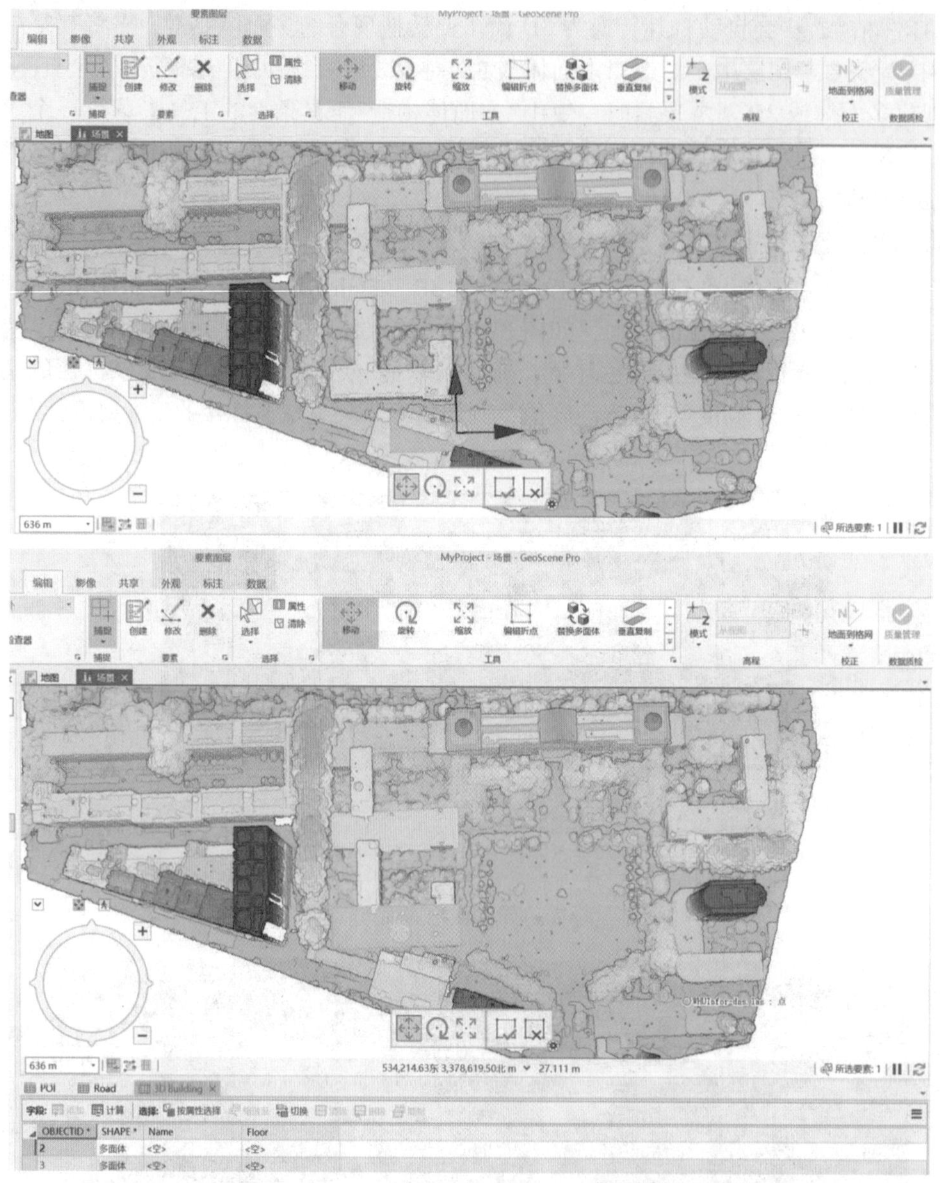

图 3-19　使用平移工具进行三维位置修正

调整三维视图后，发现该立方体在底面需要完善。使用菜单中“编辑”→“工具”→“编辑折点”工具，光标滑到该面后待该面颜色变成蓝色，光标形状变成绿色球状，拖动该球将底面至合适高度，如图 3-20 所示。类似地，还可以使用折点编辑工具修正各个面的位置，综合利用移动面、移动边、移除面等工具来实现添加门窗等。移动面是将光标悬停在面上并拖动其 3D 控点，可以沿全局轴、面法线、在地平面上投影的面法线及相邻面的特殊方向来拖动面，正如图 3-19 和图 3-20 中的操作。

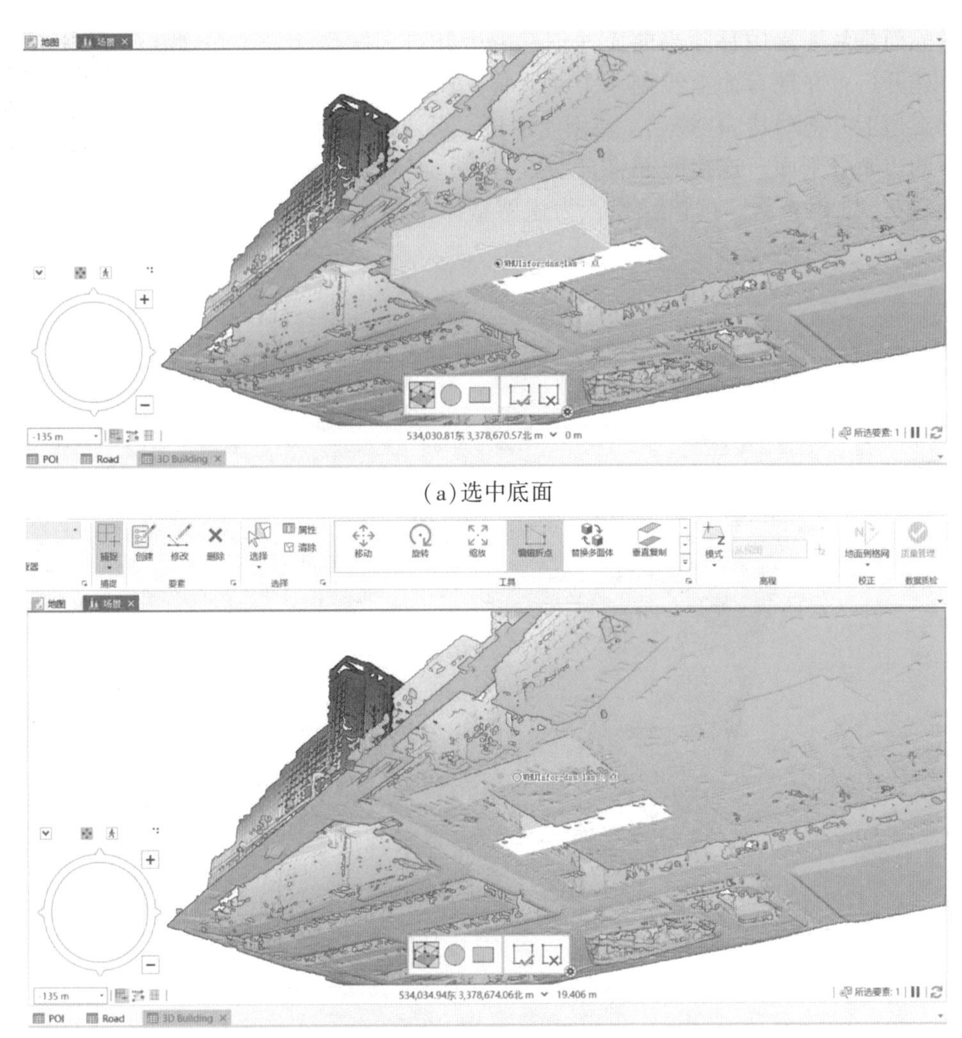

(a)选中底面

(b)拖曳底面至合适高度

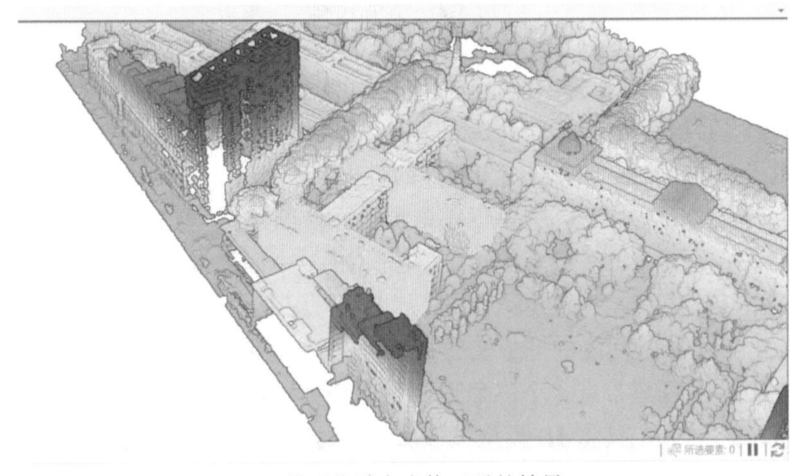

(c)模型位置高度修正后的结果

图 3-20　修正底面高度

移除面是从要素中移除当前面并创建一个开口，按删除键。在现有面上创建开口，在现有面上绘制一个面并将其删除。要移动边，可将光标悬停在边上并拖动其 3D 控点。要创建屋顶，可通过绘制分割线并拖动所生成的边来分割面。连接的面将自动更新，基本流程可扫描“3D 要素编辑流程”二维码查看。按该操作，为遥感楼添加门廊，结果如图 3-21 所示。

3D 要素编辑流程

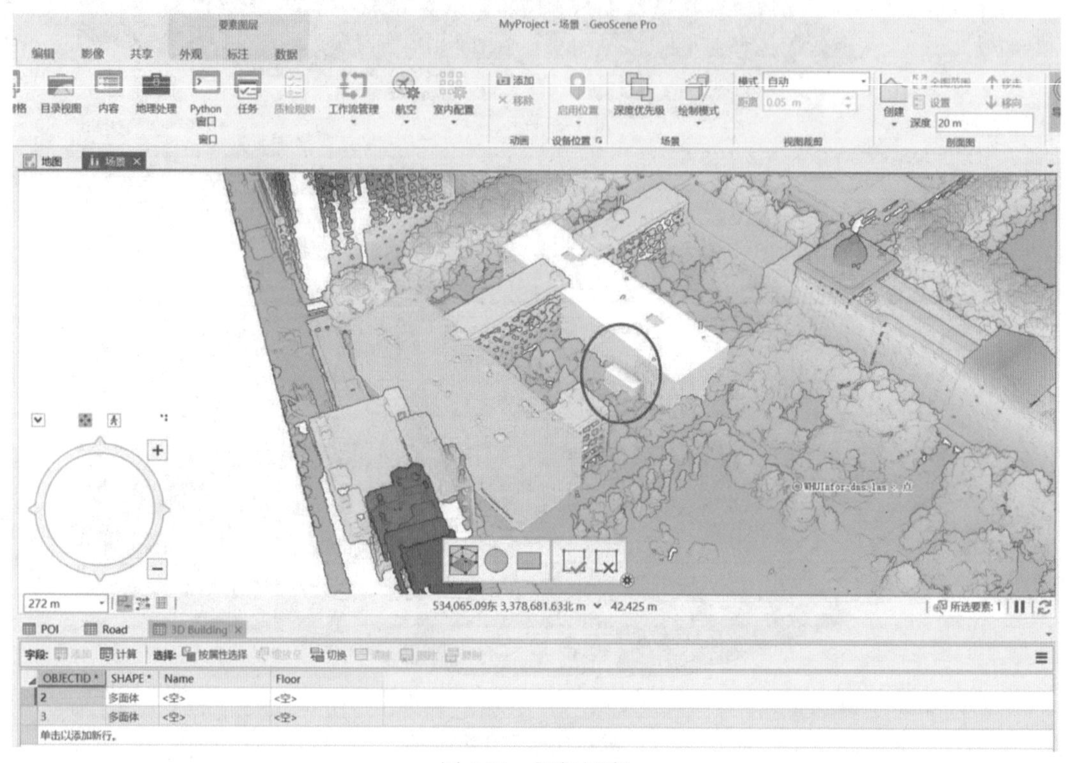

图 3-21　添加门廊

此外，还可以为多面体要素添加颜色或图片纹理，使用“编辑”→“工具”选项卡→“多面体纹理”，在右侧的“修改要素”页面中为单个面添加单一颜色或图片纹理，如图 3-22 所示。

以上展示了多边形经拉伸成三维多面体的过程，GeoScene Pro 还提供了其他简单规则形体的构造工具，包括“圆锥”——创建锥形多面体圆锥，“立方体”——创建多面体框，“圆柱”——创建直的多面体圆柱，“菱形”——创建带有 8 个三角形面的八面体，“六边形”——创建一个多面体六棱柱，“球形”——创建多面体球，“球形框架”——创建由 10 个相等间隔的球形楔形表面和 10 个球形楔形表面间隙组成的多面体球体，“四面体”——创建带有 4 个三角形面的四面体。此外，较常用的工具为模板中的“引入模型文件”。该工具将 3D 模型文件从窗格的库中添加至场景。将模型添加至场景时，模型会被导入目标地理数据库多面体要素类。

编辑完成后注意及时保存结果。

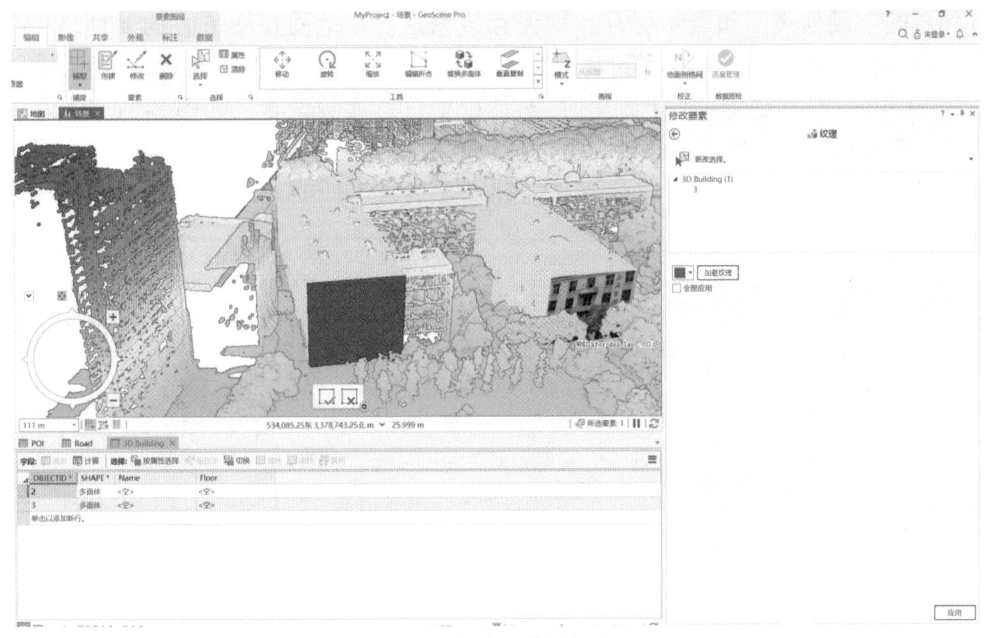

图 3-22　为多面体添加纹理

5. 属性编辑

在要素编辑的过程中，我们已经了解到可通过属性表和属性窗口进行属性编辑，更进一步是属性表的批量快速编辑，批量编辑入口在属性表的字段名的右键菜单中，包括计算字段和计算几何，如图 3-23 所示。

POI　Road　3D Building

字段：添加　计算　选择：按属性选择　缩放至　切换　清除

OBJECTID *	SHAPE *	Name
3	点	1号教学楼
4	点	体育馆
5	点	图书馆
6	点	游泳池
7	点	测绘遥感国家
8	点	遥感学院
9	点	遥感学院实验
11	点	测绘学院
12	点	资环学院
14	点	2
16	点	<空>
17	点	<空>
18	点	<空>
19	点	<空>
20	点	<空>
21	点	<空>
22	点	<空>
23	点	<空>

单击以添加新行

升序排列
降序排列
自定义排序...
隐藏字段
冻结/取消冻结字段
计算字段
计算几何
统计数据
汇总
字段
删除

图 3-23　批量计算属性值的快捷菜单

计算几何，要先向要素的属性表中添加字段（表示各要素的空间或几何特性及位置），例如长度或面积，以及 x、y、z 和 m 坐标。在地图的内容窗格中选中 Road 图层，选择菜单中“数据”→“字段”，为该图层添加一个浮点型的 Length 字段，如图 3-24 所示。关闭 Road 图层的字段列表，如提示保存，则保存该修改。在地图视图下方的属性表中关闭 Road 属性表，重新打开，可以看到其中多了一个 Length 字段。在 Length 字段名上右击，点击“计算几何”，在弹出的“计算几何”对话框中进行参数设置，如图 3-25 所示，点击“确定”，即可得到每个线段的长度。需注意，针对不同类型的要素，该窗口中的属性参数会有所区别，比如点要素图层没有长度和面积属性，面要素图层的属性会有面积等选项。

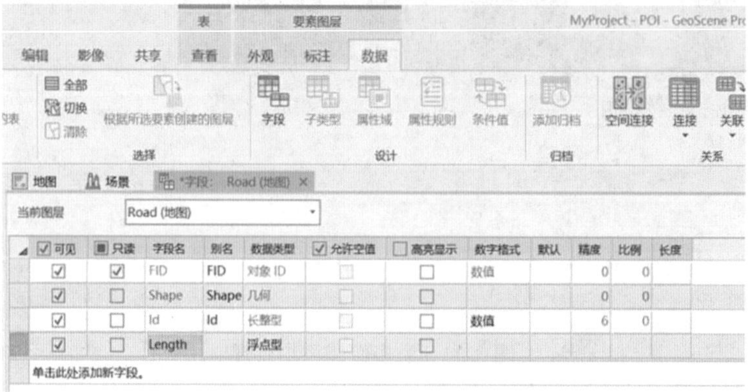

图 3-24　为 Road 添加 Length 字段

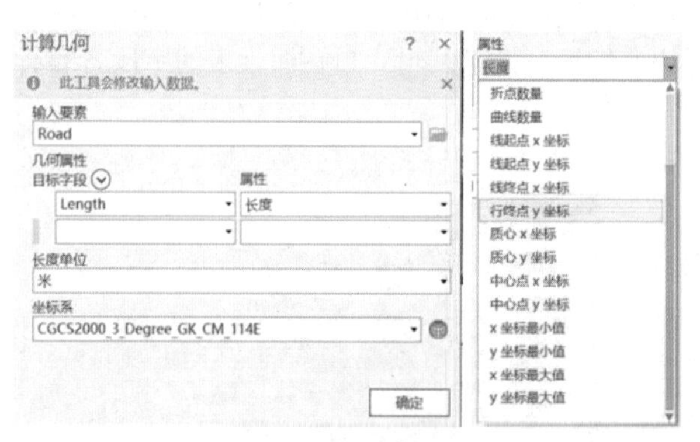

图 3-25　计算几何

计算字段，可为要素类、要素图层或栅格计算字段的值。GeoScene 提供了 3 种表达式类型：①Python 3，支持使用 Python 函数；②Arcade，支持 Arcade 功能，在整个的 GeoScene 平台中使用；③SQL，支持 SQL 表达式，仅要素服务和企业级地理数据库支持 SQL 表达式，由于 Road 为 Shapefile 图层，故图 3-26 中表达式类型没有 SQL 选项。这里先把 Length 字段属性置零后(=符号下方框中输入“0”即可)，再进行简单的长度单位变换示例。如图 3-26 所示，点击“应用”或“确定”后，自行与之前的属性值比较是否有所不同。

代码块参数可用于创建复杂表达式。在对话框中直接输入代码块，或在脚本中将代码块作为连续字符串输入。表达式与代码块会相互连接。代码块必须返回与表达式的关联；

代码块的结果应传入表达式中。只有 Python 表达式支持代码块参数。在 Python 代码块中使用 type、extent、centroid、firstPoint、lastPoint、area、length、isMultipart 和 partCount 等 Geometry 的属性来创建 Python 表达式(例如“!shape. area!”)。Python 表达式可以将几何的 area 与 length 属性，与面积或线性单位结合使用，从而将值转换为不同的测量单位(如“!shape. length@ kilometers!”)。如果数据存储在地理坐标系中且具有线性单位(例如英里)，则使用测地线算法计算长度。在地理数据中使用面积单位会产生不正确的结果，这是因为沿地球面的十进制度数并不一致。

如果 Python 表达式尝试串联含有空值或者除数为零的字符串字段，则会为该字段值返回空值。SQL 表达式可用于加快要素服务和企业级地理数据库的计算速度。使用该表达式可以将单次请求设置为服务器或数据库，而不必一次执行一个要素或一行的计算，从而显著提高计算速度。仅要素服务和企业级地理数据库支持 SQL 表达式。对于其他格式，只能使用 Python 或 Arcade 表达式。

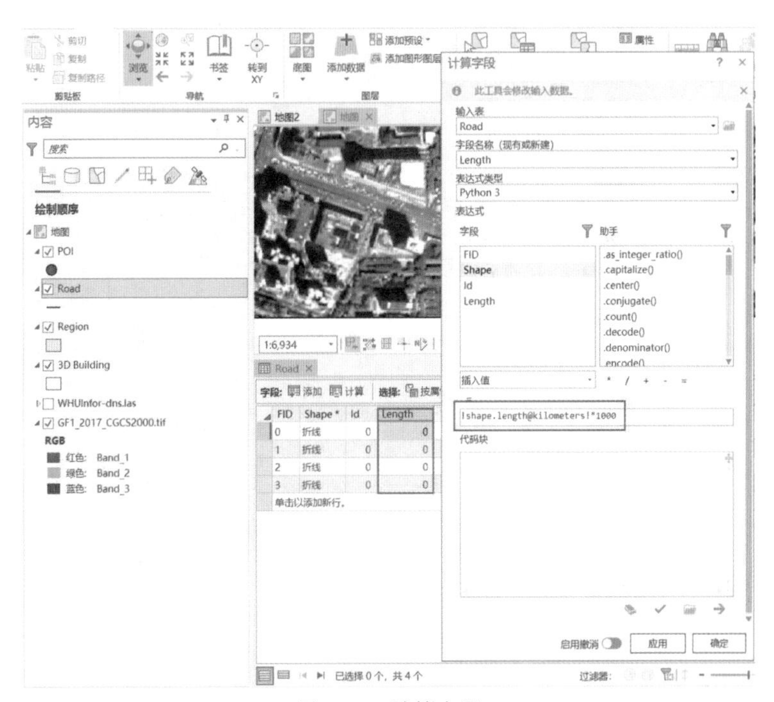

图 3-26　计算字段

6. 修改要素

GeoScene Pro 提供了“修改要素”工具实现要素的修改，点击菜单中“编辑”→“要素”选项卡，弹出的“修改要素”窗格包含标准编辑工具及适用于扩展模块的专用工具，如图 3-27 所示。大多数工具使用光标以交互方式来编辑要素。一些工具的操作类似于地理处理工具，并且需要参数和单击“运行”按钮。

工具按功能分为 9 类。其中，对齐工具可更改要素的位置或对齐要素，修整工具可修改或替换要素的几何，划分工具可将要素分割为多个新要素，构造工具用于通过现有要素创建新要素，属性工具用于修改现有要素属性值，COGO 工具用于修改与宗地相关的要素，验证工具可用于验证修复地理数据库拓扑。

有关这些高级编辑工具的具体使用方法可参看 GeoScene Pro 联机帮助，这里不再赘述。

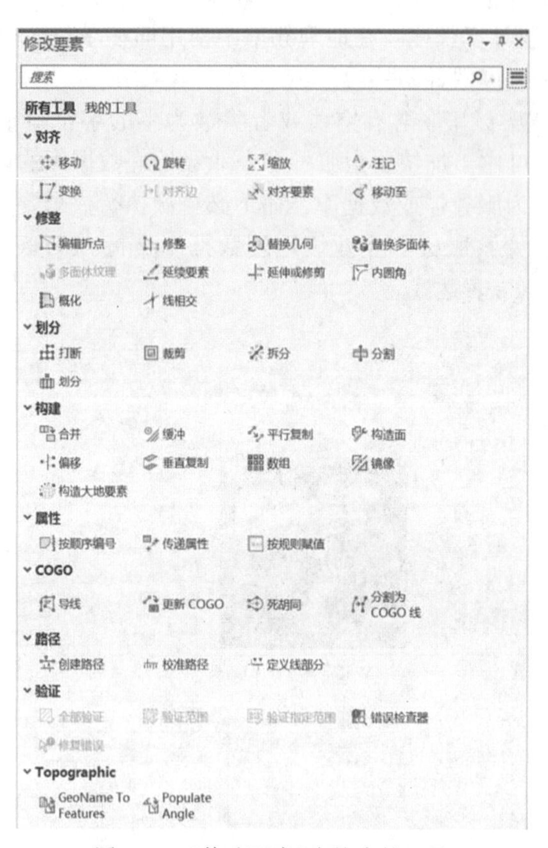

图 3-27　“修改要素”窗格中的工具

3.1.3　矢量数据拓扑编辑

1. 拓扑编辑概述

拓扑用于描述相互关联的要素的组织和连接方式。在 GeoScene Pro 中，拓扑空间为空间规则的集合，用于根据要素相对于其他要素的位置来约束活动编辑或审核并维护要素的正确性。提供 2 种类型的拓扑功能：地图拓扑和地理数据库拓扑。使用拓扑有助于管理和维护要素数据的准确性，包括重合性、邻接性、包含性和连通性。

拓扑是一种编辑模式，用于将重合几何约束为拓扑连接的边和节点的有序图表，仅适用于可编辑的可见要素。位于“编辑”选项卡的“管理编辑”组中，在修改要素期间可将其打开或关闭。“地图拓扑”适用于所有要素。选择地理数据库拓扑规则会将拓扑编辑限制为参与所选规则的要素。

启用拓扑编辑后，图形即可在编辑工具中使用且会在工具中显示用于执行要素和拓扑编辑边选项卡。编辑边或节点会修改相应的要素几何，例如，移动共享的边也会拉伸任何连接的线段。当完成编辑后，系统将验证更改内容的关联性。如果上述操作使得拓扑图中断，则会显示消息"编辑操作失败⊠"，且之前的更改将被取消。

地理数据库拓扑包括可逐步执行的方法，其中包括为数据集创建拓扑、分配要素和空间规则，验证地图中的要素及使用特定工具修复错误，并标记异常值。GeoScene 中包含 33 种规则：适用于点要素的 6 种，适用于面要素的 11 种，以及适用于线要素的 16 种。以下罗列了一些常见的拓扑规则，在地理数据库中添加的拓扑规则的完整用途列表和错误的修改建议，请参阅软件帮助中的点、线和面拓扑规则和修复。

1)点类型要素拓扑规则

(1)必须与其他要素重合(点-点)——要求一个要素类(或子类型)中的点必须与另一个要素类(或子类型)中的点重合(图 3-28)。此规则适用于点必须被其他点覆盖的情况，如变压器必须与配电网络中的电线杆重合，观察点必须与工作站重合；又如电力公用设施网络中的配供表必须与服务点重合。

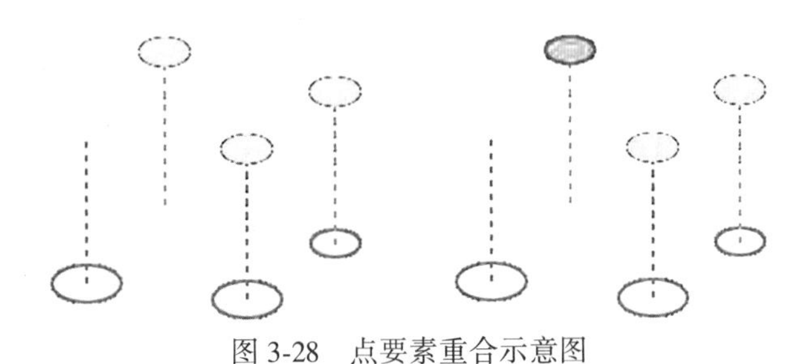

图 3-28 点要素重合示意图

(2)必须不相交(点)——要求点与相同要素类(或子类型)中的其他点在空间上相互分离(图 3-29)。重叠的任何点都是错误。此规则可确保相同要素类的点不重合或不重复，如配水线网络中的管件不能重叠。

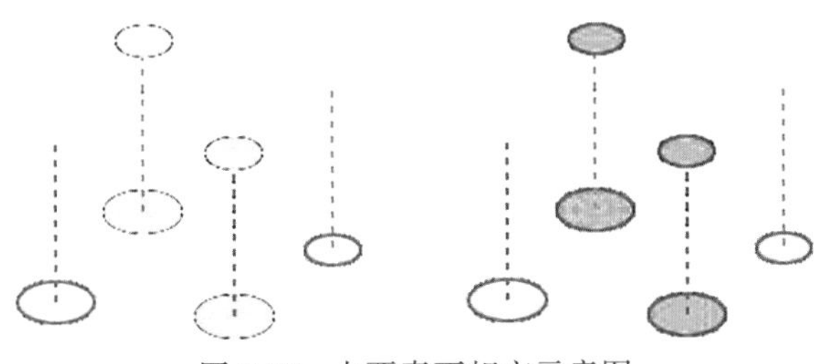

图 3-29 点要素不相交示意图

(3)必须被其他要素的边界覆盖(点-面)——要求点位于面要素的边界上(图 3-30)。这在点要素帮助支持边界系统(如必须设在某些区域边界上的边界标记)时非常有用，如公用设施服务点需要位于宗地边界范围内。

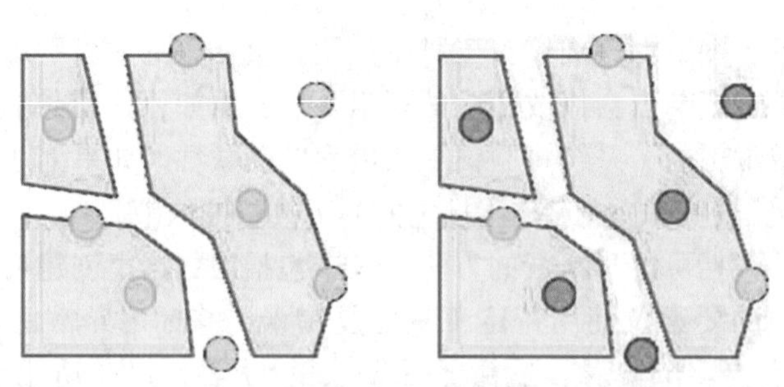

图3-30　点要素被其他要素的边界覆盖示意图

(4)必须完全位于内部(点-面)——要求点必须位于面要素内部(图3-31)。这在点要素与面有关时非常有用，如州首府必须位于各州内。

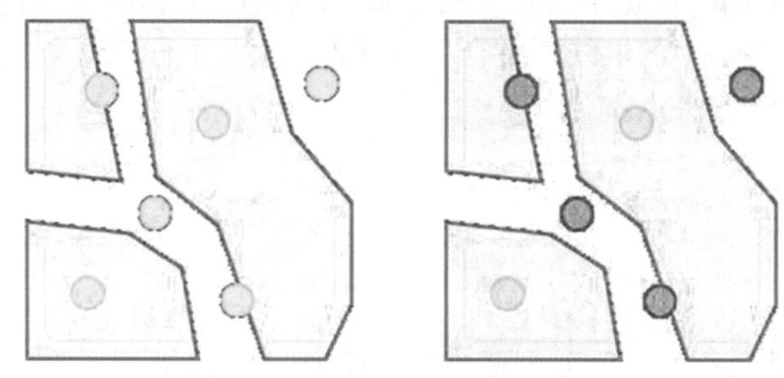

图3-31　点要素必须完全位于面要素内部示意图

(5)必须被其他要素覆盖(点-线)——要求一个要素类中的点被另一要素类中的线覆盖(图3-32)。它不能将线的覆盖部分约束为端点。此规则适用于沿一组线出现的点，如公路沿线的公路标志必然沿公路放置，排污或水文监测站必须沿河流设置。

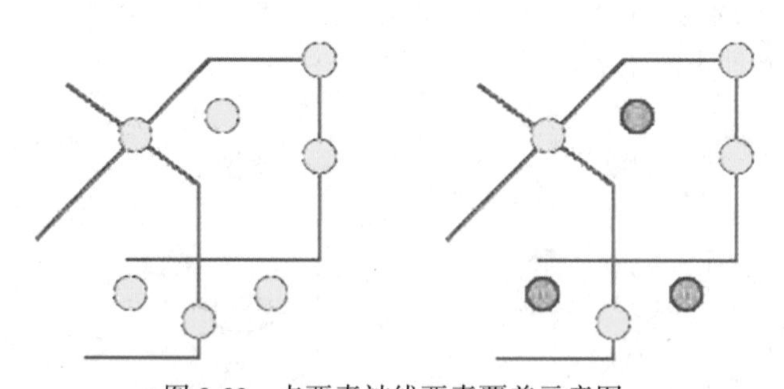

图3-32　点要素被线要素覆盖示意图

(6)必须被其他要素的端点覆盖(点-线)——要求一个要素类中的点必须被另一要素类中线的端点覆盖(图3-33)。除了当违反此规则时，标记为错误的是点要素而不是线之外，此规则与线规则“端点必须被其他要素覆盖”极为相似。边界拐角标记可以被约束，以使其被边界线的端点覆盖。例如，街道交叉路口必须被街道中心线端点覆盖。

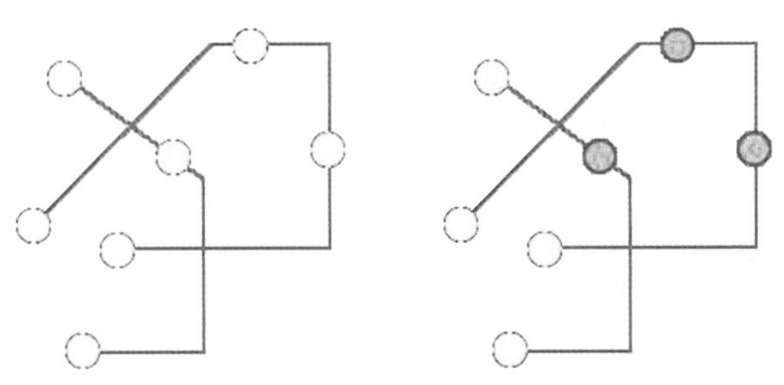

图 3-33 点要素被线要素端点覆盖示意图

2)线类型要素拓扑规则

(1)不能重叠(线)——要求线不能与同一要素类(或子类型)中的线重叠(图 3-34)。例如，当河流要素类中线段不能重复时，使用此规则。线可以交叉或相交，但不能共享线段。

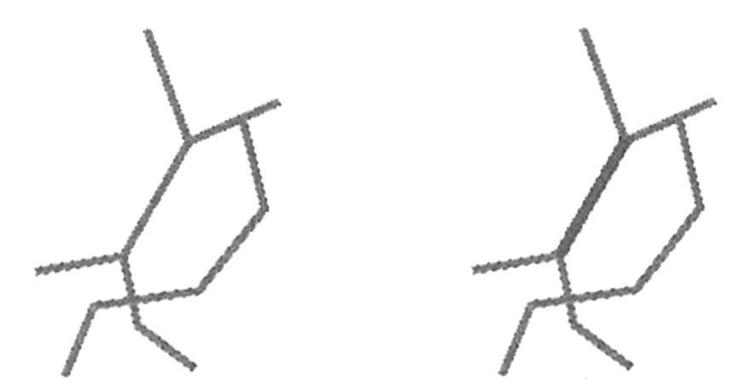

图 3-34 线要素不能与同一要素类中的线重叠示意图

(2)不能相交(线)——要求相同要素类(或子类型)中的线要素不能彼此相交或重叠(图 3-35)。线可以共享端点。此规则适用于绝不应彼此交叉的等值线，或只能在端点相交的线(如街段和交叉路口)。

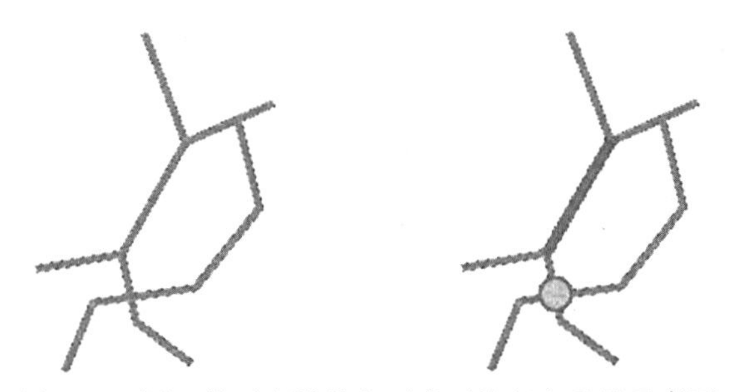

图 3-35 同一线要素类的各要素不能相交重叠示意图

(3)不能与其他要素相交(线-线)——要求一个要素类(或子类型)中的线要素不能与另一个要素类(或子类型)中的线要素相交或重叠(图 3-36)。线可以共享端点。当两个图层中的线绝不应当交叉或只能在端点处发生相交时(如街道和铁路)，使用此规则。

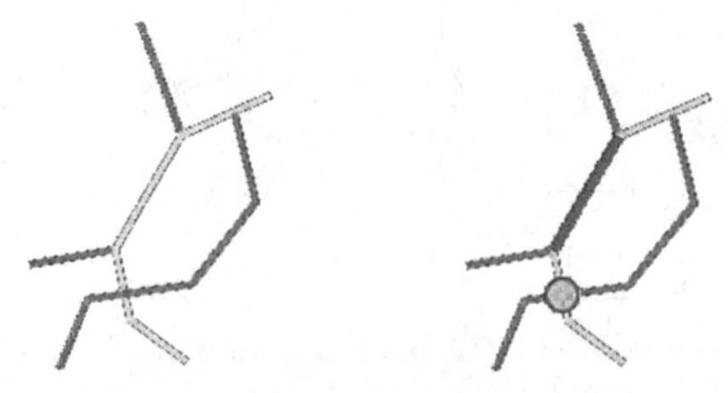

图 3-36　两个线要素类不能相交示意图

(4)必须被其他要素的要素类覆盖(线-线)——要求一个要素类(或子类型)中的线必须被另一个要素类(或子类型)中的线所覆盖(图 3-37)。此选项适用于建模逻辑不同但空间重合的线(如路径和街道)。例如，公交路线要素不能离开道路要素。

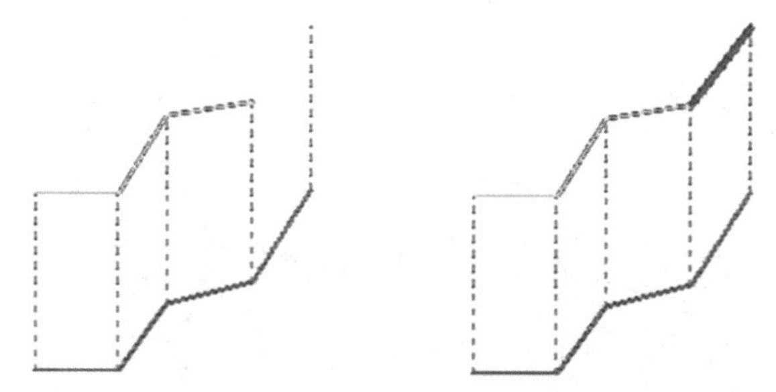

图 3-37　线要素类中的线被另一线要素类的线覆盖示意图

(5)不能与其他要素重叠(线-线)——要求一个要素类(或子类型)中的线不能与另一个要素类(或子类型)中的线要素重叠(图 3-38)。线要素无法共享同一空间时使用此规则。例如，道路不能与铁路重叠，或洼地子类型的等值线不能与其他等值线重叠。

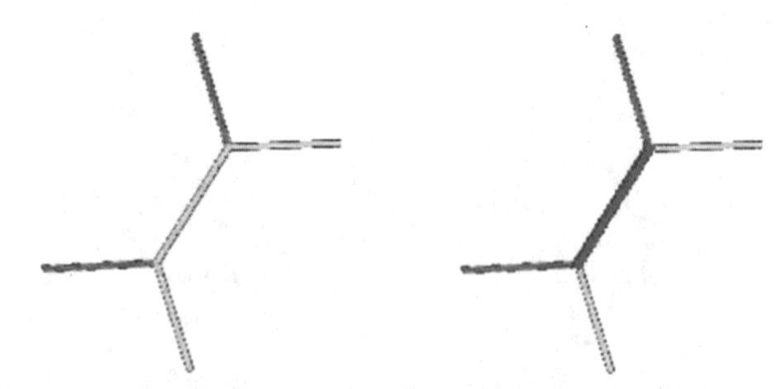

图 3-38　线要素类中的线不与另一线要素类的线重叠示意图

(6)必须为单一部件(线)——要求线只有一个部分(图 3-39)。当线要素(如高速公路)不能有多个部分时，此规则非常有用。

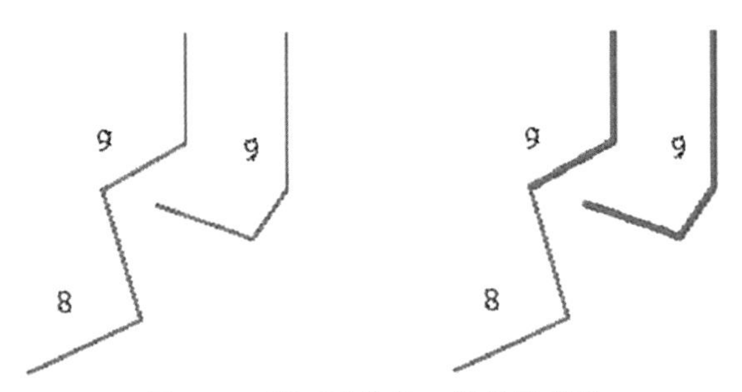

图 3-39　线要素为单一部件示意图

(7)不能有悬挂点(线)——要求线要素的两个端点必须都接触到相同要素类(或子类型)中的线(图 3-40)。未连接到另一条线的端点称为悬挂点。当线要素必须形成闭合环时(例如由这些线要素定义面要素的边界)，使用此规则。此规则还可在线，通常在连接到其他线(如街道)时使用。在这种情况下，可以偶尔违反规则使用异常，例如，死胡同或没有出口的街段的情况。

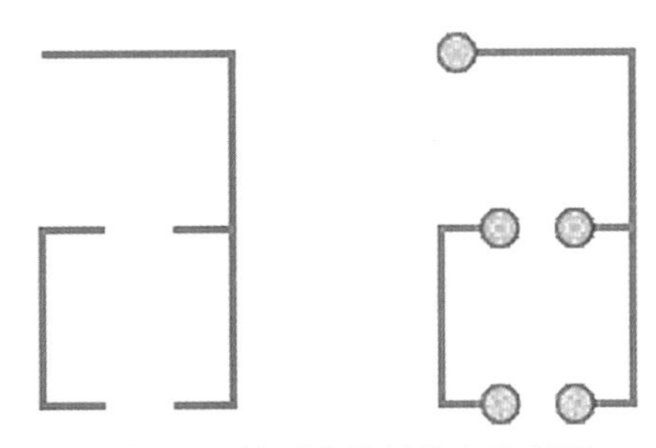

图 3-40　线要素的悬挂点示意图

(8)不能有伪节点(线)——要求线在每个端点处至少连接两条其他线(图 3-41)。连接到一条其他线(或到其自身)的线被认为包含伪节点。在线要素必须形成闭合环时使用此规则，例如由这些线要素定义面的边界，或逻辑上要求线要素必须在每个端点连接两条其他线要素的情况。河流网络中的线段就是如此，但需要将一级河流的源头标记为异常。

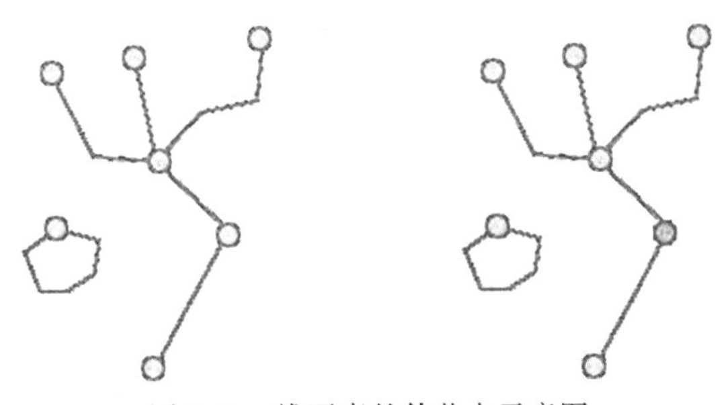

图 3-41　线要素的伪节点示意图

(9)不能自重叠(线)——要求线要素不得与自身重叠(图 3-42)。这些线要素可以交叉或接触自身但不得有重合的线段。此规则适用于街道等线段可能接触闭合线的要素，但同一街道不应出现两次相同的路线。

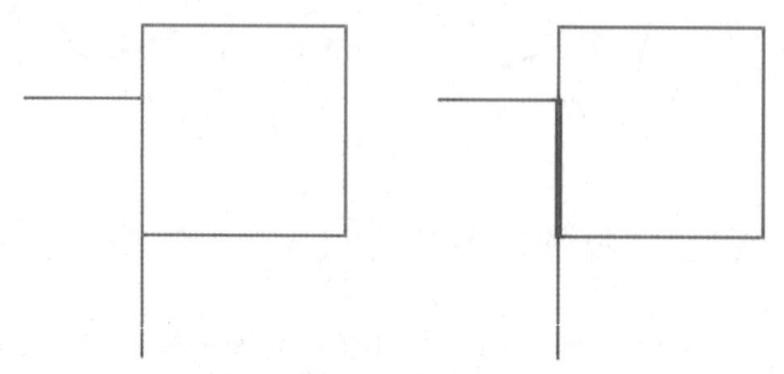

图 3-42　线要素自重叠示意图

(10)不能自相交(线)——要求线要素不得自交叉或与自身重叠(图 3-43)。此规则适用于不能与自身交叉的线(如等值线、等高线)。

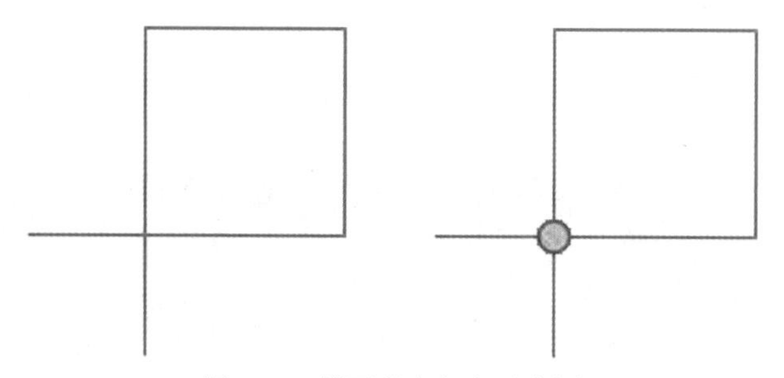

图 3-43　线要素自相交示意图

(11)不能相交或内部接触(线)——要求一个要素类(或子类型)中的线必须仅在端点处接触相同要素类(或子类型)的其他线(图 3-44)。任何其中有要素重叠的线段或任何不在端点处发生的相交都是错误的。此规则适用于线只能在端点处连接的情况，例如，地块线必须连接(仅连接到端点)至其他地块线，并且不能相互重叠。

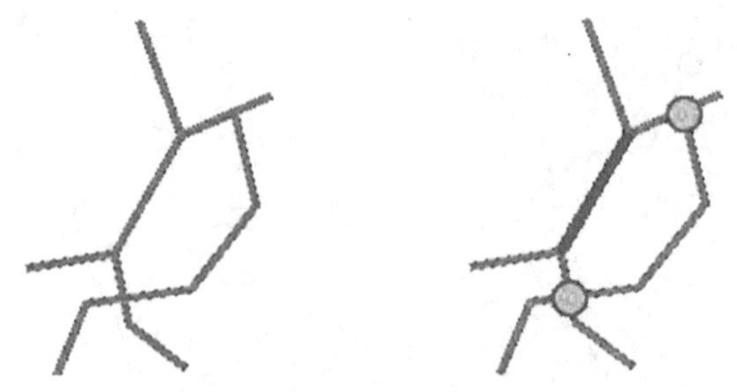

图 3-44　线相交或内部接触示意图

(12)不能与其他要素相交或内部接触(线-线)——要求一个要素类(或子类型)中的线

必须仅在端点处接触另一要素类(或子类型)的其他线(图 3-45)。任何其中有要素重叠的线段或任何不在端点处发生的相交都是错误的。当两个图层中的线必须仅在端点处连接时，此规则非常有用。

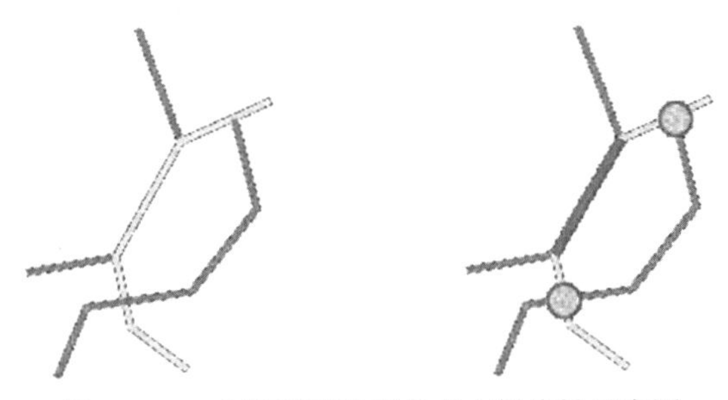

图 3-45　2 个线要素类相交或内部接触示意图

(13)必须被其他要素的边界覆盖(线-面)——要求线被面要素的边界覆盖(图 3-46)。这适用于必须与面要素(如地块)的边重合的线(如地块线)。

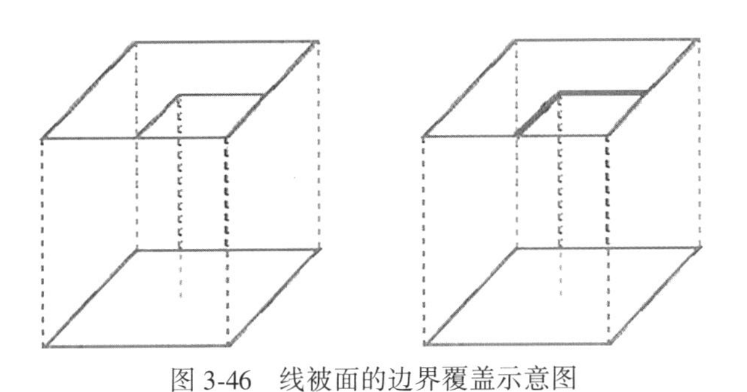

图 3-46　线被面的边界覆盖示意图

(14)必须位于内部(线-面)——要求线包含在面要素的边界内(图 3-47)。当线可能与面边界部分重合或全部重合但不能延伸到面之外(如必须位于州边界内部的高速公路和必须位于分水岭内部的河流)时，此工具十分有用。

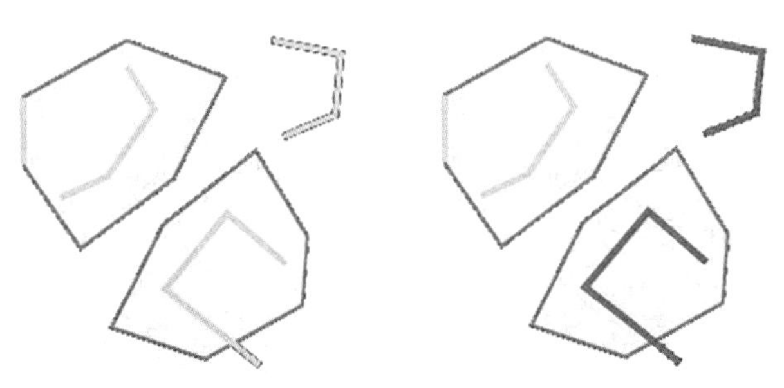

图 3-47　线位于面的边界内示意图

(15)端点必须被其他要素覆盖(线-点)——要求线要素的端点必须被另一要素类中的

点要素覆盖(图 3-48)。在某些建模情况下，例如设备必须连接两条管线，或者交叉路口必须出现在两条街道的交汇处时，此工具十分有用。

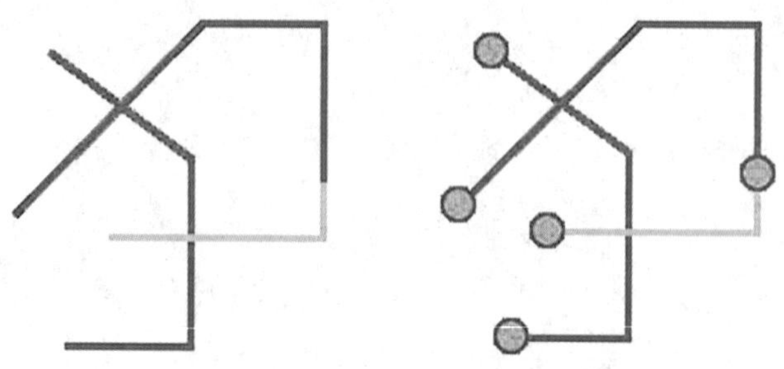

图 3-48　线端点被点要素覆盖示意图

3) 面类型要素拓扑规则

(1) 不能有空隙(面)——此规则要求单一面之中或两个相邻面之间没有空白。所有面必须组成一个连续表面(图 3-49)。表面的周长始终存在错误。可以忽略这个错误或将其标记为异常。此规则用于必须完全覆盖某个区域的数据。例如，土壤面不能包含空隙或留有空白，这些面必须覆盖整个区域。

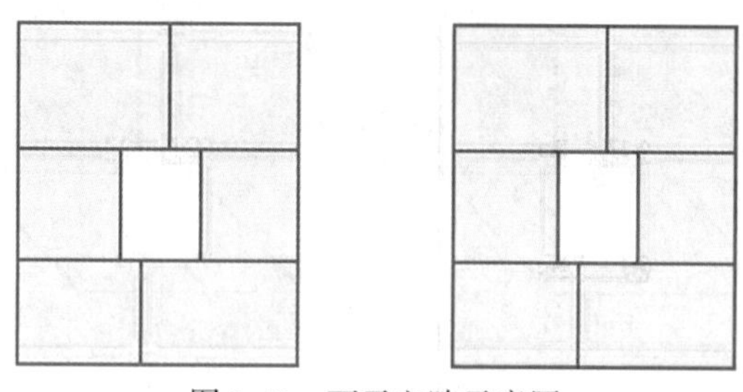

图 3-49　面无空隙示意图

(2) 不能重叠(面)——要求面的内部不重叠(图 3-50)。面可以共享边或折点。当某区域不能属于两个或多个面时，使用此规则。此规则适用于行政边界(行政区划数据)及相互排斥的地域分类(如土地覆盖或地貌类型)。

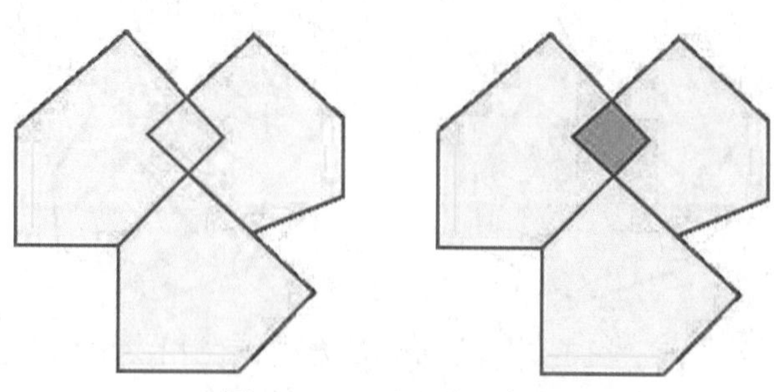

图 3-50　面无重叠示意图

(3)必须被其他要素的要素类覆盖(面-面)——要求一个要素类(或子类型)中的面必须向另一个要素类(或子类型)中的面共享自身所有的区域(图 3-51)。第一个要素类中若存在未被其他要素类的面覆盖的区域，则视作错误。当一种类型的区域(如一个州)应被另一种类型的区域(如所有的下辖县)完全覆盖时，使用此规则。

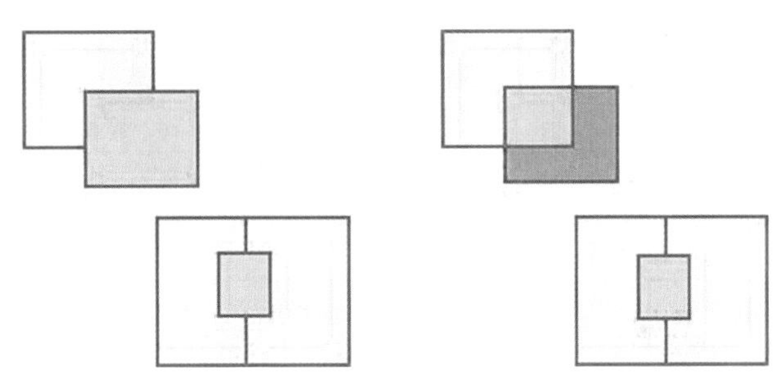

图 3-51 面要素类被其他面要素类覆盖示意图

(4)必须互相覆盖(面-面)——要求一个要素类(或子类型)的面必须与另一个要素类(或子类型)的面共享双方的所有区域(图 3-52)。面可以共享边或折点。任何一个要素类中存在未与另一个要素类共享的区域都视作错误。当两个分类系统用于相同的地理区域时使用此规则，在一个系统中定义的任意指定点也必须在另一个系统中定义。通常嵌套的等级数据集需要应用此规则，如人口普查区块和区块组，或小分水岭和大的流域盆地。此规则还可应用于非等级相关的面要素类(如土壤类型和坡度分类)。

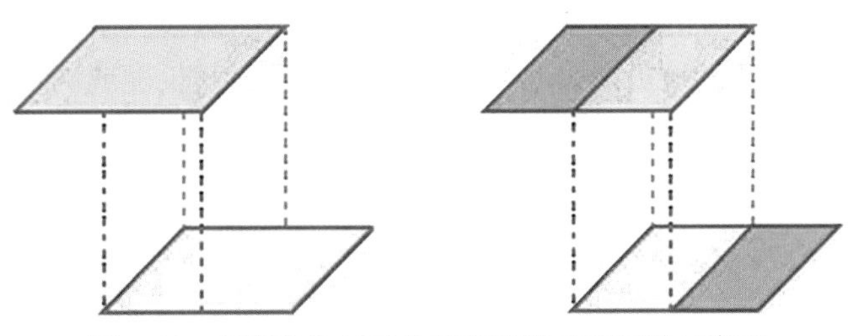

图 3-52 面要素类与其他面要素类互相覆盖示意图

(5)必须被其他要素类覆盖(面-面)——要求一个要素类(或子类型)的面必须包含于另一个要素类(或子类型)的面中(图 3-53)。面可以共享边或折点。在被包含要素类中定义的所有区域必须被覆盖要素类中的区域所覆盖。当指定类型的区域要素必须位于另一类型的要素中时，使用此规则。例如，县必须被州覆盖。

(6)不能与其他要素类重叠(面-面)——要求一个要素类(或子类型)面的内部不得与另一个要素类(或子类型)面的内部相重叠(图 3-54)。两个要素类的面可以共享边或折点，或完全不相交。当某区域不能属于两个单独的要素类时，使用此规则。此规则适用于结合两个相互排斥的区域分类系统(如区域划分和水体类型，其中，在区域划分类中定义的区域无法在水体类中也进行定义；反之，亦然)。

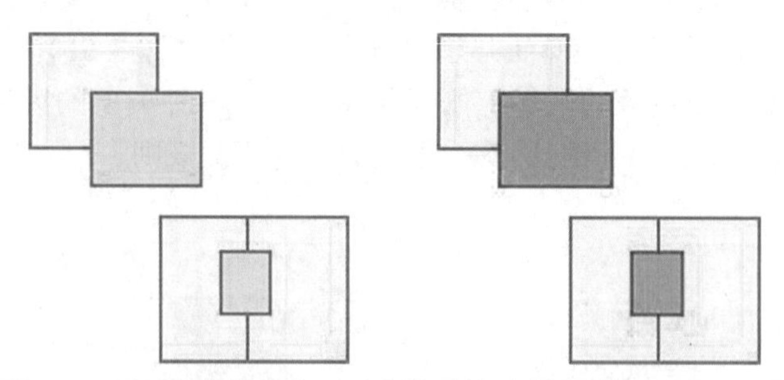

图 3-53　面要素类被其他面要素类覆盖示意图(与图 3-51 不同)

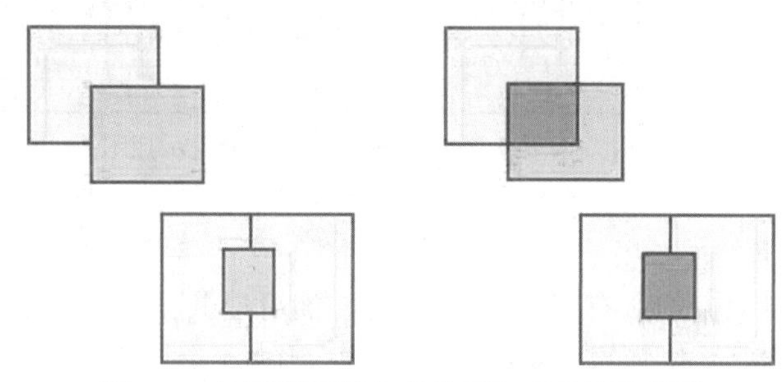

图 3-54　面要素不能与其他面要素重叠示意图

(7)边界必须被其他要素覆盖(面-线)——要求面要素的边界必须被另一要素类中的线覆盖(图 3-55)。此规则在区域要素需要具有标记区域边界的线要素时使用。通常在区域具有一组属性且这些区域的边界具有其他属性时使用。例如，宗地可能与其边界一起存储在地理数据库中。每个宗地可能由一个或多个存储着与其长度或测量日期相关的信息的线要素定义，而且每个宗地都应与其边界完全匹配。

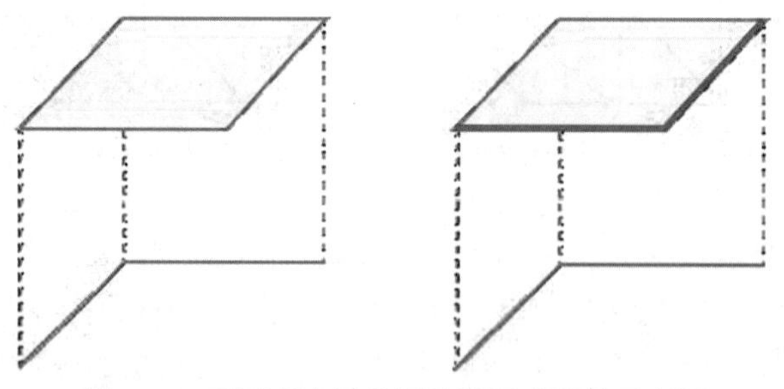

图 3-55　面要素边界必须被线要素覆盖示意图

(8)边界必须被其他要素的边界覆盖(面-面)——要求一个要素类(或子类型)中的面要素的边界被另一个要素类(或子类型)中面要素的边界覆盖(图 3-56)。当一个要素类中的面要素(如住宅小区)由另一个类(如宗地)中的多个面组成，且共享边界必须对齐时，此规则非常有用。

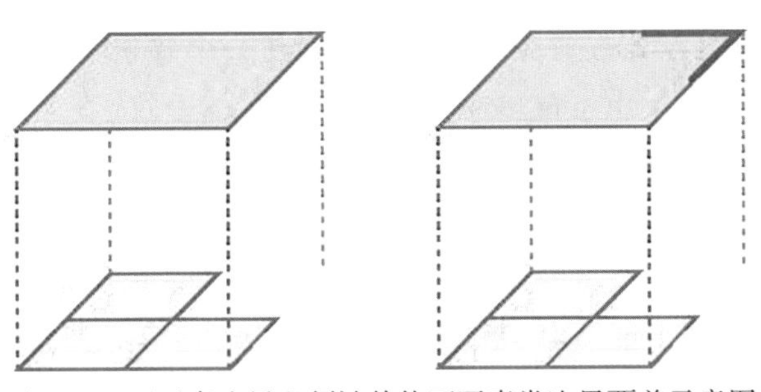

图 3-56 面要素边界必须被其他面要素类边界覆盖示意图

(9)包含点(面-点)——要求一个要素类中的面至少包含另一个要素类中的一个点(图 3-57)。点必须位于面要素中，而不是边界上。当每个面至少应包含一个关联点时(如宗地必须具有地址点，学区边界必须至少包含一所学校)，此规则非常有用。

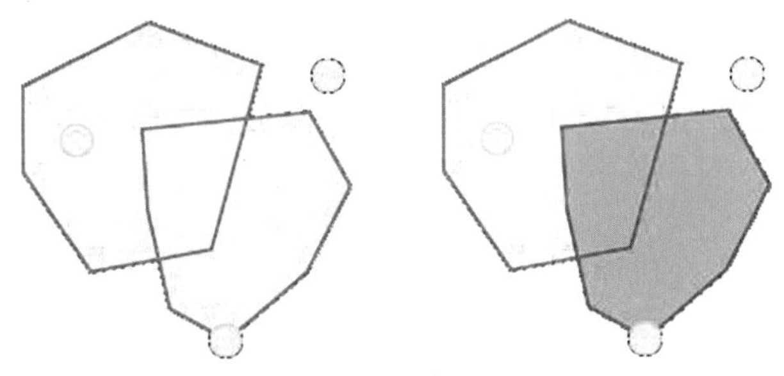

图 3-57 面要素包含点示意图

(10)包含一个点(面-点)——要求每个面包含一个点要素且每个点要素落在单独的面要素中(图 3-58)。如果在面要素类的要素和点要素类的要素之间必须存在一对一的对应关系(如行政边界与其首都(或首府、治所)，宗地必须恰好包含一个地址点)，此规则非常有用。每个点必须完全位于一个面要素内部，而每个面要素必须完全包含一个点。点必须位于面要素中，而不是边界上。

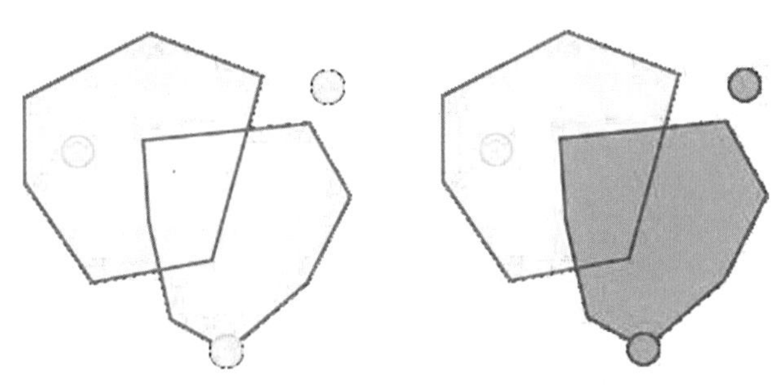

图 3-58 面要素包含一个点示意图

2. 拓扑编辑练习

点击菜单中“插入”→“新建地图”，插入一个地图视图“地图 2”。在右侧目录窗格点击“工程”→“数据库”→在工程对应的数据库中新建一个要素数据集，命名为“Beijing”，坐标系选择与 Edit \ Topo \ Beijing_county. shp 的坐标系一致(在坐标系选择窗口中点击 🌐▾，导入坐标系，浏览到数据所在目录)，如图 3-59 所示。在目录窗格中，依次找到“数据库”→“Beijing 数据集”，右击“导入”→“要素类(单个)”，将 Beijing_county. shp 导入数据库的 Beijing 数据集中，如图 3-60 所示。此时，数据集中的 Beijing_county 要素类自动加载到“地图 2”中，点击菜单中“要素图层”→“标注”→“图层”选项页→“标注”，地图视图中会显示该图层的 Name 属性，即使用 Name 属性进行标注。

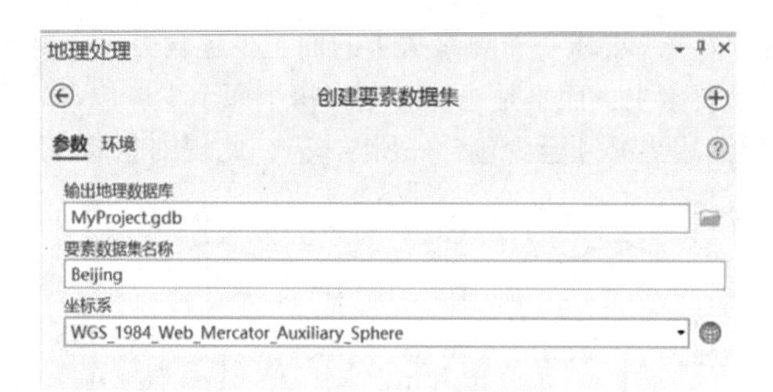

图 3-59　新建要素数据集

图 3-60　导入 Beijing_county. shp 至数据集

在目录窗格中，右击“Beijing 数据集”，选择“新建”→“拓扑”，打开创建拓扑向导。如图 3-61 所示，首先勾选“Beijing_county 要素类”，再添加 2 个规则：“不能有空隙”和“不能有重叠”，然后查看“汇总”页面中的要素类和规则是否与设想一致，最后点击“完成”，拓扑数据集就建立在数据集上。

(a)拓扑名称(注意英文优先)

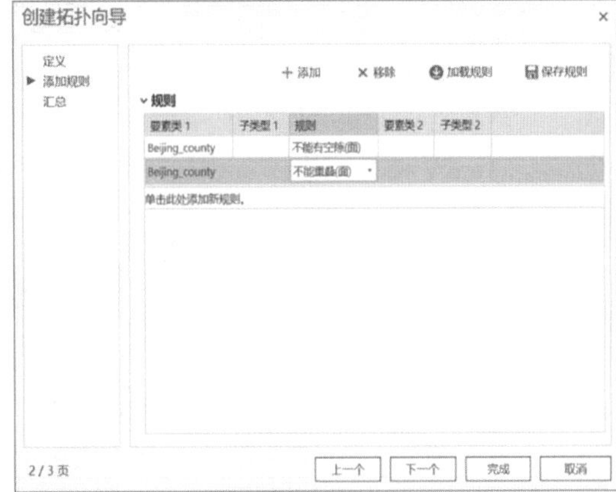

(b)拓扑规则

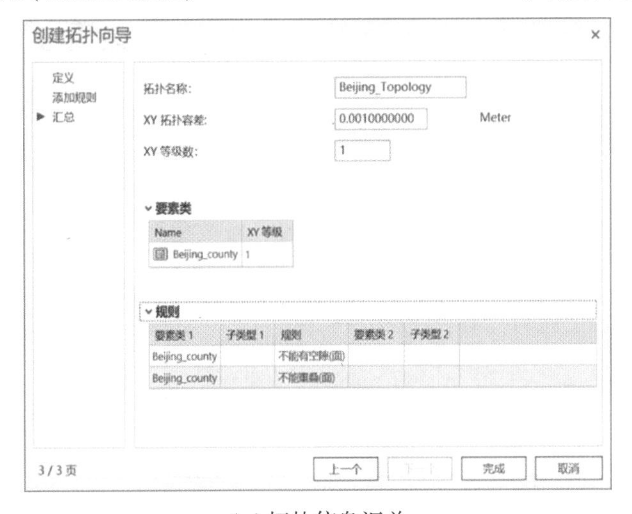

(c)拓扑信息汇总

图 3-61　创建拓扑

在 Beijing_Topology 拓扑数据集上右击，选择“验证”，再将该拓扑数据集拖曳至“地图 2”，可以看到地图视图中有红色的错误提示，如图 3-62 所示。注意观察数据外边界和内部，尤其是内部标红的区域。

点击菜单中“编辑”→“管理编辑内容”→“选择 Beijing_Topology(地理数据库)”，再点击该功能项下方的“错误检查器”，可以看到下方的错误提示有 2 条：一条显示外边界不能有空隙，另一条则是“不能重叠”。对于前一条，属于实际情况，可在右侧的“修复”选项卡中将其标记为异常，如图 3-63 所示。选中后一条，可以看到预览中的错误及修复页面给出的提示，如图 3-64 所示。

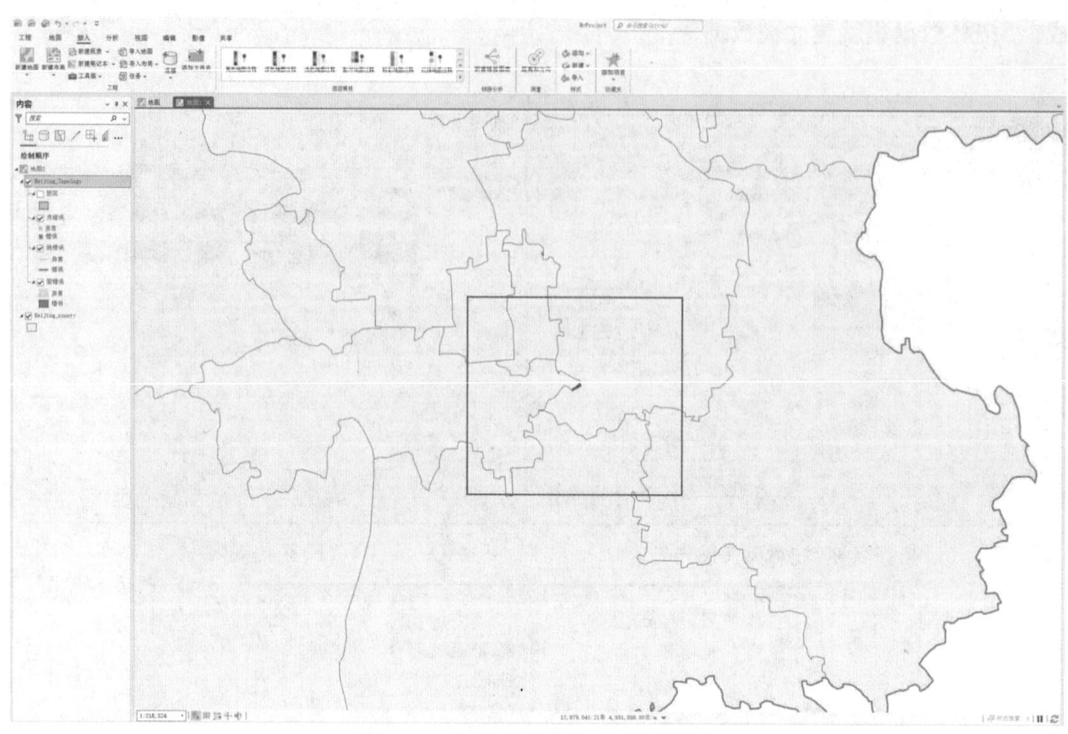

图 3-62　拓扑数据集加入地图视图

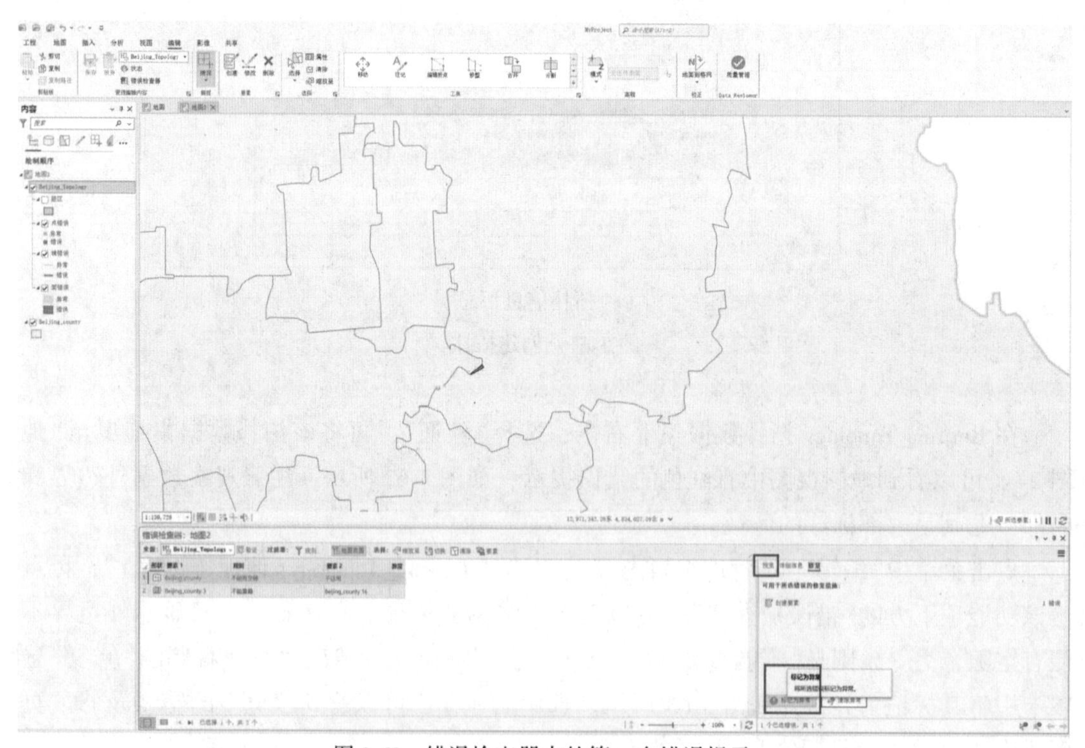

图 3-63　错误检查器中的第一个错误提示

图 3-64 第二个错误提示

由于行政区一般有明确的共同边界，不便根据修复提示进行“合并”或“移除重叠”。此处选择“编辑”→“工具”→“对齐边”进行处理。在错误检查器中，右击第二条错误最左侧，选择“缩放至”，在地图上使用对齐边工具进行处理：将十字光标悬停在错误要素处，直到要对齐的边突出显示为实线边，然后单击边，该实线边会对齐到虚线边上，从而修复有错误的区域，如图 3-65 所示。修正后点击“错误检查器”→“验证”（也可使用“编辑”→“工具”→“验证”→“验证范围”，框选该区域进行验证），查看错误是否还在，如图 3-66 所示。

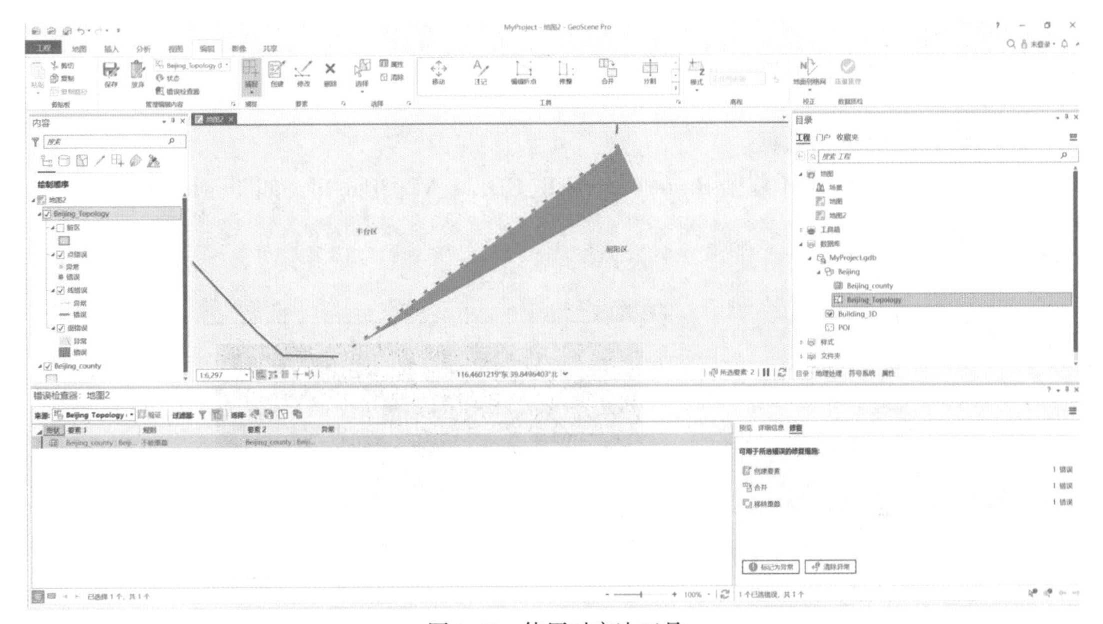

图 3-65 使用对齐边工具

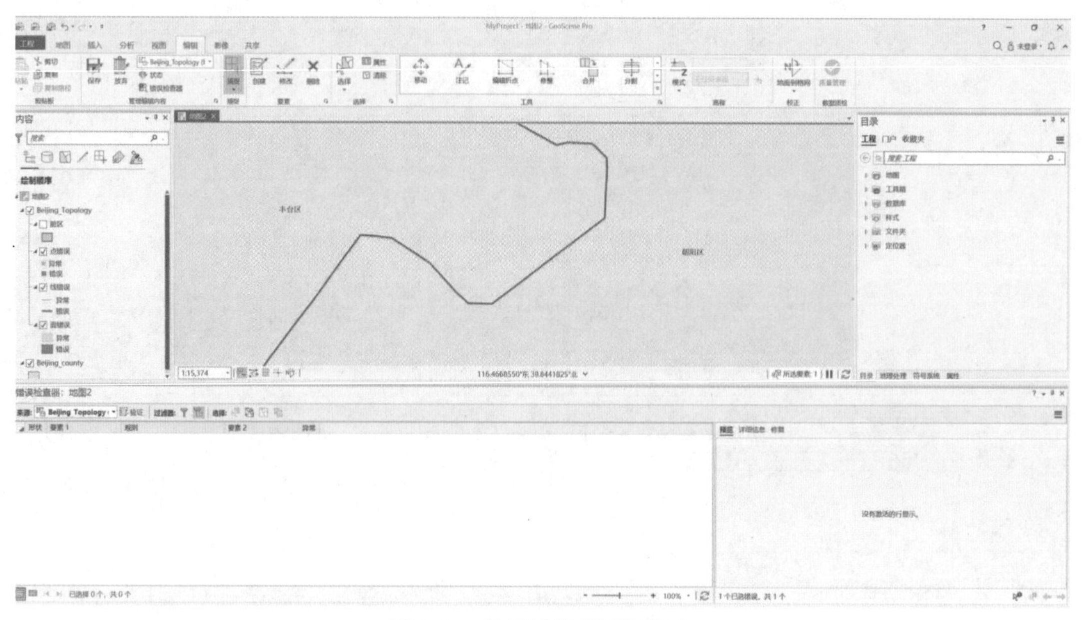

图 3-66　验证后错误不复存在

拓扑修复错误后，点击编辑菜单页中的“保存”按钮来保存编辑工作。如果该项拓扑规则不再需要而要用到其他的规则，可在数据库中修改拓扑数据集内的要素类和拓扑规则。如果数据都编辑完成，验证无误后，可删掉拓扑数据集，以保证数据库内数据存放的整洁性。

3.2　数据提取与编辑

3.2.1　数据提取与裁剪

1. 按属性筛选栅格数据

新建地图，添加 DEM 数据 Raster\ ASTER_GDEM_V2_30m. tif，如图 3-67 显示高程范围为 785～3607m。

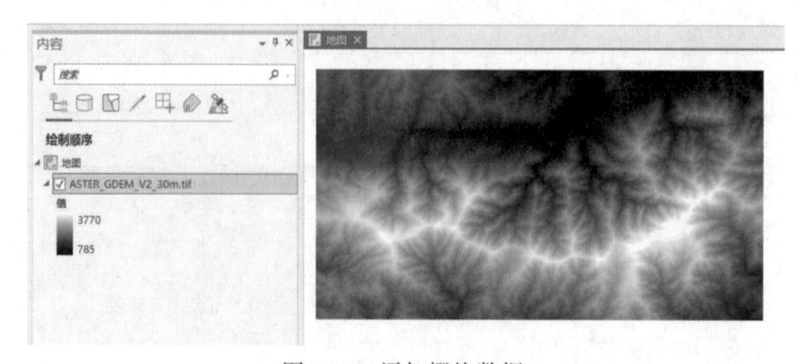

图 3-67　添加栅格数据

按属性提取：点击“地理处理”→“工具箱”→“空间分析工具”→“提取分析”→“按属性提取”，双击打开“按属性提取”工具，如图3-68所示设置工具参数。

图3-68 选择栅格数据

点击“运行”执行选择，输出图层Extract_tif_2000被添加到地图中，如图3-69所示。

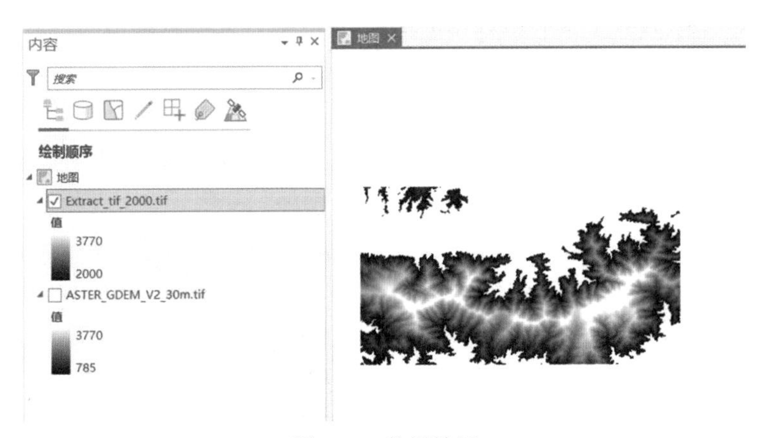

图3-69 数据结果

2. 按属性筛选矢量数据

新建地图，添加县界矢量数据(不包含港澳台)Raster \ CHN_adm2. shp，右键单击CHN_adm2. shp”，点击“属性表”，查看属性表，如图3-70所示。

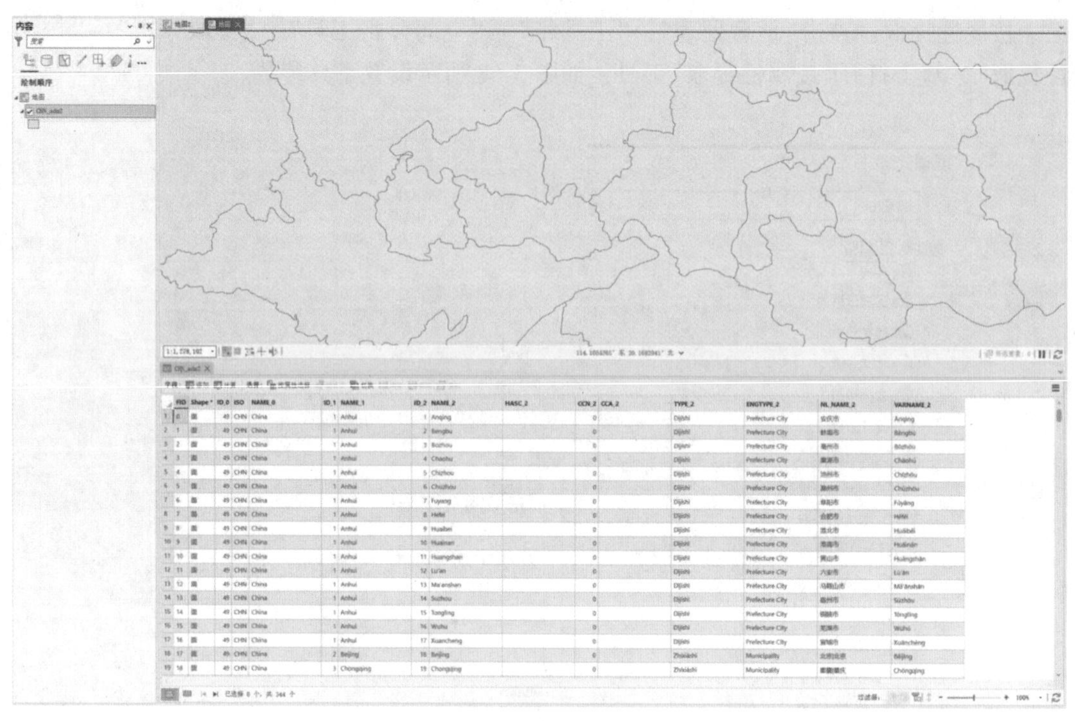

图 3-70　添加矢量数据

展开“工具箱”→“分析工具”→“提取分析”，双击打开“选择”工具，如图 3-71 设置工具参数：“输入要素”选择 CHN_adm2 图层或在文件系统中选取；“输出要素类”设置为工程所在目录，命名为“hubei. shp”；点击“新建表达式”按钮，在“FID”中双击选择“NAME_1”，选择“等于”运算符，下拉右边选项框选择“Hubei”，完成查询语句构造。

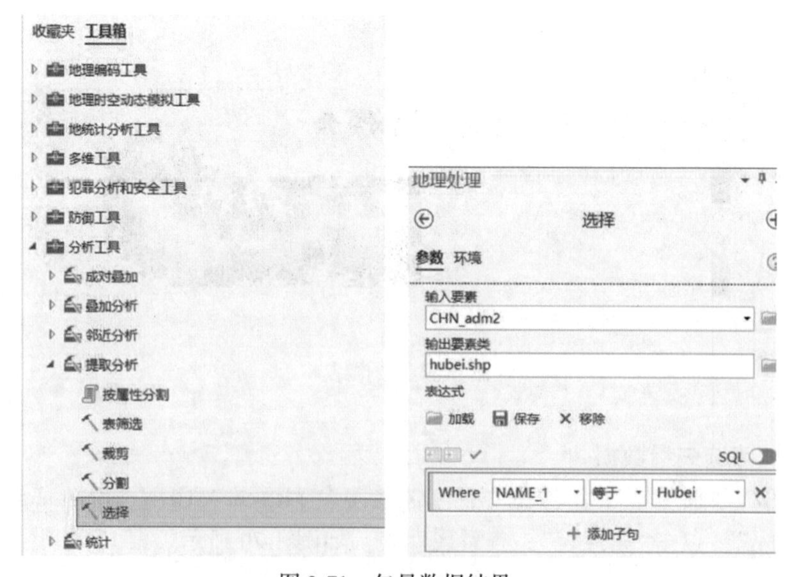

图 3-71　矢量数据结果

点击“运行”执行选择，输出图层 hubei 被添加到地图中，如图 3-72 所示。

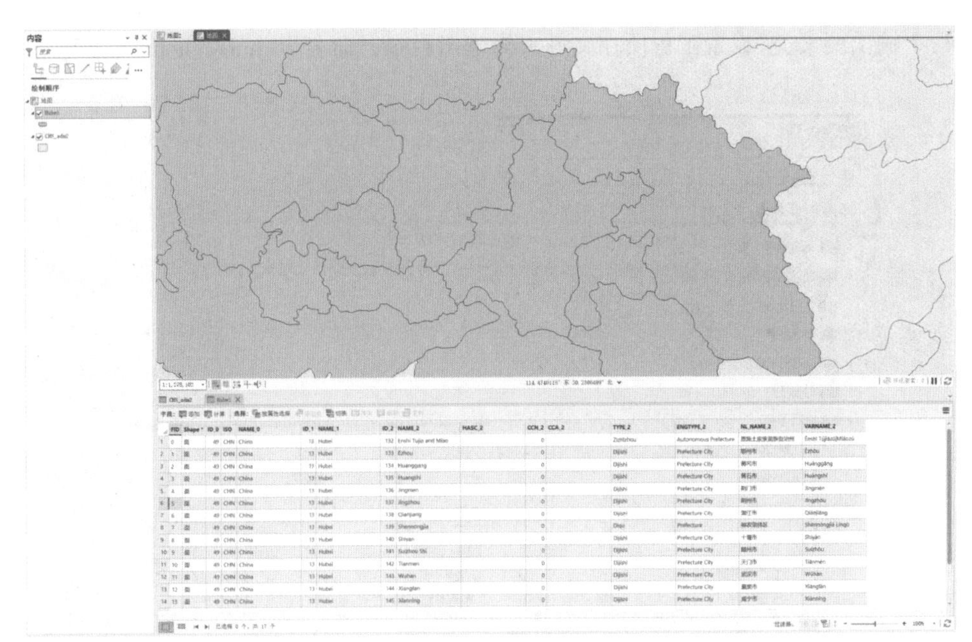

图 3-72　矢量数据结果

3. 按位置裁剪矢量数据

新建地图，添加湖北省省界数据 Raster \ hubei. shp 和国家一级河流线状数据 Raster \ hyd1_4l. shp，如图 3-73 所示。

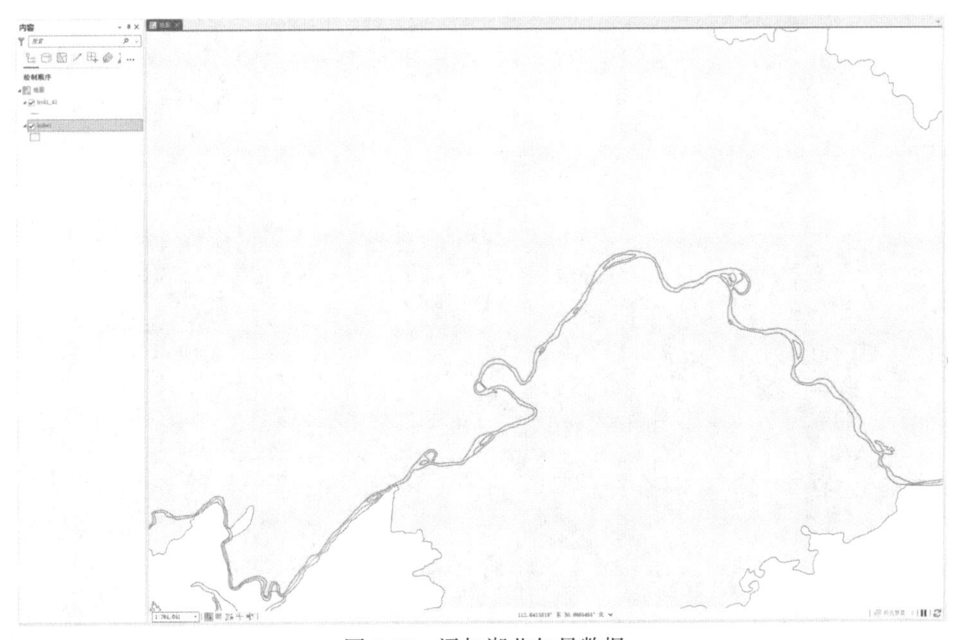

图 3-73　添加湖北矢量数据

使用"工具箱"→"分析工具"→"裁剪"工具，如图 3-74 所示设置工具参数："输入要素"选择河流 hyd1_4l 图层或在文件系统中选取；"裁剪要素"选择省界 hubei 图层或在文件系统中选取；"输出要素类"设置工程所在文件夹为输出目录，命名为"hubei_heliu. shp"。

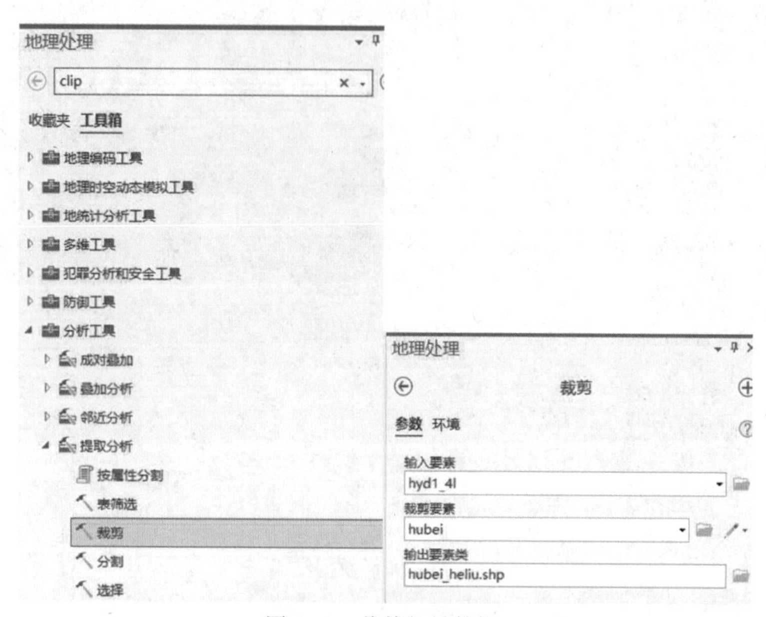

图 3-74　裁剪矢量数据

点击"运行"执行选择，输出图层 hubei_heliu 被添加到地图中，如图 3-75 所示。

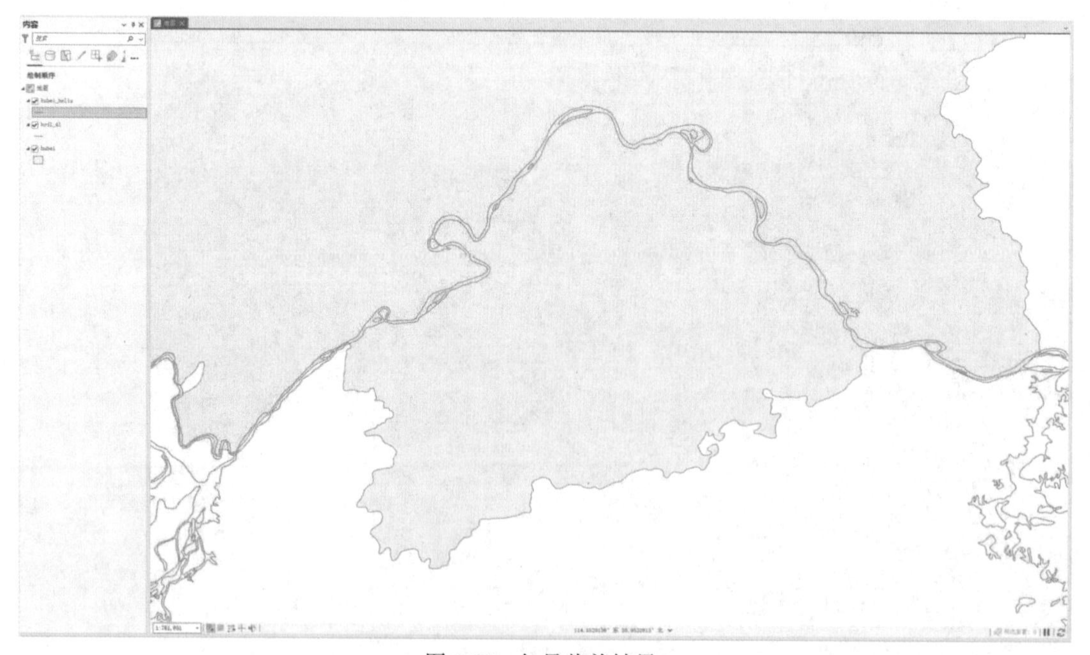

图 3-75　矢量裁剪结果

4. 按位置裁剪栅格数据

新建地图，添加武汉市市界数据 Raster \ wuhan. shp 和湖北省 Landsat 缩略影像 Raster \ 420000HB_L5_TM_2006_720. tif，如图 3-76 所示。

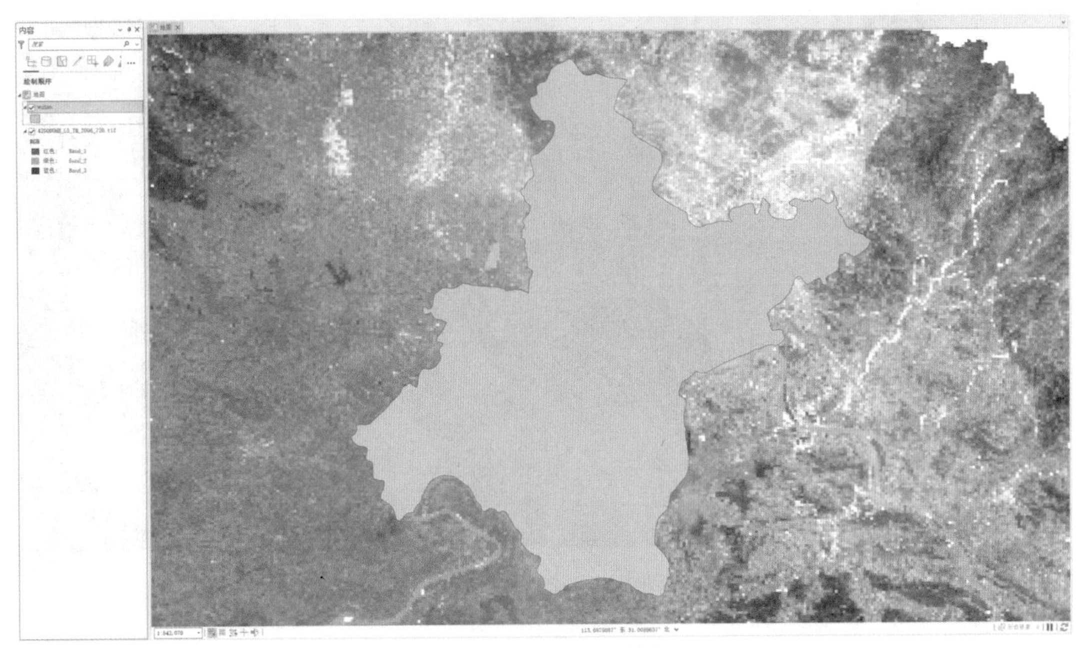

图 3-76 矢量+栅格数据

展开“工具箱”→“空间分析工具”→“提取分析”，双击打开“按掩膜提取”工具，如图 3-77 所示设置工具参数，其中输出栅格为工程目录下的。

图 3-77 掩膜提取

提取结果如图 3-78 所示。

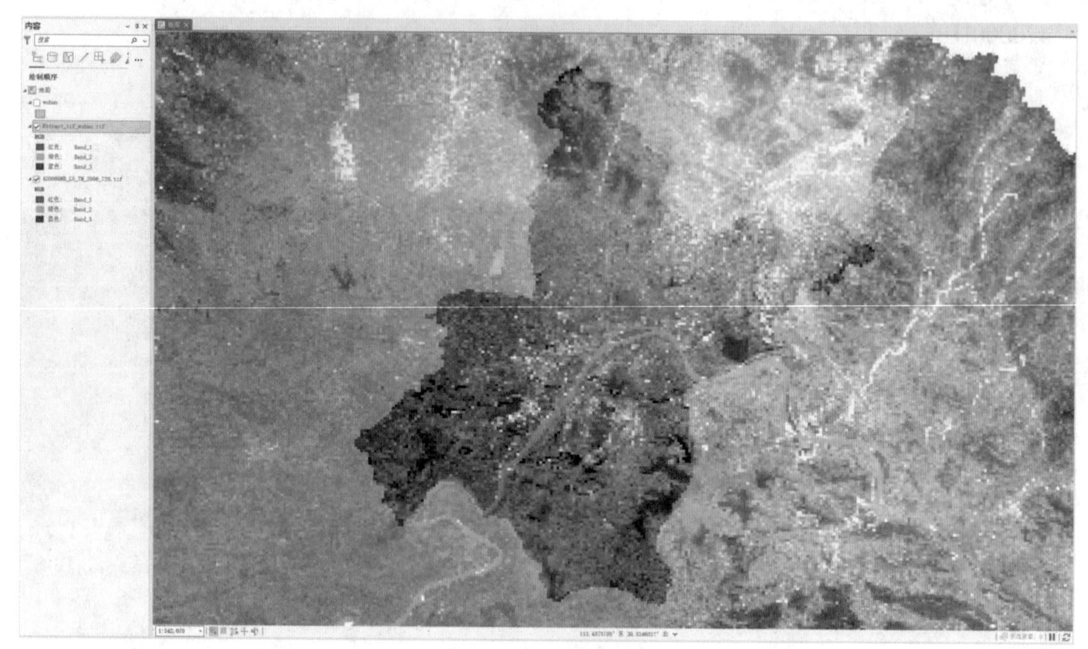

图 3-78 掩膜提取结果

3.2.2 数据分幅与合并

1. 矢量数据分幅与合并

新建地图，添加湖北省县界数据 Raster \ hubei. shp 和湖北省影像数据 Raster \ 420000HB_L5_TM_2006_720. tif。该文件夹下的“hubei shapefile”有两个，hubei_adm3_prj. shp 由 hubei. shp 通过投影得到，将这 2 个 . shp 文件加入地图中，如图 3-79 所示。在地图投影中，我国的通用做法是小于 1 : 50 万的地形图采用正轴等角割圆锥投影，又叫兰勃特投影(Lambert Conformal Conic)，而 GeoScene Pro 软件并没有给出能够与湖北省所在区域对应的投影坐标系。可参考 2. 4. 2 节中练习尝试建立一个新的兰勃特投影坐标系，并将 hubei_adm3_prj. shp 投影得到平面坐标系下的数据。

(1)构建渔网。图 3-80 分别给出了投影与非投影数据的格网分幅设置，差别主要体现在坐标系范围的数值上。展开“工具箱”→“数据管理工具”→“采样”，双击打开“创建渔网”工具，如图 3-80 所示设置工具参数：“输出要素类”均为工程文件夹下的. shp 文件，“行数”和“列数”分别输入 2、3，几何类型选择“Polygon”，不选择“创建标注点”。

在“模板范围”内分别选择“hubei”(图 3-80(a))和“hubei_adm3_prj”(图 3-80(b))。从图 3-80 中可以看到，地理坐标系和投影坐标系下均可创建渔网。一般在进行具体数据处理或空间分析时，为了保证精度，通常采用投影坐标系，因其单位为米，且距离恒定。相反，地理坐标系的单位度(°)在不同纬度时代表的距离不同：在赤道处 1°经度的距离最大，约为 111. 3km；纬度越高，同一纬度上的 1°经度所表示的距离就越小，在两极地区慢慢趋近于 0。

图 3-79　分幅实验数据

(a) WGS 1984 坐标系下的格网设定　　(b) 投影坐标系下的格网设定

图 3-80　不同类型坐标系中的创建渔网参数设置

输出渔网结果如图 3-81 所示，可发现地理坐标系与投影坐标系下的渔网有所区别，可看作投影的变形。

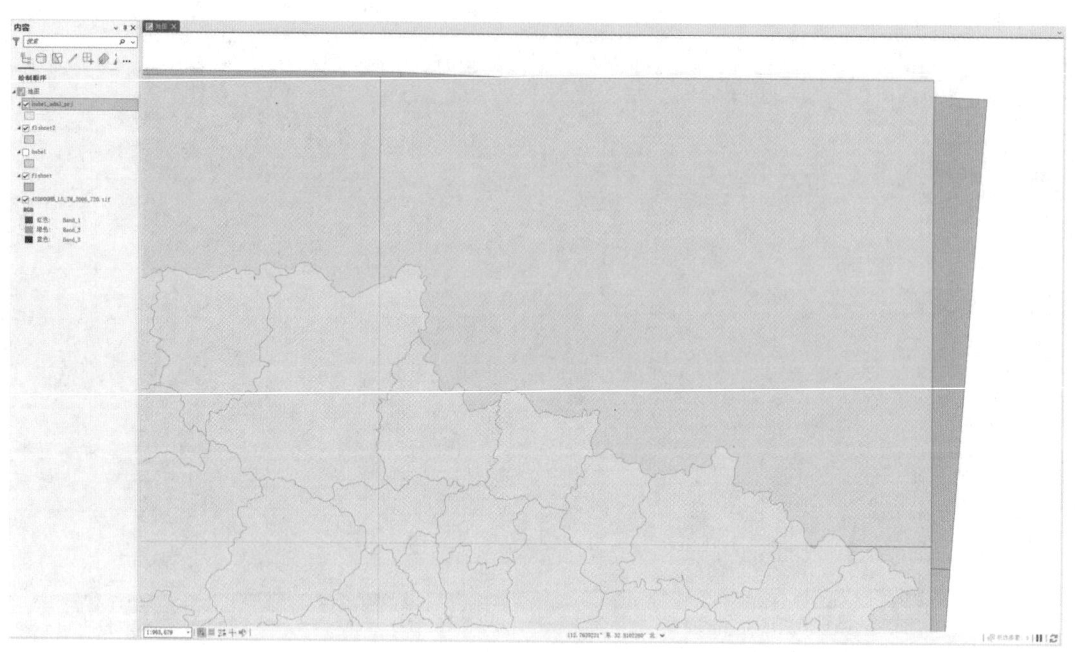

图 3-81　渔网结果

（2）渔网多边形属性设置。右击上一步生成的渔网多边形数据 fishnet. shp，点击“属性表”，选择“添加”，“字段名”设为“s_name”，用作后续分割矢量的字段，该字段类型须为“文本”，再点击顶部菜单功能区“数据”→“更改”→“保存”。并在新添加的“s_name”中分别设置 00，01，02，10，11，12，如图 3-82 所示。

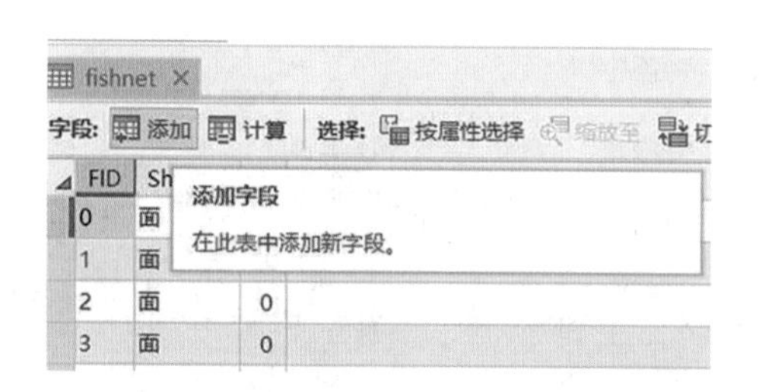

（a）在属性表窗口中“添加”字段

（b）设置新添加字段属性：字段名、数据类型

fishnet

字段：添加 计算 选择：按属性选择

FID	Shape *	Id	s_name
0	面	0	00
1	面	0	01
2	面	0	02
3	面	0	10
4	面	0	11
5	面	0	12

单击以添加新行。

（c）修改属性值

图 3-82　添加字段

(3)分割矢量。展开“工具箱”→“分析工具”→“提取分析”，双击打开“分割”工具，如图3-83所示设置工具参数，目标工作空间为工程目录下新建的“Result”文件夹。

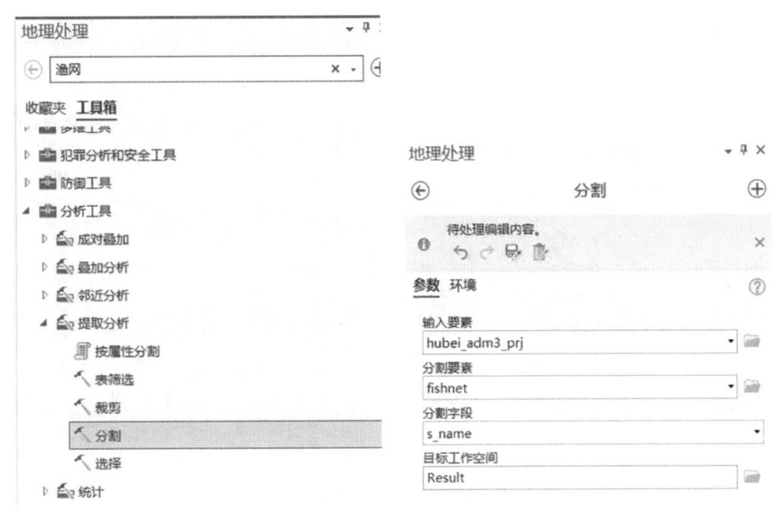

图3-83 矢量分割

将工程文件夹下的6个文件加载到地图中，输出分割结果如图3-84所示。

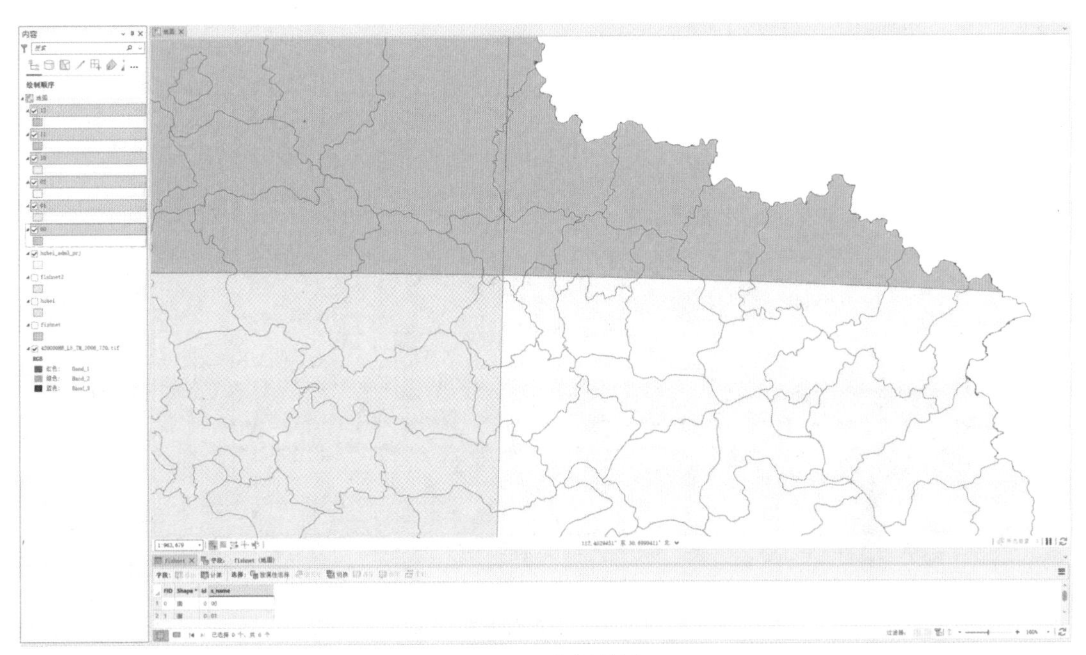

图3-84 分割结果

(4)矢量合并。展开“工具箱”→“数据管理工具”→“常规”，双击打开“合并”工具，如图3-85所示设置工具参数：输出数据集为工程目录下的merge.shp，其他参数不修改。

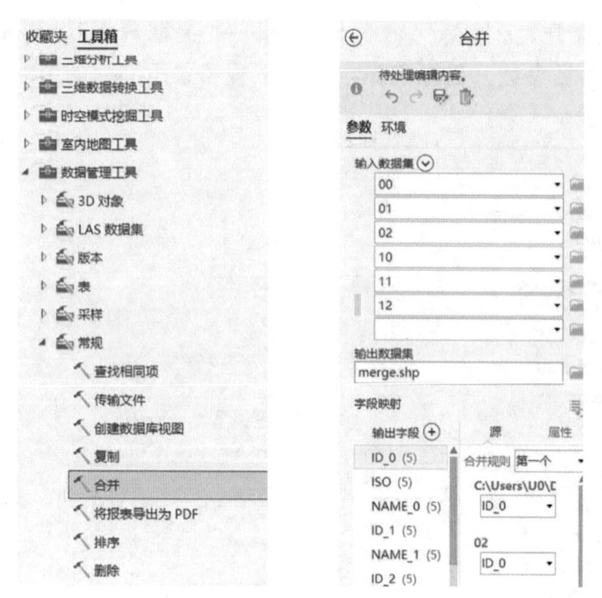

图 3-85　矢量合并

输出结果如图 3-86 所示。位于拼接线上的元素需要进行合并操作。

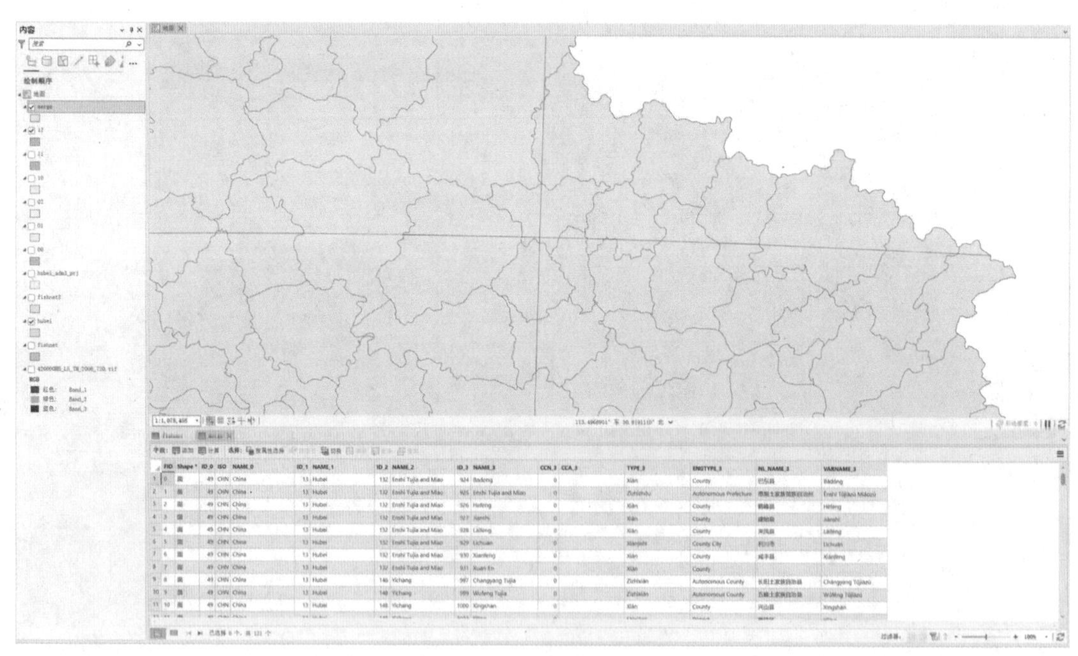

图 3-86　矢量合并结果

2. 影像分割与合并

与矢量数据分幅与合并操作类似，以下实验操作影像分割与合并。

(1)影像分割。展开“工具箱”→“数据管理工具”→“栅格”→“栅格处理”，双击打开

“分割栅格”工具，如图 3-87 所示设置工具参数。其中输出文件夹为工程目录下的“Result”，“分割方法”选择“块数量”，“输出栅格数”中“X”设为 3，“Y”设为 2。

图 3-87　分割栅格

将分割的各块影像添加至地图，生成分块影像如图 3-88 所示。

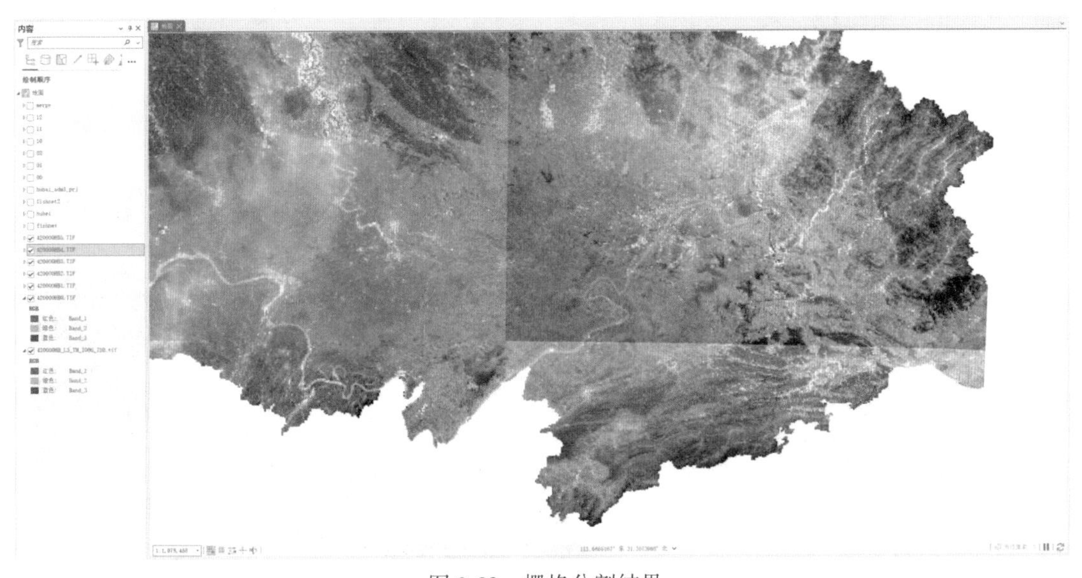

图 3-88　栅格分割结果

(2)影像合并。展开“工具箱”→“数据管理工具”→“栅格”→“栅格数据集”，双击打开“镶嵌至新栅格”，如图 3-89 所示设置工具参数：勾选 6 块影像，输出目录为工程文件夹下的 Result，输出名称为“mosaci6. tif”，波段数为 7，其他参数不变。

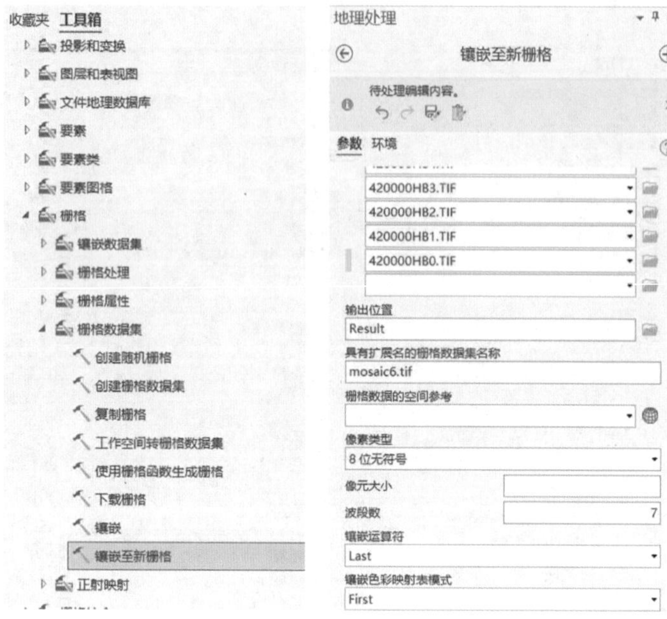

图 3-89 栅格合并

合并后影像如图 3-90 所示。

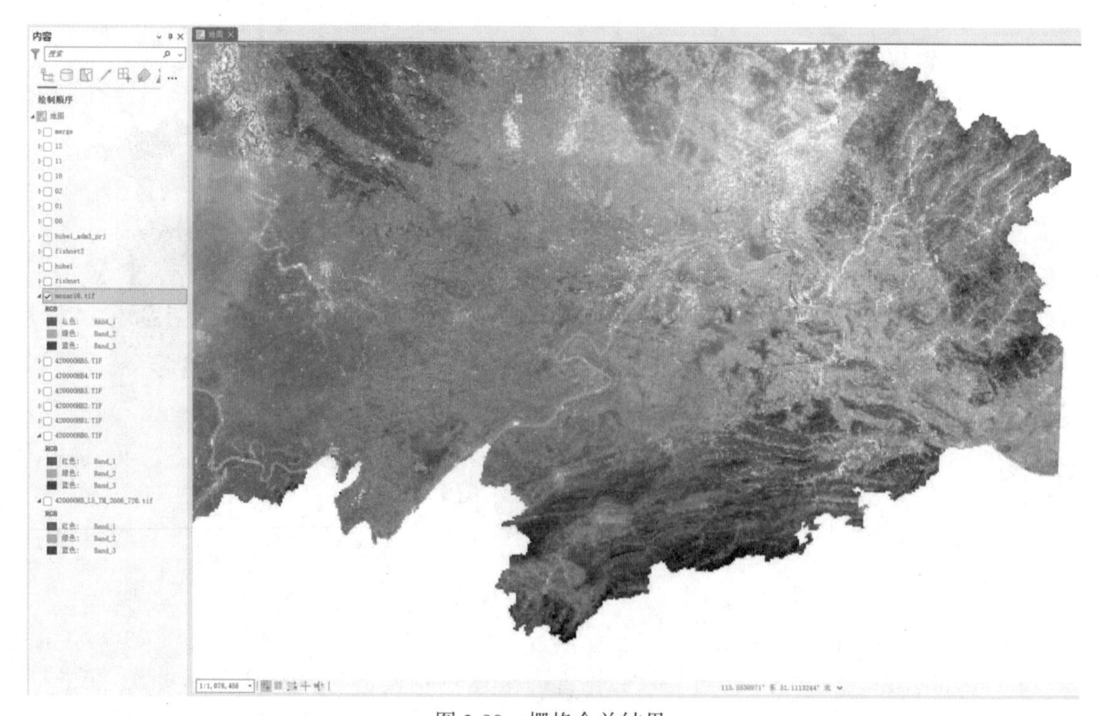

图 3-90 栅格合并结果

第4章　空间数据管理

空间数据处理是GIS一个重要的部分。整个GIS都是围绕空间数据的采集、加工、存储、分析和表现展开的。而原始空间数据本身通常在数据结构、数据组织、数据表达上与用户自己的信息系统不一致，就需要对原始数据进行转换与处理，如投影变换、类型转换、格式转换等。在GIS领域里，栅格数据与矢量数据各有千秋，它们互为补充，必要时互相转换，这是由地理信息系统的处理方式及这两种数据格式各自的特点所决定的。同时，矢量数据和栅格数据还存在不同的类型与格式，GIS的能力还体现在能应对不同格式或类型的矢量数据与栅格数据。

空间数据库(地理数据库)是GIS的重要组成部分，因为地图是GIS的主要来源、载体和表现形式。GIS是一种以地图为基础，供资源、环境及区域调查、规划、管理和决策用的空间信息系统。在数据获取过程中，空间数据库用于存储和管理地图信息；在数据处理系统中，它既是资料的提供者，也是处理结果的归宿处；在检索和输出过程中，它是形成绘图文件或各类地理数据的数据源。

4.1　数据转换

空间数据的来源有很多，如地图、工程图、规划图、照片、航空与遥感影像等，因此空间数据也有多种格式。根据应用需要，对数据的格式进行转换。GeoScene Pro提供了多种格式的转换，其工具箱中的“转换工具”提供了常用格式如Excel、KML、CAD等的转换；软件扩展模块之一数据互操作Data Interoperability提供了绝大部分空间数据格式之间的转换和自动处理功能，包括矢量、栅格、三维、科学数据等。转换是数据结构之间的转换，而数据结构之间的转化又包括同一数据结构不同组织形式间的转换和不同数据结构间的转换。其中，不同数据结构间的转换主要包括矢量数据至栅格数据的转换和栅格数据至矢量数据的转换。

4.1.1　数据格式转换

1. CAD格式

GeoScene Pro只能读取CAD数据文件，不能保存CAD数据文件。因此，根据实际需要，经常要将CAD数据转换为可编辑和分析的Shapefile文件或数据库中的要素类，或与之相反将矢量要素数据另存为CAD格式。

使用GeoScene Pro新建一个工程，将Organization \ august-mine. dwg拖入地图视图中，如图4-1(a)所示。该DWG数据本身在CAD中显示则如图4-1(b)所示，数据为某地矿山的地图。在 GeoScene Pro 软件左侧内容窗格中"august-mine-MultiPatch 组"和"august-mine-Polygon 组"，该 DWG 数据中的黑色底图就隐藏了。同时查看当前内容窗格中"地图"和某个图层的坐标系属性，比较坐标系的差异。当前地图坐标系默认为 Web Mercator 投影，而图层的坐标系则为未知，如图 4-2 所示。

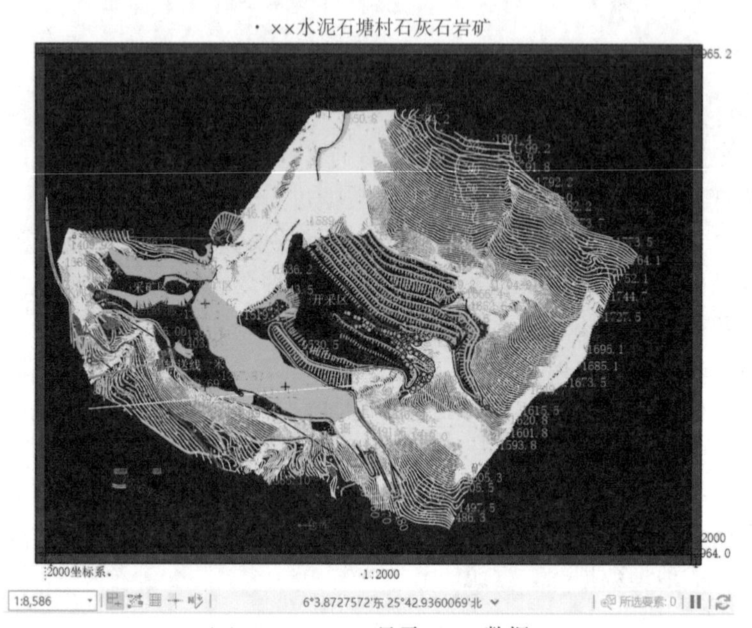

(a) GeoScene Pro 显示 DWG 数据

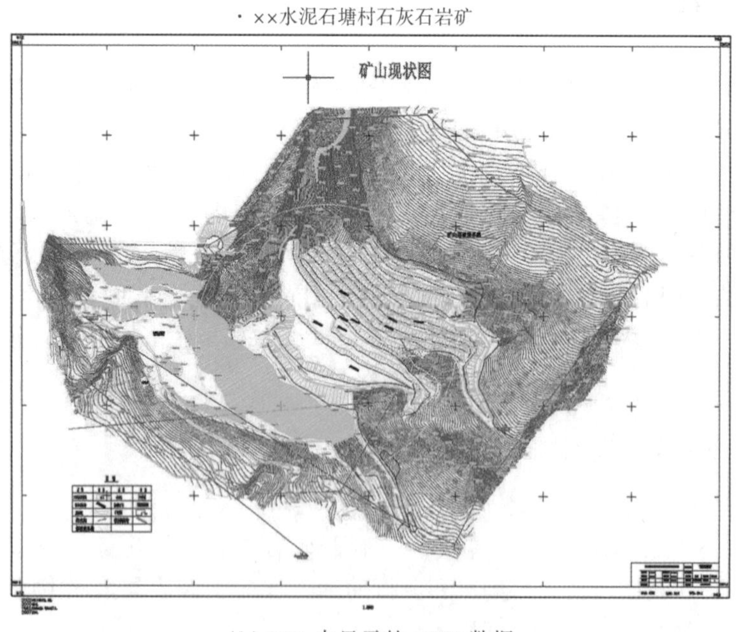

(b) CAD 中显示的 DWG 数据

图 4-1　DWG 数据及提示

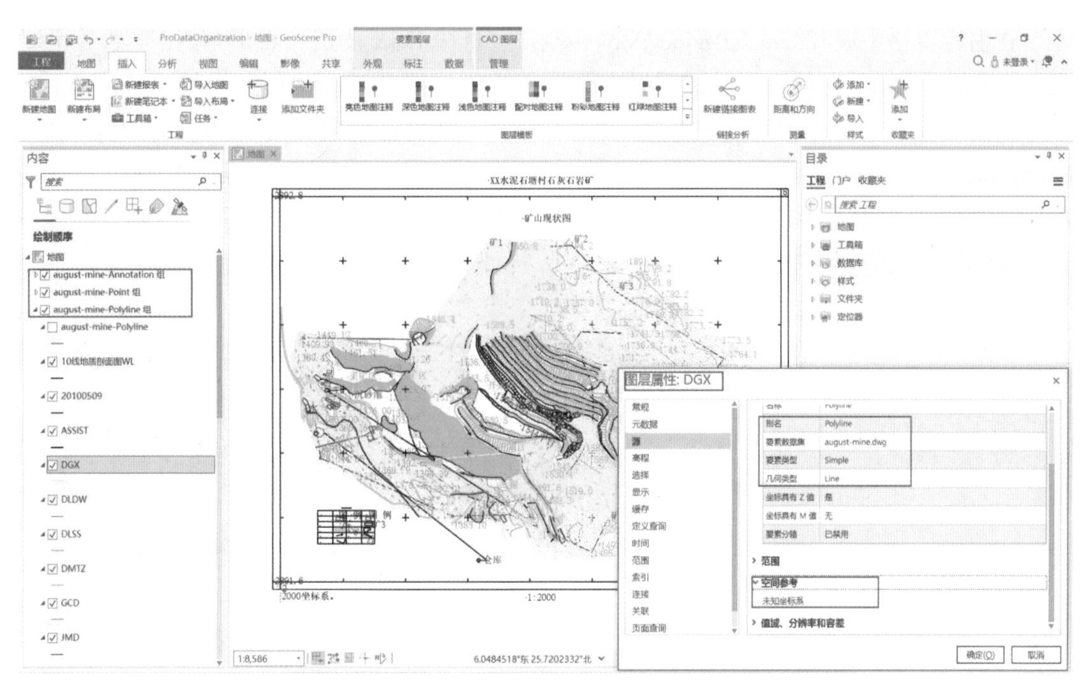

图 4-2 DWG 数据中图层的属性

注意查看地形图四角，修改“地图”坐标系为 CGCS2000 3 Degree GK CM 102E 投影坐标系，并将地图显示单位修正为“米”，方可查看该地形图所对应的正确坐标系。再次查看并对比四角地图轮廓的坐标值，将光标移至对应的位置来对比东、北(X、Y)坐标值，此时可见两者一致。如图 4-3 所示。

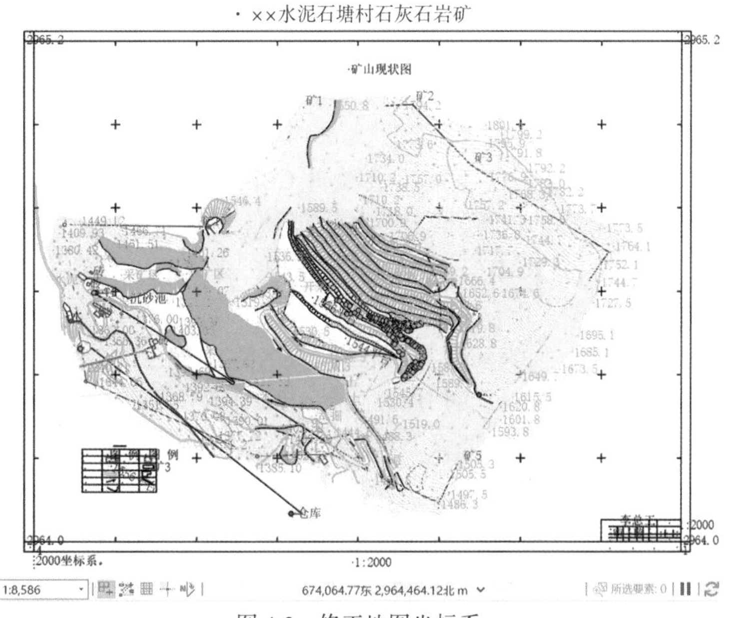

图 4-3 修正地图坐标系

在内容窗格中展开“august-mine-Polyline 组”，选中 DGX 图层，右击“数据”→“导出要素”。导出要素功能可将该要素图层另存为数据库中的要素类或文件夹中的 Shapefile。这里导出到工程目录下的数据库中，如图 4-4 所示，仅给定输出名称即可。导出完成后，GeoScene Pro 软件默认会将该要素类加载至当前地图视图中。类似地，将“august-mine-Point 组”中的 GCD 图层和“august-mine-Polyline 组”的 ASSIST、JMD、首曲线和计曲线 5 个图层都导出到数据库中。

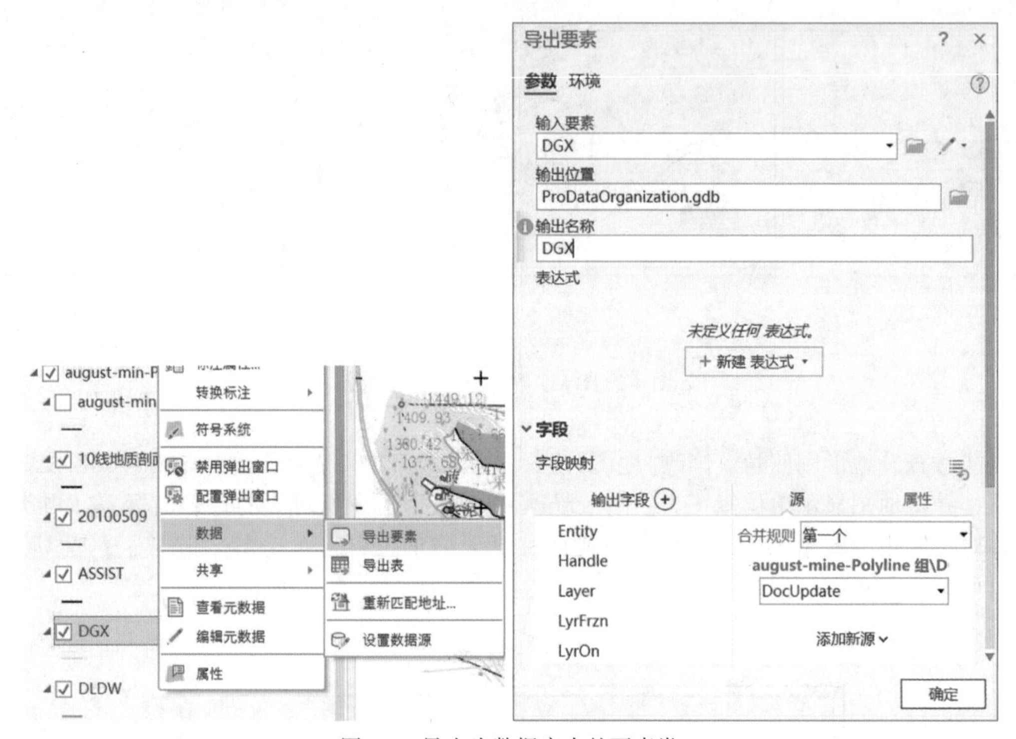

图 4-4　导出为数据库中的要素类

前文已述，GeoScene Pro 软件不能直接编辑 CAD 数据，但可以将矢量数据转换为 CAD 格式数据。将地图中的 DWG 数据 5 个组全部移除，打开工具箱，依次选择“转换工具”→“转为 CAD”→“导出为 CAD”，在该工具界面中，在“输入要素”下添加刚刚导出的六个要素类；输出类型较多，查看下拉选项卡可见 GeoScene Pro 支持的 DWG 或 DXF 格式的具体情况；再选择一个合适的输出路径，并输入名称，最后点击“运行”，即可将选定的 6 个要素类合并导出为一个 CAD 的 DWG 文件，如图 4-5 所示。在运行后会将 DWG 加入当前地图视图中，由于未给 5 个要素类定义投影，软件提示“地图数据源缺少坐标系信息”。

需要注意的是：如果在属性表中选中一个或多个要素，则在使用“要素导出”功能或“导出为 CAD”工具时，只会导出选定的要素。

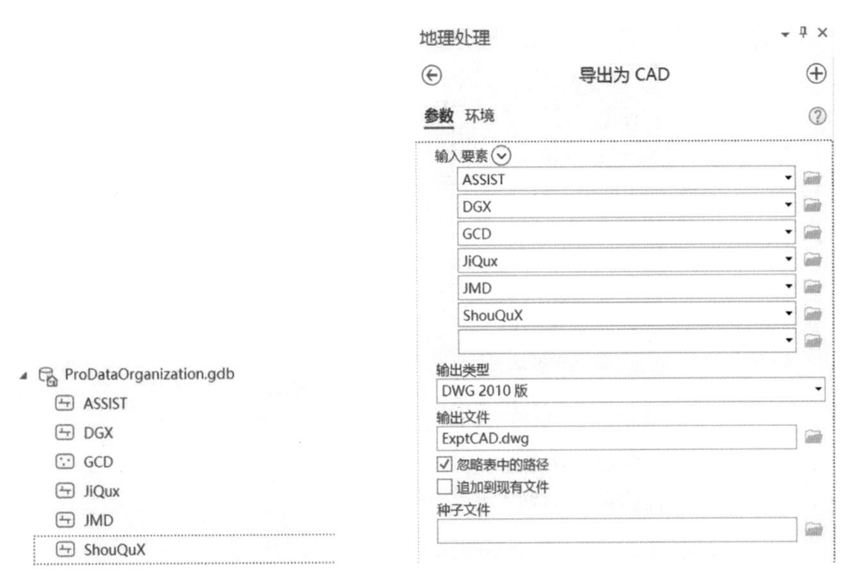

(a) CAD 导出到数据库中的要素类　　　　(b)"导出为 CAD"工具

图 4-5　加载到地图中的要素类再导出为 CAD 数据

2. 矢量数据格式转换

GeoScene Pro 的转换工具箱中还提供了其他的矢量数据格式转换功能，如图 4-6 所示。Excel 工具集包含用于将 Microsoft Excel 文件与表进行相互转换的工具。GPS 工具集包含用于在 GPS 交换格式(GPX)和要素类之间进行转换的工具。JSON 工具集包含可在 JSON (JavaScript 对象表示法)或 GeoJSON 与要素类之间转换要素的工具。JSON 和 GeoJSON 是一种基于文本的、轻量级的数据交换格式，用于在 GeoScene 和其他系统之间共享 GIS 数据。这些格式与语言无关，并且大多数编程语言(例如 Python、C#、Java、JavaScript 等)提供用于读取、操作和编写 JSON 与 GeoJSON 的库。KML 工具集包含用于将数据从 Keyhole 标记语言(KML)转换为地理数据库中要素的工具。LAS 工具集可将 LAS 文件导出到栅格，使用激光雷达强度或与每个点相关联的红绿蓝值来生成表面模型或影像。交通数据(GTFS)工具集中的工具支持将通用交通数据规范(GTFS)数据集转换为要素类和表，这些要素类和表可以在地图中进行可视化，用作进一步分析的输入或用于构建网络数据集，可通过一些工具创建或更新 GTFS 文件。GTFS 为公共交通数据的唯一全球标准格式，包括公交线路和停靠点的位置及时间表。由 WFS 转出工具集中有一个工具用于将要素从 WFS 转换为要素类，从而为这些要素提供更多处理分析功能。

"至地理数据库"工具集包含对数据转换并将其写入地理数据库的工具，包括矢量数据和栅格数据。"转为 CAD"工具集中的工具用于将地理数据库要素转换为本地 CAD 格式。上一小节已对 CAD 格式的转换进行练习，还可以在地理处理模型和脚本中使用这些工具自定义转换过程，比如对转出的矢量数据定义投影。转为 COLLADA 工具集提供了一个将多面体转为 COLLADA 格式三维模型的工具。COLLADA 是 COLL Aborative Design Activity(协同设计活动)的缩写形式，是用于存储 3D 模型的开放式标准 XML 格式。它常被用作 3D 应用领域的交换格式，此格式也适用于 KML 中存储的 3D 纹理对象。COLLADA

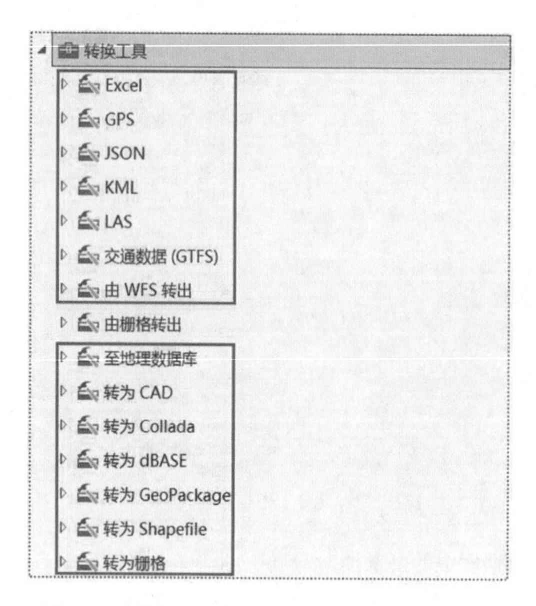

图 4-6　转换工具中的矢量数据格式转换工具

文件的扩展名是 . dae，此类文件可以引用附加的图像文件用作 3D 对象上覆盖的纹理。如果将多面体要素导出到 COLLADA，便可以与他人共享复杂的分析结果，也可以提供一种机制，以便于使用 SketchUp 或 3DS Max 之类的第三方软件来更新带纹理的 3D GIS 数据，例如建筑物。“表转 dBASE”工具可用于移植 INFO 表，甚至其他 dBASE 表，以供具体的 Shapefile 使用，dBASE 表用于存储按属性关键字与 Shapefile 要素连接的属性。“转为 GeoPackage”工具集包含用于将数据集转换为 OGC GeoPackage 格式的工具。“转为 Shapefile”是最常用的功能，上一节中通过矢量图层数据导出的方式与此工具一致。

“转换工具箱”中的工具使用方法与上一小节中的导出 CAD 文件用法基本相同，不再赘述。这里提示一个练习，可自行训练：KML 格式是无人机航线数据交换常用格式，因而可以使用 GeoScene Pro，使用包含 Z 的要素类编辑航点后导出为 KML 格式，在飞控软件中导入，例如大疆 Pilot 软件，随后控制无人机按该航线飞行。

3. 栅格数据格式转换

从上一小节的转换工具箱中可以看到，栅格数据转换的工具较少，这是因为栅格数据的组织结构相同，所不同的是存储格式。因此，本节直接练习栅格数据的格式转换。

移除当前地图中所有图层，添加数据 Raster \ ASTER_GDEM_V2_30m. tif 至地图视图中，查看该栅格数据图层的属性，包括数据源、栅格信息(注意格式、分辨率、像素类型等)、坐标系等。修改地图坐标系为该栅格数据的坐标系，并将地图的显示单位修正为“度”或“度分秒”，如图 4-7 所示。

在“地图内容”窗格中，右击该栅格图层，选择“数据”→“导出栅格”，在弹出的“导出栅格”页面中设置路径、坐标系、分辨率、像素类型和格式等参数。选择路径为个人文件夹路径，坐标系设置为“投影坐标系 \ UTM \ WGS 1984 \ Northern Hemisphere \ WGS

1984 UTM Zone 48N”，XY 分辨率均设置为 60m，“像素类型”选“16 位无符号”(当前区域高程无负值)，“输出格式”选择“IMAGINE 影像”，压缩类型设置为“RLE”，点击“导出”即可，如图 4-8 所示。

(a)栅格数据属性

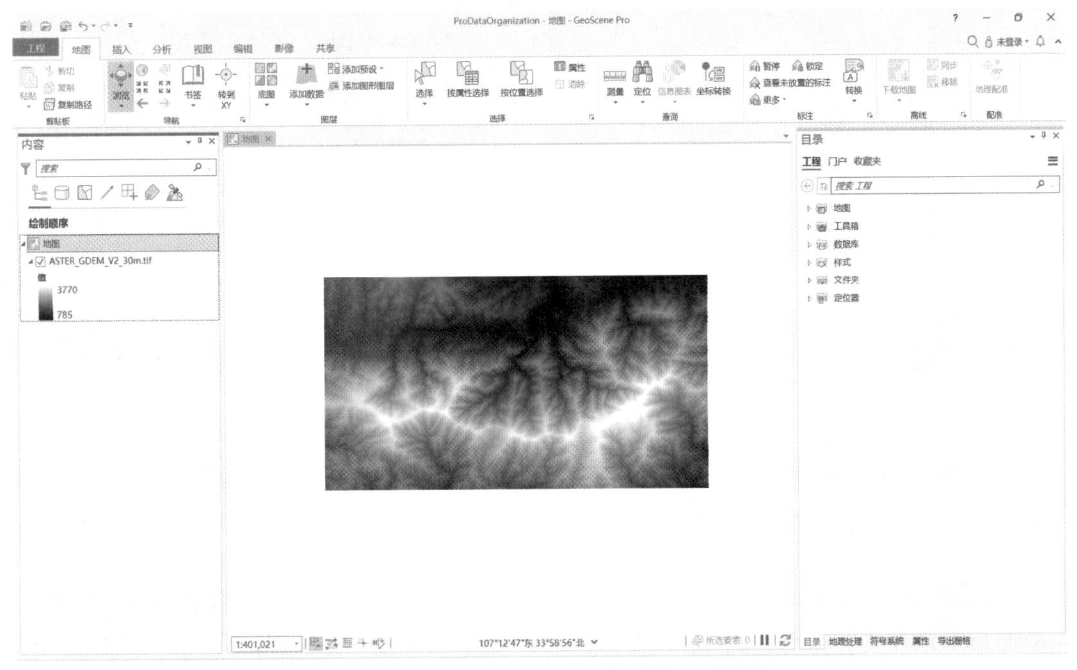

(b)栅格数据在 WGS 1984 坐标系的显示效果

图 4-7　添加栅格数据并修正地图显示单位

再次尝试将刚才的导出栅格中“输出类型”选择“JPG”，点击“导出”，观察软件能否正常运行得到 JPG 格式的 DEM 栅格数据。如果不能，结合软件给出的提示，读者思考为何不能正确运行。

此外，点击“转换”工具箱中的“转为栅格”→“栅格转其他格式”，也可以直接实现栅格数据格式转换，而不必将数据显示在地图中后再另存。对于数据库中的栅格数据集，也可以直接使用右键快捷菜单中的“导出其他格式”。

4.1.2　矢量要素类型转换

GeoScene Pro 软件中数据管理工具箱中的要素工具集包含可用于创建和管理基于要素的 GIS 数据、将要素从一种几何类型转换为另一种、查找并更正关于要素几何的问题，并将要素几何测量数据和坐标记录为属性的一系列工具。本小节主要使用要素类型转换工具，如图 4-9 所示。

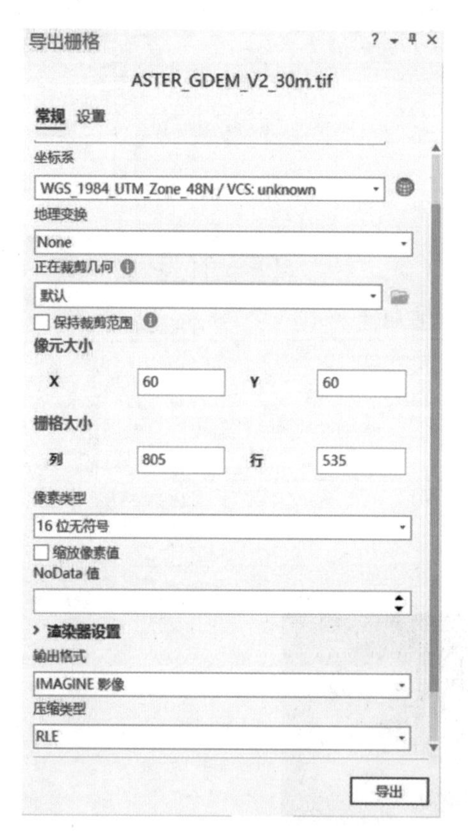

图 4-8　导出栅格

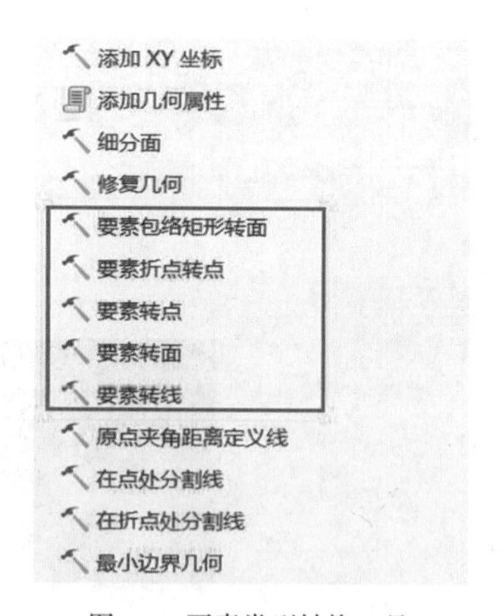

图 4-9　要素类型转换工具

移除地图中所有数据，为地图加载上一小节从 CAD 数据导出的 DGX 要素类(存储在工程对应数据库中)，修改地图坐标系为“CGCS2000 3 Degree GK CM 102E”投影坐标系，并将地图显示单位修正为“米”，在内容窗格中点击该要素图层，选择“缩放至图层”，将地图显示范围调整至数据的范围，便于显示。打开工具箱，选择“数据管理工具”→“要素”→“要素折点转点”，保存路径为工程所在路径下的 DGXAllPts. shp，点类型选择“所有折点”，点击“运行”结果如图 4-10 所示。该工具的折点类型还有中点、起始折点、端折点、悬挂折点等。面要素转点工具的使用与此类似。

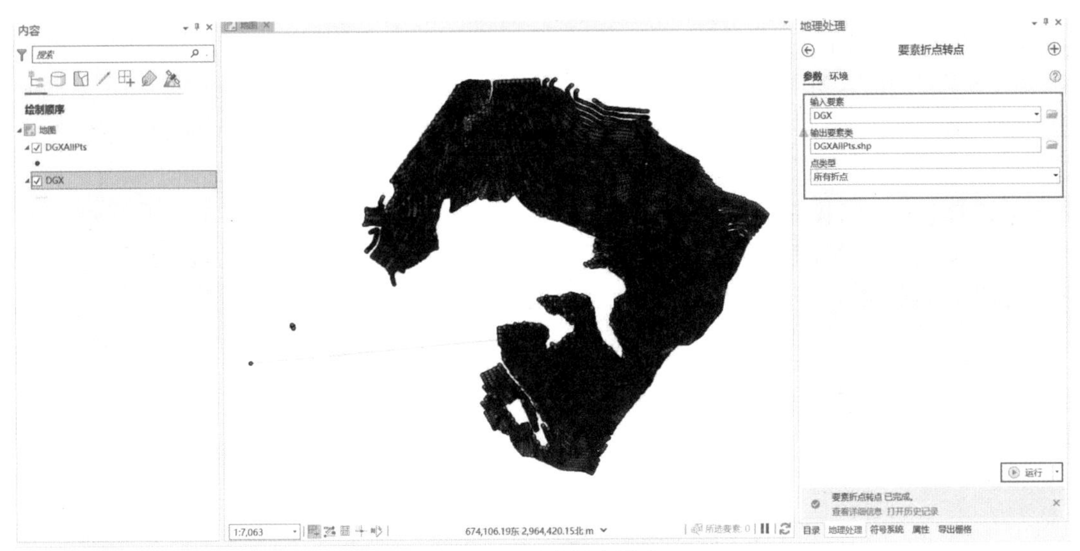

图 4-10　要素折点转点

加载上一小节导出的 JMD 线图层，选择“数据管理工具”→“要素”→“要素转面”，“输入要素”选择“JMD”，输出路径仍为工程所在文件夹内，名称为“JMD_plg. shp”，点击“运行”，结果如图 4-11 所示。可以看到相交构成闭合的区域转成了面，中部区域一处未能构成闭合区域的线不能成功转成面。

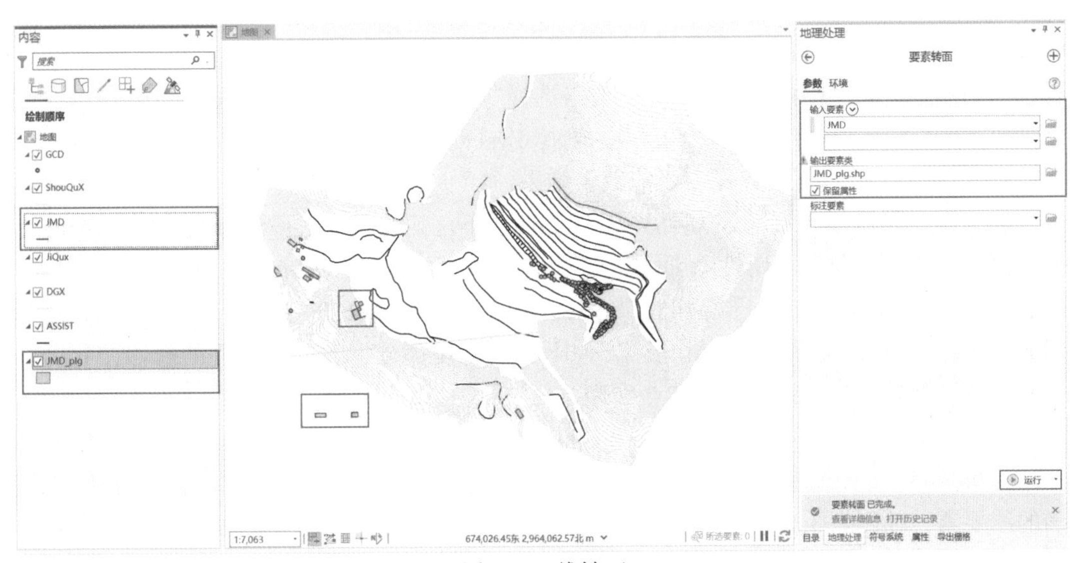

图 4-11　线转面

面要素转线则是应有之义，因为面本身就是封闭的线。

4.1.3 矢量栅格转换

在4.1.1小节的CAD数据中表现该地区地形的图层涉及ASSIST、DGX、首曲线、计曲线和GCD几个图层。本节使用这几个图层共同转化为栅格数据，即DEM。由于GeoScene Pro中的矢量转栅格工具(图4-12)每次只能使用一个要素类或图层，而不能同时使用多个图层。因此，本小节将这些线图层(ASSIST、DGX、首曲线和计曲线)均转换点图层后，联合GCD图层，采用“数据管理工具”→“常规”→“合并”融合成一个点图层，再将该点图层转换成栅格，即生成该地区的DEM数据。还需注意，各个图层中存在Elevation属性为0的要素，在转换时可通过选择具有正确Elevation属性的要素转换，或进行编辑后批量转换。以下介绍其中一种方式。

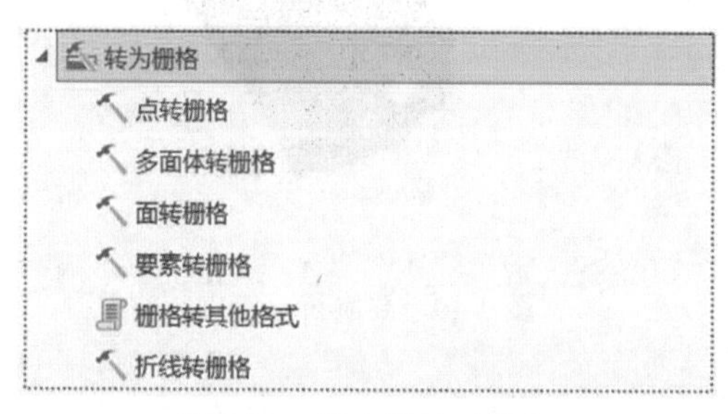

图4-12 转为栅格工具集

经过前面的转换，已经得到DGX的所有折点DGXAllPts.shp，且带有高程属性。删除DGXAllPts.shp中其他不需要的属性，如图4-13(a)所示，按住Ctrl键可选择多个属性(Entity、Handle、Layer、LyrFrzn、LyrOn、Color、Linetype、LineWt、RefName、DocUpdate、DocLd、Shape_Leng、ORIG_FID)。如图4-13(b)所示，右击“Evelation属性”→“升序排列”，按住Shift键，连续选中前5行，右击选择“删除”，或直接点击键盘上的删除键，或点击菜单中“编辑”→“要素”→“删除”，删掉Evelation=0的要素。点击菜单中“编辑”→“管理编辑内容”→“保存”，保存当前编辑结果。

同样地，删掉GCD图层的属性列和Evelation不正确的要素，得到如图4-14所示的结果。由此，我们发现删除属性和要素的操作比较繁琐。因此，在4.1.1小节中，从CAD图层导出时，可以对图层进行属性查询，查找Evelation>1000(该地区高程普遍大于1000)，并在如图4-4所示的“导出要素”左下方的字段部分，删掉不需要的属性，此后则不必进行删除处理，直接进行线转点处理。

使用“要素折点转点”工具将ShouQuX、JiQux和ASSIST线图层分别转换为ShouqxPts.shp、JiqxPts.shp和ASSISTPts.shp，注意此时在转换前选中Evelation属性值正确的线要素，并删除3个点图层ShouqxPts.shp、JiqxPts.shp和ASSISTPts.shp中不需要的属性，如图4-15所示。

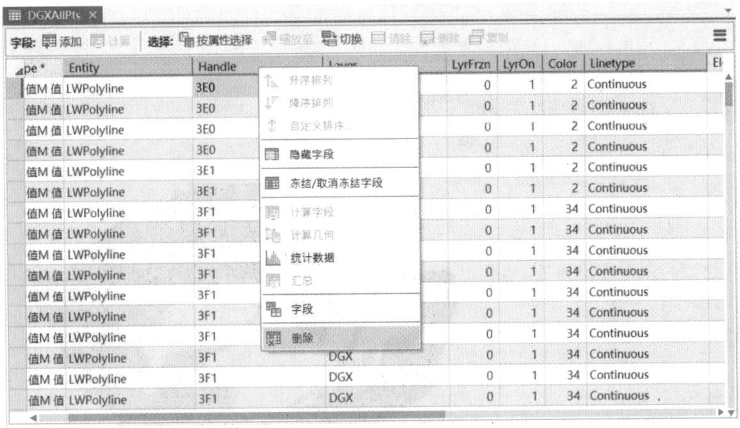

DGXAllPts

字段: 添加 计算 选择: 按属性选择 缩放至 切换 清除 删除 复制

pe *	Entity	Handle	Layer	LyrFrzn	LyrOn	Color	Linetype
值M 值	LWPolyline	3E0		0	1	2	Continuous
值M 值	LWPolyline	3E0		0	1	2	Continuous
值M 值	LWPolyline	3E0		0	1	2	Continuous
值M 值	LWPolyline	3E0		0	1	2	Continuous
值M 值	LWPolyline	3E1		0	1	2	Continuous
值M 值	LWPolyline	3E1		0	1	2	Continuous
值M 值	LWPolyline	3F1		0	1	34	Continuous
值M 值	LWPolyline	3F1		0	1	34	Continuous
值M 值	LWPolyline	3F1		0	1	34	Continuous
值M 值	LWPolyline	3F1		0	1	34	Continuous
值M 值	LWPolyline	3F1		0	1	34	Continuous
值M 值	LWPolyline	3F1		0	1	34	Continuous
值M 值	LWPolyline	3F1		0	1	34	Continuous
值M 值	LWPolyline	3F1	DGX	0	1	34	Continuous
值M 值	LWPolyline	3F1	DGX	0	1	34	Continuous
值M 值	LWPolyline	3F1	DGX	0	1	34	Continuous

升序排列
降序排列
自定义排序...
隐藏字段
冻结/取消冻结字段
计算字段
计算几何
统计数据
汇总
字段
删除

(a)删除不需要的字段

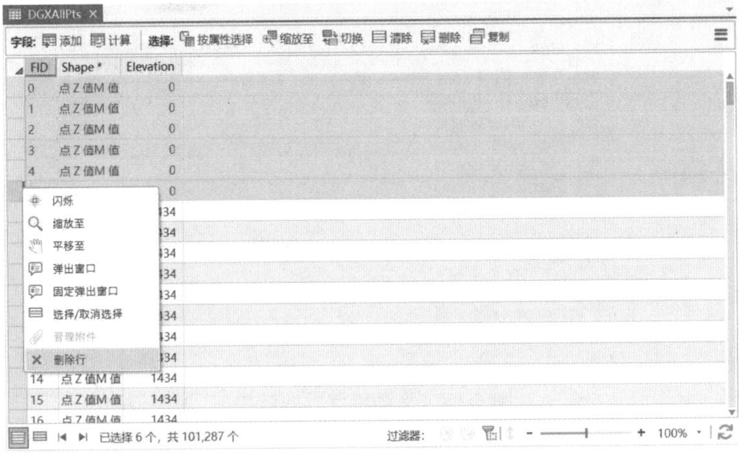

DGXAllPts

字段: 添加 计算 选择: 按属性选择 缩放至 切换 清除 删除 复制

FID	Shape *	Elevation
0	点 Z 值M 值	0
1	点 Z 值M 值	0
2	点 Z 值M 值	0
3	点 Z 值M 值	0
4	点 Z 值M 值	0
		0
		1434
		1434
		1434
		1434
		1434
		1434
		1434
		1434
14	点 Z 值M 值	1434
15	点 Z 值M 值	1434
16	点 Z 值M 值	1434

闪烁
缩放至
平移至
弹出窗口
固定弹出窗口
选择/取消选择
管理附件
删除行

已选择 6 个，共 101,287 个　过滤器:　100%

(b)删除带错误属性的要素

图 4-13　删除属性列和要素

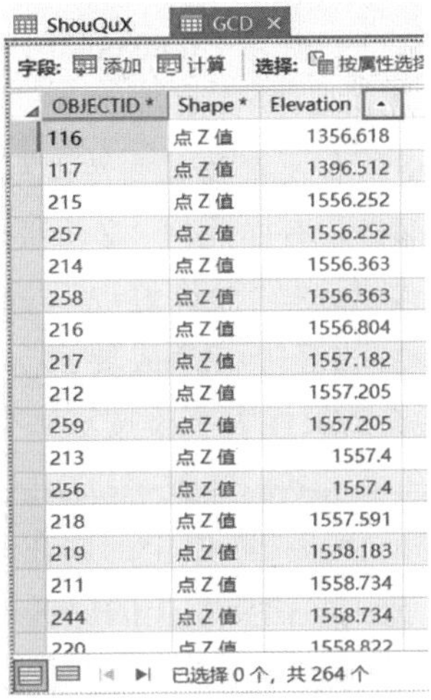

ShouQuX　GCD

字段: 添加 计算 选择: 按属性选择

OBJECTID *	Shape *	Elevation
116	点 Z 值	1356.618
117	点 Z 值	1396.512
215	点 Z 值	1556.252
257	点 Z 值	1556.252
214	点 Z 值	1556.363
258	点 Z 值	1556.363
216	点 Z 值	1556.804
217	点 Z 值	1557.182
212	点 Z 值	1557.205
259	点 Z 值	1557.205
213	点 Z 值	1557.4
256	点 Z 值	1557.4
218	点 Z 值	1557.591
219	点 Z 值	1558.183
211	点 Z 值	1558.734
244	点 Z 值	1558.734
220	点 Z 值	1558.822

已选择 0 个，共 264 个

图 4-14　GCD 图层属性处理

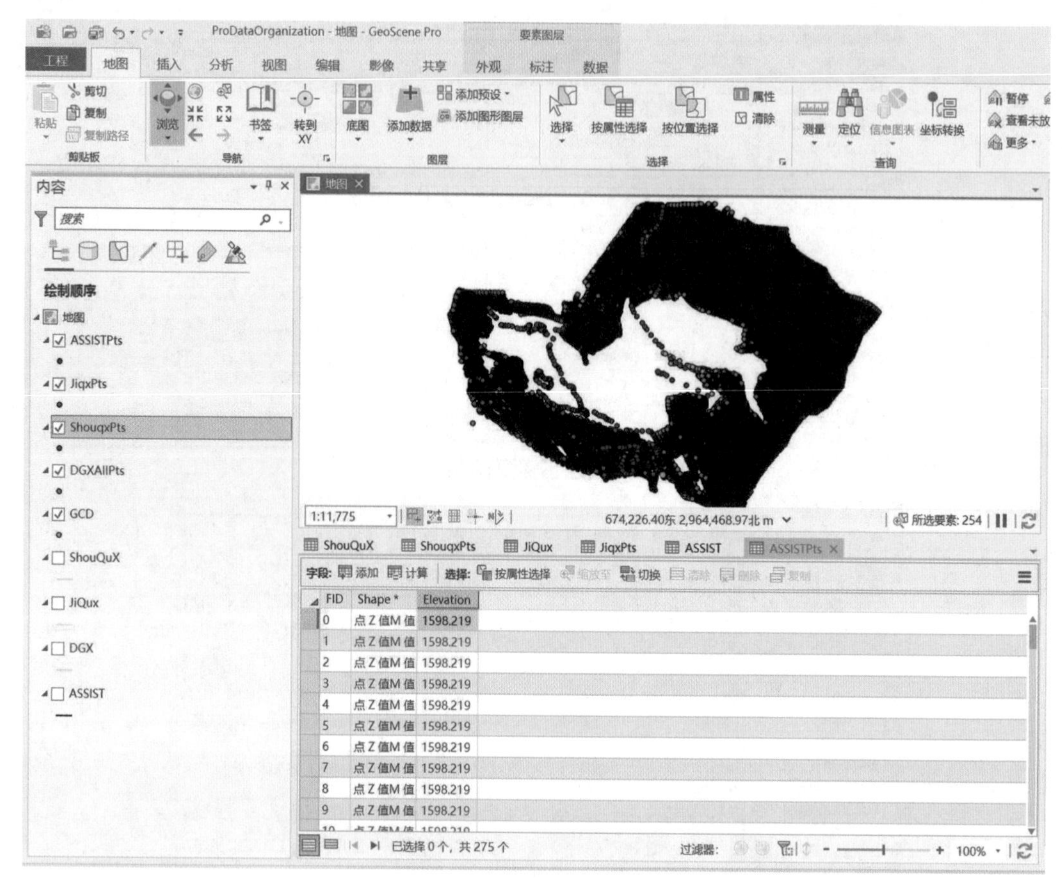

图 4-15　要素转点后的结果

下一步，需要将 5 个点图层合并为一个点图层。GeoScene Pro 中提供了多个要素合并(融合)的工具，但各有区别：①“分析工具箱”→“叠加分析”→“联合 Union”；②“数据管理工具箱”→“常规”→“合并 Merge”；③“数据管理工具箱”→“常规”→“追加 Append”；④“数据管理工具箱”→“栅格综合”→“融合 Dissolve”。以下简要说明四种方法的异同。

(1)“分析工具箱”→“叠加分析”→“联合 Union”。

计算输入要素的几何并集。将所有要素及其属性都写入输出要素类，如图 4-16 所示，要求所有输入要素类和要素图层都必须有面几何。2 个要素类合并时会处理相交部分，使之单独形成多部件要素，并且有选项选择“允许缝隙”(gaps)或“不允许缝隙”。如果选择“不允许缝隙”，两个要素类合并后的缝隙将生成要素。合并属性表的选项有三个：all、no_fid 和 only_fid。all 将 2 个要素类的属性表字段按顺序全部放在输出要素类的属性表中，包括 fid。同名的字段(除 fid 外)在字段名后加数字以示区别(fid 后加要素类名称)。no_fid 将 2 个要素类的属性表中除 fid 外的字段按顺序全部放在输出要素类的属性表中。only_fid 只将 2 个要素类的属性表中的 fid 放到输出要素类的属性表中，在 fid 后加要素类名称以示区别。Union 不做字段映射。

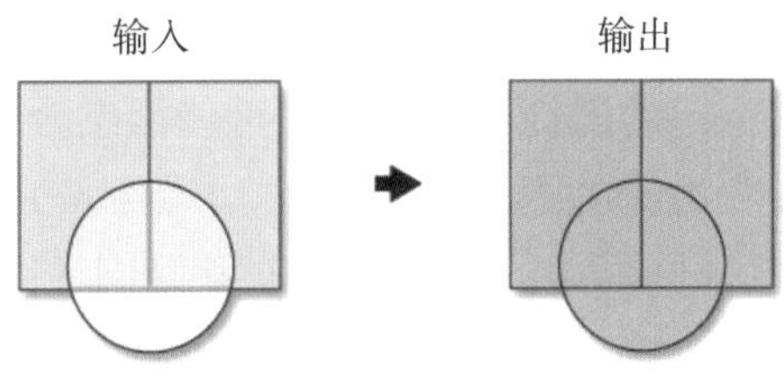

图 4-16　联合工具

(2)“数据管理工具箱”→“常规”→“合并 Merge”。

将多个输入数据集合并为新的单个输出数据集，如图 4-17 所示。所有输入要素类必须具有相同的几何类型，此工具可合并点、线或面要素类或者表。表和要素类可在单一输出数据集中合并。输出类型由第一个输入确定。如果第一个输入是要素类，则输出将是要素类，如果第一个输入是表，则输出将是表。如果将表合并到要素类中，则输入表中的行将具有空几何。

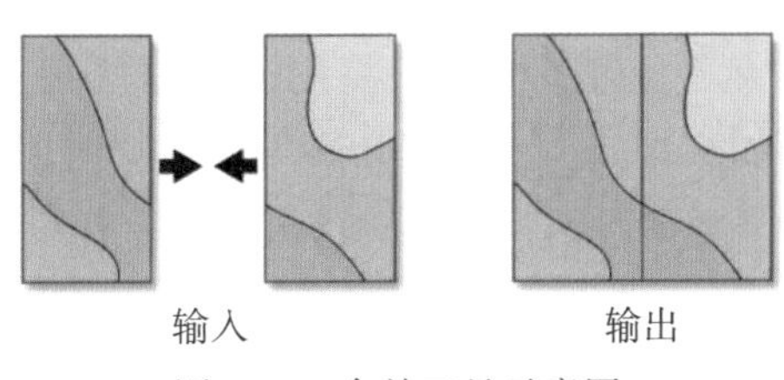

图 4-17　合并工具示意图

(3)“数据管理工具箱”→“常规”→“追加 Append”。

用于将多个输入数据集追加到现有目标数据集，或者可选地更新现有目标数据集，如图 4-18 所示。输入数据集可以是要素类、表格、Shapefile、栅格、注记或尺寸注记要素类。

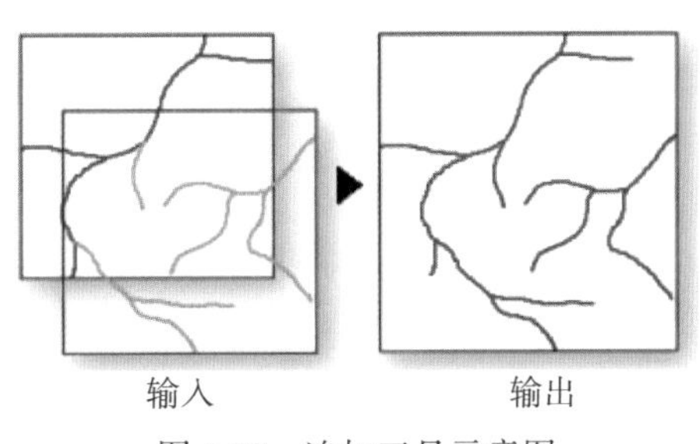

图 4-18　追加工具示意图

可以使用字段映射参数控制如何将输入数据集字段中的属性信息传输到目标数据集。只有在指定使用字段映射协调方案差异作为方案类型参数时，才能使用字段映射参数。要管理输出数据集中的字段和这些字段的内容，请使用字段映射参数。

(4)“数据管理工具箱”→“栅格综合”→“融合 Dissolve”。

如果要基于一个或多个指定的属性聚合要素，可使用融合工具，如图 4-19 所示。例如，可以选取一个包含按县收集的销售数据的要素类，然后使用融合基于各县销售人员的名字创建一个包含毗连销售区的要素类。融合可通过移除同一销售人员所负责的各县之间的边界来创建销售区。

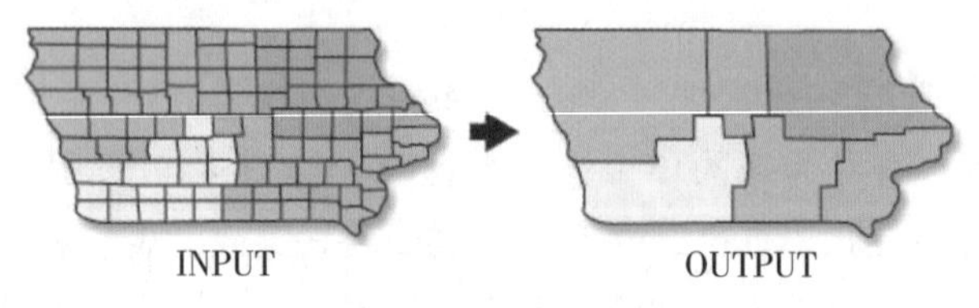

图 4-19　融合工具示意图

将指定字段具有相同值组合的要素聚合(融合)为单个要素。融合字段会被写入输出要素类。可使用各种统计对通过此工具聚合的要素属性进行汇总或描述。以“统计类型+下划线+输入字段名”为命名标准，将用来汇总属性的统计以单个字段的形式添加到输出要素类中。例如，如果对名为“POP”的字段使用 SUM 统计类型，则输出中将包含名为“SUM_POP”的字段。空值将被排除在所有统计计算之外。例如，10、5 和空值的平均值为 7. 5=(10+5)/2。计数可返回统计计算中所包括值的数目，如本例中为 2。

此外，针对线要素，“数据管理工具”→“要素”→“取消线分割”，还可以合并具有重合端点及公共属性值(可选)的线，如图 4-20 所示。该工具不针对多个要素类，而是针对单一要素类进行处理。该工具同样可以按属性进行汇总，命名方式也是“统计类型+下划线+输入字段名”，并且空值也被排除在所有统计计算之外。

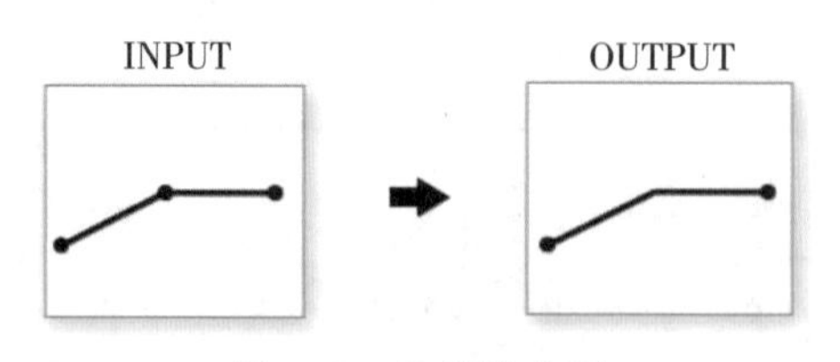

图 4-20　取消线分割

通过对以上多个工具的了解，本小节先使用“合并 Merge”工具进行处理。如图 4-21 所示，输入要素选择 DGXAllPts. shp、GCD、ShouqxPts. shp、JiqxPts. shp 和 ASSISTPts，输出设定为个人文件夹下的 ElePts. shp，“合并规则”选择“平均值”，点击“运行”，生成的结果保存在 ElePts. shp，如图 4-22 所示。请读者思考其他工具能否执行并尝试。

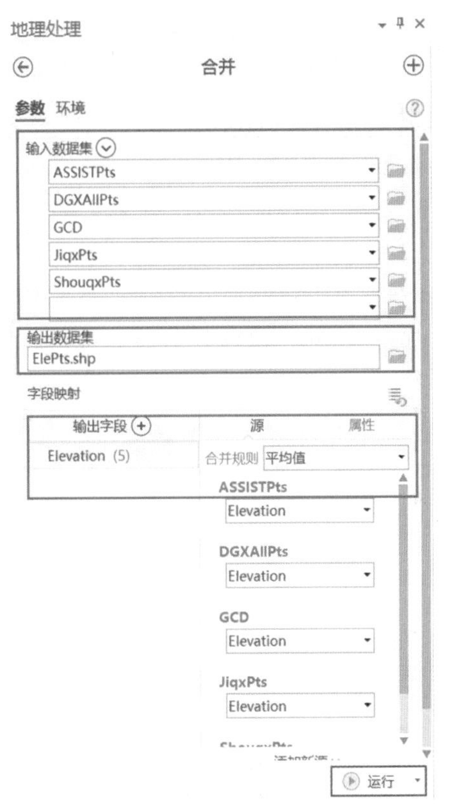

图 4-21　五个点要素图层合并

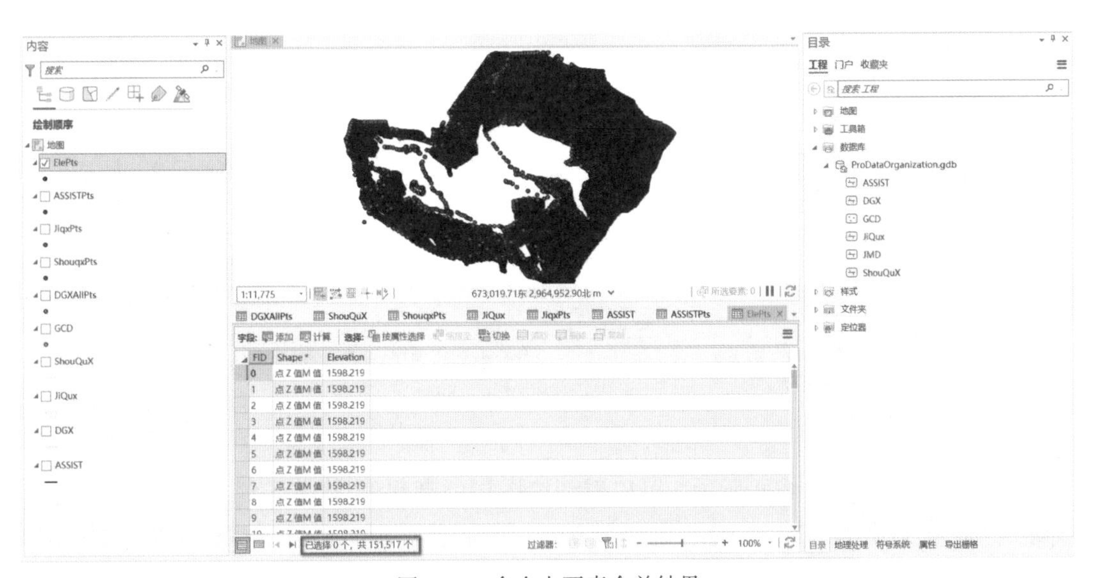

图 4-22　多个点要素合并结果

进行到这一步，很明显出现了一个问题：为何不直接对多个线要素直接合并再转点，并与 GCD 要素类进行合并？答案是肯定的，读者可进行尝试，并与刚刚得到的 ElePts. shp 比较效果。

下一步就是矢量点要素转栅格。选择“转换工具”→“转为栅格”→“点转栅格”，在“点转栅格”页面中，“输入要素”选择“ElePts. shp”，“值字段”选择“Elevation”，输出为工程文件夹下的 KSDEM. tif，“像元分配类型”选择“平均值”，“优先级字段”选择“Elevation”，像元大小设置为 5(表示栅格分辨率为 5m，注意此时地图坐标系及单位)；如图 4-23 所示，在“点转栅格”页面中顶端点击“环境”，查看并进一步设置处理的前提条件，压缩类型 PackBits、坐标系、处理范围选择设置为与 ElePts. shp 相同。

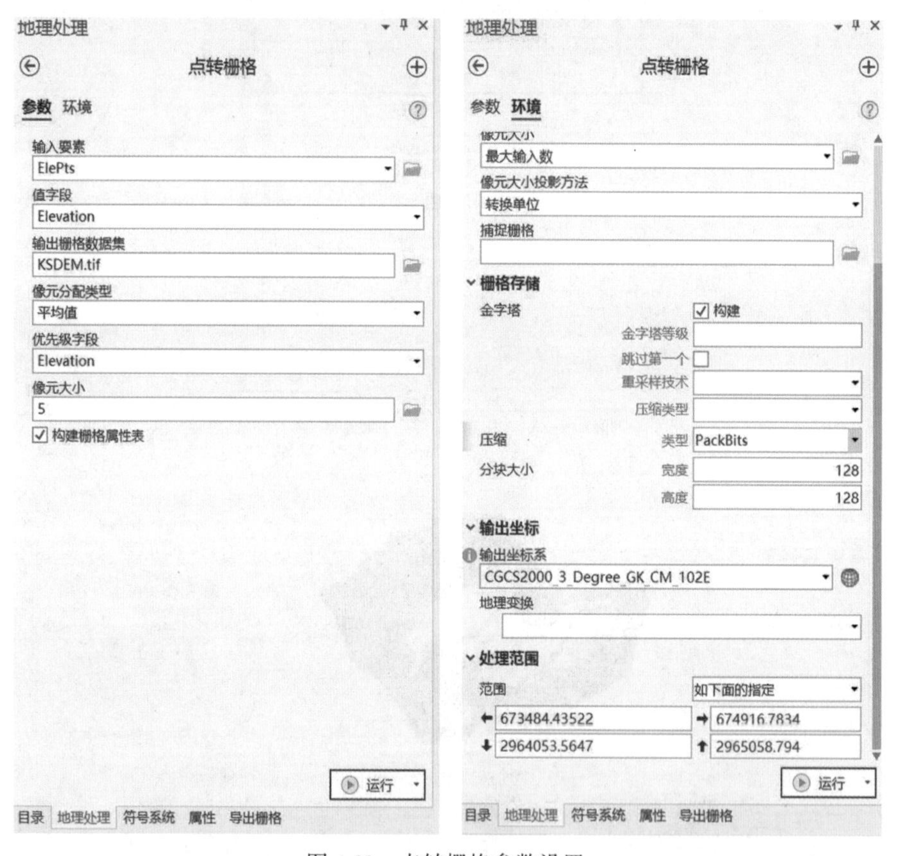

图 4-23　点转栅格参数设置

点转栅格结果如图 4-24 所示。可以看到该图层的高程值从 1334 到 14500，但该地区实际地貌高程最高不超过 2000m，说明前面在进行属性选择时还需滤掉高程超过 2000 的要素。同时，存在大量的空区，即无数据区域。这种情况是因为点转栅格并未进行空间插值，该功能将在后续空间分析部分中介绍。

“转换”工具→“转为栅格”工具集下还有线转栅格、面转栅格和要素转栅格 3 个工具，

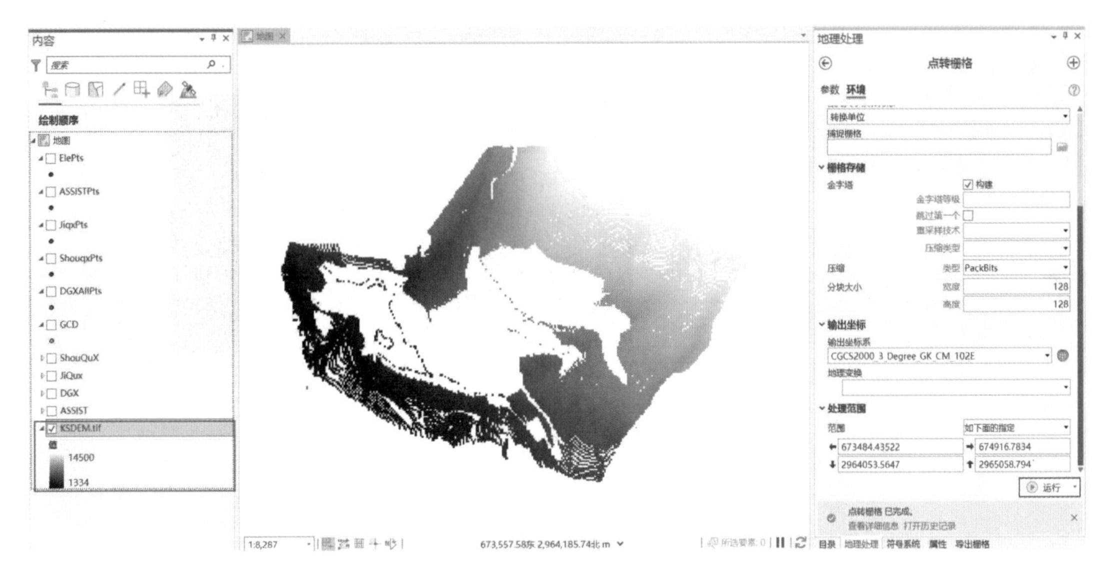

图 4-24　点转栅格结果

用法与“点转栅格”类似，鼓励使用在前一个问题中对多个线图层合并得到的线，用“线转栅格”得到一个新的栅格数据，并与 KSDEM. tif 进行比较，查看 GCD 数据在其中所起的作用。

点转成的栅格，那么自然可以用栅格转点得到点数据。为更好地展现转换效果，这里使用 Raster \ ASTER_GDEM_V2_30m. tif 进行练习。将当前地图中所有图层移除，添加 Raster \ ASTER_GDEM_V2_30m. tif 数据至地图，并通过地图属性将地图坐标系调整为地理坐标系 WGS 1984，地图显示单位设置为度。

打开工具箱，选择“转换工具”→“由栅格转出”→“栅格转点”，输入栅格 ASTER_GDEM_V2_30m. tif，“输出点要素”选择“DEM2Pts. shp”，在工具环境中将输出坐标系选择为当前地图，即 WGS 1984，处理范围设置为与该栅格相同，得到结果如图 4-25(a)所示，得到的点图层表示为每个栅格像素所在的位置，每个点要素的 grid_code 为栅格数据对应位置处像素的值。

进一步使用“空间分析工具”→“提取分析”→“值提取至点”工具，输入点要素和栅格分别为 DEM2Pts. shp 和 ASTER _ GDEM _ V2 _ 30m. tif，输出为个人文件夹下的 DEM2PtsEle. shp，在该工具环境中将输出坐标系选择为当前地图，即 WGS 1984，处理范围设置为与 DEM2Pts. shp 相同，结果如图 4-25(b)所示，比较得到的值是否与 DEM2Pts. shp 的 grid_code 相同。

“转换工具”→“由栅格转出”工具集下的其他工具“栅格转面”和“栅格转折线”用法均与上面的操作类似，读者可自行练习。

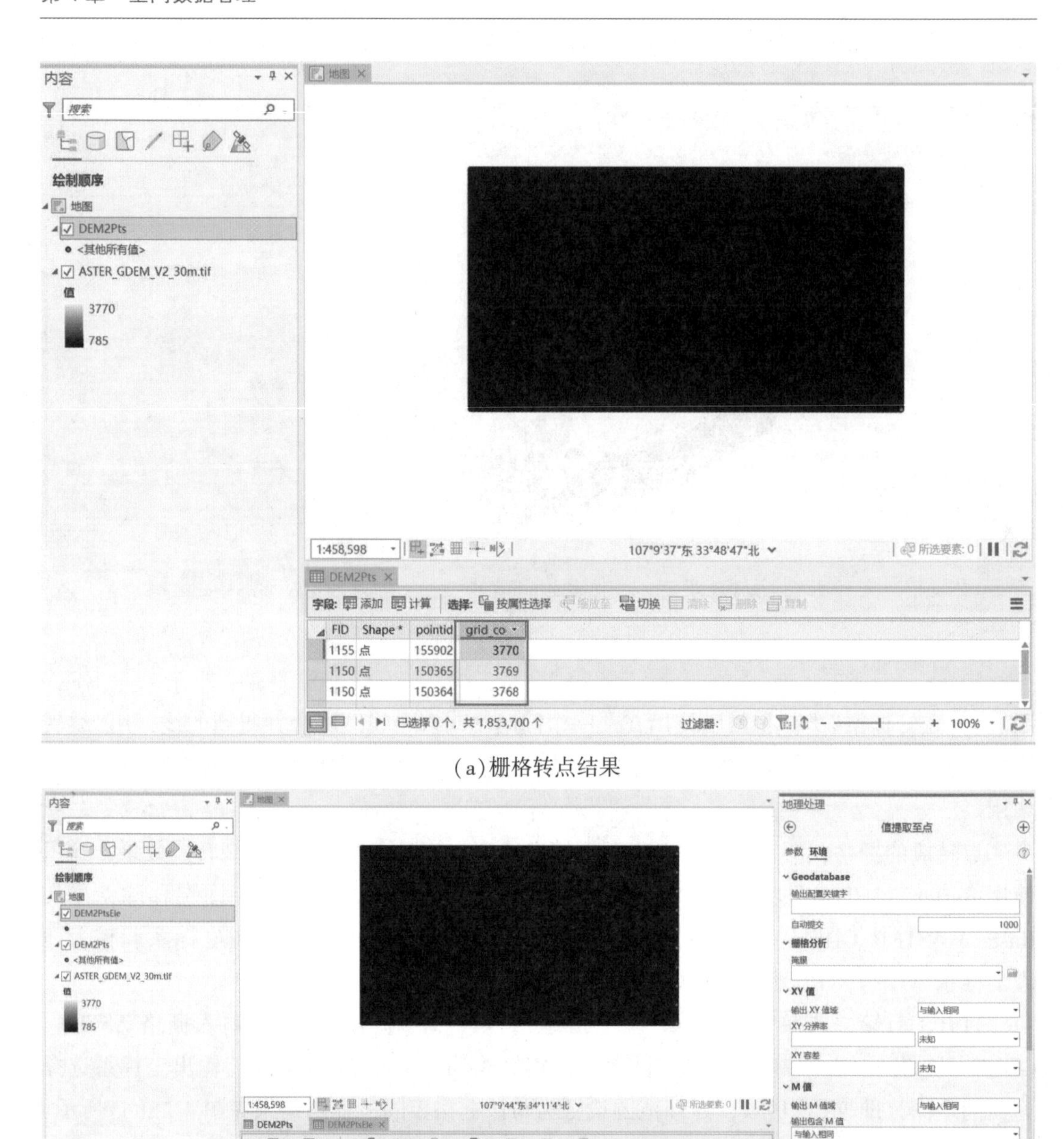

(a)栅格转点结果

(b)值提取至点工具验证

图 4-25　栅格转点工具

4.2　空间数据组织管理

将数据按空间数据管理的方式将数据存储起来，之后将面临数据的组织：工程(项目)、图形文件、属性文件、图层、要素记录、图形字段、属性字段。在空间数据提取的过程中，用户对空间数据的理解(如项目、工作区域、图幅、图层、数据集等)及这些可理解元素的计算机逻辑表示，就是空间数据组织。空间数据的组织方式随空间数据管理模式而变，不变的是空间数据组织的内涵：工程、工作区、图幅、图层、属性表、关系表、数据集、要素类等。GIS 中较为关注数据分层，地理空间数据按某种属性特征形成一个数据层的过程称为数据分层，例如，根据国家地理信息编码规则进行分层，或根据类型进行分层。分层可用于存储，亦可用于可视化。关于分层的方式或原则及考虑因素，这里不再赘述，请读者参阅相关 GIS 理论教材。

4.2.1 GeoScene 地理数据库简介

在最基本的层面上，GeoScene 地理数据库是存储在通用文件系统文件夹或多用户关系数据库管理系统(如 IBM Db2、Microsoft SQL Server、Oracle、PostgreSQL 或 SAP HANA)中的各种类型地理数据集的集合。地理数据库大小不一；可以小到只是基于文件构建的小型单用户数据库，也可以大到成为可供许多用户访问的大型工作组、部门及企业级地理数据库，拥有不同数量的用户。但地理数据库不仅仅是数据集的集合。地理数据库在 GeoScene 中具有以下特点：

(1)地理数据库是 GeoScene 的原生数据结构，并且是用于编辑和数据管理的主要数据格式。虽然 GeoScene 使用大量地理信息系统(GIS)文件格式的地理信息，但其专用于利用地理数据库的功能。

(2)地理数据库是地理信息的物理存储，主要使用数据库管理系统或文件系统。通过 GeoScene 或通过使用 SQL 的数据库管理系统，可以访问和使用数据集集合的物理实例。

(3)地理数据库具有全面的信息模型，用于表示和管理地理信息。此信息模型以一系列用于保存要素类和属性的表的方式来实现。此外，高级 GIS 数据对象可添加以下内容：真实行为、用于管理空间完整性的规则，以及用于处理核心要素和属性的空间关系的工具。

(4)地理数据库软件逻辑提供了 GeoScene 中使用的通用应用程序逻辑，用于访问和处理各种文件及各种格式的地理数据。该逻辑支持处理地理数据库，包括处理 Shapefile、计算机辅助绘图(CAD)文件、不规则三角网(TIN)、格网、影像、地理标记语言(GML)文件和大量其他 GIS 数据源。

(5)地理数据库具有一个管理 GIS 数据工作流的事务模型。

地理数据库存储模型以一系列简单但核心的关系数据库概念为基础，并利用了基础数据库管理系统(DBMS)的优势。简单表和明确定义的属性类型用于存储各地理数据集的方案、规则、库及空间属性数据。该方法为存储和使用数据提供了一个正式模型。通过此方法，可使用结构化查询语言(SQL)来创建、修改和查询表及其数据元素。然而，只是向 DBMS 添加空间类型和对空间属性的 SQL 支持并不足以支持 GIS。GeoScene 采用多层应用程序架构，在地理数据库存储模型之上的应用程序层执行高级逻辑和行为，该应用程序逻辑支持一系列通用地理信息系统数据对象和行为，如要素类、栅格数据集、拓扑、网络及更多。

地理数据库使用在其他高级 DBMS 应用程序中的相同多层应用程序架构来实现；地理数据库的实现不存在任何特别之处。地理数据库的这种多层架构有时被称为对象关系模型。地理数据库对象在具有标识的 DBMS 表中以行形式保存，而行为通过地理数据库应用程序逻辑提供。通过将应用程序逻辑与存储相分离，可支持多个不同的 DBMS 及多种数据格式。

地理数据库的核心部分是一个标准的关系数据库方案(一系列标准的数据库表、列类型、索引和其他数据库对象)。方案保留在定义地理信息完整性和行为的 DBMS 的一系列地理数据库系统表中。这些表或以文件的形式存储到磁盘上，或存储到 DBMS 的数据库中，如 Oracle、IBM DB2、PostgreSQL 或 Microsoft SQL Server。

地理数据库存储既包括各个地理数据集的方案和规则库，也包括空间和属性数据的简单表格存储。地理数据库中的三种主要数据集(要素类、属性表和栅格数据集)及其他地理数据库元素都是使用表来存储的。地理数据集中的空间制图表达以矢量要素或栅格的形式存储。除常规属性外，还会在字段中存储和管理这些集合。

不同的地理数据库元素用于扩展简单表、要素和栅格，以对空间关系进行建模、添加丰富行为、提高数据完整性，以及扩展来用于管理数据的地理数据库功能。地理数据库方案中包括所有这些扩展功能的定义、完整性规则和行为。其中包括坐标系、坐标分辨率、要素类、拓扑、网络、关系和属性域的属性。方案信息保留在 DBMS 的地理数据库元表集合中。这些表定义地理信息的完整性和行为。

企业级地理数据库可利用基础 DBMS 中的功能提供多个版本，以为大型数据库中的多用户编辑提供可扩展支持。通过版本化，每个编辑者都可以在他们的个人版地理数据库中工作，在不影响其他编辑者或生产数据库的情况下进行编辑，以及在完成工作后将所做的更改送回系统。该长期事务框架适用于各种数据管理策略，这些数据管理策略适合个人用户、团队乃至大规模国际组织和全面的 WebGIS 部署。

GeoScene 软件支持不同类型的地理数据库：①文件地理数据库。文件地理数据库作为多个文件存储在具有 . gdb 扩展名的文件夹中。每个数据集都包含在单个文件中。默认情况下，文件可以增大到 1TB，但是可以使用配置关键字将其更改为 4TB 或 256TB。②移动地理数据库。移动地理数据库存储在完全包含在单个文件中并具有 . geodatabase 扩展名的 SQLite 数据库中。③企业级地理数据库。企业级地理数据库也称为多用户地理数据库，存储在关系数据库中。它们在大小和用户数量方面几乎无限制；限制则因数据库管理系统(DBMS)供应商的不同而有所不同。

4.2.2 空间数据库组织管理练习

查看给定的武汉大学信息学部 OSM 数据(Organization \ OSM \ 目录下)，查看其中 3 个 Shapefile 数据的属性(坐标系、属性字段)及属性字段值，根据国家标准《地理信息分类与编码规则》(GB/T 25529—2010)进行分层分类整理，并存储至数据库中。该国家标准文件已放在 Organization 文件夹内。

首先，新建数据库，命名为 WHUInfo. gdb，并设定数据库中要素集存储数据所用的坐标系。假如选择 CGCS2000 中央经线为 114°的 3 度带投影坐标系(CGCS2000 3 Degree GK

CM 114E)，那么就要注意，3 个从 OSM 网站下载的 Shapefile 的坐标系是 WGS 1984。因此，需要先对 3 个 Shapefile 进行投影，具体操作参考第 2 章坐标系的相关内容。

其次，根据 3 个 Shapefile 数据的属性值和对本校区地物地貌的了解，从国家标准或自定义分层分类的规则中梳理选择相应的类别，在数据库分别构建要素集。这里以建筑为例，假设分为教学科研楼 JXKYL、学生宿舍 XSSS、教工宿舍 JGSS、文体场馆 WTCG、图书馆 TSG、食堂 ST 等，从 Shapefile 中使用属性查询和空间查询功能选中后分别导出要素集，存储为要素类，如图 4-26 所示。图中，不同类别的建筑设置了不同的颜色，最后导出的食堂建筑在 WHUInfo_Area 图层中仍为选中状态。快速选择分类的诀窍：按住 Shift 键可多选；还可以使用编辑菜单区中的复制粘贴功能，直接把一个要素类中的选中要素复制粘贴到另一个要素类中。

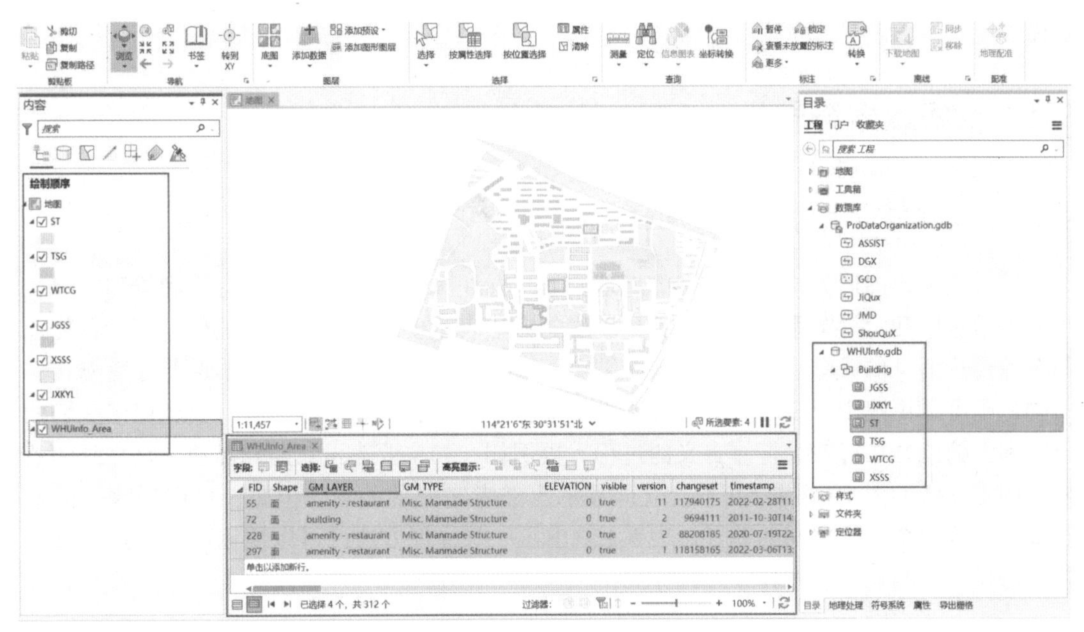

图 4-26　建筑分类示意图

本区域线图层主要为道路，相对简单。较复杂的是点图层，其中存在大量兴趣点 POI。当前 POI 尚无明确的分类标准，可参考 Organization 文件夹内《POI 的分类标准研究》。

分层分类工作完成后，第 5 章的可视化与制图则事半功倍。

第5章　空间数据可视化与制图

空间数据可视化是通过地图语言实现的，地图语言由地图符号、色彩和文字组成。地图符号由形状不同、大小不一、色彩有别的图形和文字组成，是地图语言的图解部分。与文字语言相比，图解语言更形象直观、一目了然，不仅能表示地理现象的空间位置、分布特点及质量和数量特征，还具有相互联系和共同表达地理环境各要素总体特征的特殊功能。

5.1　空间数据符号化

5.1.1　矢量要素符号化

符号化是以图形方式对地图中的地理要素、标注和注记进行描述、分类和排列，以找出并显示定性和定量关系的过程。选择正确的方法表示要素以传递正确的信息，这是使地图有效传达信息的关键。例如，如果想要显示不同城市(以点符号表示)的人口规模有何不同，则可以更改用于表示点的符号的大小。符号越大，表示量级越大，这类似于我们的眼睛和大脑处理相对较大符号含义的过程。再例如，如果要表示铁路和高速公路之间的差异，则更改线的大小(粗细)并不会立即显示出二者之间的差异。但是，可以更改线的形状来显示这两个要素之间的差异。表5-1给出了一些建议方法，可以使用这些方法来修改要素符号，以凸显定量差异或定性差异。

表5-1　**矢量符号表达方式**

	定　性	定　量
点	首选：色调、形状 非首选：方向、排列	首选：大小、值、亮度 非首选：透视高度、大小
线	首选：色调、形状 非首选：排列	首选：大小、间距 非首选：透视高度、值、亮度
面积	首选：色调、形状 非首选：方向、排列	首选：值、亮度、饱和度、尺寸 非首选：透视高度、色调
2.5D	不推荐	首选：透视高度、亮度、值 非首选：饱和度
3D	首选：方向、排列、形状 非首选：色调	首选：亮度、值、饱和度 非首选：尺寸、间距

地图符号有点状、线状和面状三种，都是通过不同的形状、尺寸、色彩等的组合来表达地理实体。

1. 按属性改变透明度

可以统一在图层上设置透明度，也可以按属性或表达式改变透明度。改变符号的透明度是一种指示属性量级变化的方式。例如，图 5-1 表示选举结果的面符号的透明度可相对于投票总人口数的百分比进行设置。

图 5-1 符号透明度

2. 按旋转改变符号系统

可以按属性更改符号的旋转以指明方向。例如，表示天气观测值的箭头点符号可以使用旋转来表示风向，如图 5-2 所示。

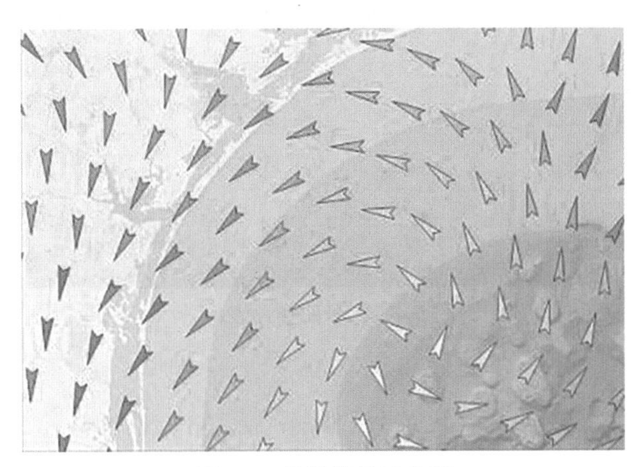

图 5-2 旋转符号示意图

3. 按大小改变符号系统

改变符号的大小(或宽度)是指示属性量级变化的一种好方法。例如，表示城市社区人口的点符号可以根据社区人口来调整大小，表示管道的线符号的宽度可以对流量进行分类，如图 5-3 所示。

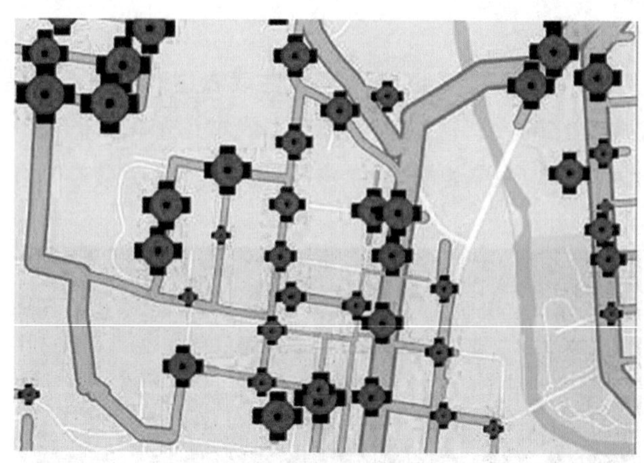

图 5-3　符号的大小(宽度)

4. 按颜色改变符号系统

按配色方案改变符号颜色是指示属性定量变化的一个非常好的方法。例如，图 5-4 表示观察站的点符号可以按红色到蓝色扩散配色方案进行着色以显示相对温度记录，表示道路的线符号的颜色变化可以指示交通流量或速度。

图 5-4　符号的颜色表示

5.1.2　矢量数据符号系统

当数据包含在要素图层中时，可以通过符号化要素图层来更改数据表示的方式。大多数要素图层可使用这些符号系统类型中的一种。在 GeoScene Pro 中根据数据类型从符号系统中进行选择。应用符号后，即会使用默认符号对图层中的要素进行符号化。当使用单一符号时，可更改其任何属性，对其进行重新构建。当选择多个符号时，只能更改基本符号属性，如颜色、线宽等。GeoScene Pro 为要素图层提供了多种符号化方法(又称符号系统)，其分类方式见表 5-2。

表 5-2　　**GeoScene Pro 中的符号分类**

方法	描　述
单一符号	在图层中使用常用符号绘制所有要素
唯一值	根据一或多个字段将一个不同的符号应用到图层中的各个要素类别
分级色彩	显示具有一系列色彩的要素值的定量差异
分级符号	显示具有不同符号大小的要素值的定量差异
二元色彩	使用分级色彩来显示两个字段之间的要素值的定量差异
未分类色彩	显示具有一系列未划分为离散类色彩的要素值的定量差异
比例符号系统	将定量值表示为按比例调整大小的一系列未分类符号
点密度	将数量绘制为在面中分布的点符号。此方法仅适用于面要素
图表	使用图表符号根据多个字段绘制数量
热点图	将点密度绘制为连续的颜色梯度。此方法仅适用于点要素
字典	用于将符号应用于多个属性的数据

图 5-5 为当要素图层分别为点、线、面时可用的符号系统类型。

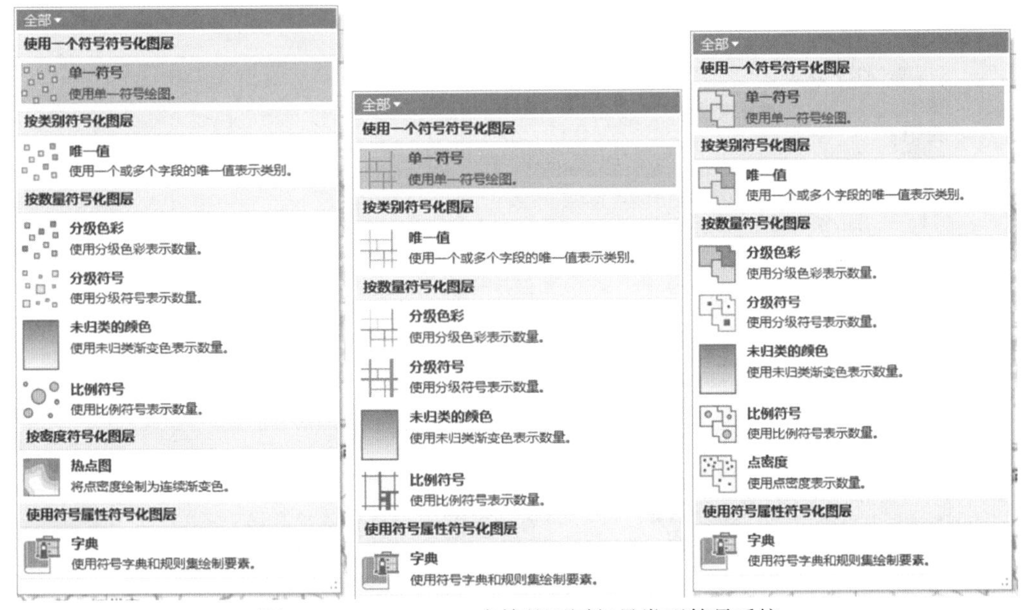

图 5-5　GeoScene Pro 支持的不同矢量类型符号系统

1. 基本单一符号使用

单一符号系统将对图层中的所有要素应用同一符号。该符号系统用于仅使用一种类别

(如县边界)绘制图层的情况。使用单一符号时，可通过属性值改变符号的透明度、旋转、大小和颜色，以此向符号中添加变化。

(1)点要素符号选择和样式设置，如图 5-6 所示。

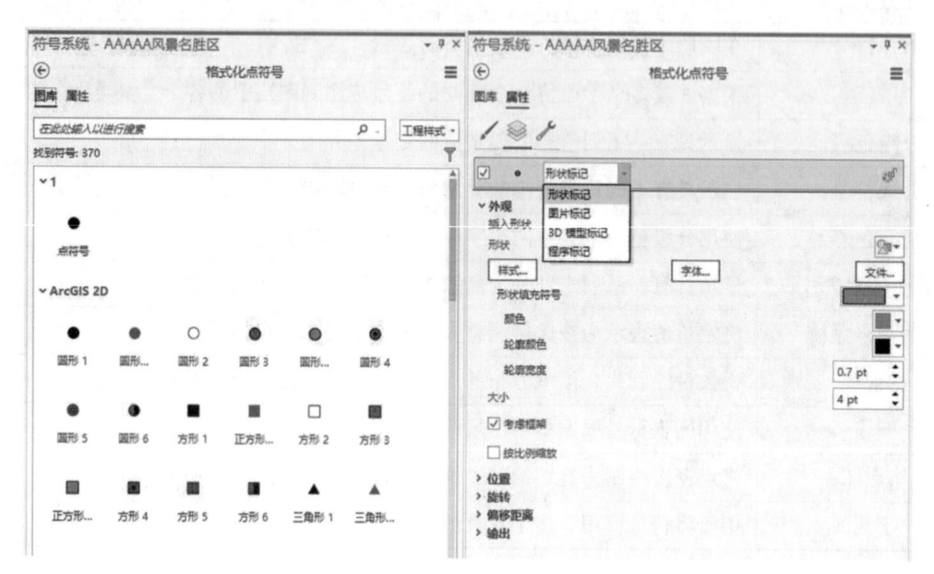

图 5-6　点符号的选择与设置

(2)线要素符号选择和样式设置，如图 5-7 所示。

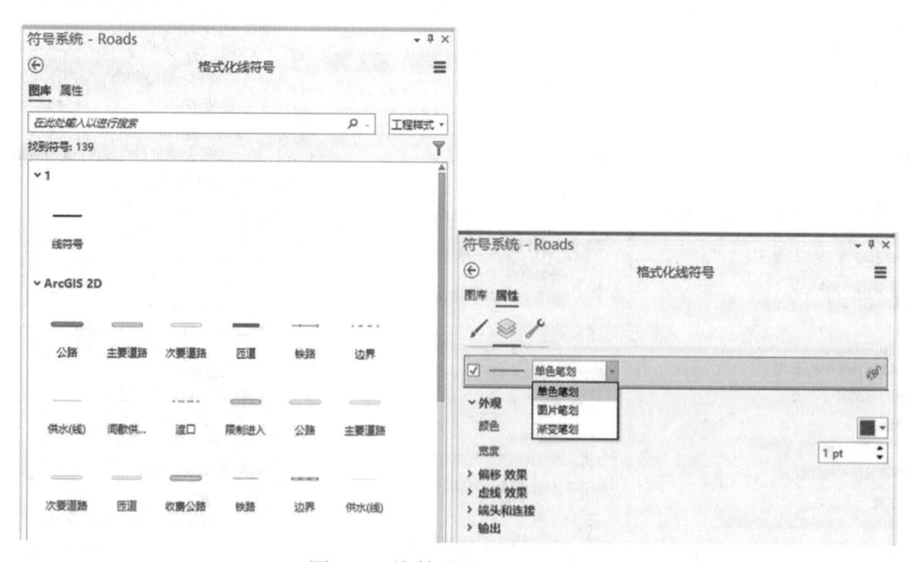

图 5-7　线符号的选择与设置

(3)面要素符号选择和样式设置，如图 5-8 所示。

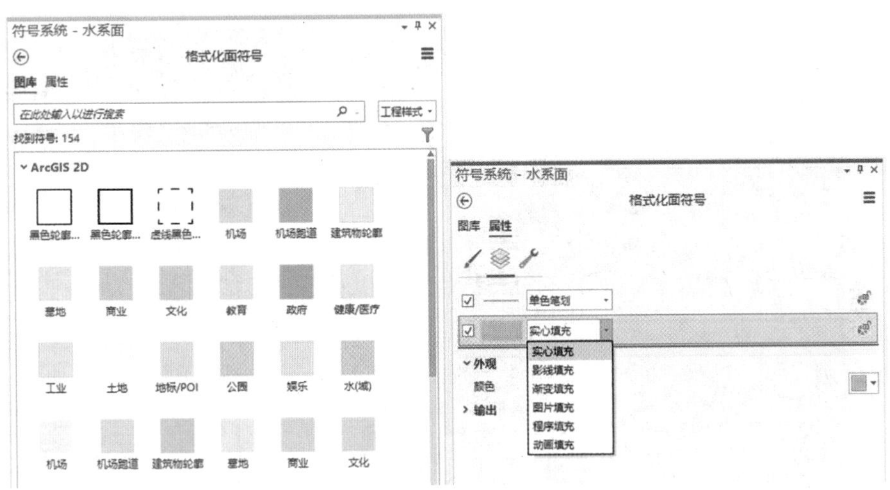

图 5-8　面符号的选择与设置

(4) 自定义符号样式，点击目录下样式文件夹，右键单击可新建样式，新建项目菜单下有点、线、面等多种符号类别可选，新建后同设置符号属性样式一样确定符号表现(图 5-9)。

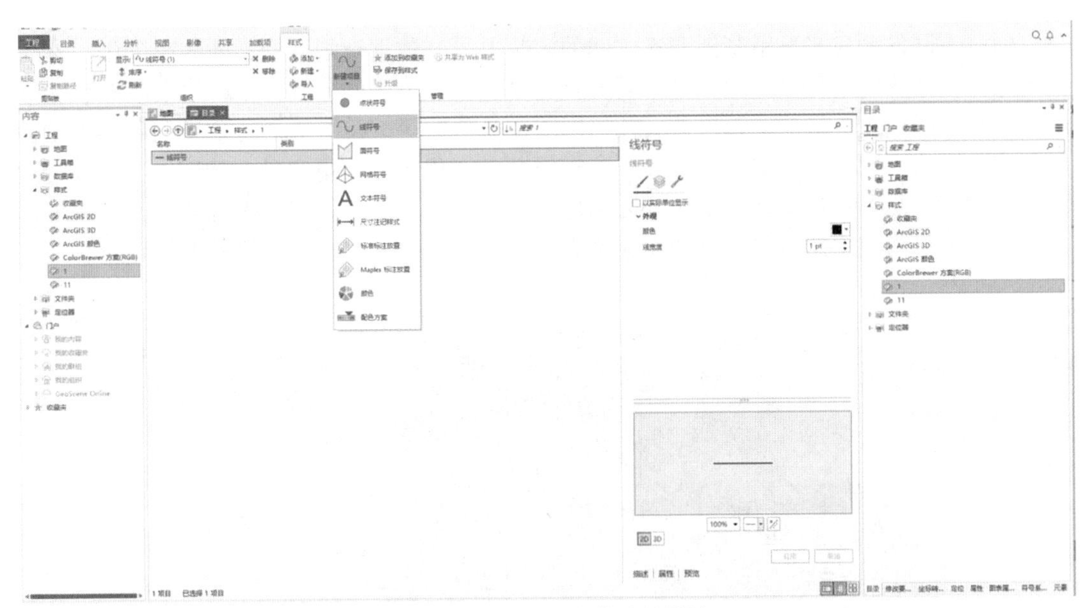

图 5-9　自定义样式符号的设计

在系统文件资源管理器中，浏览当前工程目录文件夹，可发现新增了该符号样式文件，复制粘贴可分享该符号样式，文件扩展名为 .stylx。

2. 唯一值

唯一值可对值的定性分类进行符号化，使用不同的符号来表示由唯一属性值定义的各个类别。适用于每种类别用一种符号表示，如土地利用、行政区划，如图 5-10 所示。

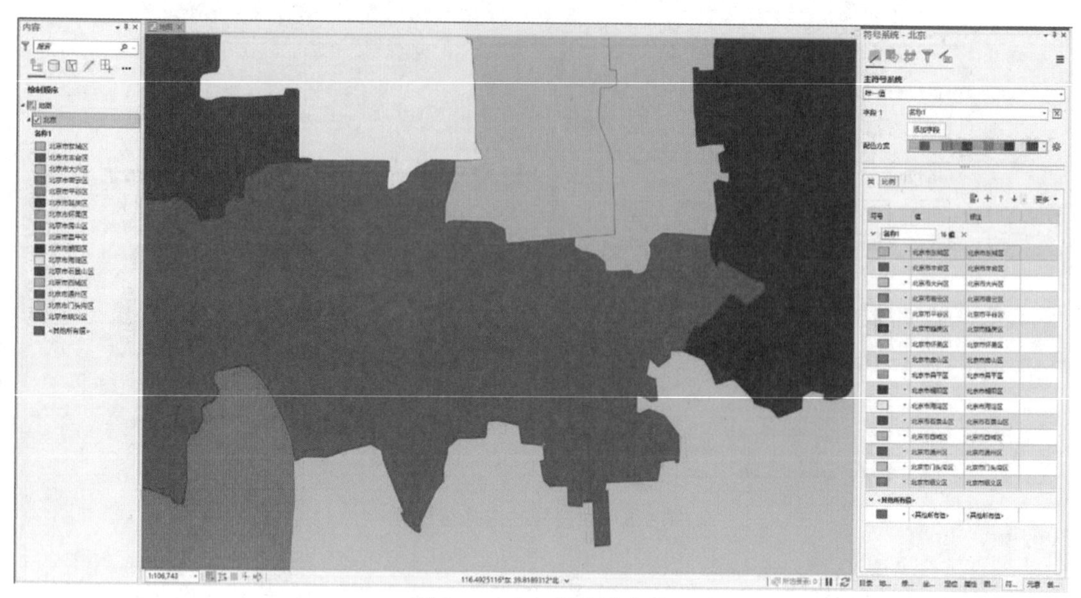

图 5-10　唯一值符号表示

3. 分级色彩

通过不同的颜色来显示制图要素之间的定量差异。数据被划分到不同的范围中，然后从配色方案中为每个范围分配一个不同的颜色来表示该范围。分级方法有手动间隔、相等间隔、自然间断点分级法、标准差、几何间隔、分位数等。符号颜色是量级现象中表示差异的有效方式，因为如果类别相对较少，根据颜色变化区分将更容易。如图 5-11 所示，7 种颜色的范围是可在地图上轻易区分的颜色的大致上限。避免使用过多类颜色，尤其是使用浅色时。尽管应用的符号颜色来自配色方案，但仍可手动修改每个符号类的颜色。

图 5-11　分级色彩符号表示

4. 二元色彩

二元色彩符号系统将显示要素图层中两个变量之间的定量关系。与分级色彩符号系统相似的是，二元色彩符号系统将对每个变量进行分类，并为每个类分配一种颜色。二元色彩符号系统最适合用来突显数据集中的最高值和最低值，或者用于查找数据集中的相关性。例如，社区组织可以使用二元色彩符号系统创建二元分区统计图，以确定在他们的城市中家庭收入中位数与人口增长之间是否存在某种关系，如图 5-12 所示。

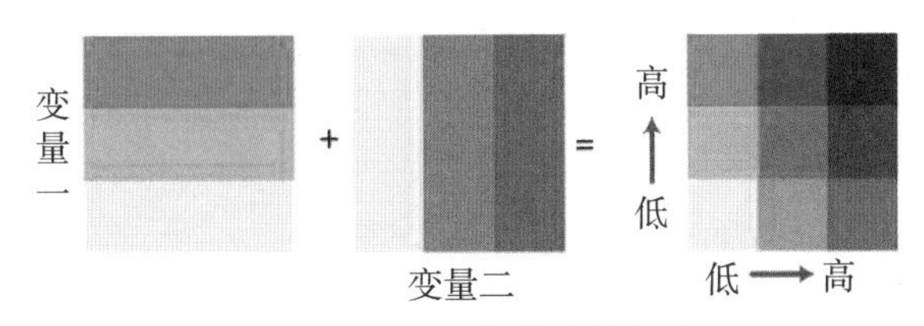

图 5-12　二元色彩符号表示

5. 未分类色彩

未分类色彩符号系统可以基于数据集中的属性字段，或者可以编写 Arcade 表达式，用以生成符号化的数值。未分类色彩符号系统与分级色彩符号系统的相似之处在于二者都用于绘制分区统计图。分级色彩符号系统使用唯一符号将数据划分为离散的类，而未分类色彩符号系统将配色方案均匀分配至要素。通过不同的颜色来显示制图要素之间的定量差异。将配色方案均匀分配至要素，示例如图 5-13 所示。

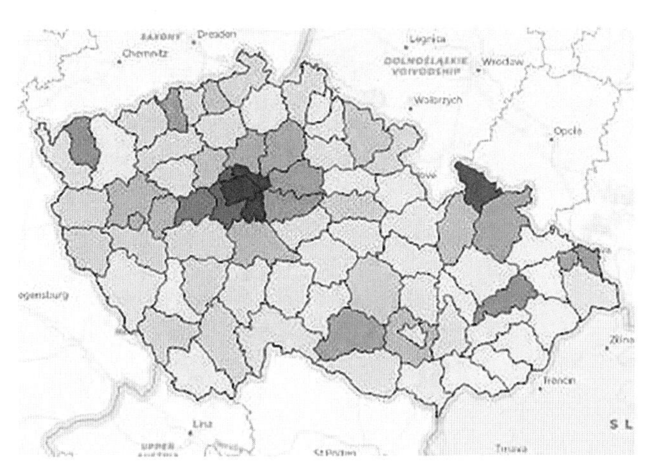

图 5-13　未分类符号表示效果

6. 分级符号

通过不同的符号大小来显示制图要素之间的定量差异。数据被划分到不同的范围中，然后为每个范围分配一个符号大小来表示该范围，如图 5-14 所示。

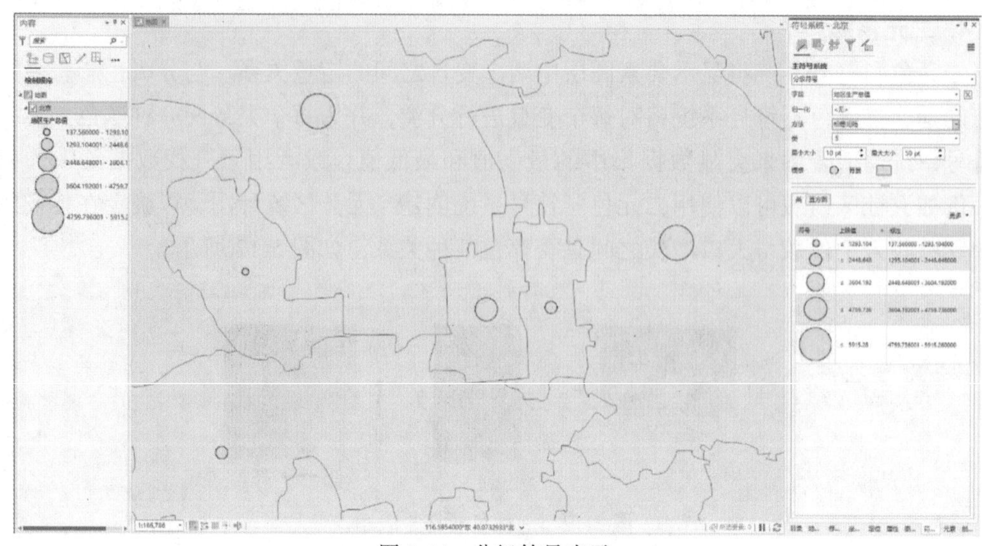

图 5-14　分级符号表示

7. 热点图

热点图符号系统将点要素绘制为相对密度的动态表面。当许多点距离很近且不容易区分时，可使用热点图符号系统。使用核密度方法计算，该方法与核密度地理处理工具使用的算法相同。进行缩放时，密度定义和颜色值会发生变化，示例如图 5-15 所示。仅点图层有此渲染方式。

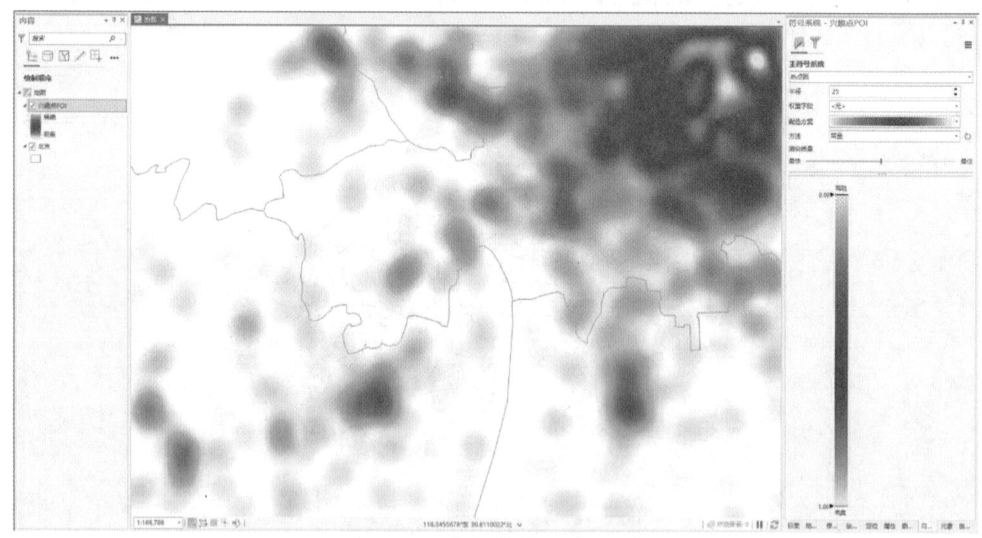

图 5-15　点符号热力图表示

8. 比例符号

每个符号的大小反映了实际的数据值。与分级符号的相同之处在于：根据要素属性量级绘制相应大小的符号。不同之处在于：分级符号划分不同的类，比例符号根据特定值调整符号大小。比例符号示例如图 5-16 所示。

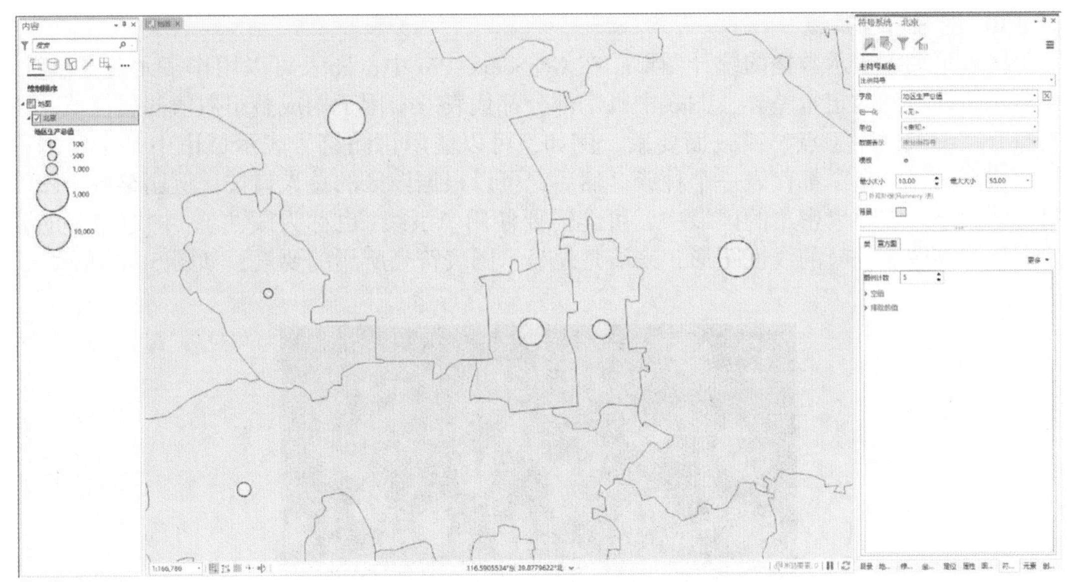

图 5-16　比例符号示例

9. 点密度

点密度符号系统是一种表示地图中面内数量的方式。每个点均表示一个与人、事物或其他可量化现象相关的常量数值。仅面要素图层有此渲染方式。要模拟自然数据分布，可使用点密度符号系统中完全透明的面符号对精细的面数据集进行符号化。然后将此图层叠加到较粗略的分类面图层，例如使用单一符号应用于区域图层，可以更直观地表达密度分布，如图 5-17 所示。

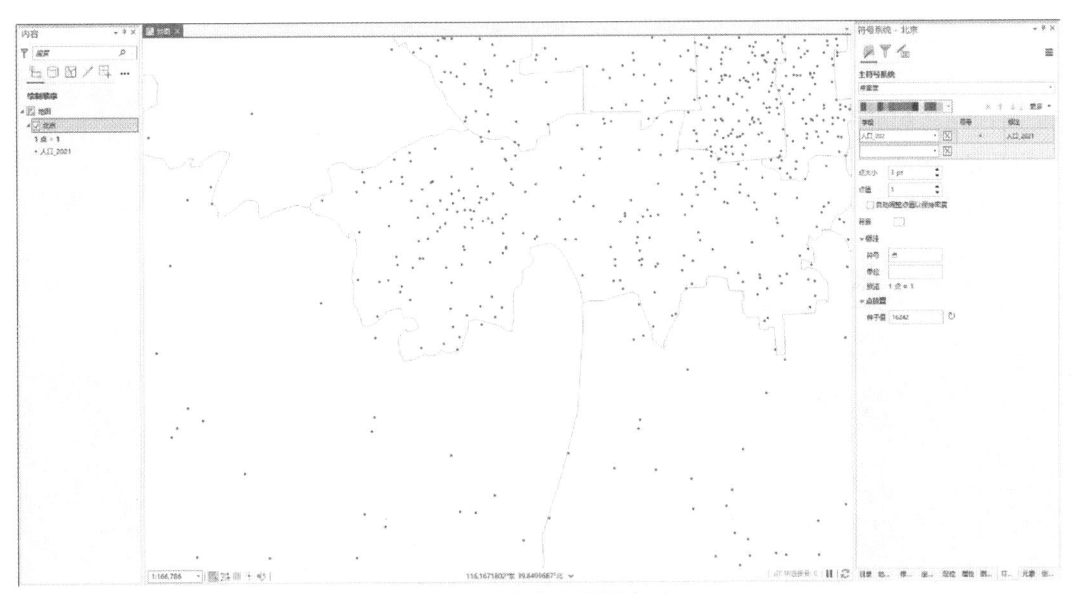

图 5-17　点密度符号表示

10. 图表符号系统

图表是用于表示数据的统计图形。在 GeoScene Pro 中，图表可以用作多元符号系统，以显示属性之间的定量差异，图表中每个部分都代表一个用于构成整组数值的属性值。图表符号系统可以用于点、线或面要素。例如，可以使用饼图符号表示城市中某个区的种族。饼图的每个扇区都代表一个种族。然后，可以根据该区的总人口按比例调整每个图表符号的大小。在要素密集的区域中，可能需要使用牵引线(也称为线注释)将地图中的要素连接到其图表符号的线性图形，来清楚地显示图表符号所属的要素，如图 5-18 所示。

图 5-18　图表符号表示

11. 字典符号系统

字典符号系统用于通过配置多个属性的符号字典来符号化图层。此方法适用于当符号规范引申出多种不适用于唯一值符号系统的符号排列时。

5.1.3　栅格数据渲染器

栅格数据添加到GeoScene Pro中显示后，根据栅格属性(如波段数、源类型、像素类型和统计数据)和可用元数据，GeoScene Pro软件将会以最合适的渲染器来显示栅格数据。但仍可以根据显示和分析需求，在“外观”选项卡上或“符号系统”窗格中交互选择不同的渲染方法。

图5-19为当影像图层分别为单波段影像、多波段影像时，GeoScene Pro提供的栅格渲染器。

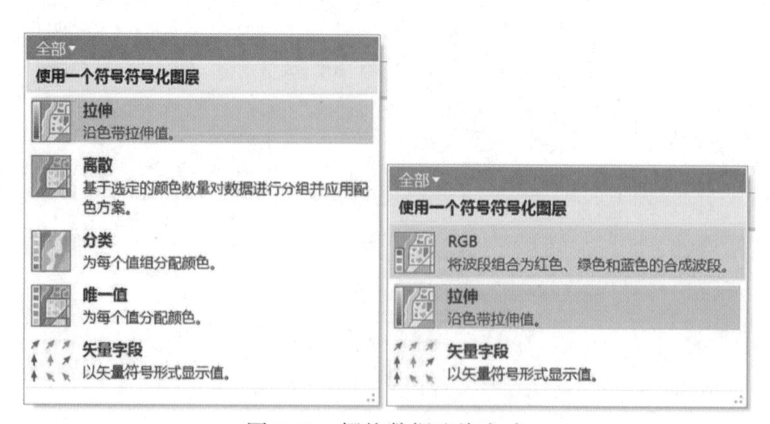

图 5-19　栅格数据渲染方式

1. 拉伸

拉伸符号系统可用于定义待显示值的范围，并对那些值应用色带，并沿色带拉伸栅格值；拉伸多用于单波段。对于多波段栅格数据，则需要选一个波段对其进行拉伸渲染(图 5-20)。

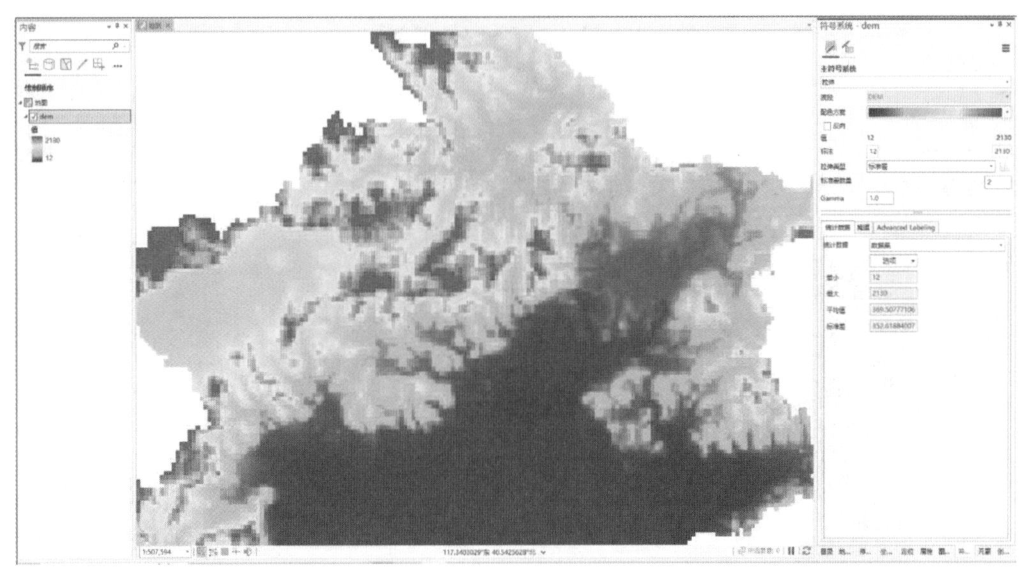

图 5-20　栅格拉伸渲染显示

2. 离散

离散：使用一种随机颜色来显示栅格数据集中的值，每种颜色代表相同的值，且当所有颜色均被用过后，下一组值将重用此配色方案(图 5-21)。但离散只能用于整型栅格，且不会生成图例。

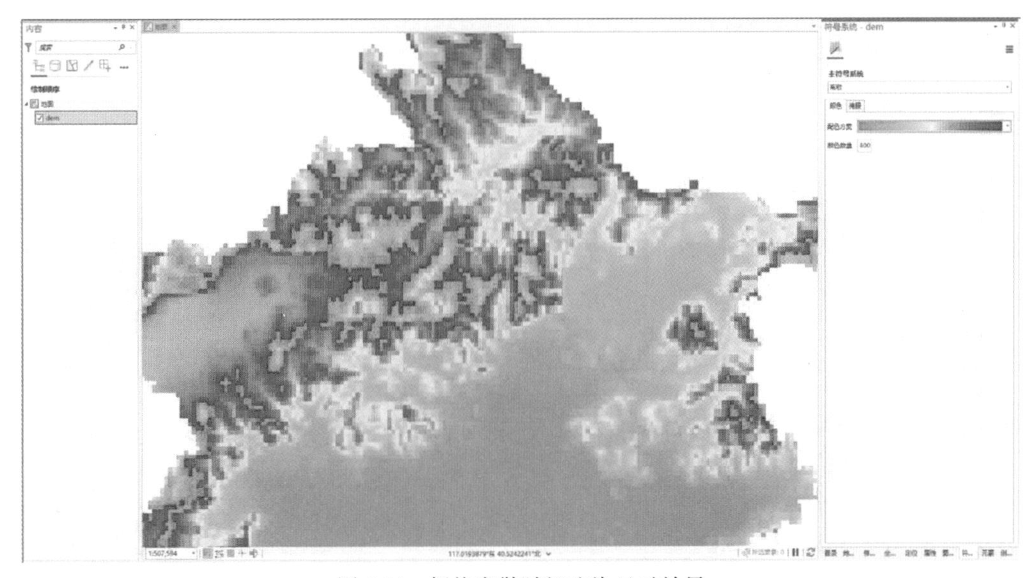

图 5-21　栅格离散随机渲染显示效果

3. 分类

分类：将一个范围分为较少数量的类，并为这些类指定各种颜色(图 5-22)。分类仅用于单波段栅格。该方式适用于连续现象，如高程、坡度等数据。

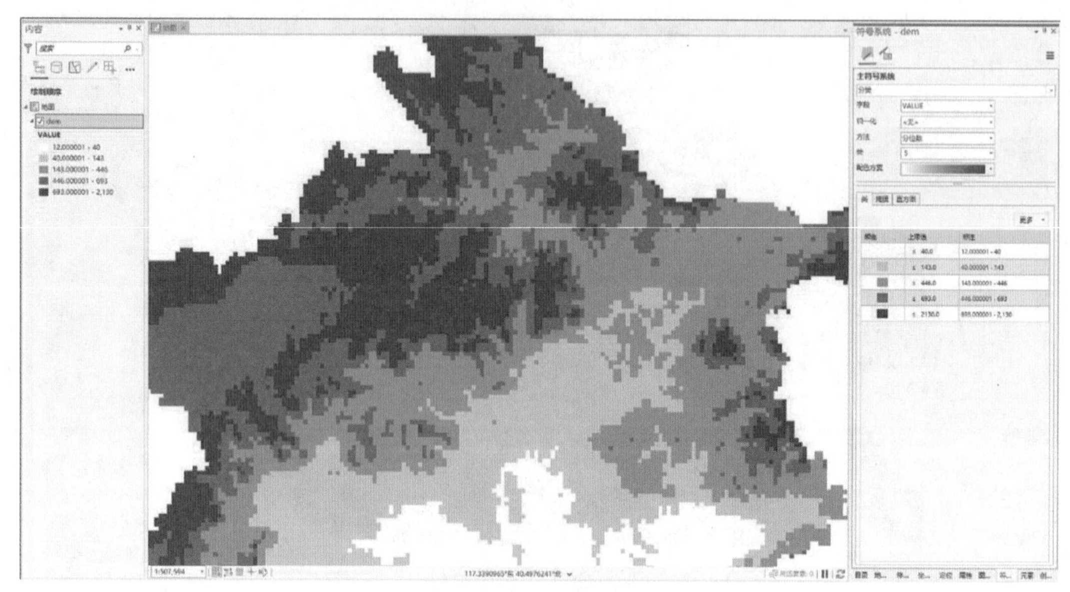

图 5-22　栅格分类渲染显示

4. 唯一值

唯一值符号系统可为数据集中的每个值随机分配颜色。由于类别的数量有限，因此适用于特定对象的离散类别，通常将其与专题数据(例如土地覆被)配合使用，示例效果如图 5-23 所示。如果选择渐变配色方案，则还可将其与连续数据配合使用。

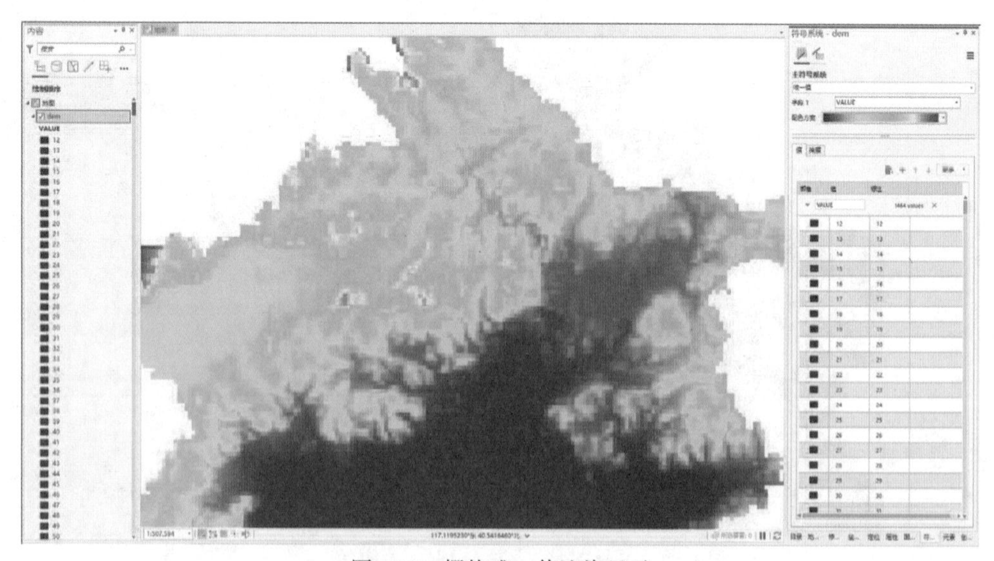

图 5-23　栅格唯一值渲染显示

5. RGB

颜色模型 RGB 分别代表红色、绿色和蓝色。RGB 符号系统可用于将多光谱波段加载到每个通道(R、G 和 B)中，从而创建合成图像。多种波段组合适用于卫星或航空影像，有助于在图像上高亮显示特定要素，如图 5-24 所示。

图 5-24　多波段栅格 RGB 显示

6. 矢量字段

使用量级和方向分量，或者 *U* 和 *V* 分量(有时称为纬向速度和经向速度)来显示数据、栅格的方向定义角度、量级定义符号的大小。矢量字段常用于气象学和海洋学领域中对流方向和量级栅格进行可视化，将洋流或风流显示为箭头，其中箭头方向指示该流的方向，箭头的大小与该流的强度相关，示例如图 5-25 所示。

图 5-25　栅格数据的矢量字段显示

5.1.4　文本信息显示

地图可以传达各种地理要素的信息，然而，如果只在地图上显示要素，即使使用了特定的符号来传达其含义，也并非易于理解。向地图中添加文本信息可改善地图上地理信息的可视化效果。因为不同类型的文本在制图中有不同的作用，GeoScene Pro 软件提供了几种文本类型供用户根据需要进行选择。主要类型是标注、注记、文本地图注释，以及布局中的图形文本和地图上的图形文本。

1. 标注与注记

标注是一种向地图添加文本的快速方法，在 GeoScene 中，标注特指自动生成、放置地图和场景要素的描述性文本的过程。标注是动态放置于地图上且字符串内容是从一个或多个要素获得的文本信息，不需为每个要素手动添加文本。

注记可用来描述特定要素或向地图中添加常规信息。与使用标注的方式一样，可以使用注记为地图要素添加描述性文本，或仅仅手动添加一些文本来描述地图上的某个区域。但与标注不同的是，每条注记都存储自身的位置、文本字符串及显示属性。与标注相比，由于可以选择单条文本来编辑其位置与外观，注记为调整文本外观和文本放置提供了更大的灵活性。

注记与其他地理数据一起显示在内容窗格中，并根据其顺序进行绘制。注记与简单的点、线和面要素不同，每个注记要素会存储关于其符号化的信息。要更改注记的数据库符号系统，可以使用目录窗格或编辑工具。还可以通过选中符号系统窗格中的绘制注记几何复选框来显示注记几何。

地理数据库注记以注记要素类的形式存储在地理数据库中。可以使用标注转注记工具将标注转换为注记。在地理数据库中存储关联要素的注记将创建注记与其所注记的要素之间的关系。之后移动要素时，注记会随之移动。删除要素时，注记也会随之删除。更改注记相关联的要素属性时，注记文本随之更改。与标注转注记类似，也可以使用标注转图形工具将标注转换为地图中的图形文本。图形文本在将简单文本添加到地图时非常有用，但在编辑和存储方面存在限制。

2. 开启标注

要打开标注，可在内容窗格中选择要素图层。在菜单功能区的要素图层下，单击“标注”选项卡，然后单击“标注”启用标注。要进一步控制为该图层标注的分类，请更改显示的标注分类，然后取消选中在此类中的标注要素，如图 5-26 所示。

3. 可视范围设置

在默认情况下，标注不会随地图一同缩放；也就是说，无论地图比例如何，标注在页面上的大小始终保持不变。因为标注在页面上保持大小不变，但在用户执行缩小操作时，它们在地图上占用的地理空间将变大，而在执行放大操作时，占用的空间将变小。确定地图比例后，可以通过为地图设置参考比例，将标注设置为在放大和缩小时进行放缩。

4. 标注符号设置

标注符号是用于图层或标注分类中所有标注的文本符号。可以通过更改标注符号来控制动态标注的外观。文本符号具有基本属性，如字体、字号和颜色。也可以使用高级文本符号属性为标注添加注释、牵引线、阴影、晕圈和其他效果，如图 5-27 所示。

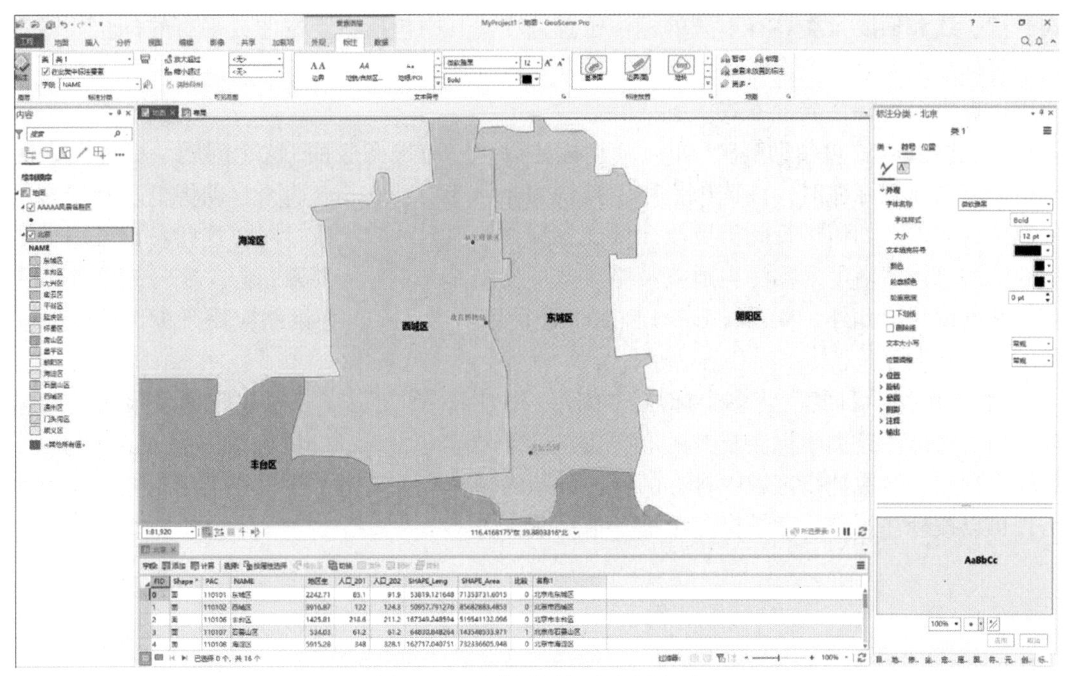

图 5-26　要素图层标注启用方法

图 5-27　标注属性设置

5. 标注放置设置

标注的更多属性设置则需要启动 Maplex Label Engine。该标注引擎支持标注放置属性控制标注的方向和放置方式、如何将标注放置在拥挤区域、如何解决标注间的冲突，如图

5-28 所示。

“位置”可回答“标注如何放置”这个问题。该选项卡将控制标注相对于要素的放置方式。点、线和面要素类具有不同的标注位置选项，其中包括指定弯曲或平直的标注放置方式、将标注与要素或投影经纬网对齐，以及设置标注中的词和字符间距。这些选项可结合使用以提供多种标注放置方式。

“自适应策略”可帮助解决“如何调整标注以自适应地图版面”这个问题。在地图中的拥挤区域内放置标注时，该选项卡用于控制 Maplex Label Engine 能否自动将更改标注的放置或格式，以及如何进行此类更改。增加放置在地图上的标注数量时，这些参数可用于保持地图的总体清晰度。标注自适应策略参数可控制标注堆叠、要素超限、字号缩小、标注缩写和键编号。此外，Maplex Label Engine 还可用于指定将这些策略应用于标注放置时采用的优先级顺序。

“冲突解决”可回答“当多个标注竞争同一个位置时谁会胜出”这个问题。该选项卡包含可用于对标注分类中标注及其关联要素的重要性进行排序的参数。Maplex Label Engine 具有多种用于解决拥挤区域中存在的标注问题的冲突解决策略。要素权重用于控制要素类是否可以被标注压盖。背景标注可被其他标注压盖。

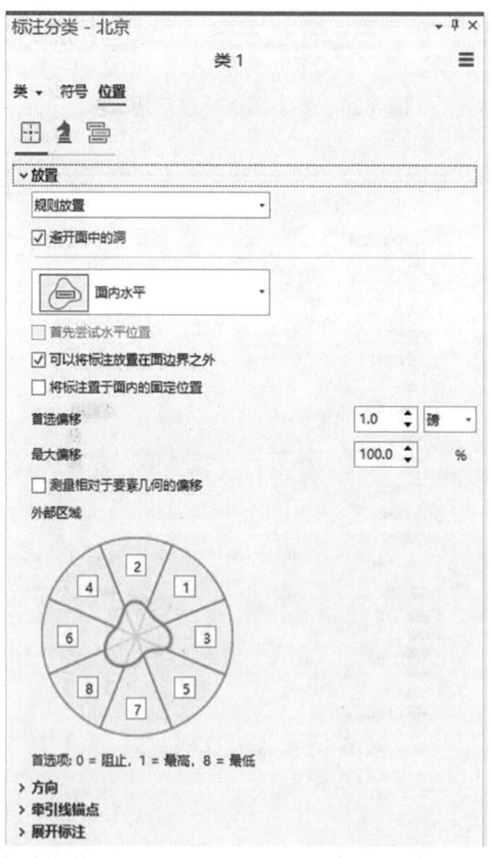

图 5-28　Maplex Label Engine 标注属性设置

以下介绍部分常见的标注操作。

(1)移除同名标注，见图 5-29，按步骤设置 Maplex Label Engine 标注属性后，中间的小块区域上的朝阳区标注被移除。

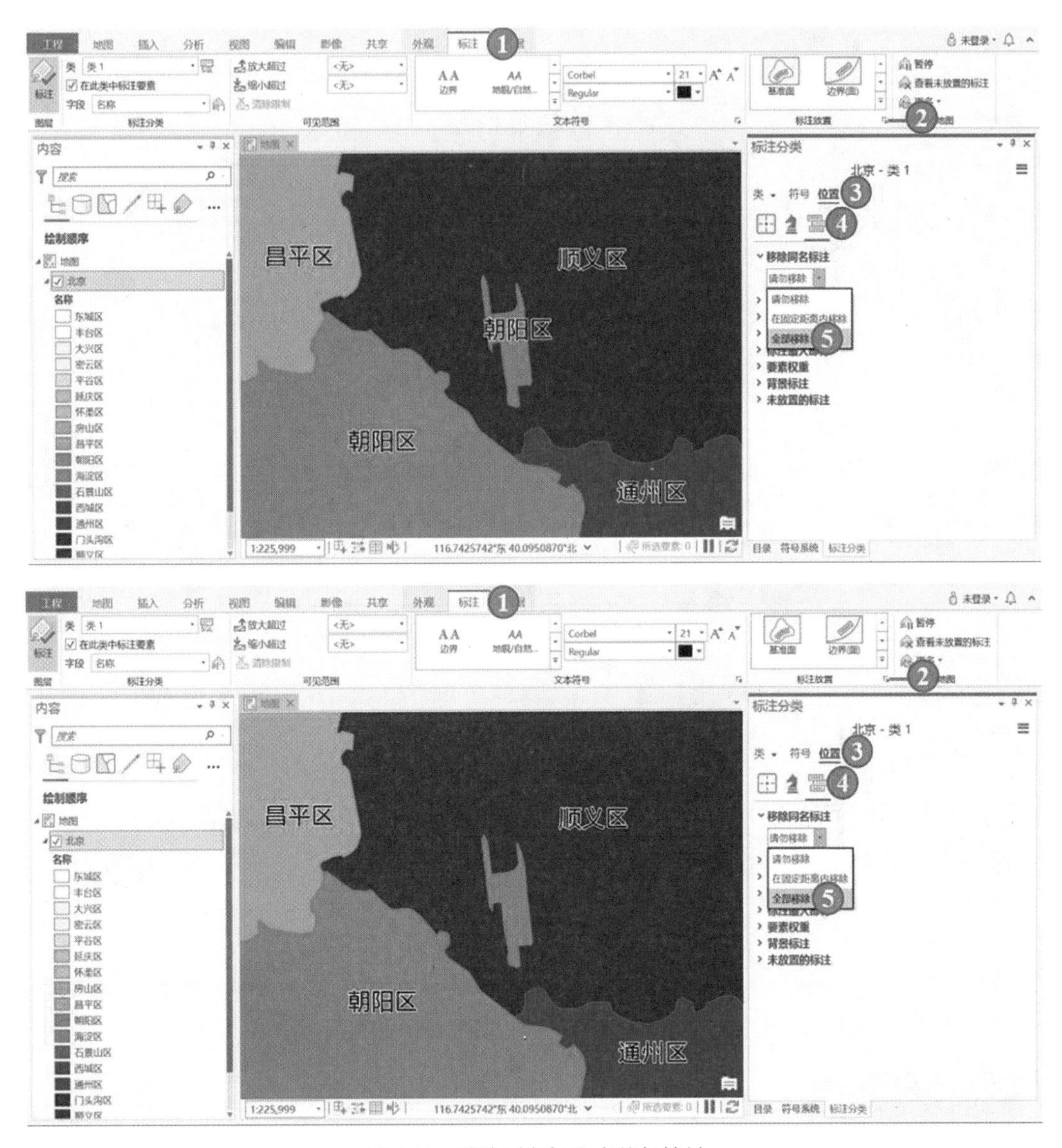

图 5-29　移除同名标注步骤与结果

(2)标注压盖符号，见图 5-30，同样按图示步骤设置标准属性，尤其是要素权重，可见 5A 风景名胜区的标注有所变化，注意观察“故宫博物院”“天坛公园”在设置前后的标注变化。

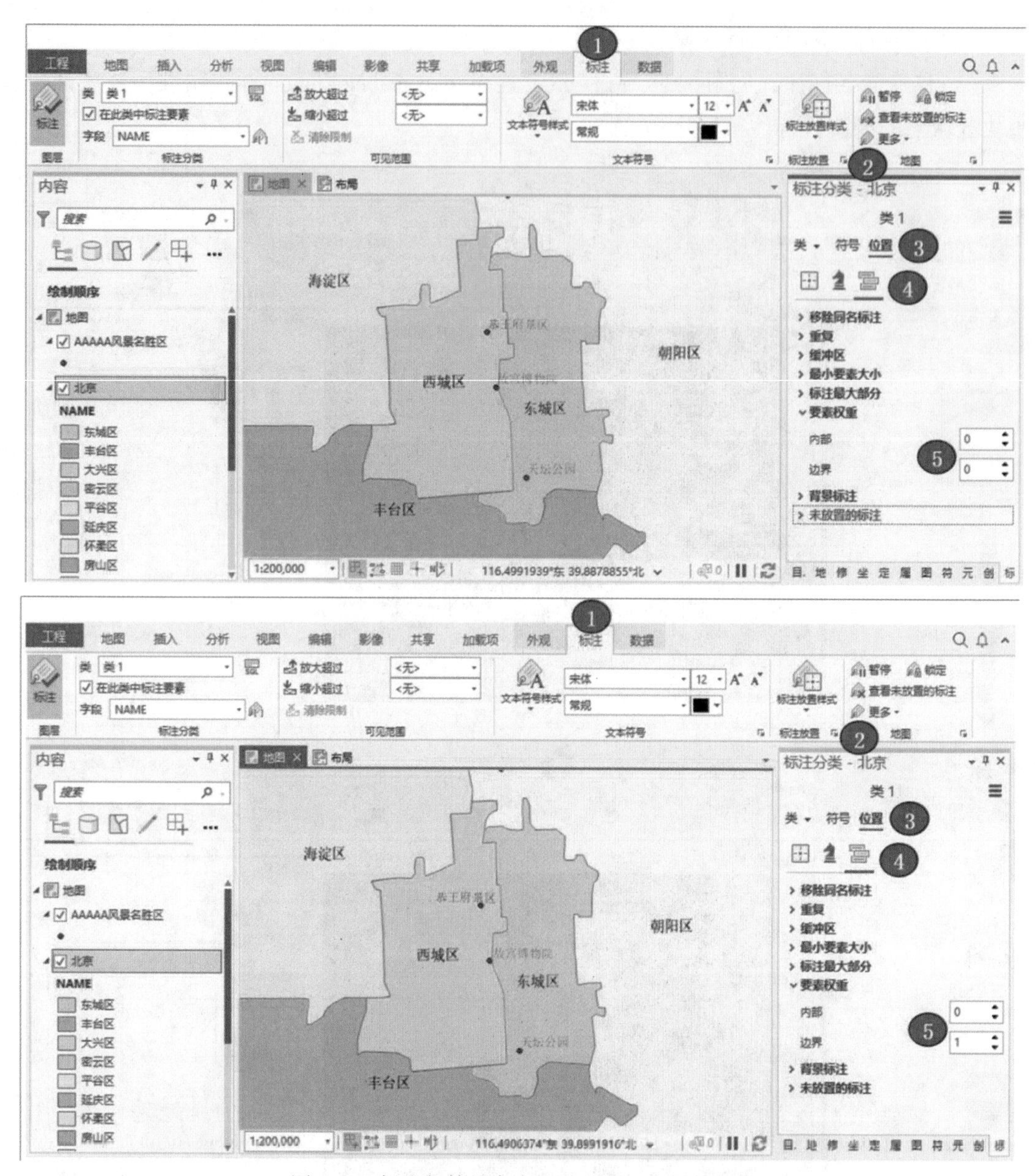

图 5-30　标注与符号存在压盖的调整步骤与结果

图 5-31　计曲线标注效果

(3)等值线标注。标注等值线要素时，可能希望仅标注以阶梯式放置的特定等高距，并在标注周围放置晕圈，以便这些标注在等值线要素上易于阅读，通常见于计曲线而非首曲线，如图 5-31 所示。

①首先确保已启用 Maplex Label Engine；

②在标注分类窗格中，展开“位置”→“放置”，在“放置”样式下拉列表中选择“等值线放置”；

③在“标注分类”窗格中，展开“符号”→“晕圈”，为标注创建晕圈；

④创建标注表达式，每隔 100 个间距标注一次：

```
if ($feature. ELEVATION % 100== 0) {
        return $feature. ELEVATION;
}
```

(4)设置标注放置等级。在菜单功能区的“标注”选项卡的地图组中，单击“更多”进行优先级和权重设置。

标注优先级用于控制标注在地图中的放置顺序。通常首先放置优先级较高的标注，之后再放置优先级较低的标注。此外，与较高优先级标注冲突的较低优先级标注可被放置在备用位置或直接从地图中删除。

标注权重和要素权重用于为标注和要素分配相对重要性。仅在标注和要素之间存在冲突(即压盖)时才会使用此权重。总之，地图上各标注的最终位置取决于标注权重和要素权重。另外，使用权重时，请切记，如果允许标注压盖某些要素，则一般情况下将有更多标注被放置到地图中，因为标注引擎拥有了更多空间来放置它们。

(5)更改标注引擎。GeoScene Pro 有两个标注引擎——Standard Label Engine 和 Maplex Label Engine，软件一般默认标注引擎是 Maplex Label Engine。

5.1.5 练习

用第 4 章的武汉大学信息学部的矢量数据(Mapping\WHU_OSM)，制成如图 5-32 所示(百度地图或高度地图)的地图。注意，在分层分类组织管理的基础上进行制图练习。

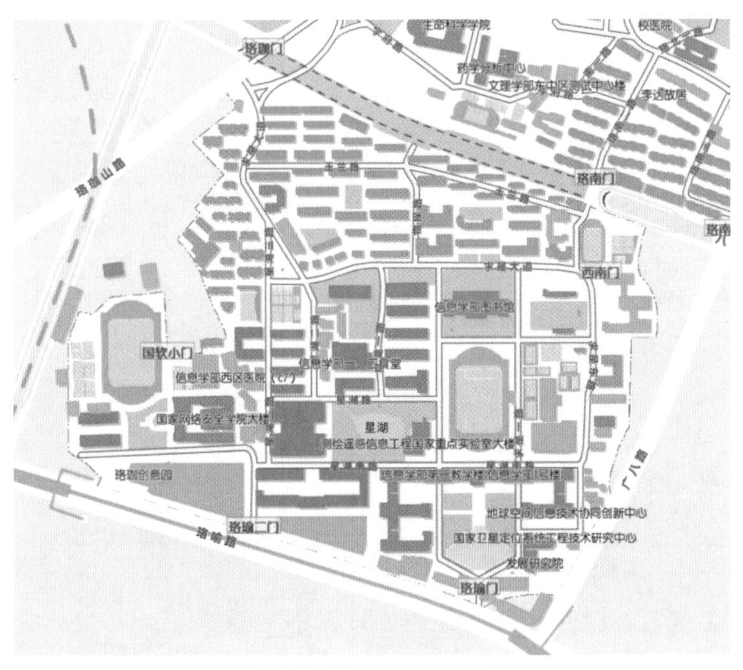

图 5-32　制图效果示例

5.2　地图制图

页面布局(通常简称为布局)是在虚拟页面上组织的地图元素的集合，旨在用于地图打印。常见的地图元素包括一个或多个地图框(每个地图框都含有一组有序的地图图层)、比例尺、指北针、地图标题、描述性文本和图例。为提供地理参考，可以添加格网或经纬网，如图 5-33 所示。

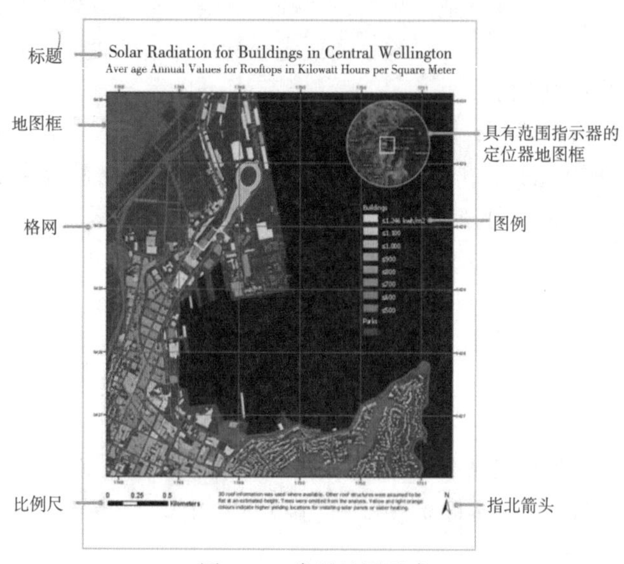

图 5-33　常见地图元素

基本制图步骤如图 5-34 所示。插入地图布局，绘制地图框，插入地图整饰要素，形

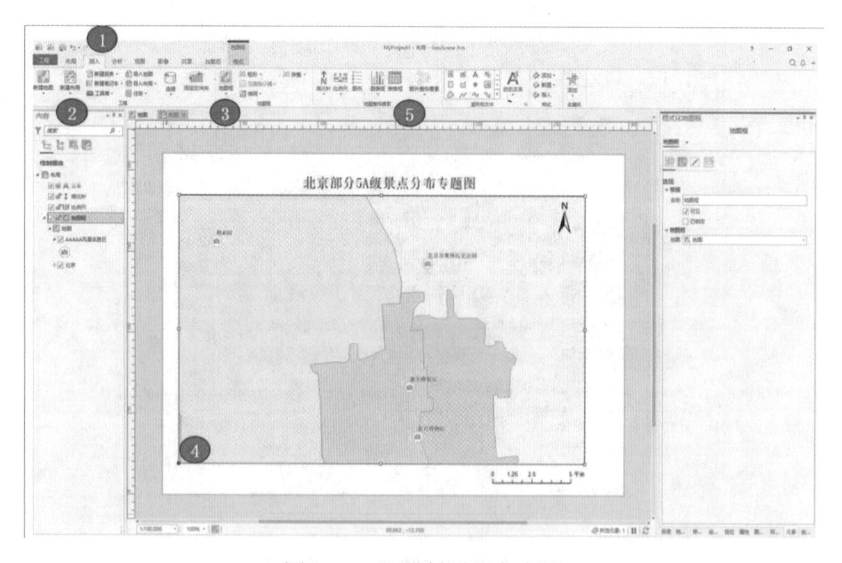

图 5-34　地图制图基本步骤

成完整地图后导出分享。

5.2.1 地图布局

通过向工程添加布局，能够创建可打印或导出的页面。可通过三种方法将布局添加到工程：创建空白布局，从导入布局库中选择布局文件，或导入布局文件。

1. 添加和修改地图框

可使用地图框将地图添加到布局中，地图框可以指向工程中的任何地图或场景，也可以完全不指向任何地图。首先，在“插入”选项卡的“地图框”组上，从下拉菜单中选择地图框形状。然后，在“布局”上，单击并拖动以创建地图框。最后，可通过“地图框”组中的修整下拉菜单，对其外观和属性进行更改。

将地图添加到布局后，如使用地图的内容窗格一样，可使用布局的内容窗格与其图层进行交互。可在此访问图层的快捷菜单、上下文选项卡和符号系统。也可以访问“布局”选项卡上“地图”组中的限制导航控件。例如，可以使用书签来设置地图框内地图的空间或时间范围。这些命令将对当前默认地图框起作用。

地图框中的地图范围唯一，并且与工程中打开的任何地图视图无关，因此在其他地图视图中进行缩放或平移不会更改布局上的地图范围。要更改范围或者对地图框中包含的地图进行其他修改，必须激活地图。在激活的地图框模式下，可以在页面上下文中使用地图。布局的其余部分将变为禁用状态，直到单击“布局”选项卡上的“关闭激活”为止。进入激活地图框模式后，有两组可用的导航工具：

(1)要在地图框内平移和缩放，可使用“地图”选项卡上的工具。

(2)要平移和缩放页面，可使用“布局上下文”选项卡上的“布局导航”工具。

2. 范围指示器(鹰眼)

范围指示器是在其他地图框内显示某个地图框范围的一种方法。它们通常用于包含定位器或鹰眼图的布局。定位器地图显示的区域(或范围)比主地图要大，以提供空间上下文。添加范围指示器后可通过更改符号、添加牵引线、折叠至点等操作修饰表达，如图5-35所示。

3. 格网和经纬网

格网可用于显示坐标或划分地图框，可将其添加到任何地图框。Geoscene 提供经纬网、方里格网、MGRS 格网、参考格网和自定义格网五种类型的格网。经纬网由表示地球上纬度的平行线和表示经度的子午线组成，可通过地理坐标(经纬度)显示位置。方里格网是由间隔均匀的水平线和垂直线组成的网络，用于通过投影坐标标识各个位置(图5-36)。军事格网参考系(MGRS)格网是一种特殊类型的方里格网。参考格网是由列和行组成的网络，用于将地图划分为等面积的矩形。可将其用于从视觉上划分地图(与坐标系无关)，以便进行简单的位置参考。自定义格网基于地图中的面或线要素。

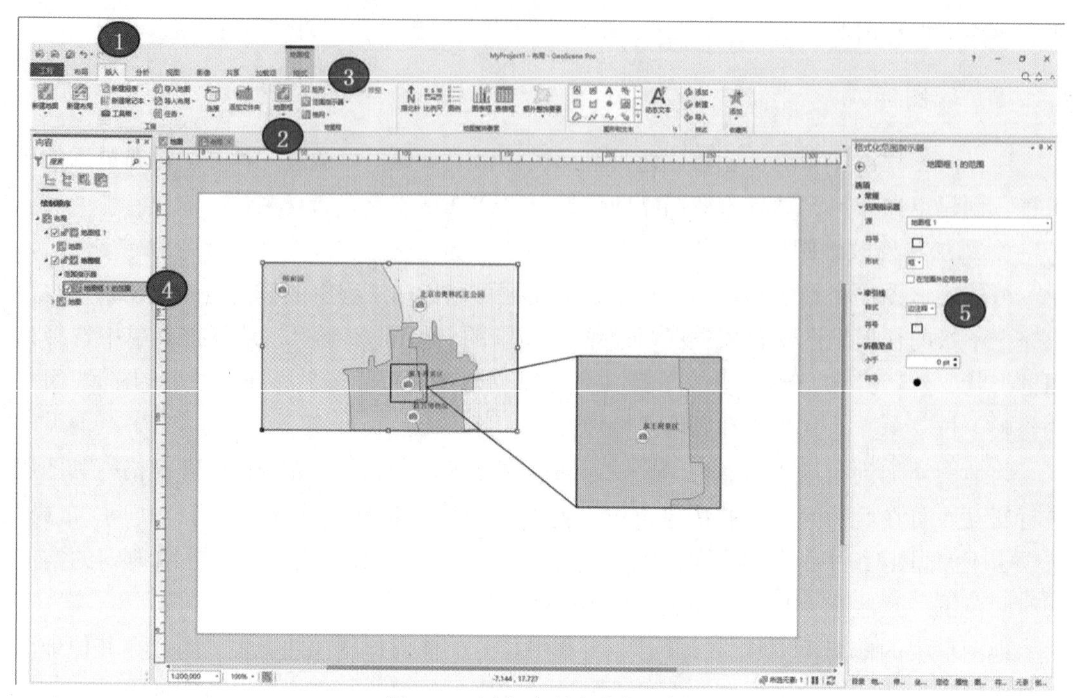

图 5-35　添加鹰眼步骤与示例

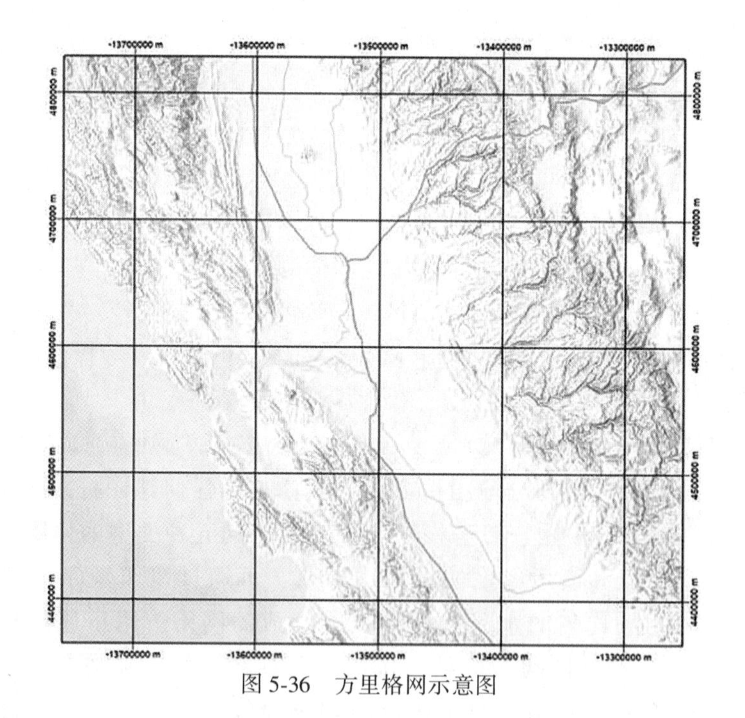

图 5-36　方里格网示意图

5.2.2　地图整饰要素

在地图布局中，通过“插入”菜单的“地图整饰要素”可插入指北针、比例尺、图例、图表等地图要素，如图 5-37 所示。

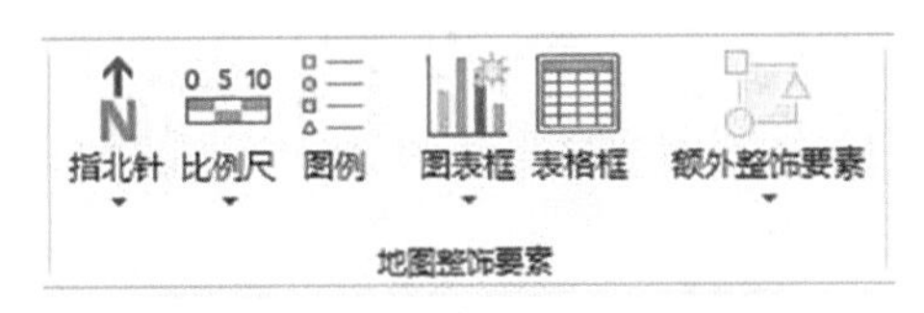

图 5-37　地图整饰要素菜单区

1. 指北针

指北针保持与地图框的连接并指示框内地图的方向，可选的北方向有地图北、正北和磁北。指北针元素随地图的旋转而旋转。

2. 比例尺

比例尺可对地图上的距离和要素大小进行直观指示。比例尺与布局中的地图框相关联。如果该地图框的地图比例发生变化，比例尺将更新以保持正确。地图单位是比例尺显示的距离值，例如英里或千米，在具体应用场景中需使用合适的地图单位，若使用系统默认的英里，可能会给我国读图者带来困难。

3. 图例

图例有助于读图者了解用于表示地图要素的符号的含义。图例可以指向布局中的任何地图框，但每个图例只能引用一个地图框。图例可以是静态的(显示地图中的所有图层)，也可以是动态的(更新以显示仅在当前地图框范围内可见的图层)。也可将图例配置为根据地图上的更改进行更新，例如自动将新图层添加为图例项，如图5-38所示。

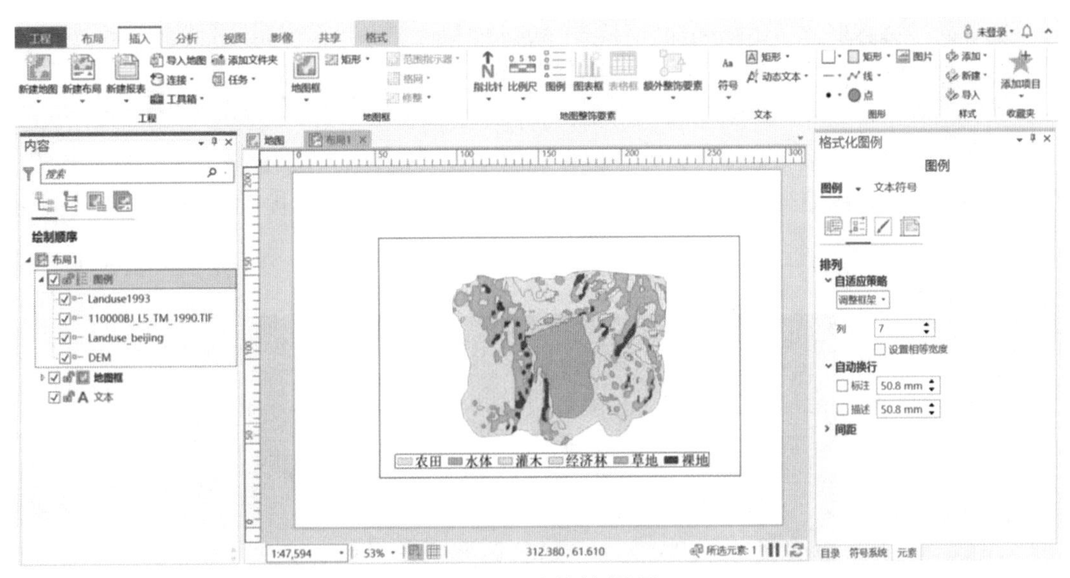

图 5-38　地图图例效果

(1)添加或移除图例项。

创建图例后，可以添加、移除其图例项并对图例项进行重新排序。要添加或移除图例项，可在内容窗格中选择该图层图例，然后可进行移除、保留单列等操作，要添加某图层图例时只需将该图层拖至图例组中即可添加该层图例，如图 5-39 所示。

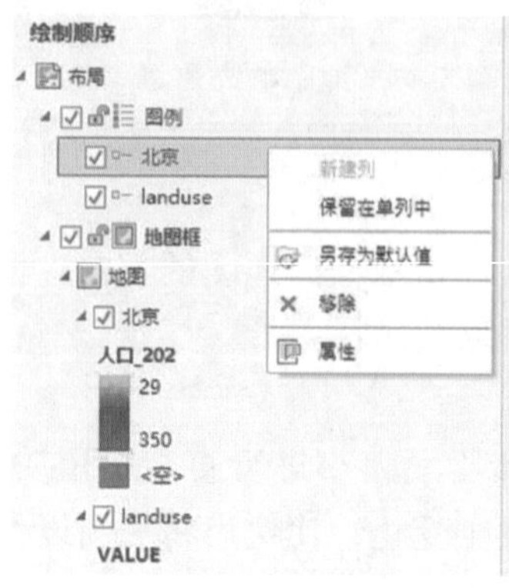

图 5-39　修改图例属性

(2)格式化图例中的文本。

图例包含许多文本项目，这些项目具有可以修改的属性。例如，图例的标题可以是粗体，并且颜色可以不同于图例中的标注。可以在单个图例项目中包含多个文本项目。Geoscene Pro 允许设置文本项目的样式、添加或修改图例标题文本、启用文字换行等操作。

(3)排列图例。

自动换行可以为图例标注和图例描述启用文本换行。“图例排列”选项卡中，可以调整图例各部分之间的间距。自适应策略可控制图例项目在布局中的流动方式，包括调整字号、调整列、调整框架、调整列和字号、手动列等。

4. 图表框

图表是表格数据的一种图形表达形式。通过图表对数据进行可视化，可帮助揭示数据中的模式、趋势、关系和结构，否则很难在地图中或通过表中的原始数字发现这些性质。在图表视图中创建和编辑图表。GeoScene Pro 为数据属性统计分析提供了如图 5-40 所列的图表功能。

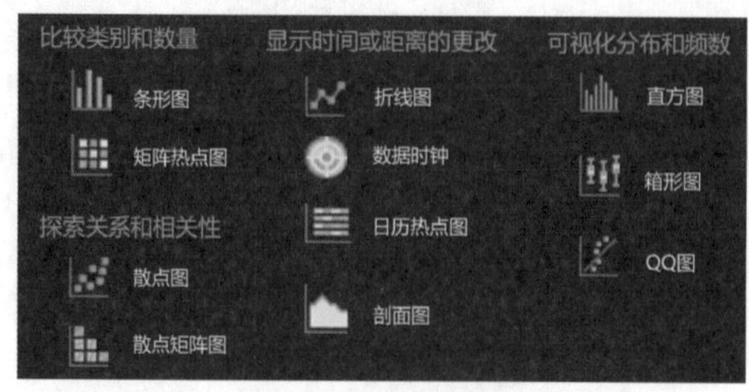

图 5-40　图表框的形式

创建图表后，可将包含图表的图表框添加到布局中。图表框属性(例如背景、边框和阴影)可以在“格式”选项卡上进行修改。可见性、图表参考和放置，可使用格式图表框窗格进行调整。

5. 图形、文本和图片

要将图形、文本或图片添加到布局中，可从布局功能区上的图形与文本库中选择一个元素。图形与文本库提供了 6 类不同形状的文本、9 类不同形式的图形和图片。将图形或文本元素添加到页面后，可以使用“元素上下文格式”选项卡的编辑组中的工具编辑其几何。这些工具分为三类：编辑折点、旋转或翻转和合并形状。

5.2.3 制图输出

1. 布局保存

布局可作为布局文件(.pagx)存在于工程之外，以便于再次创作或分享。这使得创建模板或共享现有布局变得更加简便。布局文件将包含页面、布局元素及该页面上地图框引用的所有地图。但布局文件不会包含显示在这些地图中的数据，只包含数据的路径。这意味着，当打开布局文件时，如果不能在预期位置找到数据，这些图层将不会进行绘制且必须重新修复数据源。

具体操作步骤：在“共享”选项卡的“另存为”组中，单击布局文件，或者右键单击目录窗格中的布局，然后选择另存为布局文件。

2. 导出地图或布局

创建地图或布局后，可以将其导出为文件与他人共享。在“共享”选项卡中，基于活动视图单击地图导出或布局导出，以打开导出窗格，如图 5-41 所示。有 12 种导出文件类型可用，包括矢量格式和栅格格式。矢量格式包含 AIX、EMF、EPS、PDF、SVG 和 SVGZ，它们支持矢量数据和栅格数据的混合。栅格格式包含 BMP、JPEG、PNG、TIFF、TGA 和 GIF，它们仅为栅格导出格式，可自动栅格化地图或布局中的所有矢量数据。

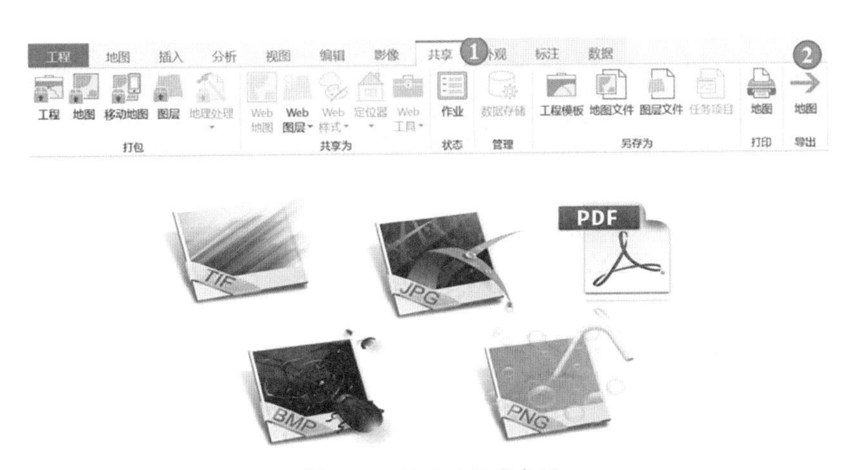

图 5-41 导出地图或布局

3. 地图动画

动画可用于使用地图或场景讲故事，然后将其导出为视频以便共享。可以首先通过捕获一系列关键帧来创建动画，然后配置每个关键帧之间过渡的插值方式，最后根据需要编辑动画。

使用“动画”选项卡可构建动画。如果地图或场景从未包含动画，则必须添加动画才能访问“动画”选项卡。在“视图菜单”选项卡上的“动画”组中，单击“添加动画”。将显示“动画”选项卡及动画时间轴窗格，以便在创建关键帧时显示它们。

关键帧是用于存储地图及其图层相关属性的机制。可以通过手动逐一插入关键帧的方式为新动画创建关键帧，也可以根据特定的工作流使用导入方法自动创建大量关键帧。可通过飞行书签、时间滑块、范围滑块、围绕中心画圈等方式自动创建关键帧。

关键帧过渡控制当前关键帧和之前关键帧之间的照相机移动。当添加关键帧以构建动画时，可通过选择过渡类型为关键帧之间的照相机设置插值法。可用的照相机过渡类型有固定、可调、线性、跳跃、步进、保持等，如图 5-42 所示。

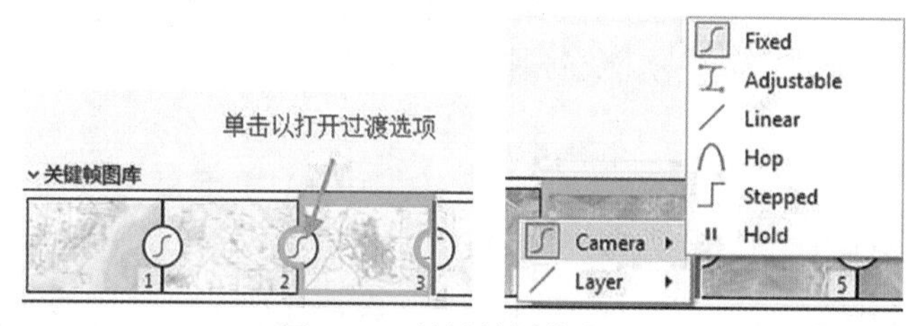

图 5-42　关键帧插值方式

4. 地图打印

在“共享”选项卡的“打印”组中，单击“地图打印”或“布局打印”，具体取决于活动视图。设置各种打印选项进行地图打印。

5.2.4　一般制图流程示例

以 Northridge 地震数据为例，演示一般制图流程。

1. 添加数据

启动 GeoScene Pro 软件，新建地图工程，将 Mapping/Northridge/Northridge.gdb 下的“BlockGroup”“Earthquakes”“Faults”“Elevation”四个要素类添加到地图视图中，如图 5-43 所示。

2. 符号化各图层数据

(1)受损建筑物面和地震点。

右键单击“BlockGroup”图层，选择“符号系统”→“分级色彩”，设置相关参数，“字段”选择“Damaged”，“方法”选择“自然间断分级法”，“类数”选择 5。现在 BlockGroup 的显示是基于最近一次地震不同地块上建筑的损坏数量，颜色越深表示损坏数量越多，颜色越浅表示损坏数量越少，如图 5-44 所示。

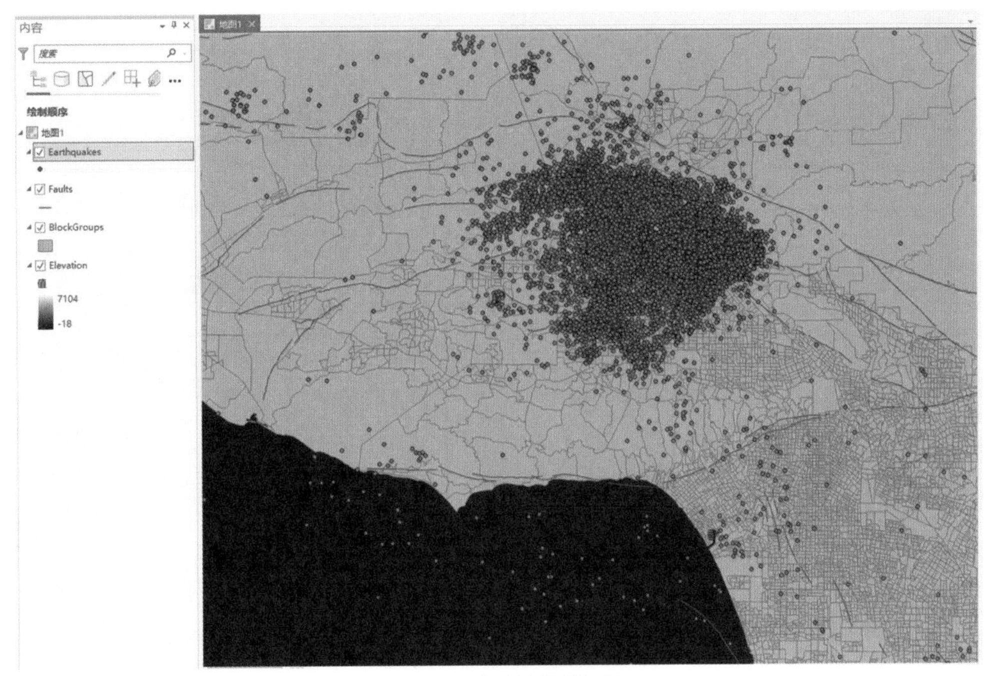

图 5-43 加载制图数据

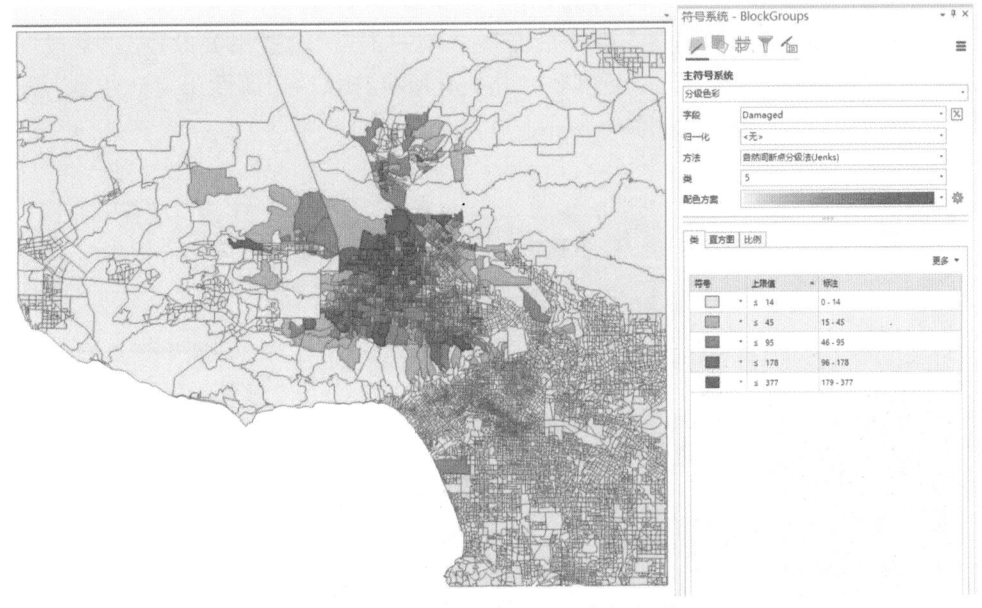

图 5-44 设置 BlockGroup 分级色彩

类似地，右键单击“Earthquaks”图层，点击“符号系统”→“分级色彩”，设置相关参数，“字段”选择“MAG”，“方法”选择“手动间隔”，“类数”选择 7，按照 1～7 级地震分类，修改 Label 显示到两位小数。在符号系统窗格中点击“更多”→“格式化所有符号”→“属性”，将“大小”设置为 8pt。最后选择“应用”，结果如图 5-45 所示。

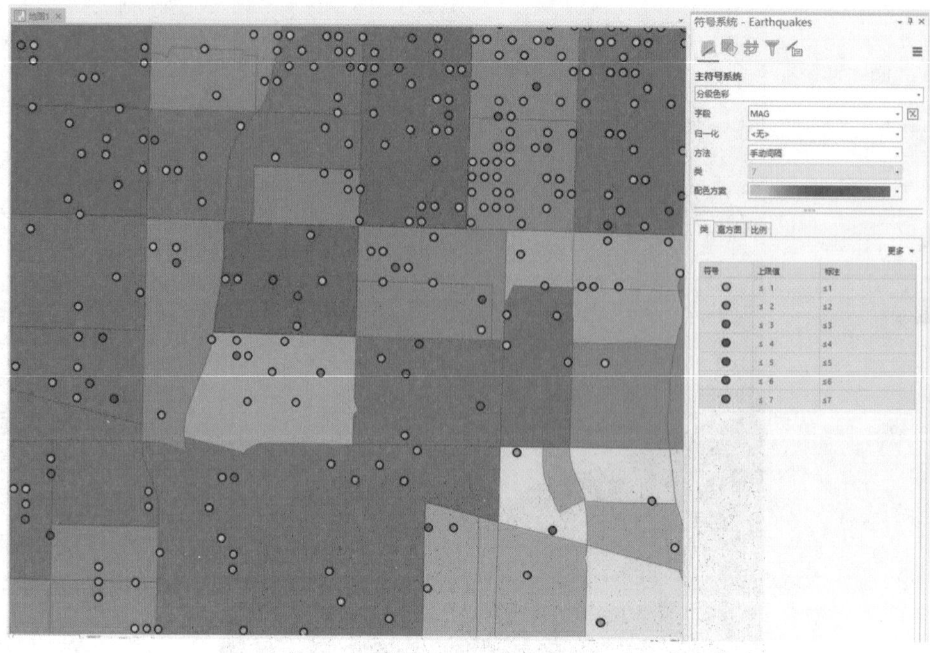

图 5-45　设置 Earthquaks 分级色彩

(2)断层线和高程。

右键点击“Fault”图层，选择“符号系统”→“唯一值”，设置相关参数，“字段”选择“FTYPE”，设置配色方案。点击“更多”→“格式化所有符号”→“属性”，将“线宽”设置为 3。最后选择“应用”，结果如图 5-46 所示。

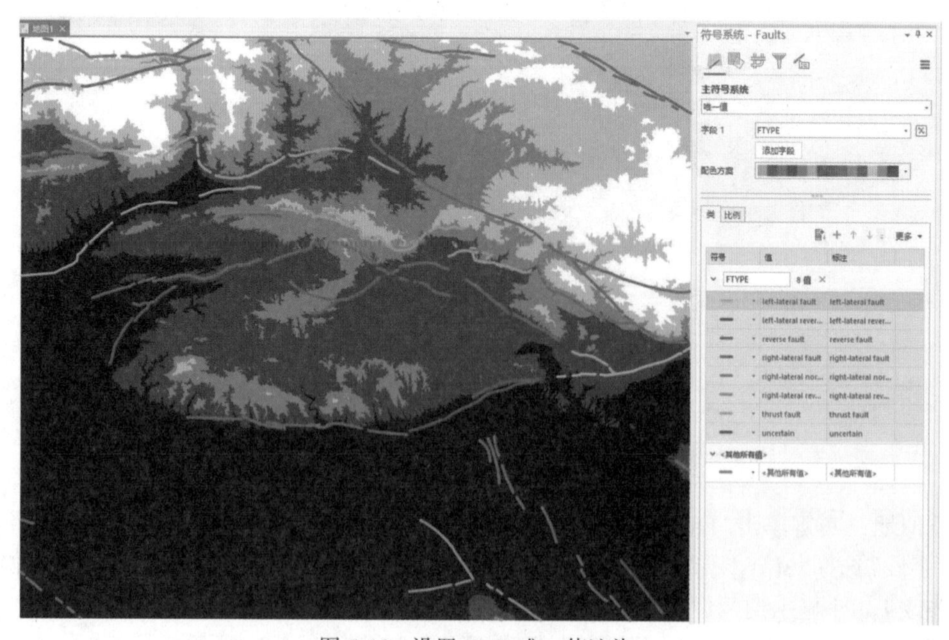

图 5-46　设置 Fault 唯一值渲染

右键点击“Elevation”图层，点击“符号系统”→“分类”，设置字段、分级方法和配色方案等，如图 5-47 所示。

图 5-47　Elevation 图层分类渲染

3. 注记

右键点击“Fault”图层，选择“标注”，以“字段”为 name。在标注分类中，展开“符号”→“外观”→“文本颜色”，设置“符号”→“晕圈”→“颜色”。展开“放置”→设置“平直偏移”，展开“位置”→“自适应策略”→关闭堆叠标注，展开“位置”→“冲突解决”→“移除同名标注”→选择在固定距离内移除，如图 5-48 所示。

4. 统计图表

在内容窗格中，通过右键点击“Earthquake”图层，选择创建图表实现图表制作，如图 5-49 所示。

通过属性表过滤器设置和图表属性设置，可以实现指定数据参与的图表制图，如图 5-50 所示。

5. 新建地图布局

为当前工程插入新建布局，选择 ISO 横向 A4，生成布局画布。点击“插入”→“地图框”→选择包含地图数据的数据框。当光标变成绘制图标，在画布上拉框画出数据，如图 5-51 所示。除了绘制规则的矩形框外，还可以使用其他绘制工具制作不同外轮廓的地图框。

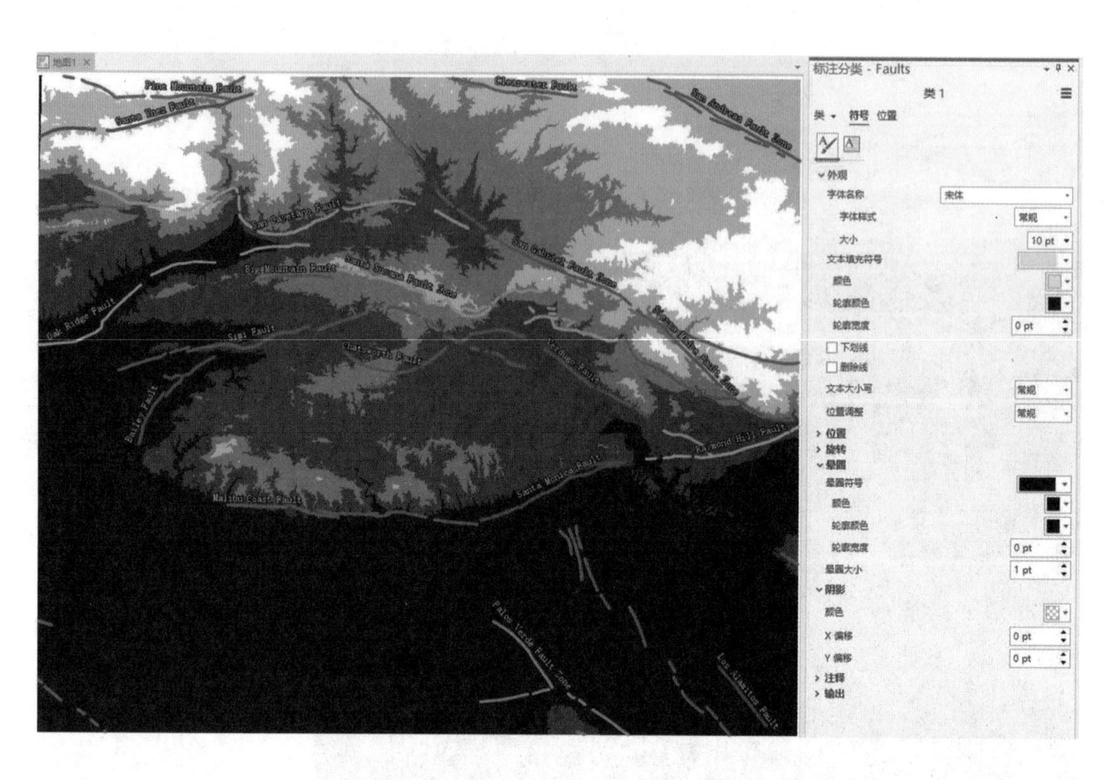

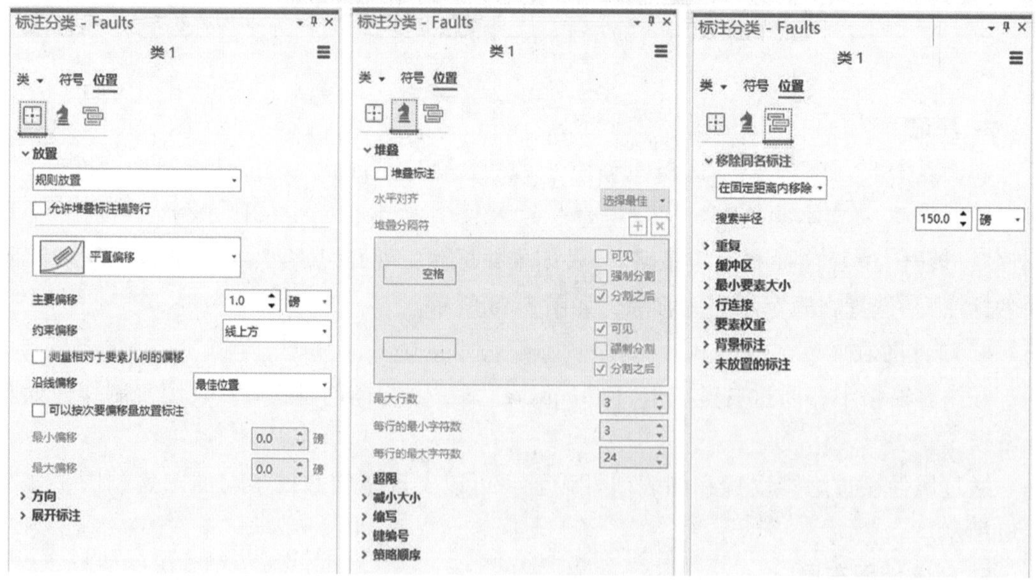

图 5-48　设置 Fault 标注属性

在布局视图中，可通过“图表框”添加该数据框内已有的图表。

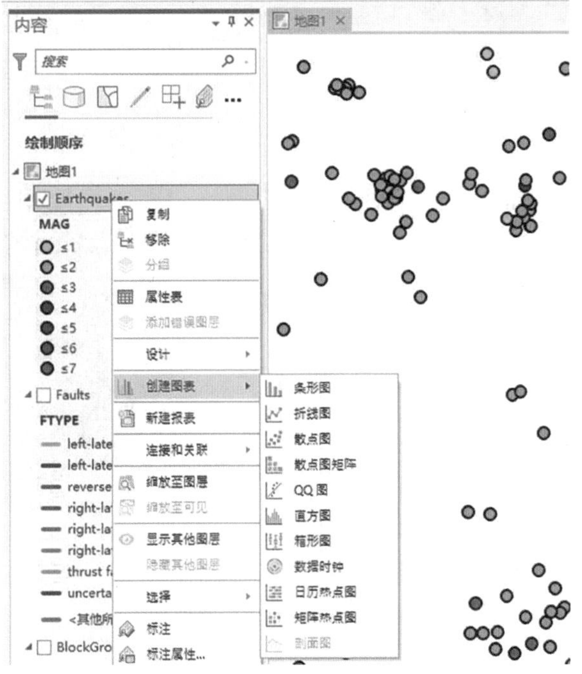

图 5-49　添加 Earthquake 图层的图表

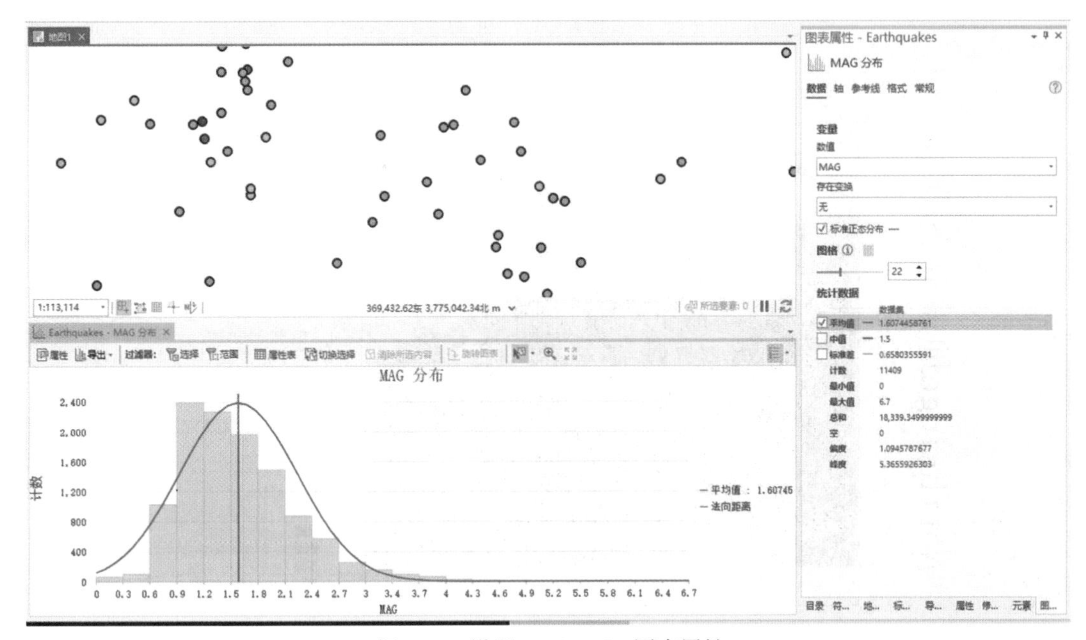

图 5-50　设置 Earthquake 图表属性

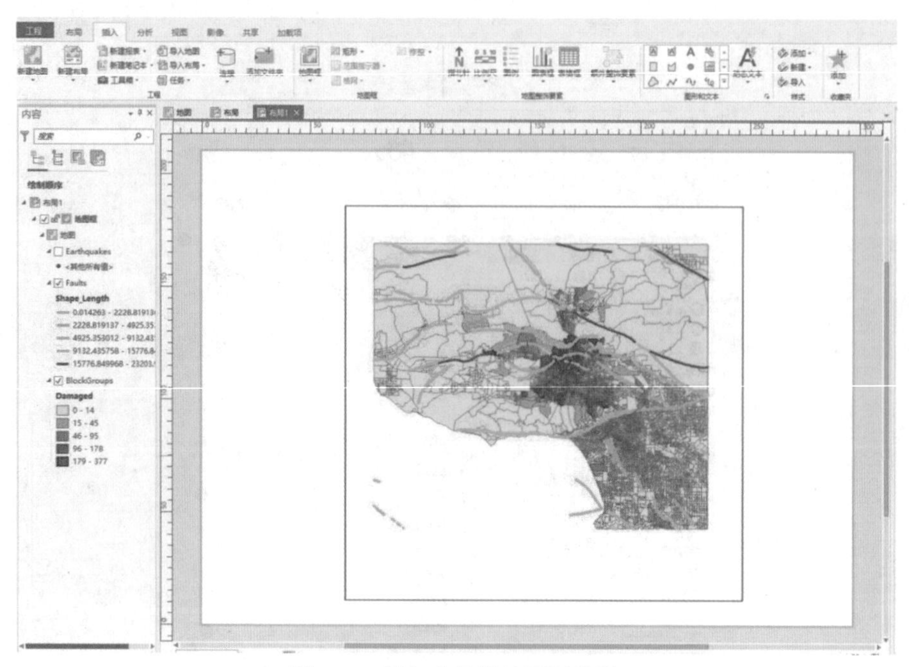

图 5-51　添加布局的地图框数据

6. 整饰要素添加

点击"插入"→"地图框"→"格网"→选择方里格网黑色水平标注格网。添加标题、指北针、图例、比例尺、其他辅助说明等。各要素具有属性设置面板，可进行自定义设置，见图 5-52 的右侧栏。

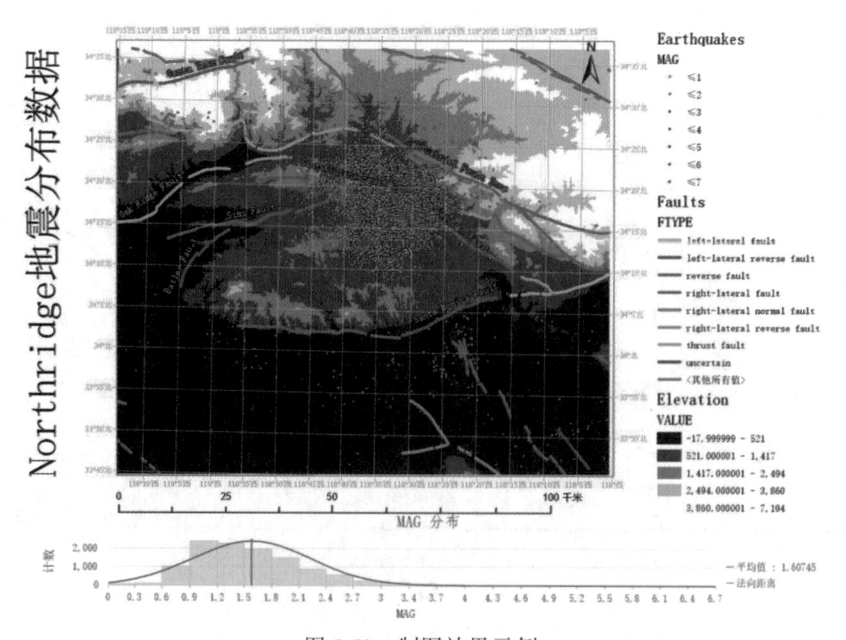

图 5-52　制图效果示例

最后，导出、打印或保存工程。

5.2.5 练习

用1970—2020年中国7月平均气温栅格数据（Mapping \ QiWen），分别制作1970年、1980年、1990年、2000年、2010年、2020年7月平均气温图，以此展示50年来的夏季气温变化。

要求：①6幅子图统一气温最大值和最小值，共用一个图例；②添加格网、图名、比例尺、图例、制图人信息等要素；③导出地图。

制成如图5-53所示的专题地图，严格和示例一致。

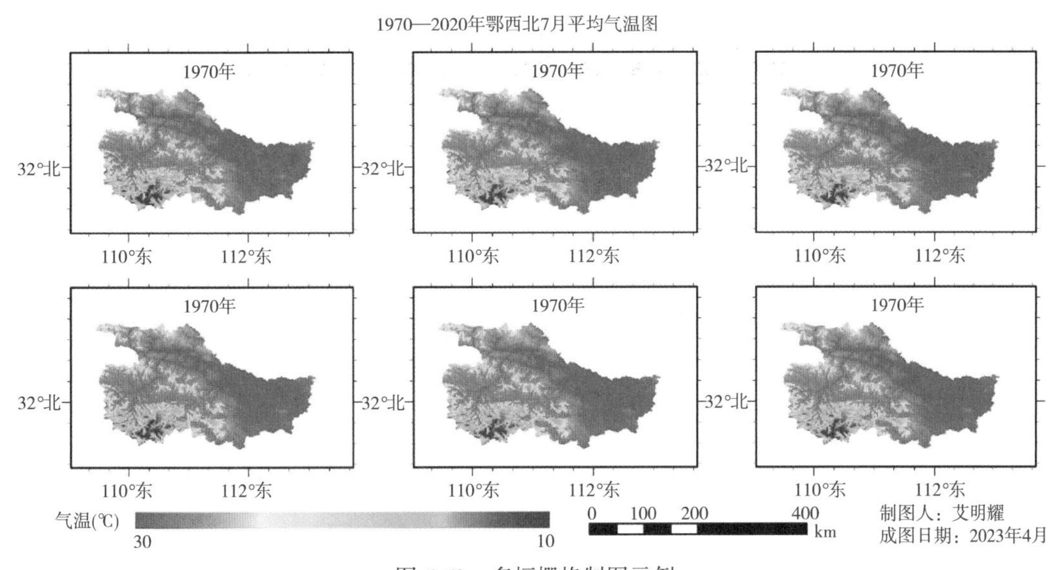

图5-53　多幅栅格制图示例

5.3 时空数据可视化

5.3.1 时态数据

时态数据代表某个时间点的状态，如1990年我国香港特别行政区的土地利用状况或2009年7月1日美国檀香山的总降雨量。要在GeoScene Pro中使用时间，首先需要一个时态图层，软件提供了对时态图层相关的功能和控件，用来浏览随时间推移的数据。时间滑块提供用于浏览时态数据的控件，所有包含时态图层的地图视图的顶部都具有时间滑块。

1. 设置数据的时间属性

可使用存储在数据源中的信息来设置时态数据的时间属性。时态信息可存储在要素类或镶嵌数据集的属性字段中。在内容窗格中双击“时态数据集”以打开“图层属性”对话框，单击“时间”，设置图层时间。可以指定一个字段(时间字段)，也可以指定两个字段(开始时间字段和结束时间字段)。这些时间戳可以存储在日期型字段、字符串型字段或数值型字段中。为了获得软件的最佳性能，建议将时间戳存储在日期型字段中。需注意的是，对于专用的时态数据(例如，netCDF)，时间信息存储在这些数据的内部。

2. 配置时间滑块设置

启用地图中任意图层的时间后，会在顶部显示“时间”选项卡，选项卡上提供了配置时间滑块及其控件行为所需的其他设置。“时间”选项卡将设置分为“视图”“当前时间”“步骤”“捕捉”“回放”“全图范围”和“时区”组，如图 5-54 所示。

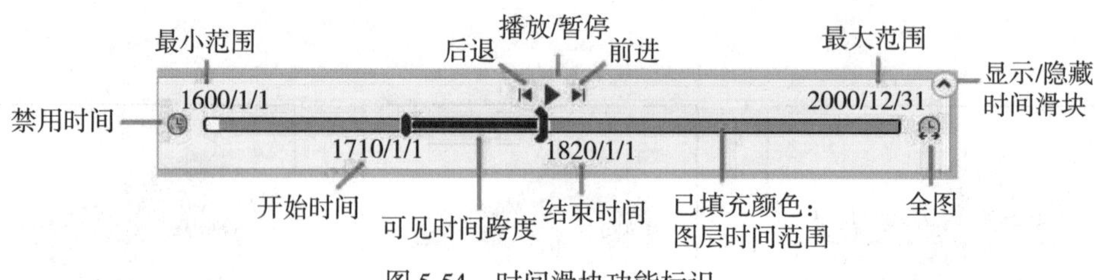

图 5-54　时间滑块功能标识

3. 使用实时模式可视化数据更新

可以使用时间滑块上的实时模式来可视化频繁更新的启用时间的数据。在实时模式下可视化数据时，地图的时间会随系统时钟时间自动前进，并根据用户自定义的速率刷新每个实时数据图层。例如，可以监控车辆位置或天气数据的变化。在图层上设置时间属性后，可以将时间滑块切换到实时模式，并使用系统时钟来驱动地图的时间范围。

5.3.2　时空立方体

通过创建时空立方体(概念如图 5-55 所示)，GeoScene Pro 软件支持以时间序列、集成空间和时间模式，以及强大的 2D 和 3D 可视化技术的形式对时空数据进行可视化和分析。可通过三种工具创建用于分析的时空立方体：通过聚合点创建时空立方体，通过已定义位置创建时空立方体及通过多维栅格图层创建时空立方体。前两种工具通过生成时空立方图格(具有聚合事件点，或具有相关联时空属性的已定义要素)，将时间戳要素构建成 netCDF 数据立方体。第三种工具可将启用时间的多维栅格图层转换为时空立方体，并且不执行任何空间或时间聚合。

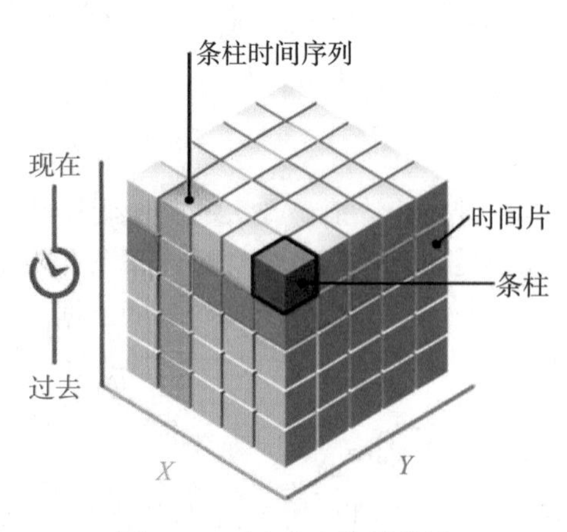

图 5-55　时空立方体示意图

时空 netCDF 立方体中存储的数据和变量可以在二维或三维空间实现可视化，方法为使用“实用工具”工具集中的“在 2D 模式下显示时空立方体”或“在 3D 模式下显示时空立方体”工具。

5.3.3 时空数据可视化示例

以全球地震分布数据(Mapping\ 地震数据时空可视化)为例，包含国界和地震点位表格数据，整体如图 5-56 所示。

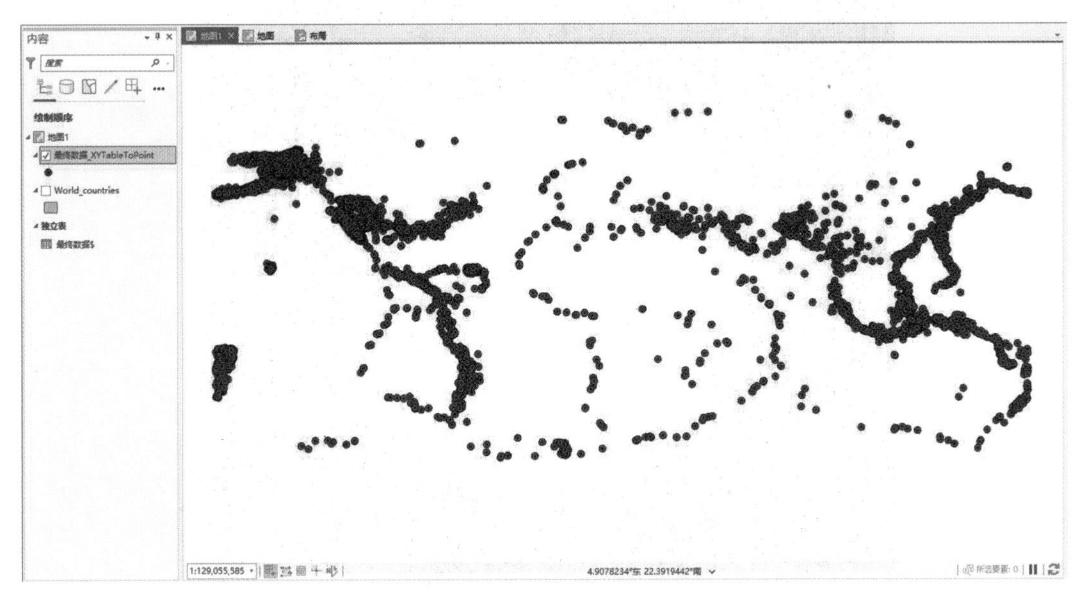

图 5-56　全球地震分布数据

首先将 Excel 表导入 GeoScene 中进行转换，使用“XY 表转点”工具(点击菜单中“地图”→“添加数据”→“XY 点数据”)，生成 .shp 文件，参数设置尤其是坐标系如图 5-57 所示。

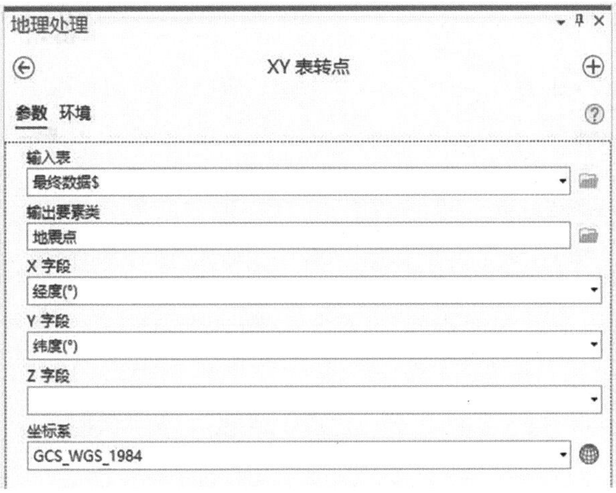

地理处理
XY 表转点
参数 环境
输入表
最终数据$
输出要素类
地震点
X 字段
经度(°)
Y 字段
纬度(°)
Z 字段
坐标系
GCS_WGS_1984

图 5-57　导入 *XY* 数据

(1)新建一个全局场景。

(2)加载地震点数据，对点样式进行调整。选择“符号系统”→“分级符号”，按震级设置符号，如图 5-58 所示。

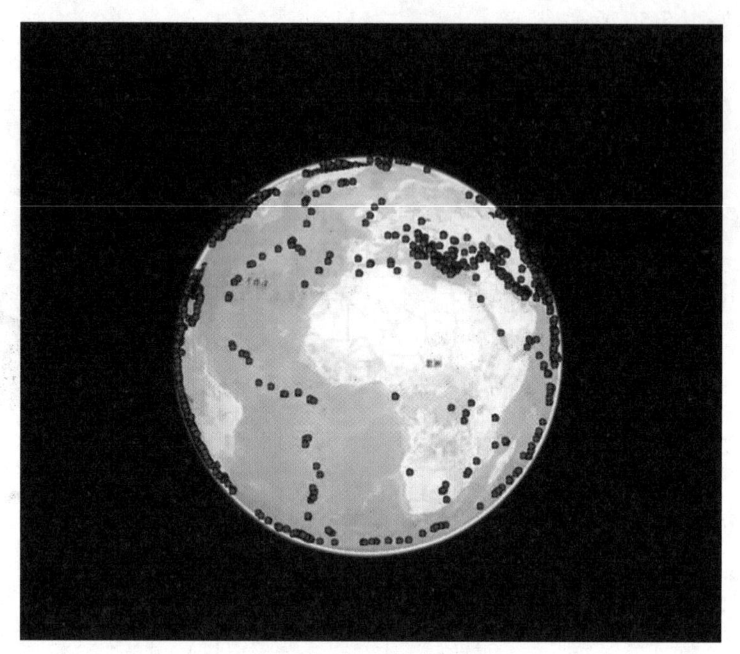

图 5-58　加载地震数据

(3)加载全球国界矢量，设置图例填充透明，如图 5-59 所示。

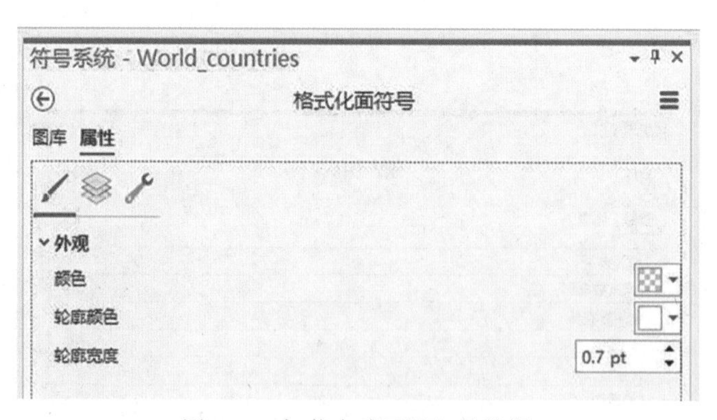

图 5-59　加载全球国界矢量数据

(4)右键单击“高程表面”→“外观”，把表面颜色调为透明，不显示地球上的纹理，如图 5-60 所示。

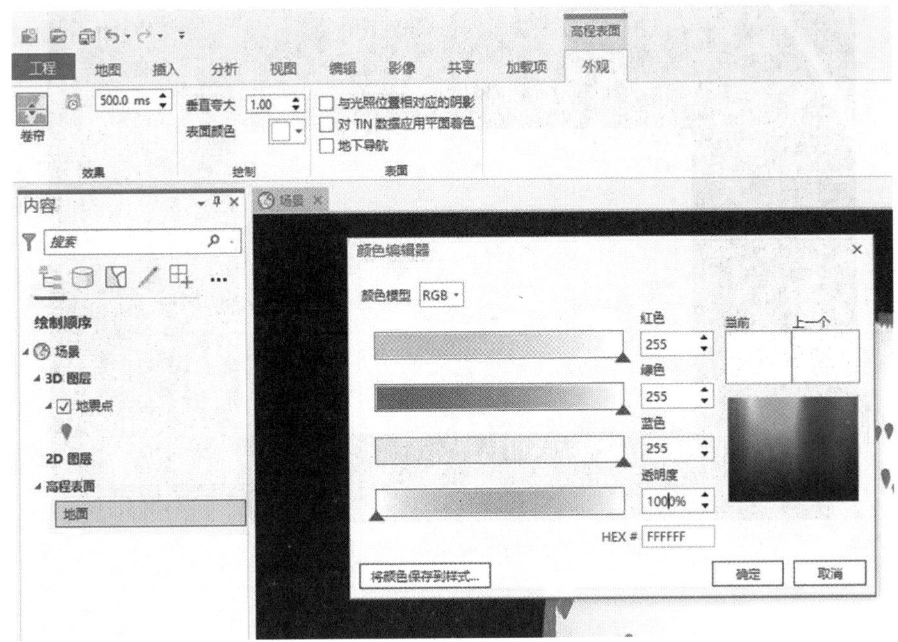

图 5-60　设置高程表面颜色和透明度

(5)地震点数据的高程属性设置，凸显震源的深度(图 5-61)。

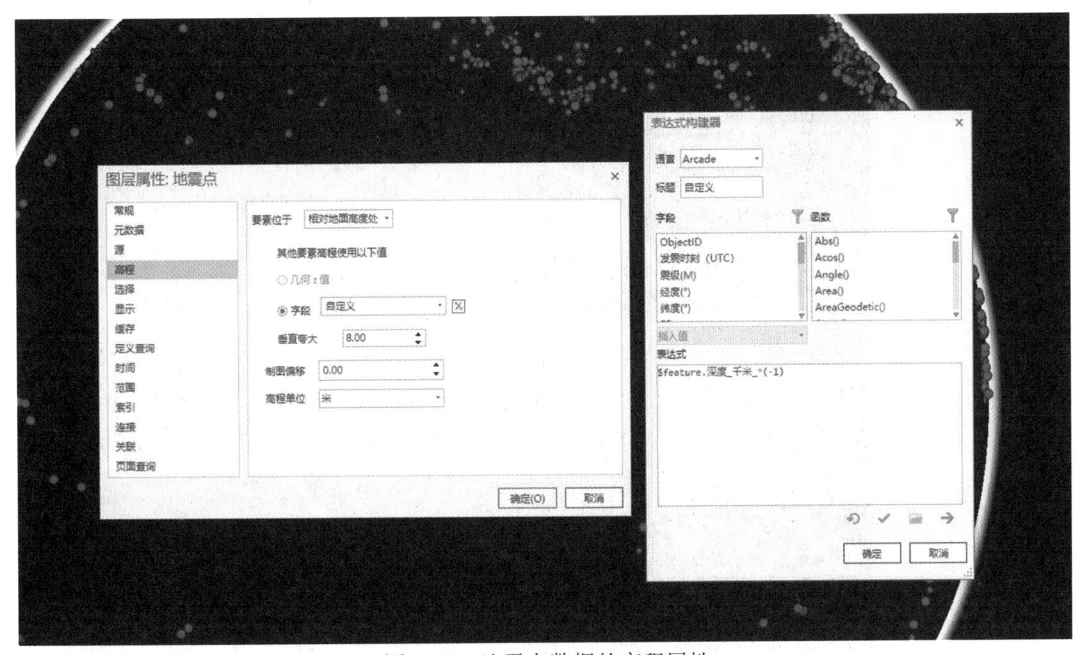

图 5-61　地震点数据的高程属性

(6)打开地震数据的时间属性(图 5-62)：右键单击“属性”→“时间”。

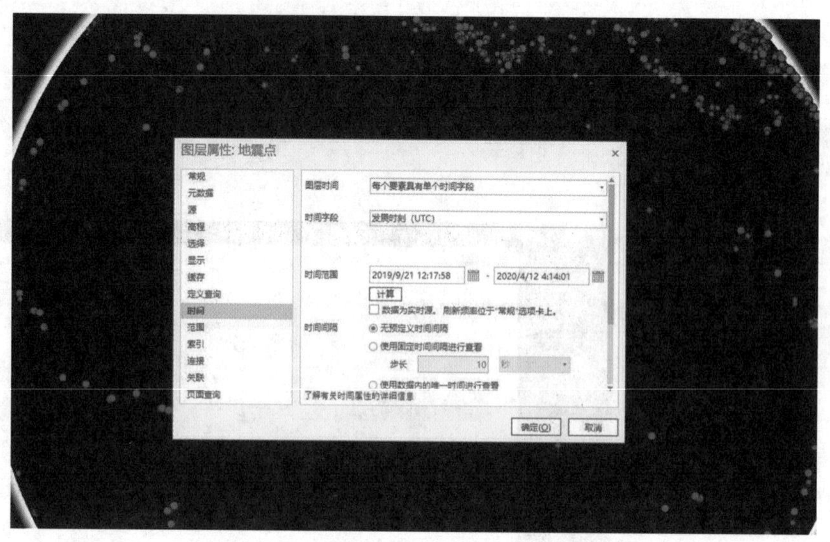

图 5-62　启动地震点数据的时间属性

(7)点击"确定"以后，上方就会出现"时间"选项卡。可以设置跨度来控制显示速度，画面中会出现时间滑块，如图 5-63 所示。结合地图浏览工具，进行时空可视化。

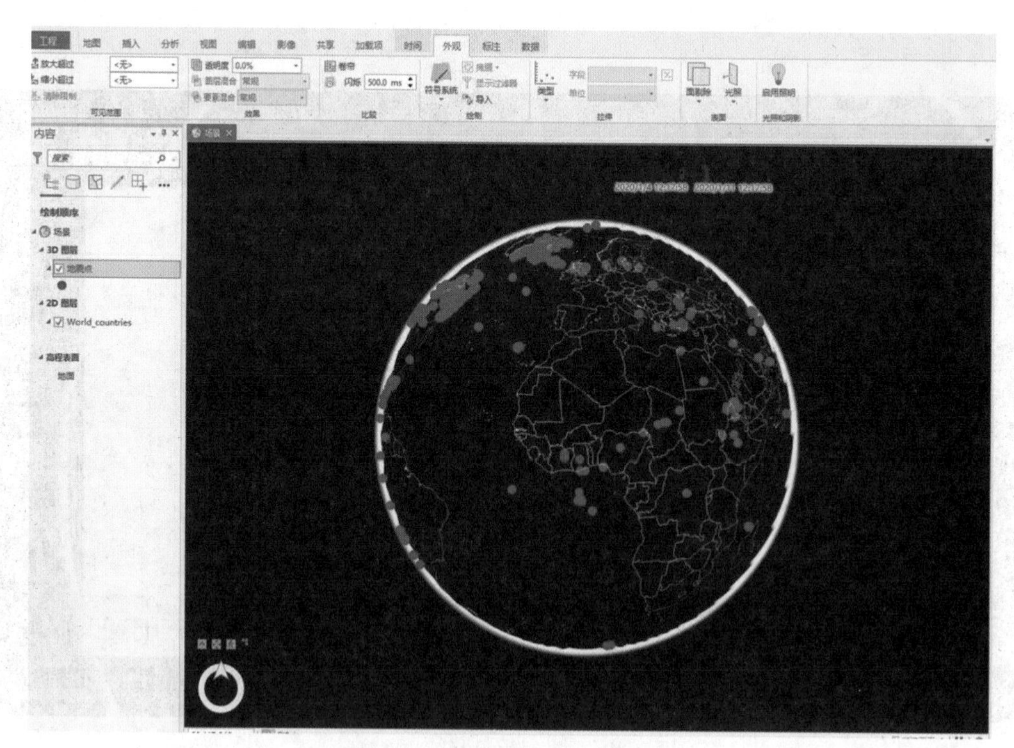

图 5-63　地震数据时空可视化

第6章 空间分析

6.1 空间分析与地理处理概述

空间分析是综合分析空间数据技术的统称，是地理信息系统的核心部分，在地理数据的应用中发挥着举足轻重的作用，用于解决复杂的位置问题、查找模式、评估趋势并作出决策。GeoScene Pro 提供多种多样的分析工具，实现诸如以下 5 个功能：

(1)了解事物的空间位置：李某的办公室在哪里？物流运送卡车走到哪了？解决这两个简单的问题，需要运用地理编码、符号化等 GeoScene 工具，让我们更好地了解事物的空间位置。

(2)探索事物的空间关系：在这个地区发生多少起交通意外事故？距学校最近的医院是哪个？想回答这类问题，通常会用到邻近分析、缓冲区分析、可见范围分析、叠加分析等空间分析方法。

(3)选择最优路径和最佳区位：一段旅途怎样安排最优路线？一家新店应该开在哪里？利用 GIS 进行基于经验数据的选址；可通过包含自定义网络数据(专用道路)和重量、转弯或货物限制来优化行驶路线。

(4)洞悉空间分布模式：哪里是某癌症高发的热点区域？哪里是人口的密集区？可使用数据探测、量化和分析随时间变化的模式，来查找热点和异常值或自然聚类。

(5)预测事物的空间变化情况：森林火将会如何蔓延？疾病的发展态势又是如何？通过强大的建模技术能够对事件作出预测，使我们更好地了解事情的发展态势。

如图 6-1 所示，空间分析是一个常见的 GIS 过程，涉及 7 个步骤：①建立分析目标，列出分析过程中想要回答的一系列问题；②收集、组织和准备数据以进行分析；③构建分析模型；④执行模型并生成结果；⑤探索，评估，制图，总结，解释，可视化，理解和分析结果；⑥作出决定并阐明分析结论；⑦展示最终的结果和发现。由此可以看出，整个分析过程是一部分建模，一部分生成使用一系列地图或摘要报告或统计图表等。GIS 用户探索并解释结果，并使用这些结果得出结论并作出决策。而准备数据，构建分析模型、可视化并理解结果，这些步骤都是空间分析中使用地理处理的部分。在实际操作中，这个过程是迭代的。比如通过结果来修正模型，这样才能把该步骤中获取的知识和结果应用到其他步骤中，从而保证结果的正确性。

GeoScene Pro 软件将空间分析相关的工具统一归并为 Geoprocessing(地理处理)，该类别囊括了处理地理数据和进行空间分析的框架和工具集。通过 GeoScene Pro 软件的“分析菜单”选项卡可访问 GeoScene Pro 中的所有地理处理工具。地理处理工具是对 GIS 数据执行操作的命令或功能，工具共分为3种类型，如表6-1所示。所有工具均可在地理处理窗格中打开和运行，还可在模型构建器中使用任何工具或从Python脚本中调用。

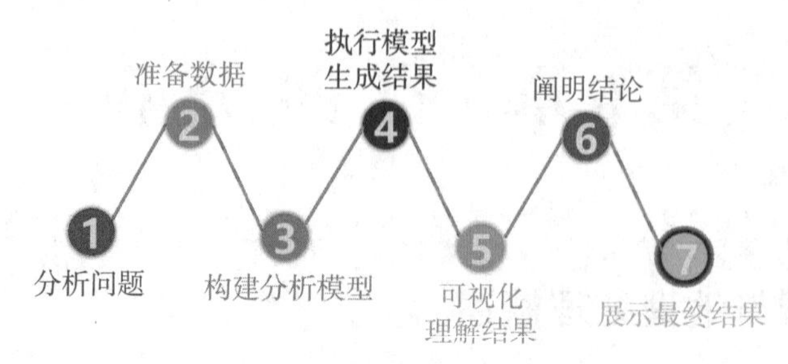

图6-1　空间分析一般流程

表6-1　**GeoScene Pro 中的工具类型**

工具类型	说　明
内置工具	内置工具由 GeoScene 在内部构建
模型工具	在模型构建器中创建的模型工具
脚本工具	脚本工具可在磁盘上运行脚本文件，通常是 Python 文件

内置工具不能编辑。

模型构建器是一种可视化脚本语言，用于构建对地理处理工作流进行建模的新工具。在模型构建器中，可按数据处理顺序将地理处理工具串联在一起，将其中一个工具的输出作为另一个工具的输入。在模型视图内完成模型构建器工具的构建，该视图以图表形式直观地表示每个处理工具和数据元素。

可以使用Python脚本语言编写运行地理处理工具并自动执行各种GIS任务的脚本。使用脚本语言的程序即是脚本。通过基于文本的语言创建脚本并在任意文本编辑器或集成开发环境(IDE)中进行编辑。Python是GeoScene使用的脚本语言，而且GeoScene包括将GeoScene功能添加到Python包ArcPy。GeoScene Pro使用Python 3. x。

在地理处理框架中，脚本与模型的相似之处是，用户可以编写运行多个地理处理工具，并使用其他函数和逻辑来自动执行地理处理工作流的脚本。编写脚本后，可将其转成地理处理工具，并通过创建Python脚本工具运行该工具。

地理处理工具一般简称为工具，能够很好地处理各种空间操作。工具按类别分组为工具集，工具集被收集到工具箱中。GeoScene Pro中提供了1000多个工具，工具集按功能分类如图6-2所示。

空间分析需要合适的工具进行数据处理。找到和打开地理处理工具的主要位置是“分析菜单”选项卡和“地理处理”窗格，还可以在地理处理窗格顶部的搜索栏中输入搜索短语以查找地理处理工具。如果知道工具的名称，则可按照名称搜索地理处理工具，也可以通过描述要执行的操作类型(如邻近、合并)进行搜索。搜索结果中还会显示工具描述文本和指示每个工具相关详细信息的图标，光标滑到图标上可以看到如图 6-3 所示的解释。

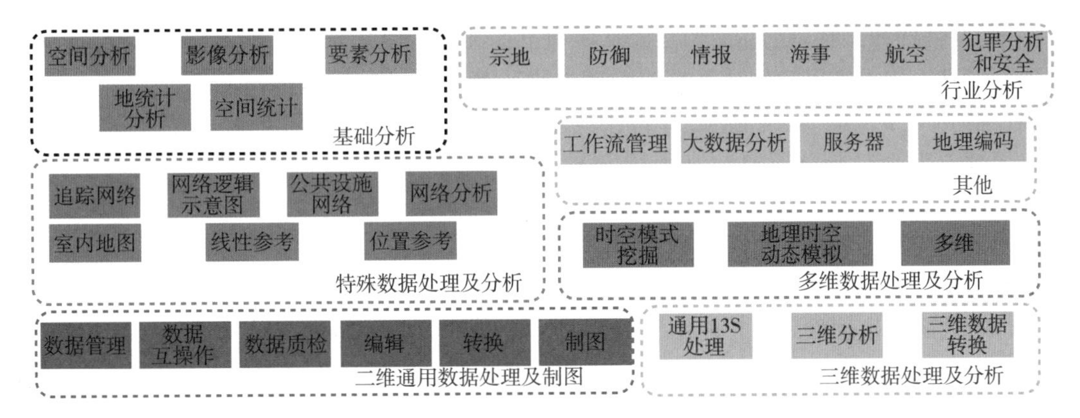

图 6-2　工具分类

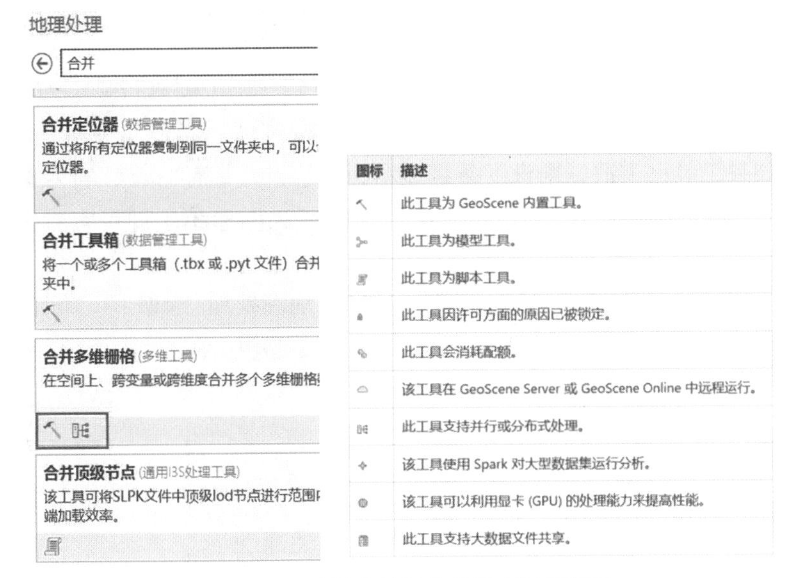

图 6-3　工具搜索结果及其类型图标解释

打开某个地理处理工具时，会在地理处理窗格中显示该工具的对话框。在工具对话框中，需要指定正确的参数和环境后运行工具。

首先了解参数。一个工具可具有几个或多个选项或参数。针对选择数据集、输入数值或从选择列表进行选取等任务，每个参数都显示一个控件。这些参数均有帮助文档，可以通过将光标悬停在参数旁边的“信息”图标上进行查看。使用地理处理工具时，软件会自动检查为每个参数指定的值以确定其是否有效，如果存在问题，则会产生警告或错误。此过程称为参数验证。参数可以是必选参数或可选参数。以红色星号表示的是必选参数，必须为待运行工具填写必填参数。如使用默认操作，可将可选参数留空或者不进行修改。要将工具重置为其默认参数状态，打开位于“地理处理”窗格底部的“运行”菜单，然后选择重置参数。

其次，环境的设置。环境设置可被视为影响工具执行的附加参数。可在“地理处理”窗格中工具页面的“环境”选项卡上修改影响工具性能的附加选项。所有环境设置均为可选项。只有应用于特定的打开工具的地理处理环境才会显示在“环境”选项卡上。工具页面“环境”选项卡中的“环境选项集”将仅应用于运行该工具的特定实例。如果在地理处理历史记录中重新打开该工具，则环境设置将被保留；否则，所有环境设置都将为默认设置。

要设置应用于项目中执行的所有地理处理环境，请从“分析”→“地理处理”→“环境”中打开的“环境”窗口中设置环境。地理处理环境通常使用“工程环境”窗口设置一次，并在执行时被所有地理处理工具使用。工程的地理处理环境设置和工程一同保存并应用于该工程工作时用到的所有地理处理工具。环境设置能对地理处理工具产生很大影响。例如，可通过设置范围环境来使工具在执行时仅使用当前地图范围内的要素；应用于栅格数据的工具还可以通过设置环境中的分辨率参数设定输出栅格的分辨率；还可以设置输出坐标系环境，这样工具输出便可自动投影到其他坐标系，需要注意有时自动投影的结果并不正确。

当工具完成时，如果工具已完成且没有错误或警告，则进度条将显示为绿色，并带有“复选标记”符号；如果工具已完成但带有警告，则进度条将显示为黄色，并带有“警告”符号；如果工具已失败，则进度条将显示为红色，并带有“错误”符号。要查看工具消息，单击“查看详细信息”，或将光标悬停在“状态”图标上即可查看警告消息。工具完成运行后，默认将工具运行的结果添加到活动地图。

每次运行完工具时，都会向“历史记录”窗格的“地理处理”选项卡下添加一个新条目。切换至“分析菜单”功能区选项卡。单击“历史记录”按钮；在“历史记录”窗格上，切换至“地理处理”选项卡；将光标悬停在工具条目上可以获取有关工具执行的信息和消息。可以双击该条目以使用相同的参数值重新打开工具。

6.2　矢量数据空间分析

一般而言，所有针对矢量数据的分析工具都是矢量数据空间分析工具。例如，在GeoScene Pro中的分析工具箱、网络分析工具箱、公共设施网络工具箱、网络逻辑示意图工具箱等。但是网络分析工具箱、公共设施网络工具箱、网络逻辑示意图工具箱针对特定的数据，用来解决特定的问题。其中网络分析工具箱用于构建交通网模型的网络数据集进行维护及分析，通常称为网络分析，在后续章节中进行介绍。

6.2.1　分析工具箱概述

本节讲解的矢量数据空间分析部分，只针对通用矢量数据，这里主要介绍分析工具箱中的工具，主要包括叠加、邻近、提取、统计等工具集，如图6-4所示。借助此工具箱中的工具，可执行叠加分析、创建缓冲区、计算统计数据、执行邻域分析及更多操作。

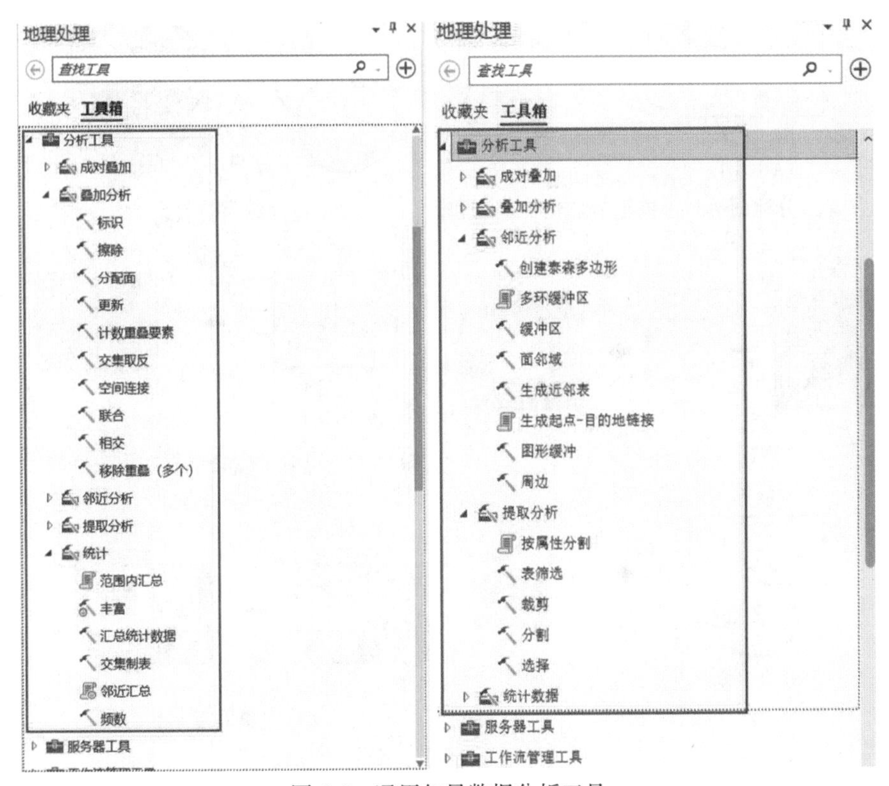

图 6-4　通用矢量数据分析工具

分析工具箱包括 5 个工具集。每个工具集均可针对要素数据执行特定的 GIS 分析。

“叠加分析”工具集中的工具用于叠加多个要素类以合并、擦除、修改或更新空间要素，从而生成新要素类。将一个要素集合与另一个集合叠加时会创建新信息。所有叠加操作都涉及将两组要素合并成一组要素，以确定输入要素间的空间关系。各工具的原理示意图如图 6-5 所示。

“叠加分析”工具集中的“空间连接”工具根据要素(行)的相对空间位置对连接要素值行与目标要素值行进行匹配。目标要素和来自连接要素的被连接属性写入输出要素类。“移除重叠(多个)”工具用于移除多个输入图层中包含的面之间的重叠。

“成对叠加”工具集包含一些工具，出于功能和性能方面的考虑，例如并行处理，这些工具可作为许多经典叠加工具的替代工具使用，如缓冲区、融合等。

“邻近分析”工具集包含用于确定一个或多个要素类中或两个要素类间的要素邻近性的工具。这些工具可识别彼此间最接近的要素，或计算各要素之间的距离。该工具集面向最基本的 GIS 问题“什么在什么附近”，例如：这口井距离某个垃圾填埋场有多远？距离某条溪流 1000m 之内是否有道路通过？两个位置之间的距离是多少？距某物最近或最远的要素是什么？一个图层中的每个要素与另一个图层中的要素之间的距离是多少？从某个位置到另一个位置最短的街道网络路径是哪条？各工具的示意图如图 6-6 所示。

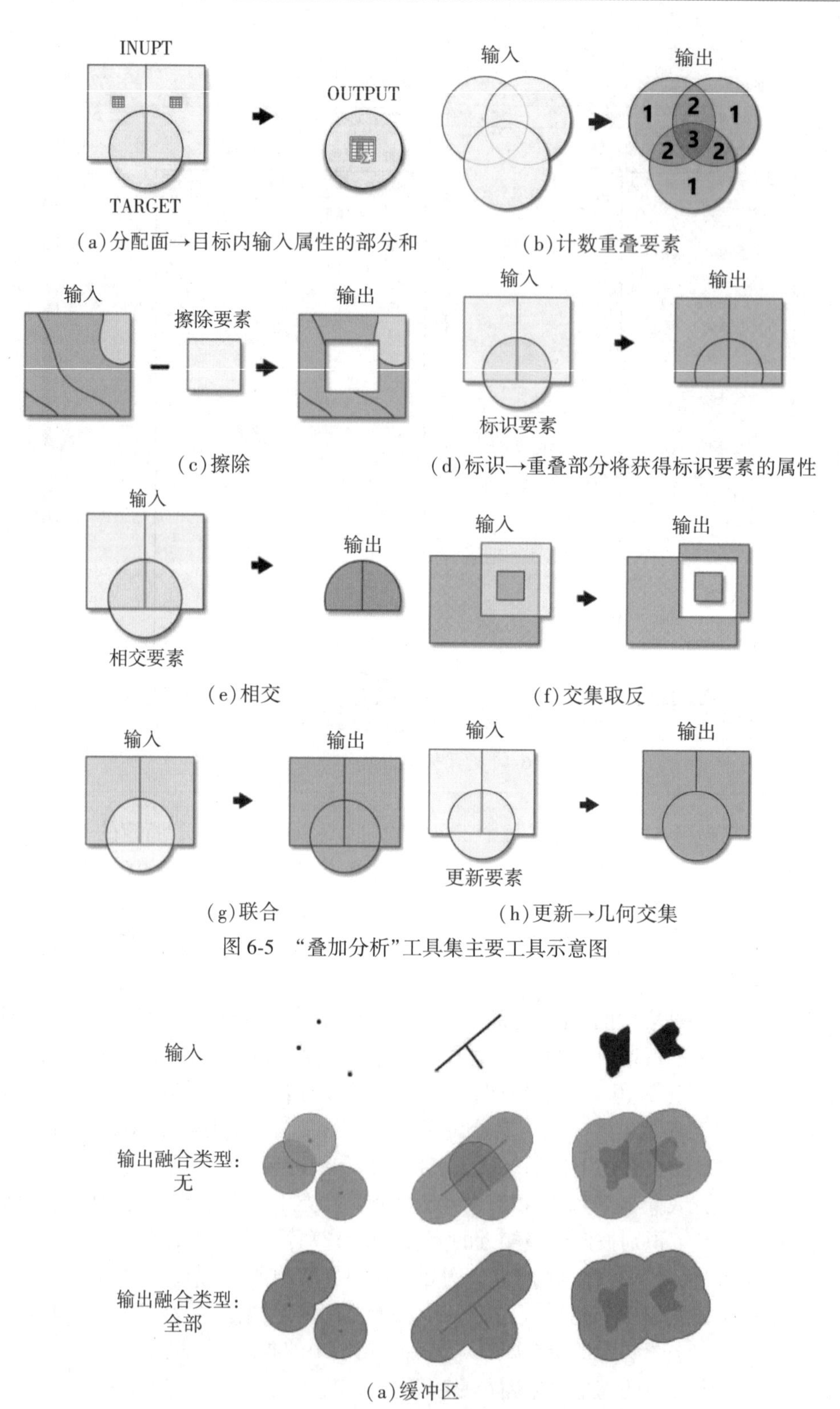

图 6-5　“叠加分析”工具集主要工具示意图

(a)缓冲区

图 6-6　“邻近分析”工具集中的各工具示意图(一)

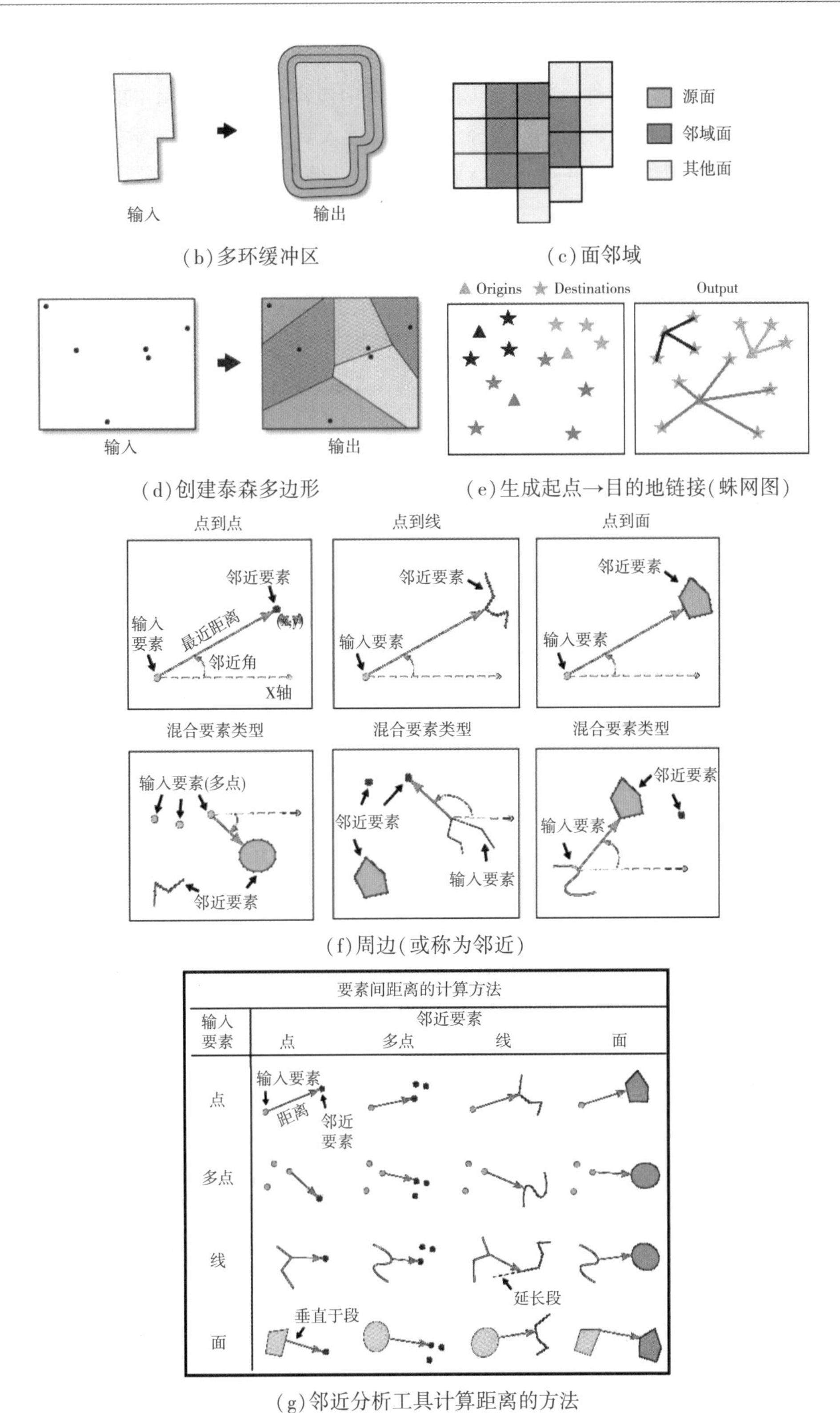

图 6-6 “邻近分析”工具集中的各工具示意图(二)

“提取分析”工具集中的工具允许通过查询(SQL 表达式)或空间和属性提取操作来选择要素类或表中的要素和属性，来应对 GIS 数据集中包含超出实际需求的数据。该工具集中主要的工具如图 6-7 所示。此外，选择工具，从输入要素类或输入要素图层中提取要素(通常使用选择或结构化查询语言(SQL)表达式)，并将其存储于输出要素类中。按属性分割工具，按唯一属性分割输入数据集。表筛选工具，筛选与结构化查询语言(SQL)表达式匹配的表记录并将其写入输出表。

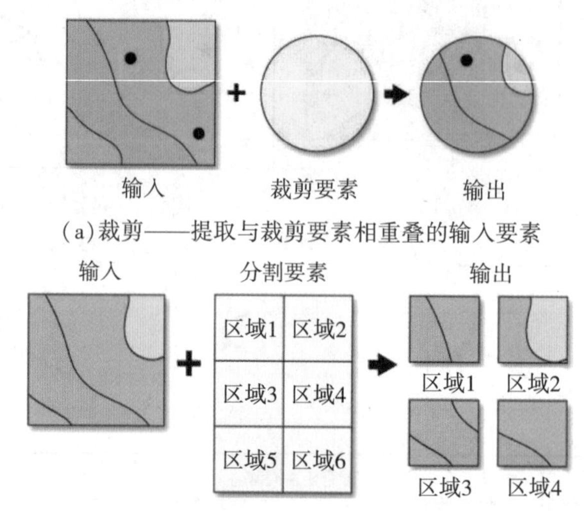

(a)裁剪——提取与裁剪要素相重叠的输入要素

(b)分割——具有叠加要素的输入以创建输出要素类的子集

图 6-7　“提取分析”工具集中的主要工具

“统计分析”工具集不仅包含对属性数据执行标准统计分析(例如总和、平均值、最小值、最大值、标准差、计数、第一个、最后一个、中值、方差和唯一值)的工具，也包含对重叠和相邻要素执行面积计算、长度计算和计数统计的工具。该工具集还包括丰富工具，可将人口统计数据或景观数据(如森林百分比)添加到数据中。丰富工具通过添加与数据位置周围或内部的人员及地点相关的人口统计和景观信息来丰富数据，该工具需要登录到 GeoScene Online 或已安装 Business Analyst Data。频数工具读取表和一组字段，并创建一个包含唯一字段值及各唯一字段值所出现次数的新表。邻近汇总的典型情景：计算在建议的新商店位置 5 分钟车程内的总人口数；计算在建议的新商店位置的 2km 行驶距离内的高速公路匝道数，以便测量商店的可达性。邻近汇总需要使用网络分析权限登录 GeoScene Online 组织账户。范围内汇总工具，将一个面图层与另一个图层叠加，以便汇总各面内点的数量、线的长度或面的面积，并计算面内此类要素的属性字段统计数据，如图 6-8(a)所示。汇总统计数据工具为表中字段计算汇总统计数据，实际通常用在属性表的操作中。交集制表工具计算两个要素类之间的交集并对相交要素的面积、长度或数量进行交叉制表，如图 6-8(b)所示。

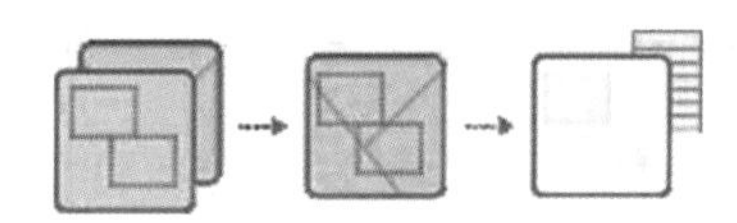

(a)范围内汇总

输出

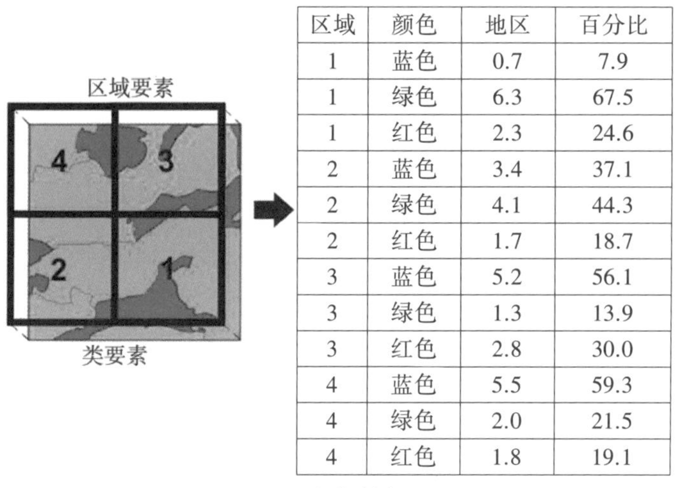

区域	颜色	地区	百分比
1	蓝色	0.7	7.9
1	绿色	6.3	67.5
1	红色	2.3	24.6
2	蓝色	3.4	37.1
2	绿色	4.1	44.3
2	红色	1.7	18.7
3	蓝色	5.2	56.1
3	绿色	1.3	13.9
3	红色	2.8	30.0
4	蓝色	5.5	59.3
4	绿色	2.0	21.5
4	红色	1.8	19.1

(b)交集制表

图 6-8　“统计分析”工具集内工具示意图

6.2.2　叠加与邻近分析练习

本小节使用济南市中心社区卫生站点数据，利用叠加和邻近分析来统计各街道可被服务的人员数量。

新建一个地图模板工程，命名为 SpatialAnalyst，将 GeospatialAnalyst 文件夹链接至工程，添加该文件夹下 SAPractice. gdb 数据库中的“街道办”和“社区卫生服务机构”两个要素类。首先，观察两个要素类的属性表，社区卫生服务机构的主要属性为其名称，街道办的主要属性为名称、所属行政区划和人口密度(单位为人/平方千米)，如图 6-9 所示。

假设卫生站点服务范围为 800m，首先对卫生服务站点做缓冲区；然后将该缓冲区与街道办行政区划进行叠置，得到被卫生服务站点覆盖到的具体街道；再计算服务惠及的人口数据，利用面积乘以人口密度；最后对叠置求交中街道被分割到多个面要素进行统计，得到各街道可被服务的人员数量。

打开“地理处理”窗格，依次选择“分析工具”→“邻近分析”→“缓冲区”或直接在“地理处理”窗格上部搜索“缓冲区”后选择合适的工具，输入选择“社区卫生服务机构”，输出设置为工程数据库中的“HealthSite_buffer”，“距离”选择“800”，“线性单位”选择“米”，“方法”选择“平面”，“融合类型”选择“将全部输出要素融合为一个要素”，结果如图 6-10 所示。

类似地，打开“分析工具”→“叠加分析”→“相交”，“输入要素”选择“HealthSite_buffer”和“街道办”，输出要素类设置为工程数据库中的“HS_buffer_JDB_intsct”，其他参

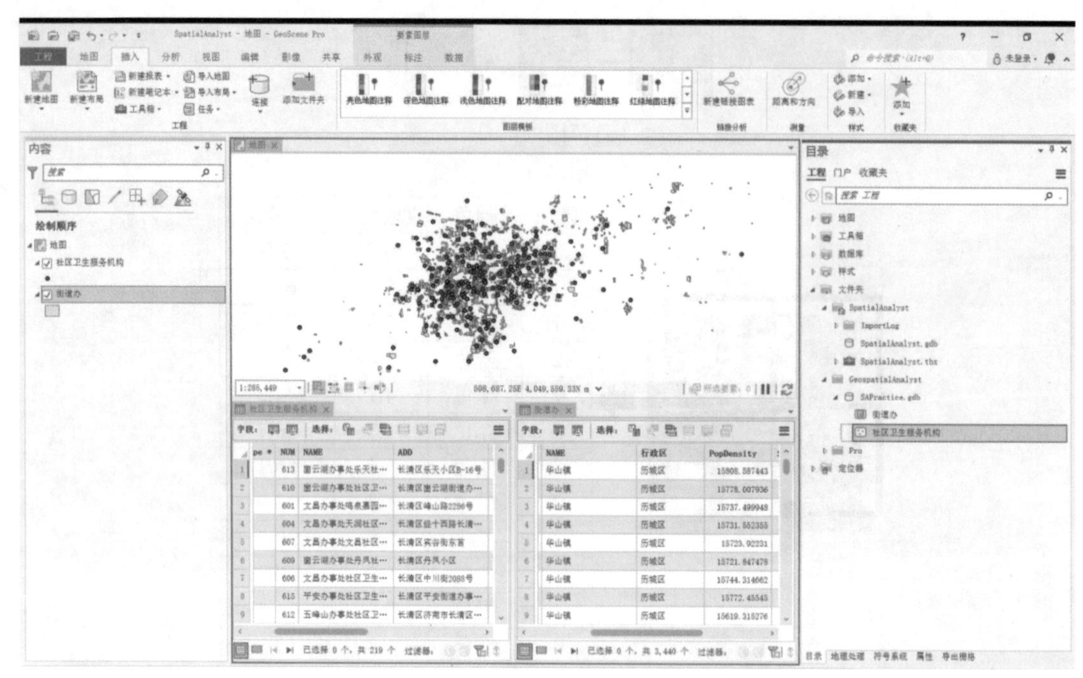

图 6-9　矢量分析数据示例

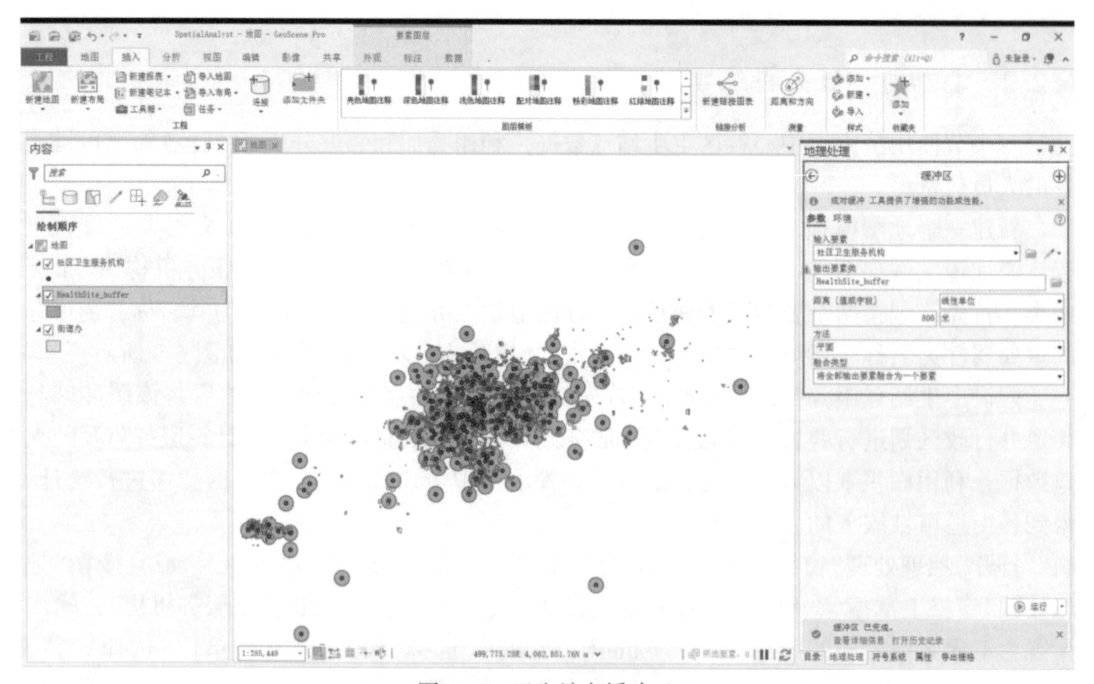

图 6-10　卫生站点缓冲区

数保持不变，结果如图 6-11 所示。HS_buffer_JDB_intsct 图层为卫生服务站点能够辐射到的街道区域。

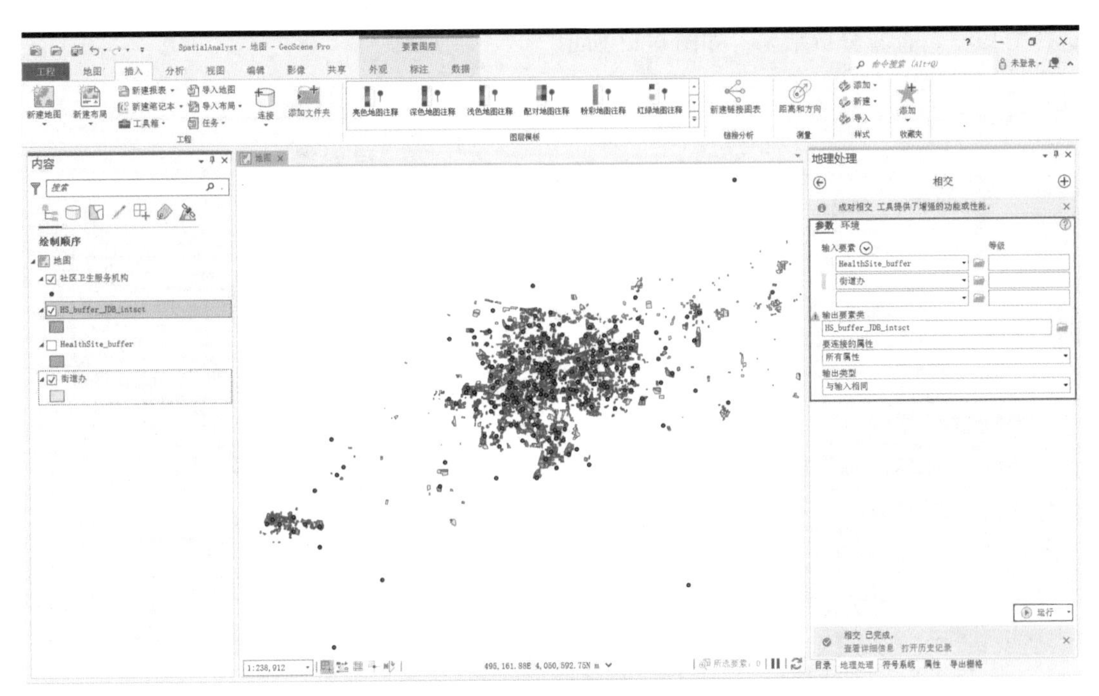

图 6-11　卫生站点缓冲区与街道区划求交

下一步则需要计算 HS_buffer_JDB_intsct 图层中各街道的面积，进而统计人数。打开该图层的属性表，可以看到属性表中已经存在一个“Shape_Area”字段，该字段是每个要素的面积属性，但我们需要单位为平方千米的面积属性。选择菜单中“数据”→“字段”，为该数据添加两个字段，如表 6-2 所示，随后点击菜单中“字段”→“保存”。

表 6-2　**相交表增加字段**

字段名	别名	类型
Area_SKM	面积	浮点型
ServePopulation	服务人口数	长整型

在“HS_buffer_JDB_intsct”属性表中，右击“面积”字段，点击“计算几何”，在弹出的对话框中，为属性选择“面积”，面积单位选择“平方千米”，点击“确定”。再右击“服务人口数”字段，选择“计算字段”，通过双击字段，点击“运算符”，得到“ServePopulation = ! PopDensity！ *！ Area_SKM!”，点击“确定”，得到结果如图 6-12 所示。

浏览该图层属性表，可以看到同一个街道办名称出现了多次，这里使用“汇总统计”工具来统计每一个街道办被服务人员的数量。在“地理处理”窗格上部搜索“汇总统计”，打开“汇总统计数据”工具，“输入表”选择“HS_buffer_JDB_intsct”，“输出表”选择工程数据库下的“JDB_Service_Pop”，“字段”选择“服务人口数”，“统计类型”选择“总和”，“案例分组字段”选择“Name”，点击“运行”得到结果。在内容窗格中右击“JDB_Service_Pop”，选择“打开”，查看分析结果，如图 6-13 所示。

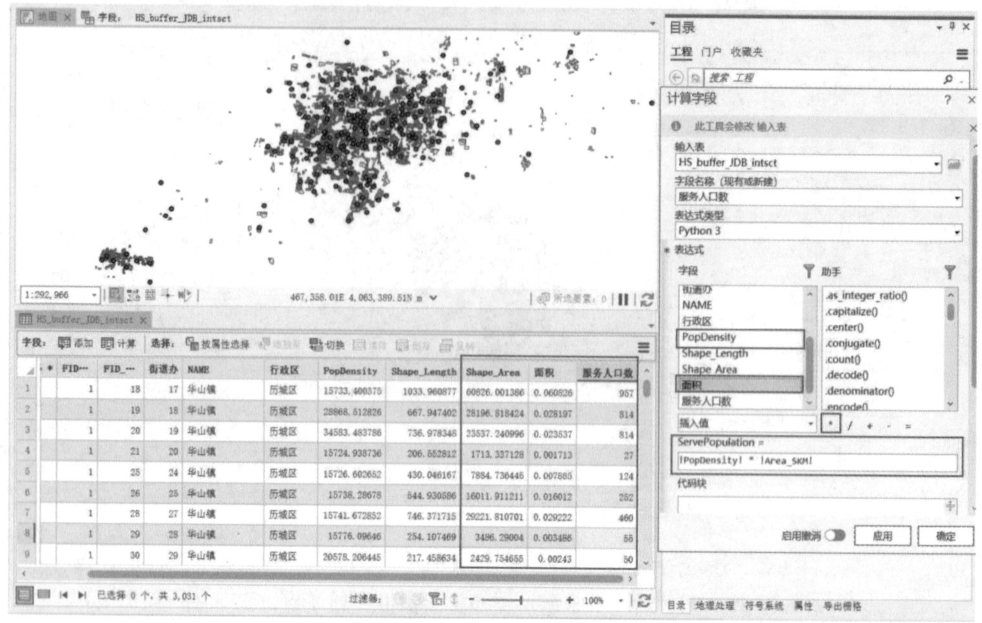

图 6-12 字段计算与结果

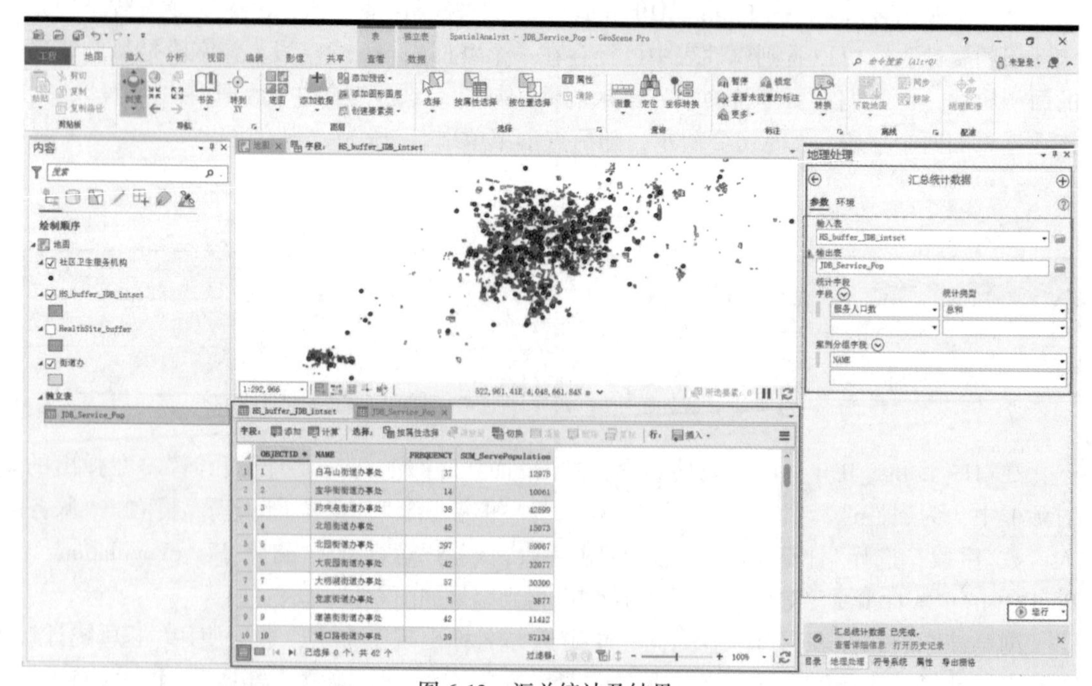

图 6-13 汇总统计及结果

6.2.3 计算生态保护区

某地在规划公路线路时可能会穿越鸟类保护区，为避开此类区域保护生态环境，从而顺利开展公路勘测选线设计，需提取鸟类栖息地。鸟类生活的区域应符合以下条件：①植被是鸟类喜欢觅食的类型；②坡度小于40°；③与公路有一定距离；④面积较大，比如大于0.1km^2。数据处理分析流程如图6-14所示。

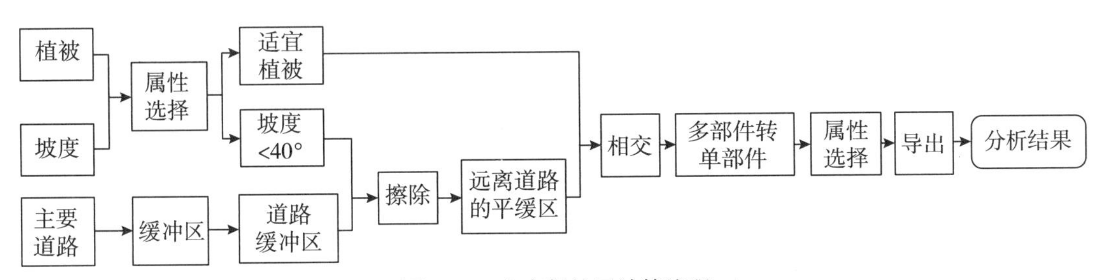

图6-14 生态保护区计算流程

在目录窗格中删除当前地图，插入一个新的地图，添加GeospatialAnalyst文件夹下SAPractice.gdb数据库中的Ecosystem数据集中的“植被类型”“坡度”“主要道路”三个图层至地图中。查看这三个要素类的属性表，观察其中的属性信息，注意“植被类型”图层的“HABITAT”字段、“坡度”图层的“坡度”字段及“主要道路”的“Distance”字段。有了这些处理好的数据，上述鸟类生态保护区选择问题的解决思路就是从相应数据图层(植被类型、坡度)选取满足条件的要素作为新的图层，与公路缓冲区求交后再选择面积较大的要素输出。

(1)使用菜单中“地图”→“选择”→“按属性选择”，输入图层“植被类型”，表达式为“HABITAT=适宜”，点击“应用”→“确定”。在内容窗格中，右击“植被类型”，点击“选择”→“根据所选要素创建图层”，在内容窗格中出现一个新的图层“植被类型选择”。事实上，该图层并不实际存在，而是“植被类型”要素类的一个数据视图或映射，右击“植被类型选择”图层，查看其源数据信息，可以看到，数据源仍然是数据库中的“植被类型”，且上部提示“此图层由要素的子集构成…”。

(2)与上一步类似，创建坡度小于40°的“坡度选择”图层，如图6-15所示。

(3)为道路图层创建缓冲区。在“地理处理”窗格中搜索“缓冲区”，打开“缓冲区”工具。设置相应的参数，如图6-16(a)所示，“输入要素”选择“主要道路”，“距离”依次选择“字段”和“Distance”，注意末端类型为“圆形”，其他保持不变。下一步需要选出远离道路的区域：使用“擦除”工具，从选择的坡度中擦除掉当前道路缓冲区，得到坡度合适且远离道路的区域Slp_Awf_Road，如图6-16(b)所示。此处使用坡度是因为坡度覆盖范围较大，实际中可用当前范围构造一个范围矩形图层参与分析。

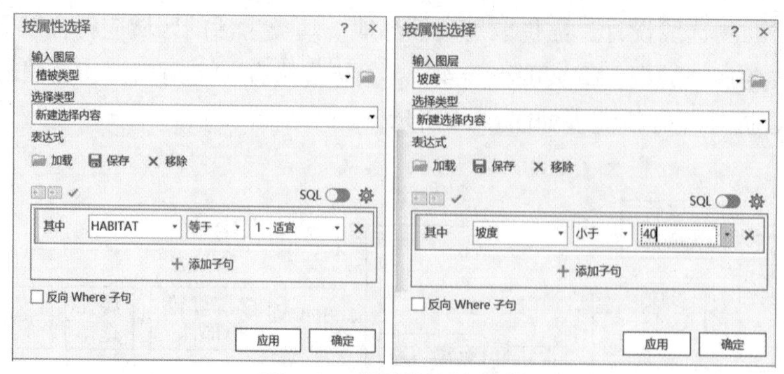

图 6-15　按属性选择要素

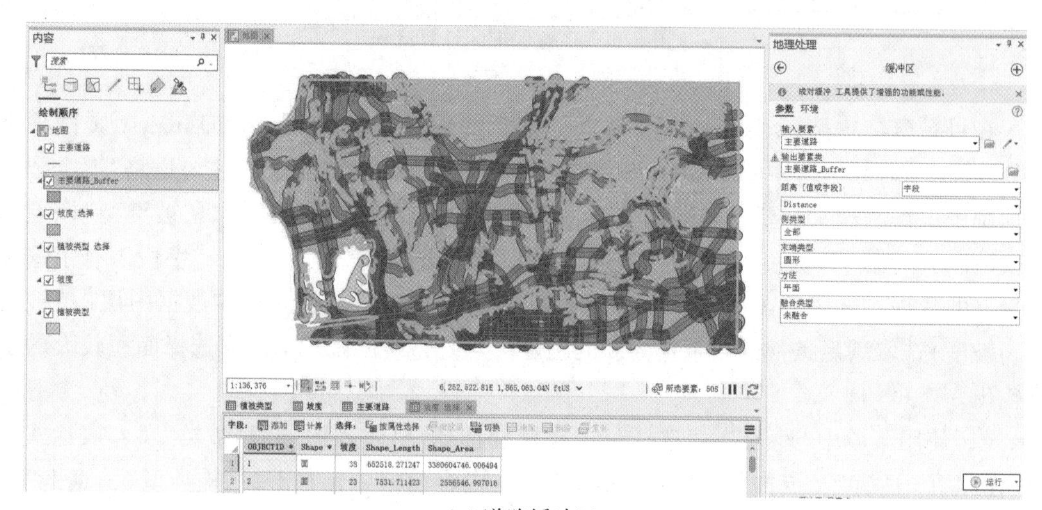

(a)道路缓冲区

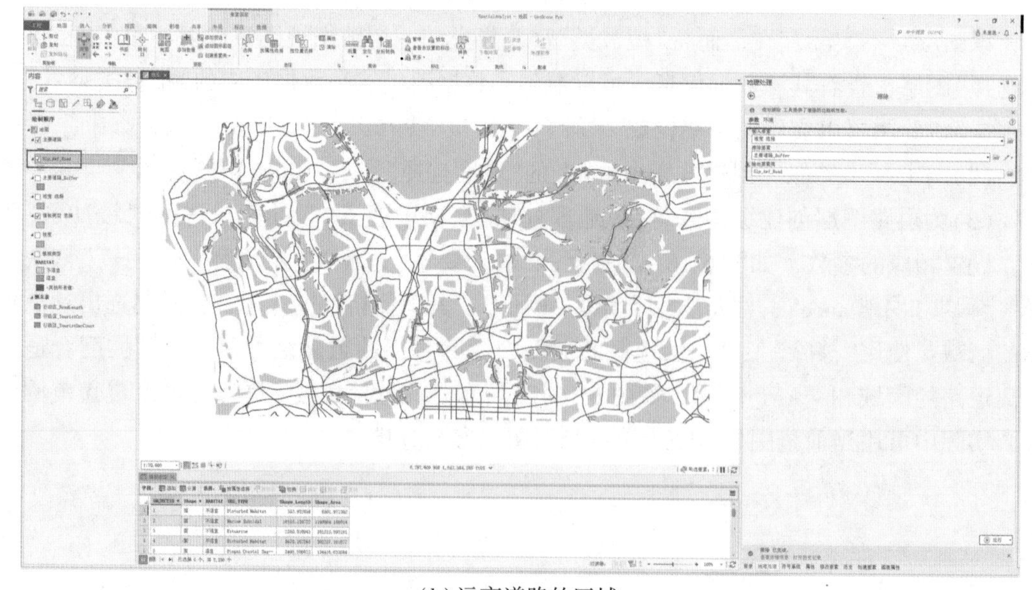

(b)远离道路的区域

图 6-16　远离道路的平缓区

(4)使用“相交”工具，对“植被类型 选择”和“Slp_Awf_Road”两个图层求交，输出为“Plt_Slp_Rd”，如图6-17所示。在内容窗格中，隐藏其他图层。

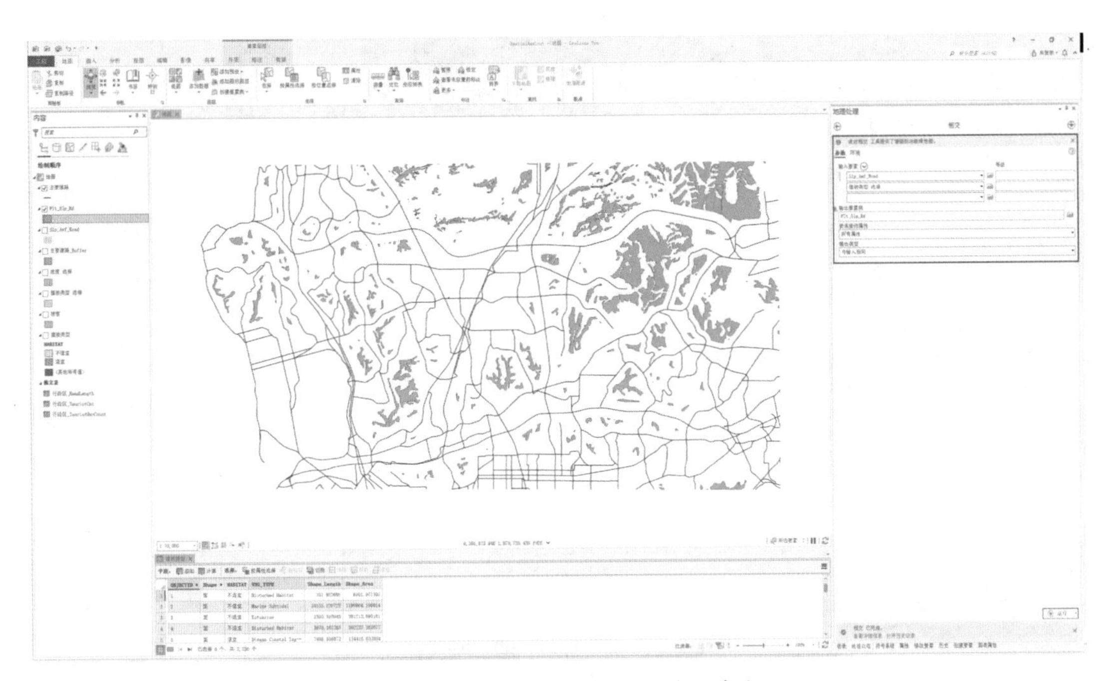

图6-17 道路、指标和坡度三个图求交

(5)根据面积属性从相交图层Plt_Slp_Rd中筛选面积大于0.1km²的要素。需要注意，当前Plt_Slp_Rd数据的坐标系单位为ftUS，其属性表中Shape_Area的单位也是ft²。因此，需要重新计算Plt_Slp_Rd各要素的面积，与上一个例子类似，新增一个字段，使用计算几何方法，得到单位为平方千米的面积。打开菜单中“按属性选择”，为Plt_Slp_Rd图层挑选面积大于0.1km²的要素，如图6-18(a)所示；注意查看图中箭头所指区域，使用浏览方式分别点击查看其属性，如图6-18(b)所示。该区域实际上由2个部分组成，单个部分面积可能小于0.1。因此，需要将多个部分转成单个。

(6)点击菜单中“地图”→“选择”→“清除”，去掉相交图层Plt_Slp_Rd当前的所选中要素，避免只对选中要素进行部件转换。在“地理处理”窗格中，搜索“多部件至单部件”，打开该工具，输入为“Plt_Slp_Rd”，输出设置为“Plt_Slp_Rd_Single”，点击“运行”，查看Plt_Slp_Rd和Plt_Slp_Rd_Single属性表中的要素数量是否相同。

(7)在地图视图中直接点击“要素”，查看图6-18(b)中分成的两个部件“面积”属性，如图6-19所示，左侧部件的面积竟然与右侧相同。需要对Plt_Slp_Rd_Single的“面积”字段再次使用“计算几何”功能以得到正确的值。注意，计算之前先清除选择。

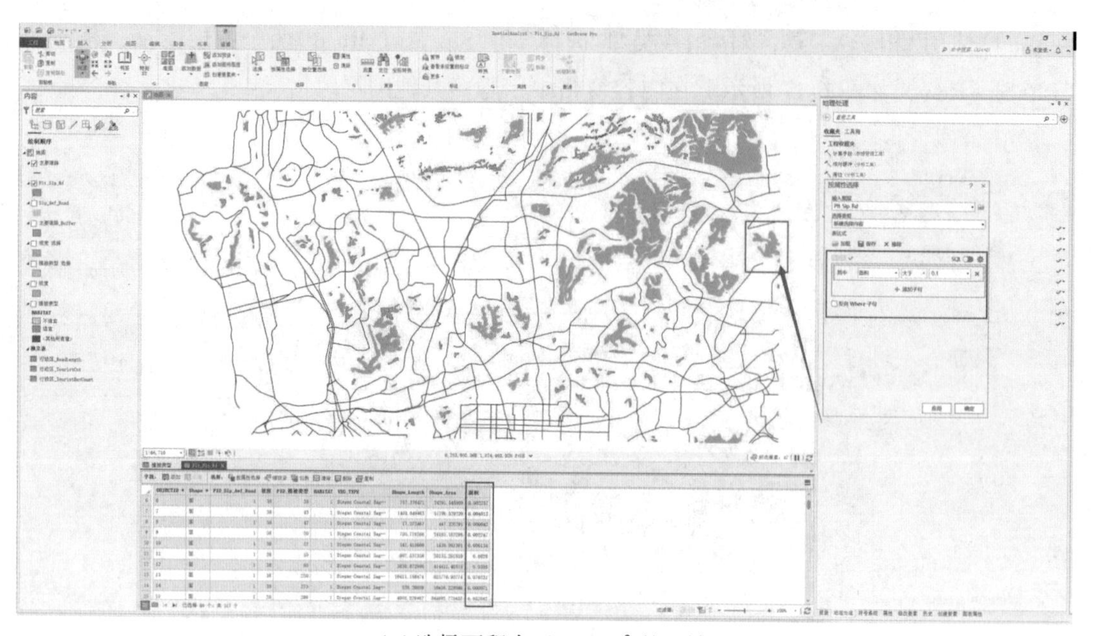

(a)选择面积大于0.1km² 的区域

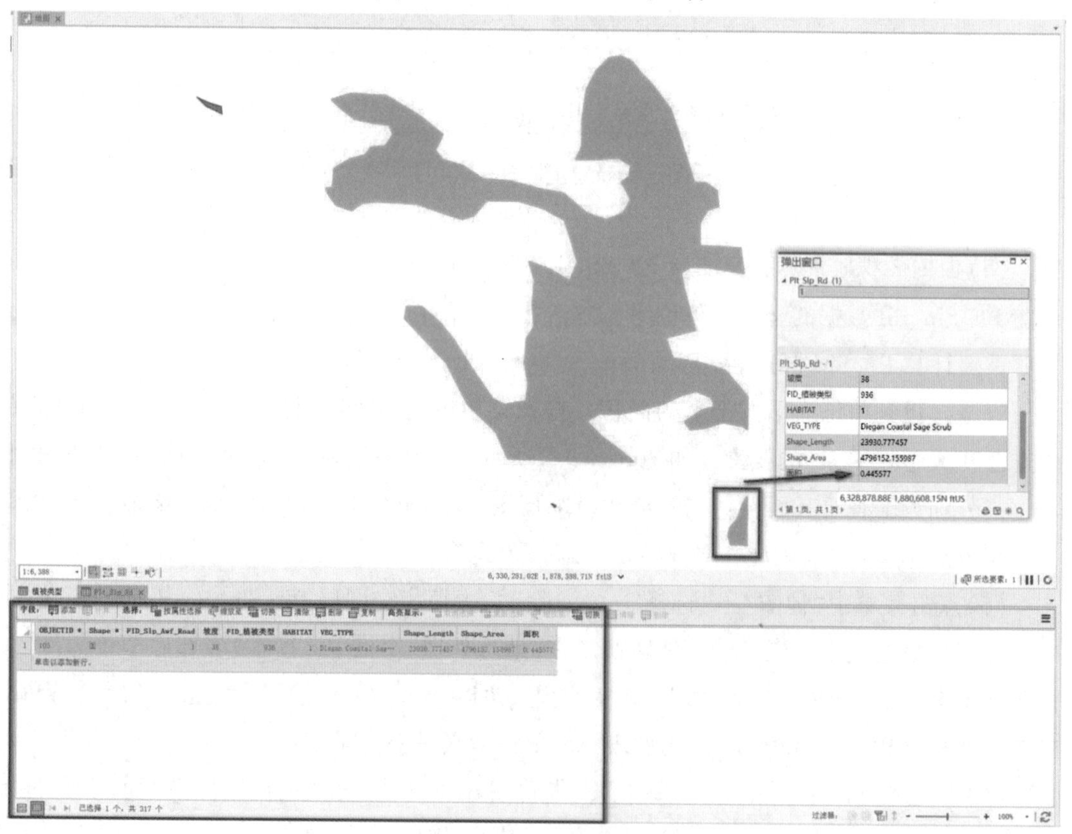

(b)箭头所指区域

图6-18　面积大于0.1km² 的区域

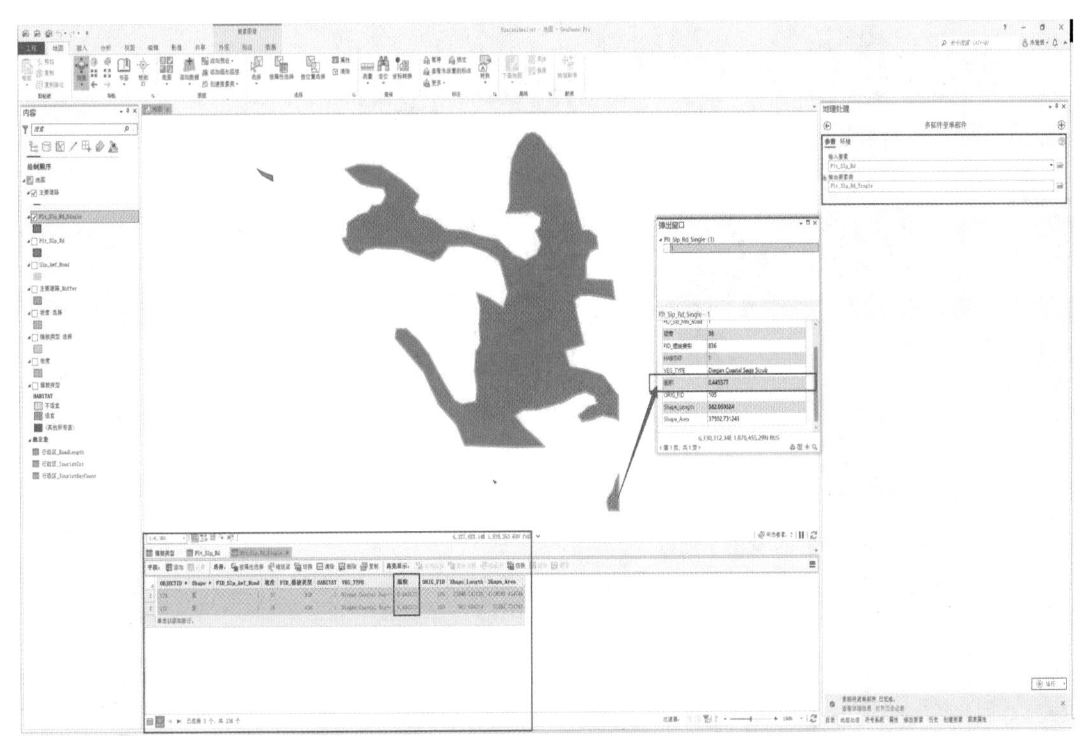

图 6-19　查看要素属性

(8)再次使用“按属性选择”，从 Plt_Slp_Rd_Single 挑选面积大于 0.1km^2 的要素，得到如图 6-20(a)所示的结果。在内容窗格中，右击“Plt_Slp_Rd_Single”，选择“数据”→“导出要素”，“输出位置”选择工程目录，输出名称为“Bird_Protect.shp”，点击“确定”，即可得到鸟类生态保护区的范围成果，如图 6-20(b)所示，交付公路设计方。

GeospatialAnalyst \ SAPractice.gdb \ Ecosystem 数据集内还有“垃圾填埋场”“水井”“新公园”“行政区”“游客”五个要素类。思考以下问题，并进行练习。

(1)新建了公园后，如何更新植被图数据？可使用更新工具，结果如图 6-21(a)所示。

(2)道路经过了哪些区域？可使用空间连接工具，如图 6-21(b)所示。

(3)各区域道路的总长度？可使用交集制表工具，如图 6-21(c)所示。

(4)各区域游客的总数？可使用交集制表工具，如图 6-21(d)所示。

(5)各区域游玩 1、2、3 天的游客人数分别是多少？可使用交集制表工具，需使用“类字段”，如图 6-21(e)所示。

(6)水井距离最近的垃圾填埋场有多远？可使用周边或“邻近分析”工具，如图 6-21(f)所示。

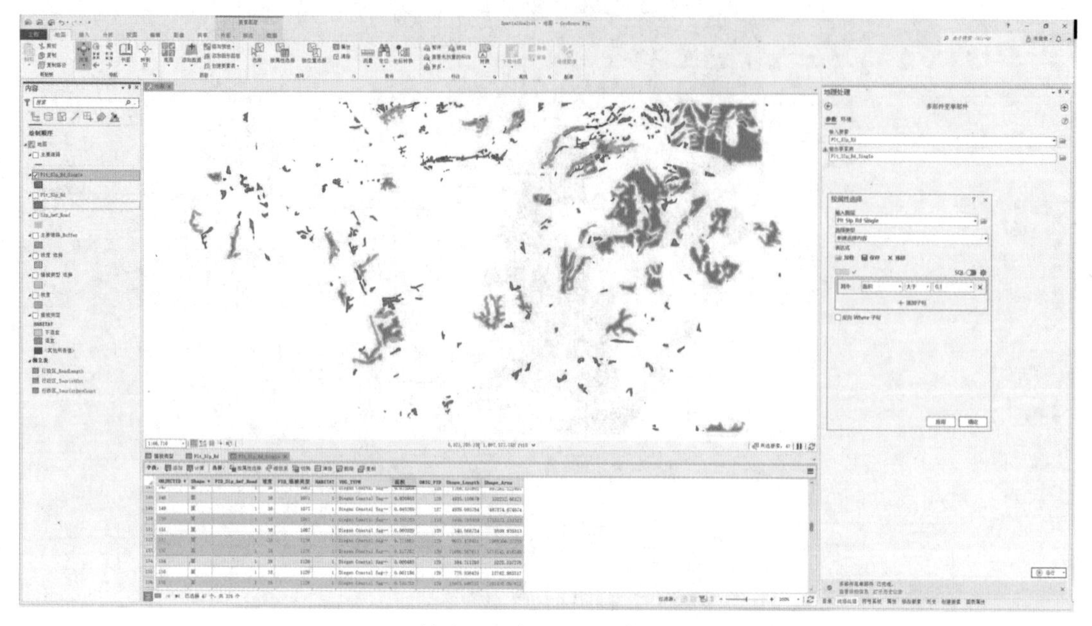

(a)挑选面积大于0.1km^2的要素

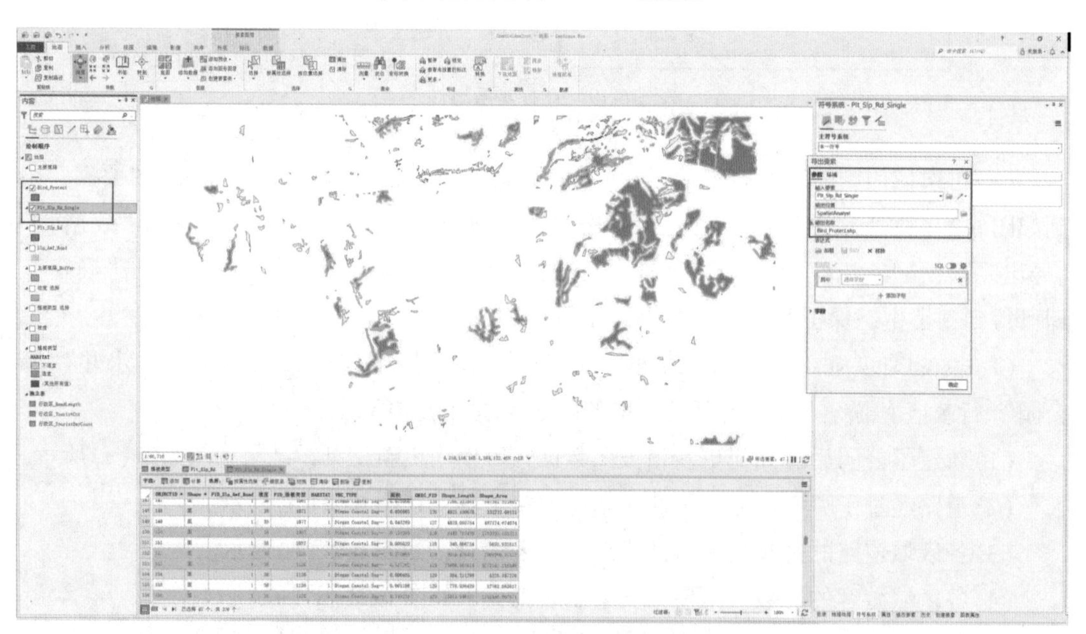

(b)导出的.shp图层

图6-20　筛选并导出所选要素

(a)植被更新

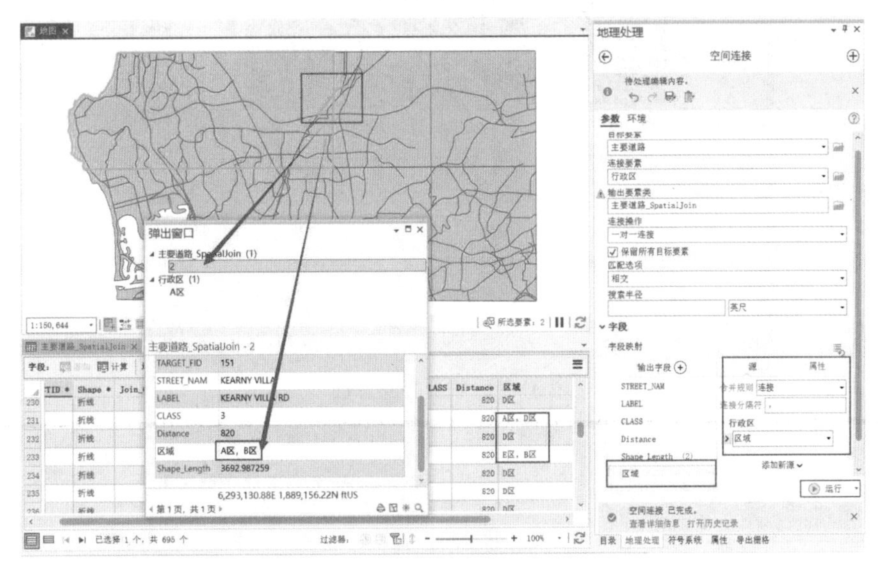

(b)道路经过的区域

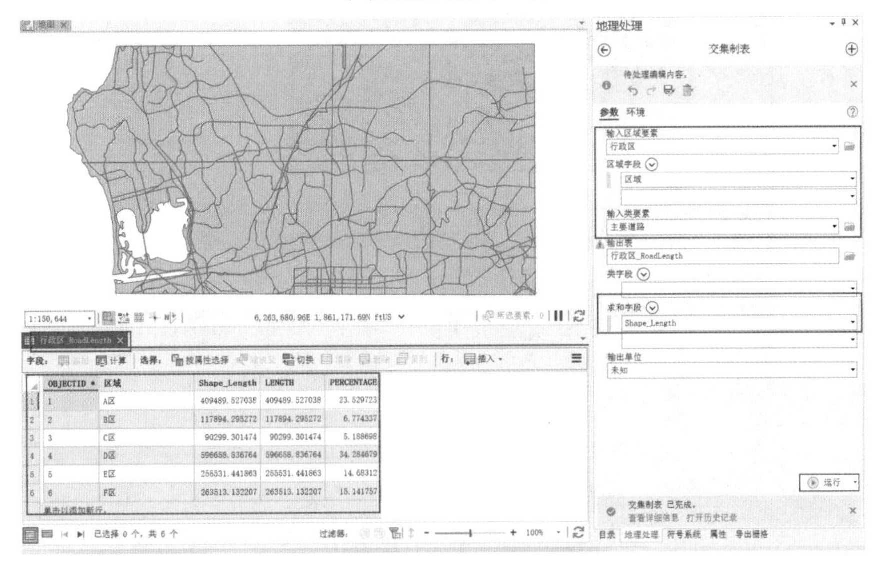

OBJECTID *	区域	Shape_Length	LENGTH	PERCENTAGE
1	A区	409489.527038	409489.527038	23.529723
2	B区	117894.295272	117894.295272	6.774337
3	C区	90299.301474	90299.301474	5.188698
4	D区	596658.836764	596658.836764	34.284679
5	E区	255531.441863	255531.441863	14.68312
6	F区	263513.132207	263513.132207	15.141757

(c)各区域道路的总长度

图 6-21 矢量分析扩展练习(一)

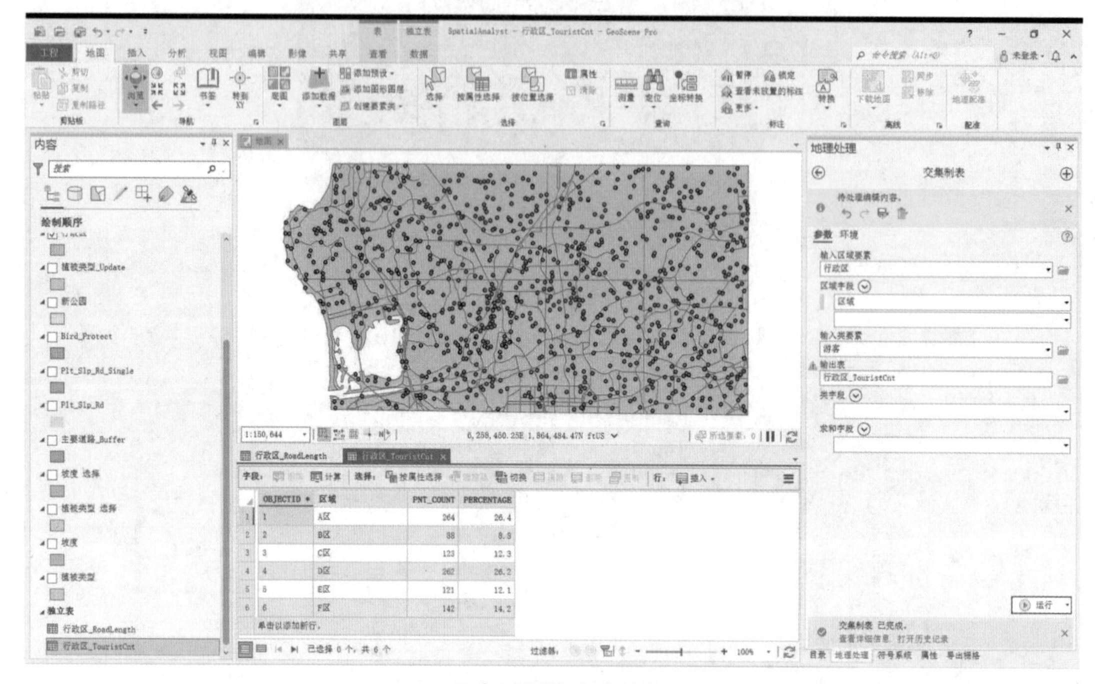

(d)各区域游客的总数

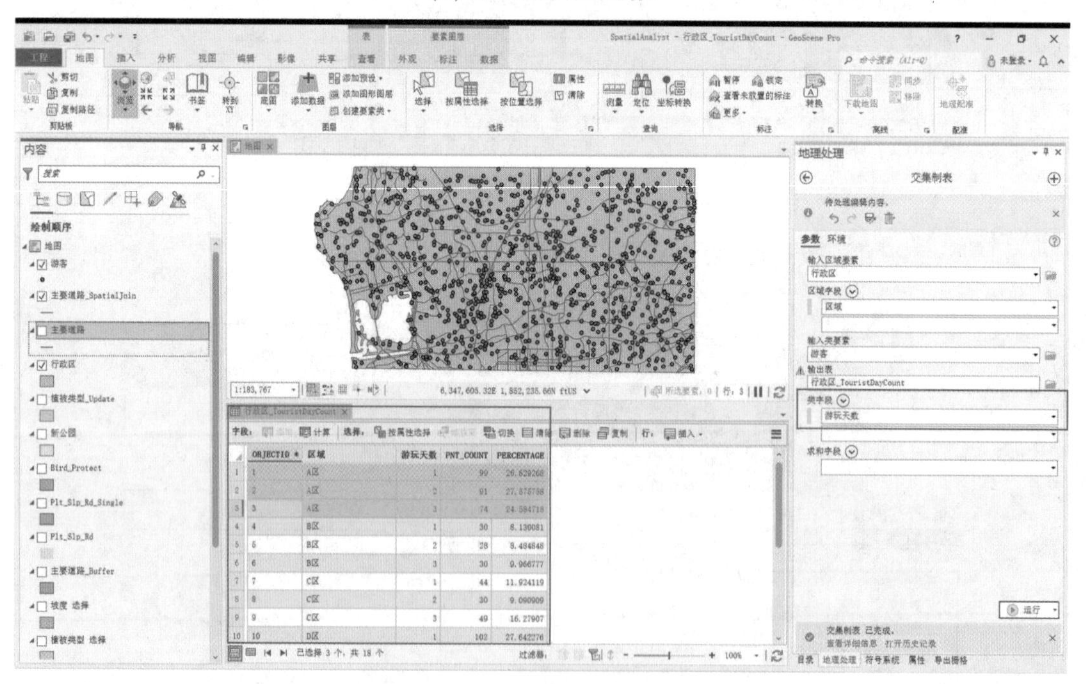

(e)各区域游玩1、2、3天的游客人数

图6-21　矢量分析扩展练习(二)

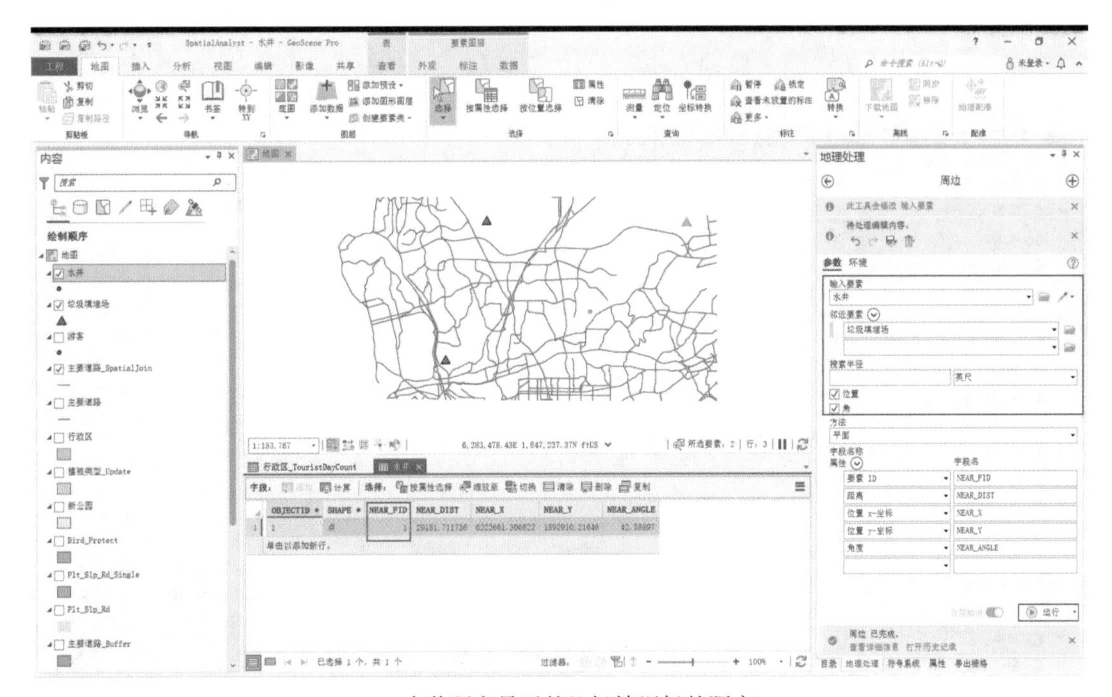

(f)水井距离最近的垃圾填埋场的距离

图 6-21　矢量分析扩展练习(三)

6.3　栅格数据空间分析

栅格数据空间分析是针对基于像元的栅格数据执行插值、叠加、距离测量、密度、水文建模、选址适宜性及统计的分析。GeoScene Pro 为该功能提供的工具箱为空间分析(Spatial Analysis)，该工具箱需要扩展许可。如图 6-22(a)所示，不同的工具已按功能相关性分成不同的类别。

6.3.1　空间分析工具箱简介

空间分析工具箱包括 21 个工具集，共计 200 多个工具。这些工具能解决为新学校选址、修建最小成本道路、制作降雨分布图、河网提取、生态系统稳定性分布分析等问题。这 21 个工具箱按照应用方向又分为基础运算、统计分析、高级分析及专业分析，如图 6-22(b)所示。以下简要说明各工具集的作用。

表面分析用于工具量化及可视化以数字高程模型表示的地形地貌。“表面分析”工具可以得到在原始栅格数据表达的表面中不容易表现的模式，如等值线、坡度角、最陡下坡方向、地貌晕渲和可见性。

“插值分析”工具用于根据采样点值创建连续(或预测)表面。栅格数据集的连续表面表达用于表示某些测量值，例如高度、密度或量级(如高程、酸度或噪点级别)。表面插值工具会根据输出栅格数据集中所有位置的采样测量值进行预测，而无论是否已在该位置进行了测量。

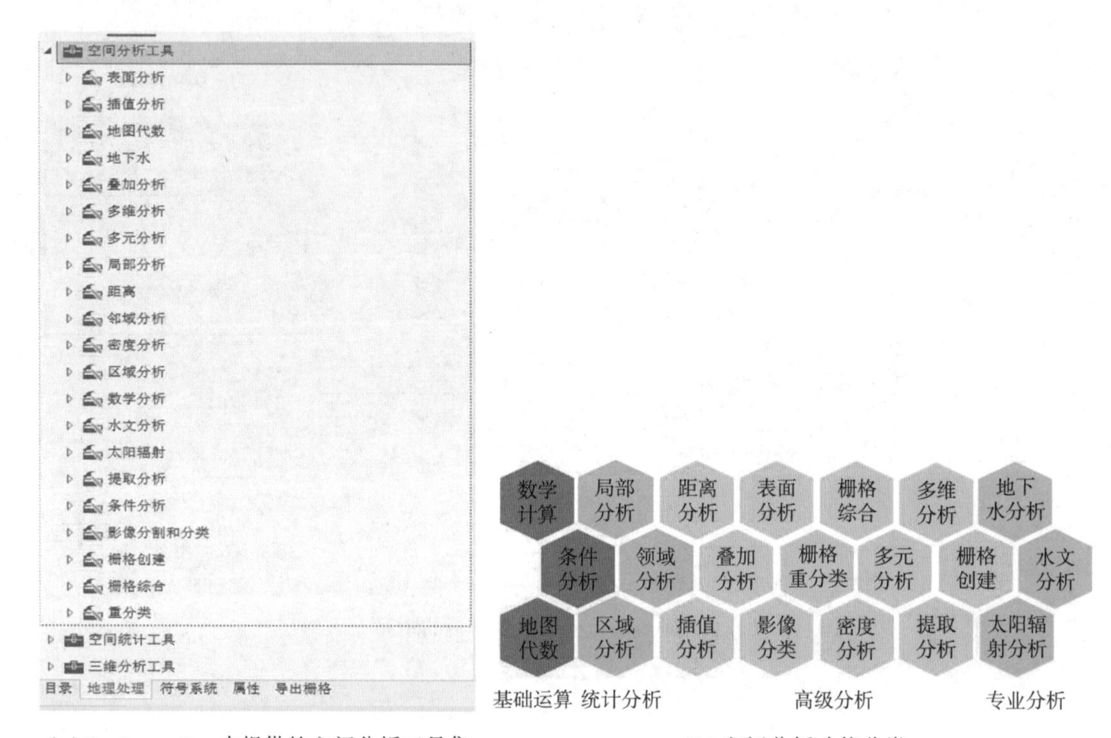

(a) GeoScene Pro 中提供的空间分析工具集　　(b)空间分析功能分类

图 6-22　GeoScene Pro 提供的空间分析功能

地图代数是通过使用代数语言创建表达式以执行空间分析的一种方法。栅格计算器工具可以轻松创建和运行能够输出栅格数据集的地图代数表达式。

“地下水”分析工具可用于对地下水流中的成分构建基本的对流-扩散模型。该工具可单独应用或按顺序用于对地下水流进行建模和分析。

“叠加分析”工具可以将权重应用到多个输入图层中，将它们合并成一个输出，同时遵守分布与形状规范，并标识该结果范围内的首选位置。这些工具常用于适宜性建模。

“多维分析”工具集中的工具可用于对多个变量和维度的科学栅格数据执行分析。

“多元分析”工具可以探查许多不同类型的属性之间的关系。有两种类型的可用多元分析，分别是“分类”(监督和非监督分类，如 ISO 聚类、最大似然法分类)和“主成分分析”(PCA)。

“局部分析”工具的输出栅格上每个像元位置的值是该位置所有输入中的值的函数。“局部分析”工具可以合并输入栅格，计算输入栅格上的统计数据，还可以根据多个输入栅格上各个像元的值，为输出栅格上的每个像元设定一个评估条件。

“距离”工具可用于执行考虑直线(欧氏)距离或加权距离的分析。距离可以通过简单的成本(摩擦)表面或以考虑对移动的垂直和水平限制的方式进行加权。

“邻域分析”工具基于自身位置值及指定邻域内识别的值为每个像元位置创建输出值。邻域类型可为移动或搜索半径。

“密度分析”工具集包含用于计算每个输出栅格像元周围邻域内输入要素密度的工具。

“区域分析”工具用于对属于每个输入区域的所有像元执行分析，输出是执行计算后的结果。虽然区域可以定义为具有特定值的单个区域，但它也可由具有相同值的多个断开元素或区域组成。区域可以定义为栅格数据集或要素数据集。栅格的类型必须为整型，要素必须具有整型或字符串属性字段。

“数学分析”工具可输入应用数学函数。这些工具可分为几种类别。“算术”工具可执行基本的数学运算，如加法和乘法。还有几种工具可以执行各种类型的幂运算，除了基本的幂运算之外，还可以执行指数运算和对数运算。其余工具可用于转换符号，或者用于在整型数据类型和浮点型数据类型之间进行转换。“按位数学”工具用于计算输入值的二进制表示。“逻辑数学”工具可以对输入的值进行评估，并基于布尔逻辑确定输出值。这些工具划分为 4 个主要类别：布尔、组合、逻辑和关系。“三角函数数学”工具对输入栅格值执行各种三角函数计算。

“水文分析”工具用于为地表水流建立模型。可通过单独或按顺序应用“水文分析”工具来创建河流网络或描绘集水区。

“太阳辐射”分析工具针对特定时间段太阳对某地理区域的影响进行制图和分析。

“提取分析”工具可用于根据像元的属性或其空间位置从栅格中提取像元的子集，还可以将特定位置的像元值获取为点要素类中的属性或表格。

“条件分析”工具允许基于在输入值上应用的条件对输出值进行控制。可应用的条件有两种类型：针对属性的查询或基于列表中条件语句位置的条件。

“影像分割和分类”工具，创建分类栅格数据集时用于分割栅格，还需要 Image Analyst 许可。

“栅格创建”工具生成新栅格，在该栅格中输出值将基于常量分布或统计分布。

“栅格综合”分析工具可用于清理栅格中较小的错误数据，或者用于概化数据以便删除常规分析中不需要的详细信息。

“重分类”工具提供了多种可对输入像元值进行重分类或将输入像元值更改为替代值的方法。

此外，“影像分析”工具也提供了类似的工具，但也有其他一些功能：主要用于解释并利用影像、执行要素提取和测量，以及使用机器学习进行分类和对象检测。“地统计分析”工具侧重分析并预测与空间或时空现象相关的表面，通过存储于点要素图层或栅格图层或多边形质心的测量值创建连续表面或地图。

对地理处理环境进行设置是栅格数据空间分析前的先决条件，环境设置能够改变分析工具执行的附加参数，从而对分析结果造成影响。环境设置不会显示在“工具”对话框中，需要在“工具”页面上方从“参数”切换至“环境”选项卡中，该环境设置仅对当前运行的工具有效。与矢量数据分析一样，可以使用“分析”→“地理处理”→“环境”，打开环境设置窗口，一次性指定工程的地理处理环境设置。这些设置将随工程一同保存，并将自动用于所有支持这些环境的工具。

栅格数据分析中，有4个环境参数需要重点关注：①像元大小，用于控制空间分析工具的输出栅格的分辨率；②范围，用于控制处理栅格的位置，支持“范围”环境的工具将仅处理落入该范围内的栅格像元和输入要素；③掩膜，用于识别执行分析时要包含的那些像元位置，所有落在掩膜外的输入像元都会在结果中为其分配NoData值；④地理投影即设置输出坐标系，通常也支持地理变换环境设置。通常的做法是，不设置地理投影环境，而是将数据统一至相同坐标系后再开展空间分析操作。

6.3.2 DEM山顶点提取

用DEM生成间隔为15m和75m的等高线，生成山体阴影结果图，二者构成地形晕渲图以辅助判断山顶点位置。对DEM数据进行焦点统计分析，以21×21的窗口进行处理，将生成的结果与DEM数据做差、重分类后可得到栅格形式的山顶点数据。将栅格数据转为矢量后结合地形晕渲图删除不合理的山顶点，即得到山顶点的分布。该项目技术流程图如图6-23所示。

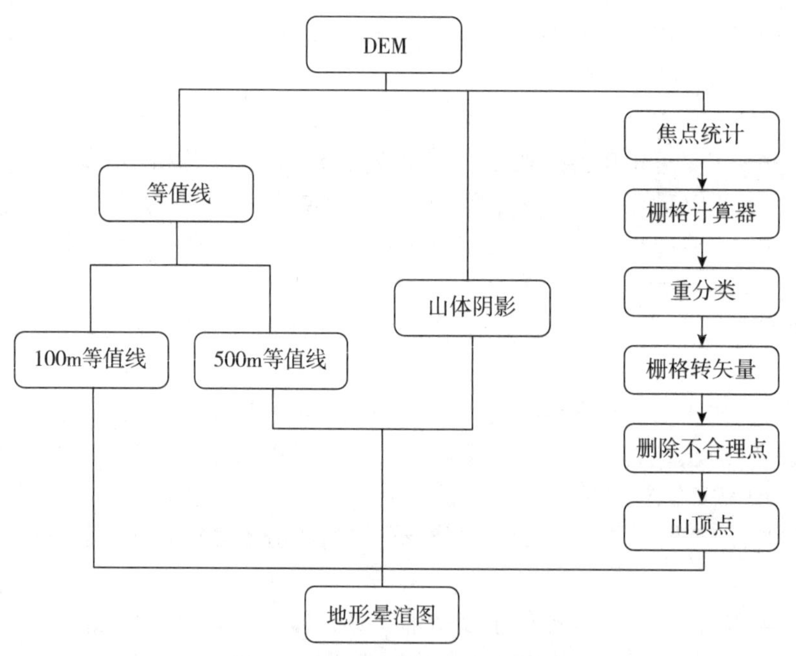

图6-23 山顶点提取技术流程图

在目录窗格中为当前工程插入一个新的地图，重命名为Mountain，加载DEM数据Raster \ ASTER_GDEM_V2_30m.tif，注意该DEM的坐标系为WGS 1984，属于地理坐标系。为便于操作(统一长度单位)，首先将该栅格数据投影至CGCS2000 3 Degree GK CM 108E坐标系，具体操作参考2.4.3小节部分，投影结果为工程数据库下的ASTER_GDEM_V2_30m，如图6-24所示。在内容窗格中将“Mountain”的坐标系修改为“CGCS2000_3_Degree_GK_CM_108E”。点击菜单中“分析”→“地理处理”→“环境”，将这个工程当前的栅格数据分析环境设置为：点击“栅格分析”→“像元大小以及处理范围”→范围均设置为与 ASTER_GDEM_V2_30m 一致，注意不是 tif，可将 Raster\ ASTER_GDEM_V2_30m. tif 图层从地图中移除。

投影栅格

参数　环境

输入栅格

ASTER_GDEM_V2_30m. tif

输出栅格数据集

ASTER_GDEM_V2_30m

输出坐标系

CGCS2000_3_Degree_GK_CM_108E

地理(坐标)变换

WGS84_To_CGCS2000

重采样技术

双线性插值法

输出像元大小

X 28　Y 28

配准点

X　Y

图 6-24　DEM 栅格数据投影

打开“空间分析”→“表面分析”→“等值线”工具页面，分别生成 100m 和 500m 间距的等值线，输出要素类存储路径默认为当前数据库，名称分别为 Contour_100 和 Contour_500，如图 6-25 所示。

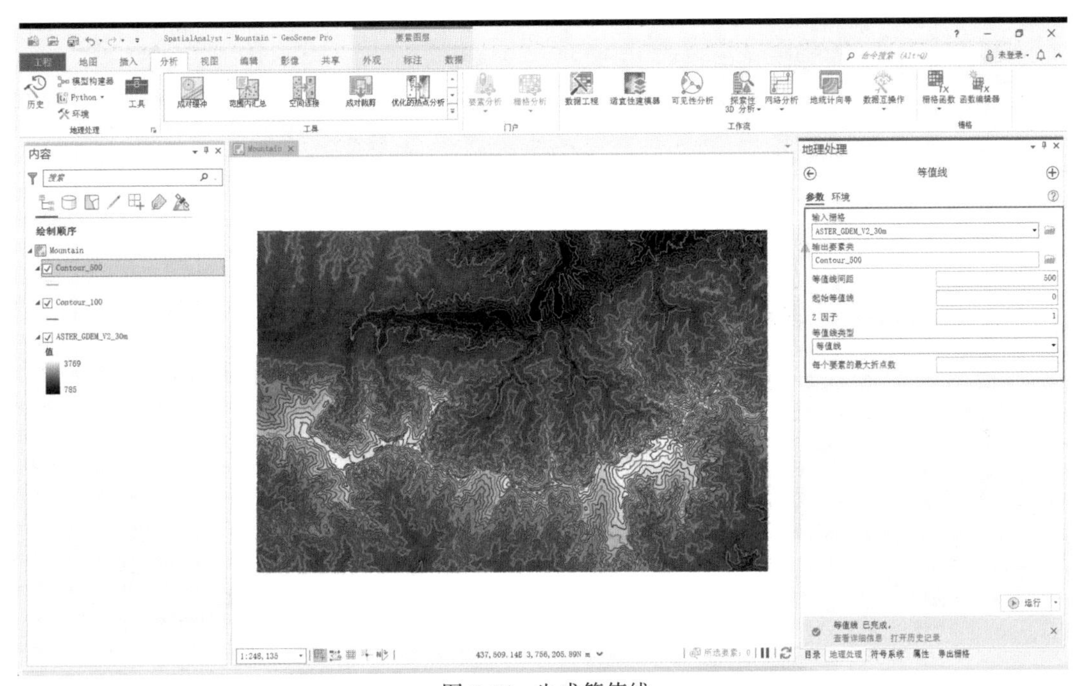

图 6-25　生成等值线

再使用“空间分析”→“表面分析”→“山体阴影”，生成山体阴影栅格 HillShade，“方位角”设置为 315，“高度角”设置为 45，“Z 因子”设置为 1，如图 6-26 所示。

随后使用“空间分析”→“邻域分析”→“焦点统计”，生成焦点栅格 FocalSt_ASTE1。注意根据流程图，输入仍为 DEM 数据，邻域的宽、高设置为 21，统计类型为最大值，结果如图 6-27 所示。邻域的宽、高也可以设置为其他参数，如 17，读者可自行尝试。

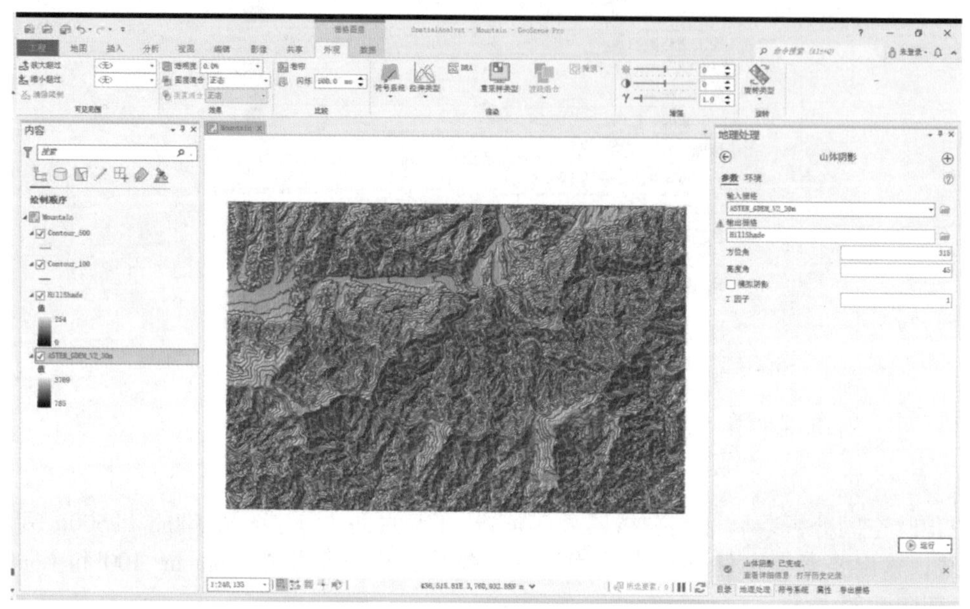

图 6-26　生成山体阴影

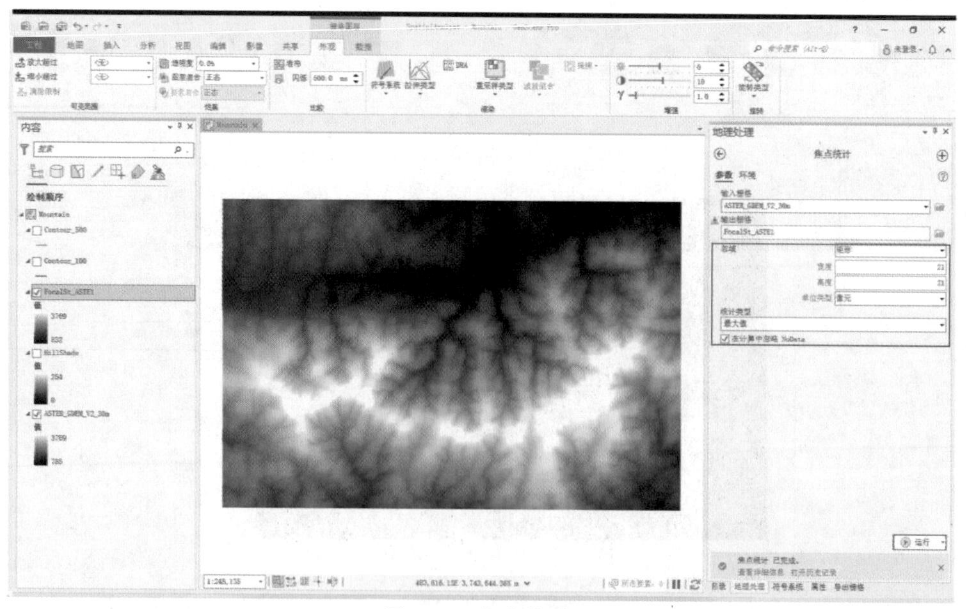

图 6-27　焦点统计

再求焦点统计的栅格，并与原始DEM进行对比，如果某个像素的值相同，则该点为山顶点。使用“空间分析”→“地图代数”→“栅格计算器”，判断像素值相同与否，参数及结果栅格Top0如图6-28所示。为便于显示，可调整Top0图层的显示颜色及投影度。

为了得到顶点结果，利用“空间分析”→“重分类”→“重分类”工具将栅格Top0原值为0的部分设为NoData，原值为1的设为1，得到栅格山顶点图Top1，如图6-29所示。

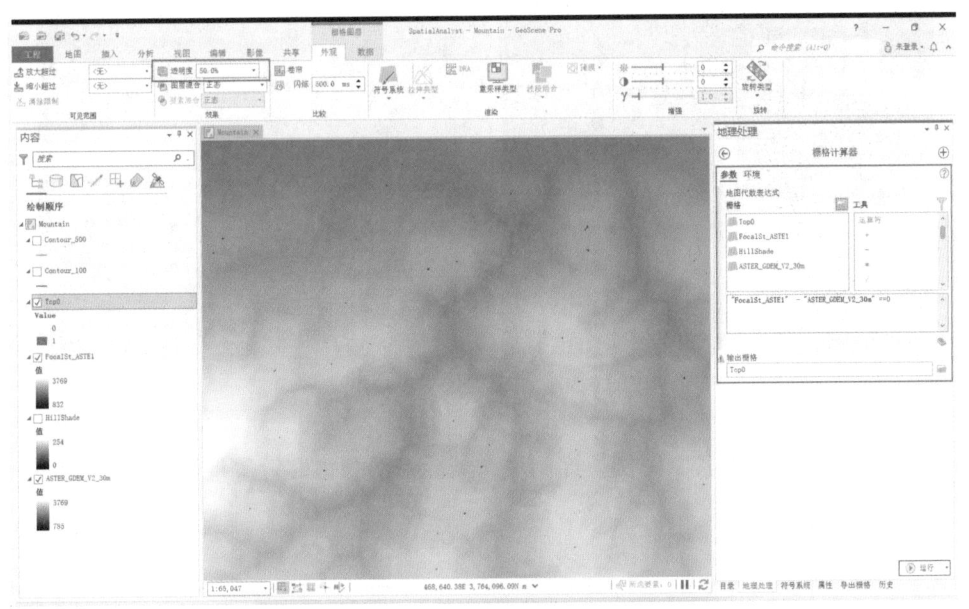

图6-28 栅格计算器判定山顶区域

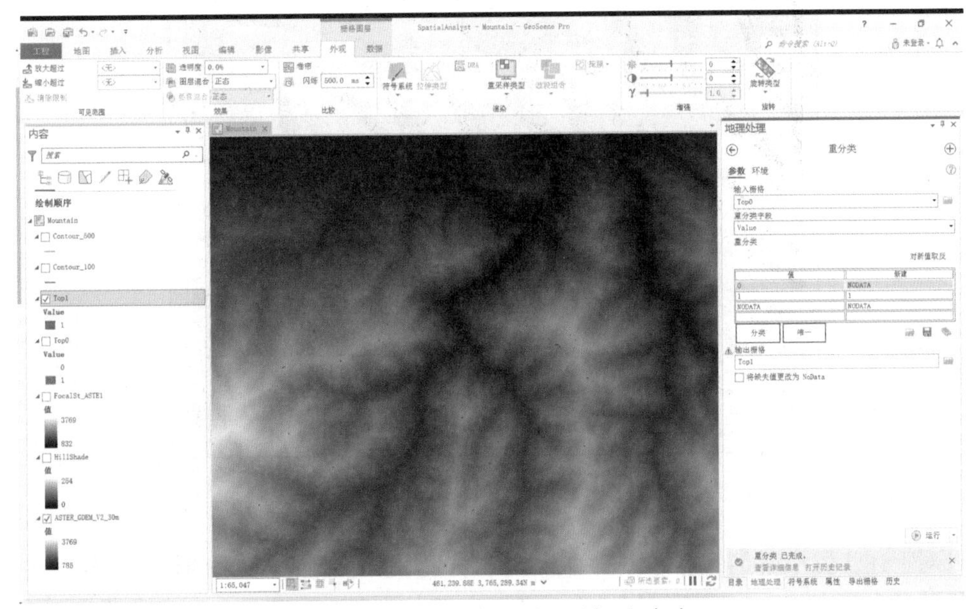

图6-29 利用重分类得到山顶点(红色点)

最后将山顶点栅格数据转为矢量格式，并结合山体晕渲图删除不合理的山顶点。打开“转换”工具→“由栅格转出”→“栅格转点”工具，将 Top1 转换为数据库中的点要素类 MountainTop，结果如图 6-30 所示，图中可见一个山顶处有 3 个要素，实际使用只需一个要素。此外，还需要结合等值线与山体晕渲图判断不正确的点并删除。

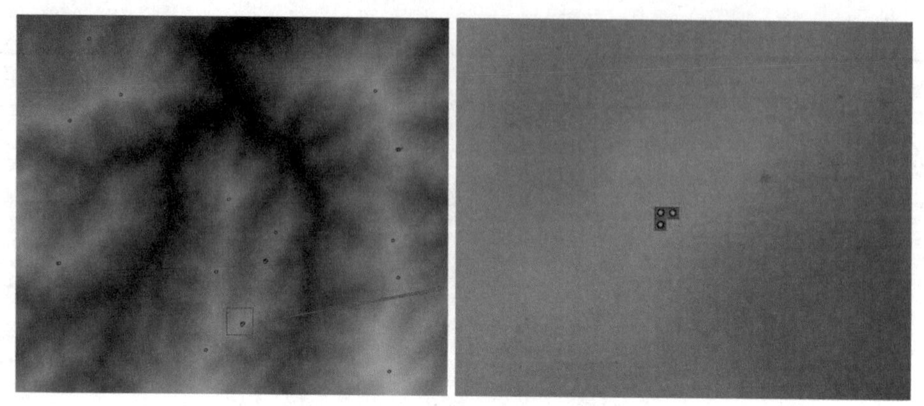

图 6-30　山顶矢量初步结果

制作专题图。插入图名、图例、比例尺、坐标格网和指北针等地图要素，调整好后输出专题图，如图 6-31 所示。

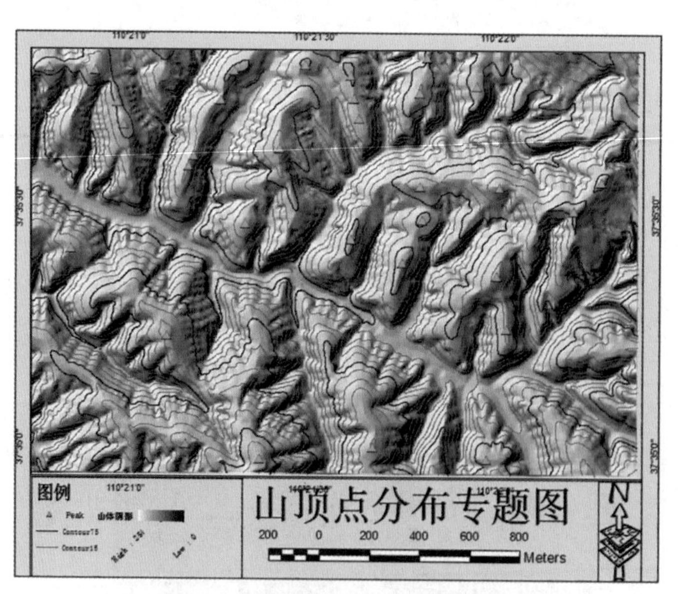

图 6-31　制作山顶点分布专题图

针对上述步骤中不足的地方，例如，如何自动删除山顶点处多余的点？如果要在上述图中标注各山顶点的高程，该如何操作？请读者思考并尝试改进图 6-31 的效果。

6.3.3 学校选址

当某一地区现有学校数量不足时需增加学校，学校选址需考虑用地成本，离休闲区域不远，并建立在较平坦的区域。针对这些要求，搜集相应的数据，并设计地理空间数据分析的技术流程，如图 6-32 所示。

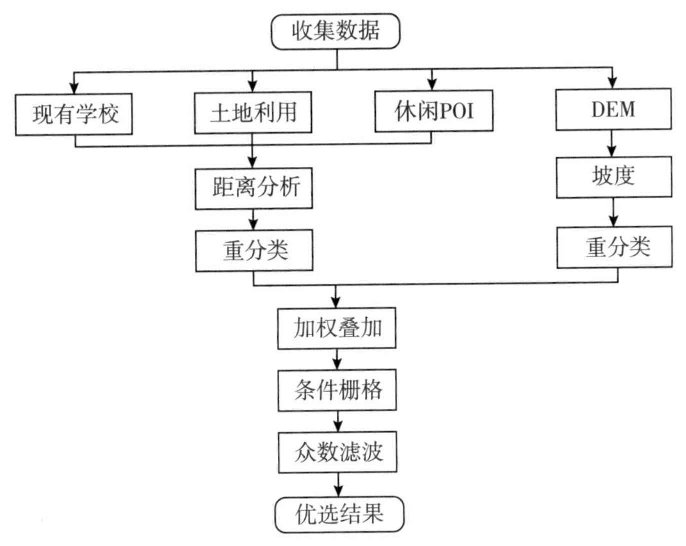

图 6-32 新建学校选址技术路线图

1. 新建地图、加载数据并设置环境

新建地图，并重命名为“学校选址”，在目录窗格中添加 GeospatialAnalyst 文件夹下 SAPractice.gdb 数据库中 School 数据集中的 schools、roads、rec_sites 三个矢量图层，及添加数据库下的 elevation 和 landuse 两个栅格图层至地图中，如图 6-33 所示。schools 图层为现有学校位置的点要素类，rec_sites 图层为休闲场所位置的点要素类，roads 图层为路网线要素类，elevation 图层是该区域高程数据 DEM，landuse 图层为区域的土地利用栅格。

点击菜单中“分析”→“地理处理”→“环境”，将这个工程当前的栅格数据分析环境设置为：“栅格分析”→“像元大小以及处理范围”→范围均设置为与 landuse 图层一致。

2. 计算坡度并重分类

在“地理处理”窗格中打开“空间分析工具”→“表面分析”→“坡度”或“三维分析”工具→“栅格”→“表面分析”→“坡度”工具，也可以直接在“地理处理”窗格中搜索“坡度”。在弹出窗体中进行设置，输入为“elevation”，输出默认存储在工程数据库中，名称为“slope_elevat1”，“Z 因子”设置为 0.3048，以将 Z 值转换为与 x、y 单位相同的测量单位(从英尺转换为米)，运行得到结果如图 6-34 所示。

对坡度数据进行重分类。数据集重分类为统一的度量级，为每个范围指定一个介于 1 至 10 之间的离散整型值。各数据集中较适宜建立学校的属性将被分配较高的值。坡度越小，越适合学校的位置。打开“重分类”工具，输入栅格为 slope_elevat1，重分类下面的分

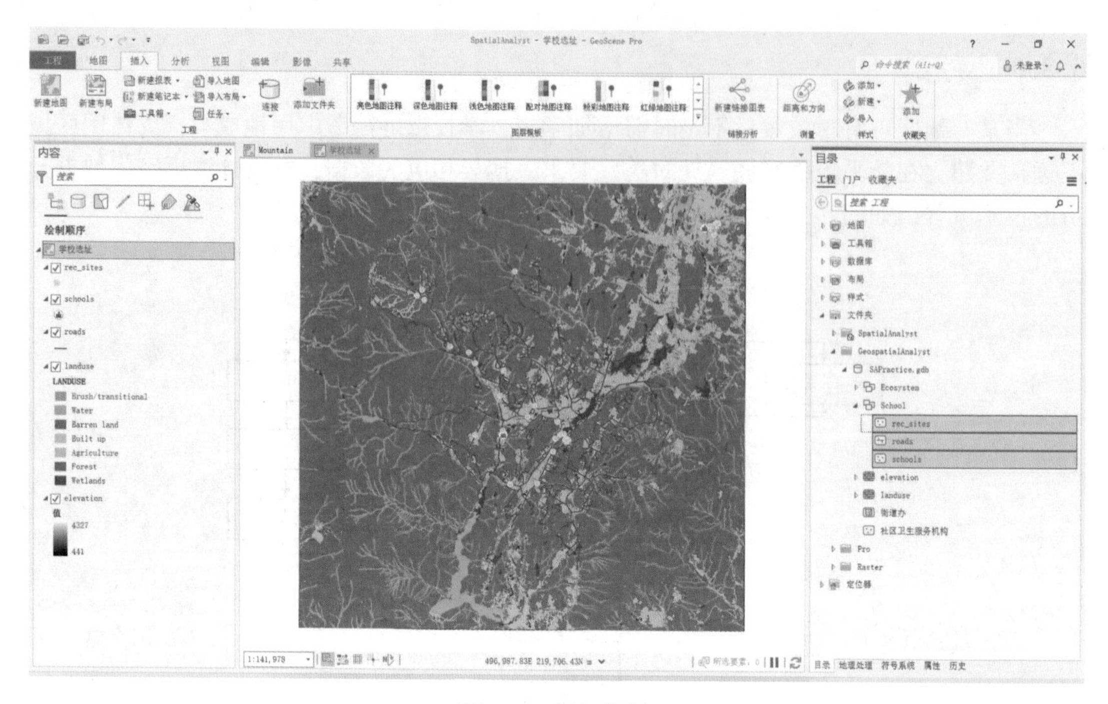

图 6-33　添加数据

类方式为相等间隔，共分为10类，随后对结果取反，达到坡度越小、权重越高的效果，设置如图6-35所示。点击“运行”，得到坡度重分类结果，如图6-35所示。

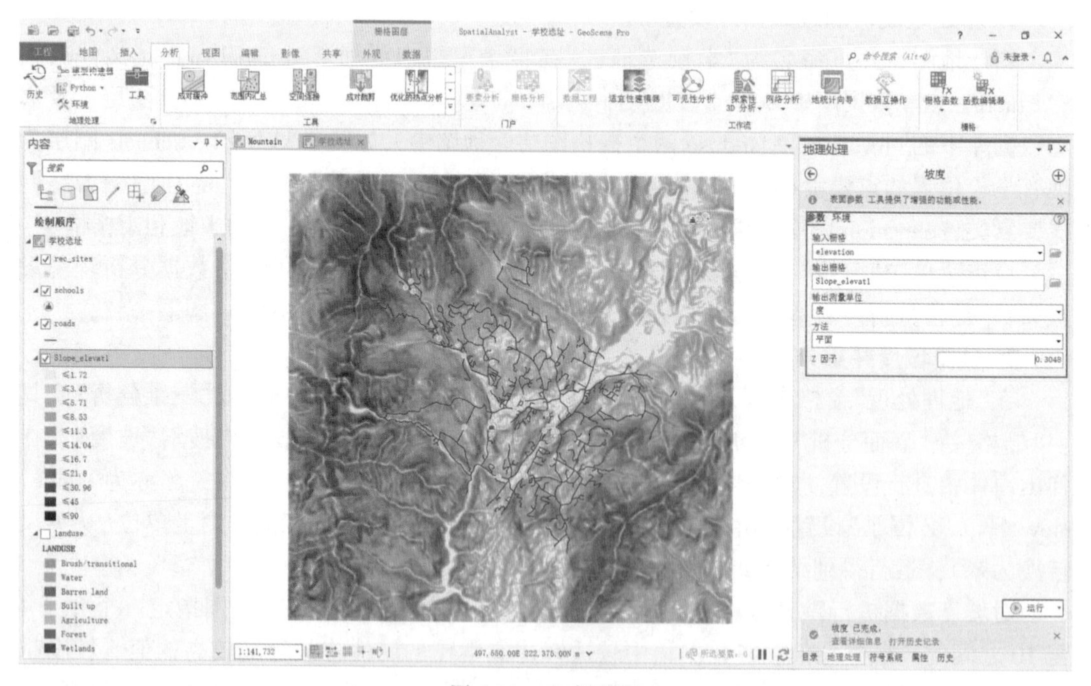

图 6-34　生成坡度

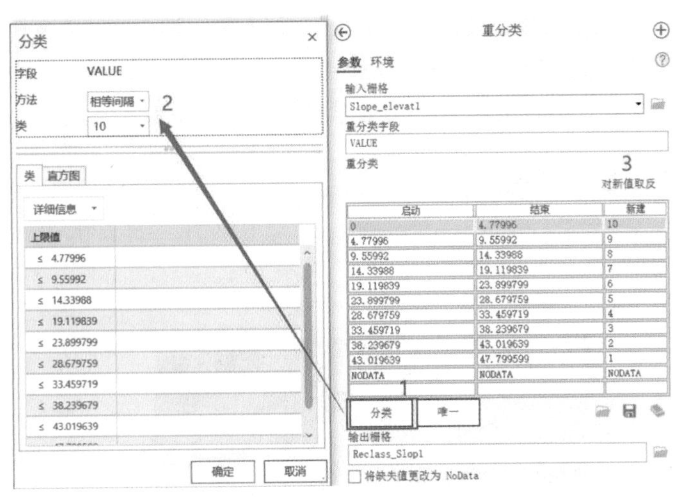

图 6-35 坡度重分类

3. 计算距休闲场所距离并进行重分类

在“地理处理”窗格中搜索“距离”工具，选择搜索结果中“欧氏距离”(空间分析)，表示“空间分析”工具箱内的“欧氏距离”工具。在弹出的工具窗体中进行设置，输入要素为“rec_sites”，输出结果默认存储在工程数据库中，名称为“EucDist_rec_1”，“输出单元大小”设置为 30，设置完成点击“运行”，结果如图 6-36 所示。进一步设置该栅格的符号，点击菜单中“外观”→“符号系统”，选择分类符号，在“符号”窗格中“方法”选择“相等间隔”，“类”设置为 10，“配色方案”设置为从“绿到红”，如图 6-36 所示。

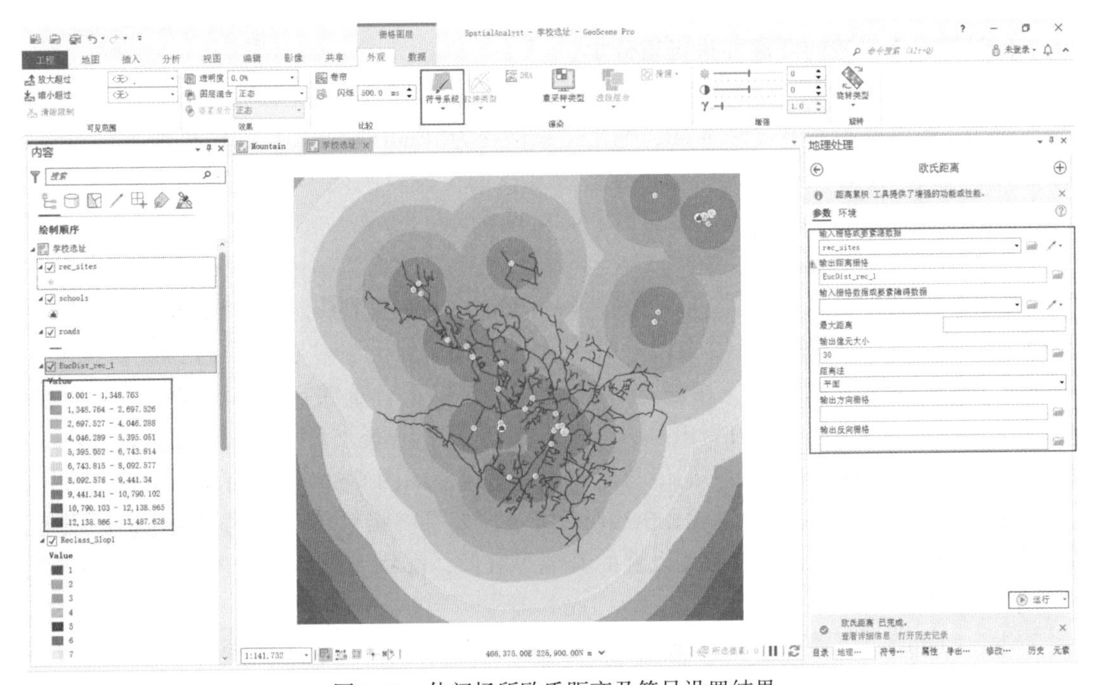

图 6-36 休闲场所欧氏距离及符号设置结果

对欧氏距离分析的结果栅格 EucDist_rec_1 进行重分类。在“地理处理”窗格中打开“重分类”工具，设置方式与坡度一样，结果 Reclass_EucD1 如图 6-37 所示。这里假定距离休闲场所越近，越适合学校的位置，可为学校提供相关的配套服务。

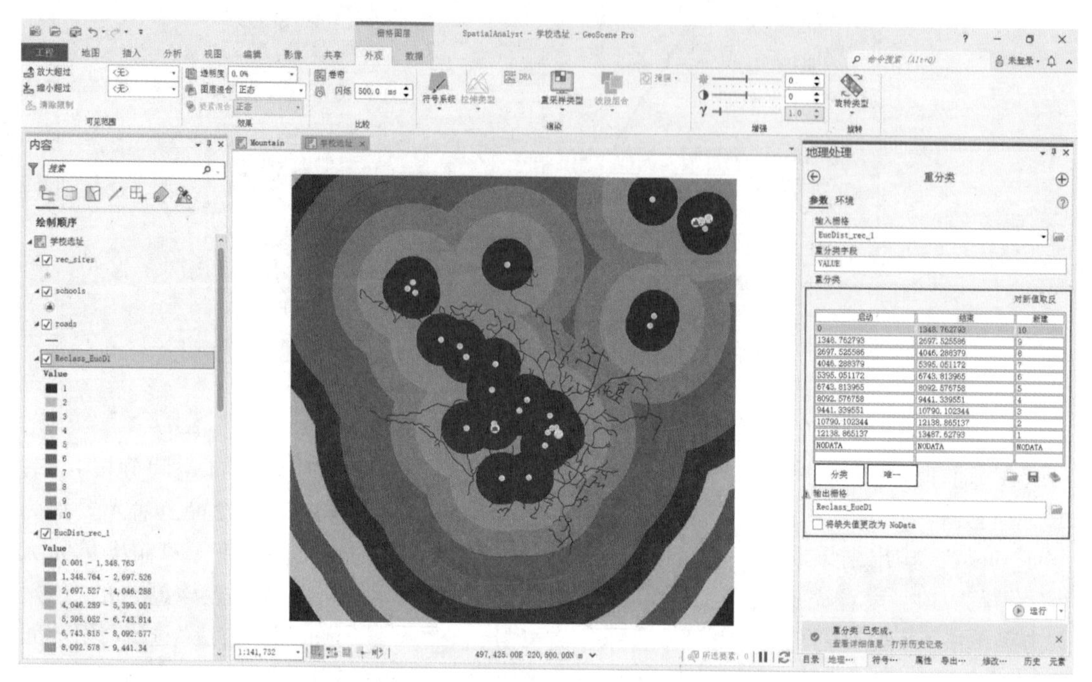

图 6-37 对休闲场所欧氏距离结果重分类

4. 计算远离学校的距离并进行重分类

与休闲场所的分析类似，对 schools 使用距离分析和重分类操作，输入要素选择“schools”，输出单元大小设置为 30，输出结果保存为“EucDist_scho1”，结果如图 6-38(a)所示。重分类时注意距离学校越远，越适合学校的位置。因此不再点击“对新值取反”，设置输出要素名为“reclass_school”，如图 6-38(b)所示。

5. 设置权重加权叠加

在“地理处理”窗格中搜索“加权叠加”(weighted overlay)工具，选择搜索结果中“空间分析”工具箱中的“加权叠加”(“空间分析工具”→“叠加分析”→“加权叠加”)。在弹出工具页面中，在加权叠加表处使用⊙选择数据，设置权重、重映射表和计算模式；注意 Reclass_school、Reclass_EucD1、Reclass_Slop1 均已分为 10 类，将重映射表下方的“比例”修改为“1-10”，再将重映射表中的值与比例一一对应，如图 6-39(a)所示。坡度陡峭的地方不适合选址，限制 1~3 级，如图 6-39(b)所示。如果将级别值设置为 Restricted，则无论其他输入栅格是否具有为该像元设置的其他等级值，都将受限制的值(设置的评估等级最小值为负 1)分配至输出像元中。

对于 landuse 图层，将重映射表下的字段设置为“LANDUSE”。并根据用地类型设置不同的用地权重，在水域和湿地不适合建造学校，设置为“Restricted”；并根据 4 个栅格的重要程度设置 4 个栅格的权重，设置输出栅格为 Weighte_Schl，如图 6-39(c)所示。运行结果如图 6-39(d)所示。

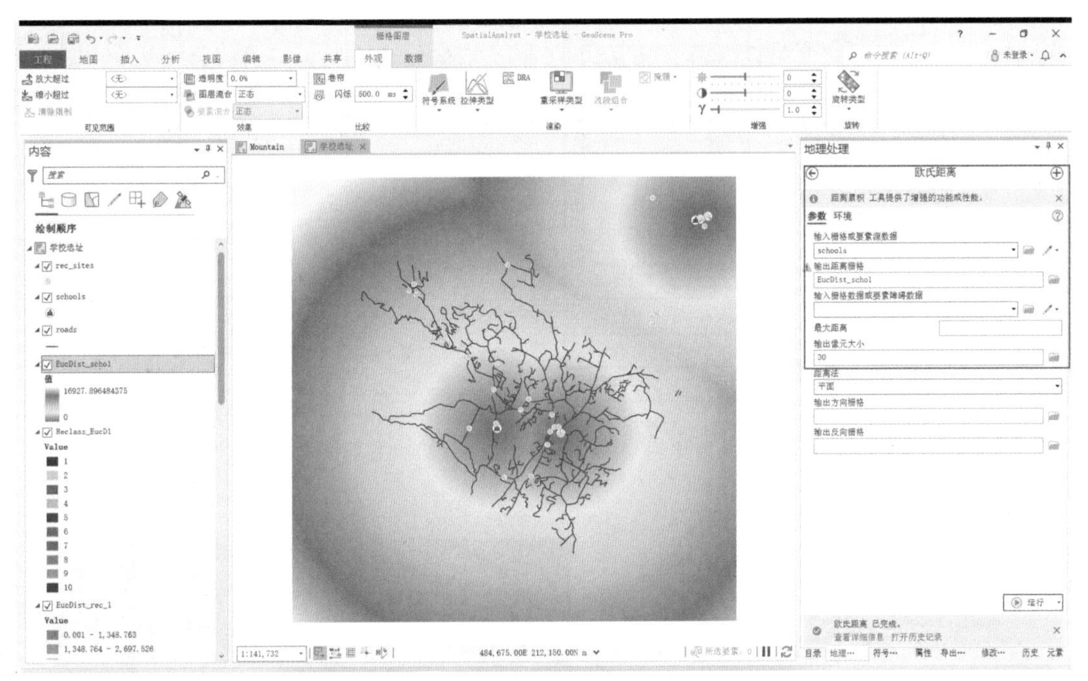

(a)学校欧氏距离分析结果

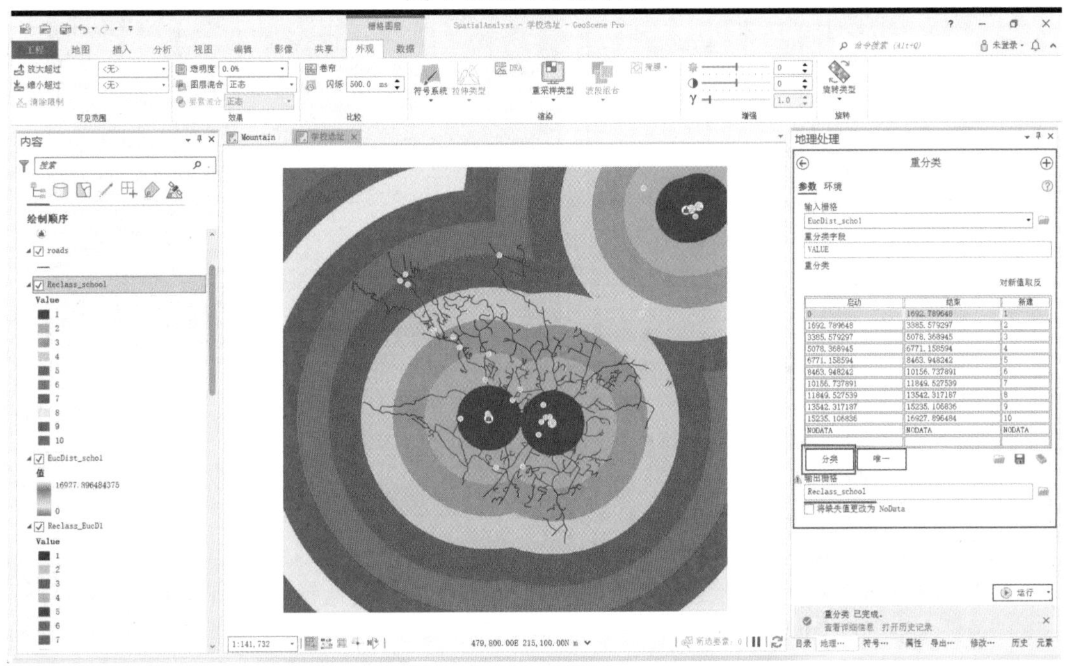

(b)学校欧氏距离栅格重分类结果

图 6-38 学校数据欧氏距离及重分类

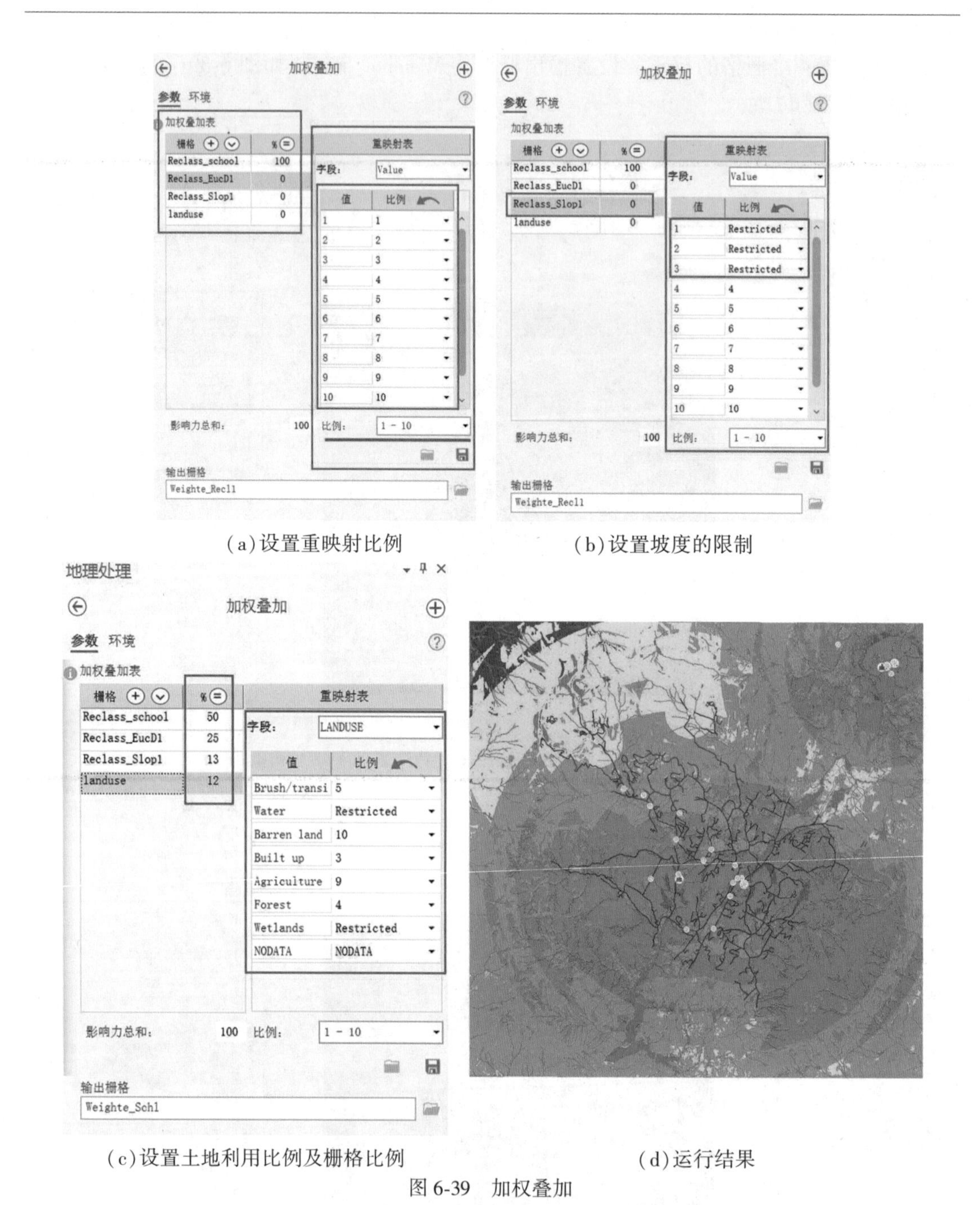

(a)设置重映射比例　　(b)设置坡度的限制

(c)设置土地利用比例及栅格比例　　(d)运行结果

图6-39　加权叠加

6. 选出最佳区域

在“地理处理”窗格中直接搜索“条件函数”(con)工具，选择搜索结果中“空间分析”中的“条件函数”(“空间分析”→“条件分析”→“条件函数”)，在该工具页面中进行设置参数，“输入条件栅格”选择“Weighte_Schl”，条件选择 Value≥8，输入条件为真时的值为1，输出栅格为 Con_sch1，结果如图6-40(a)所示。

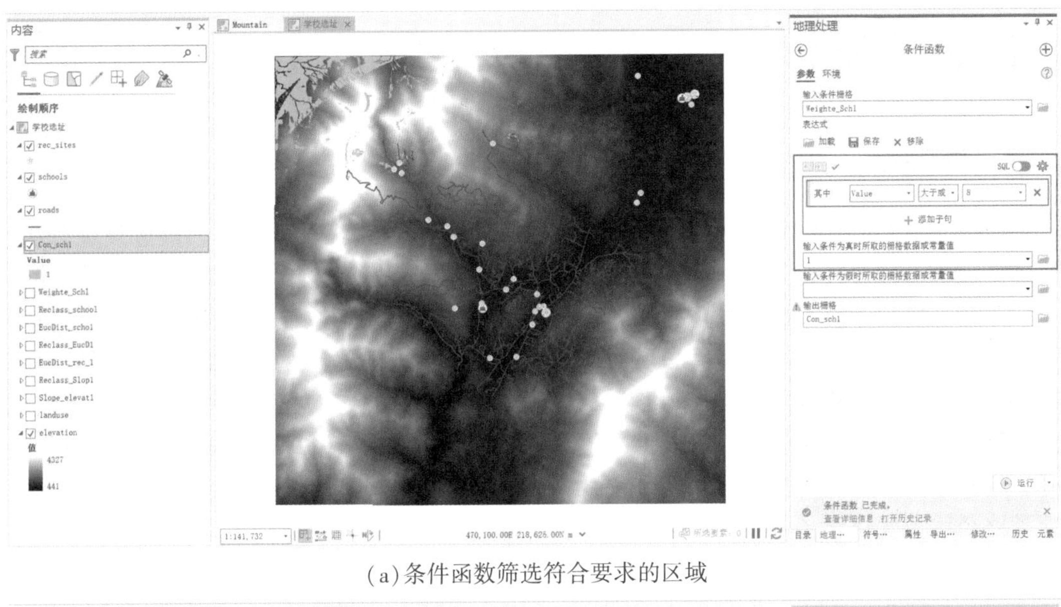

(a)条件函数筛选符合要求的区域

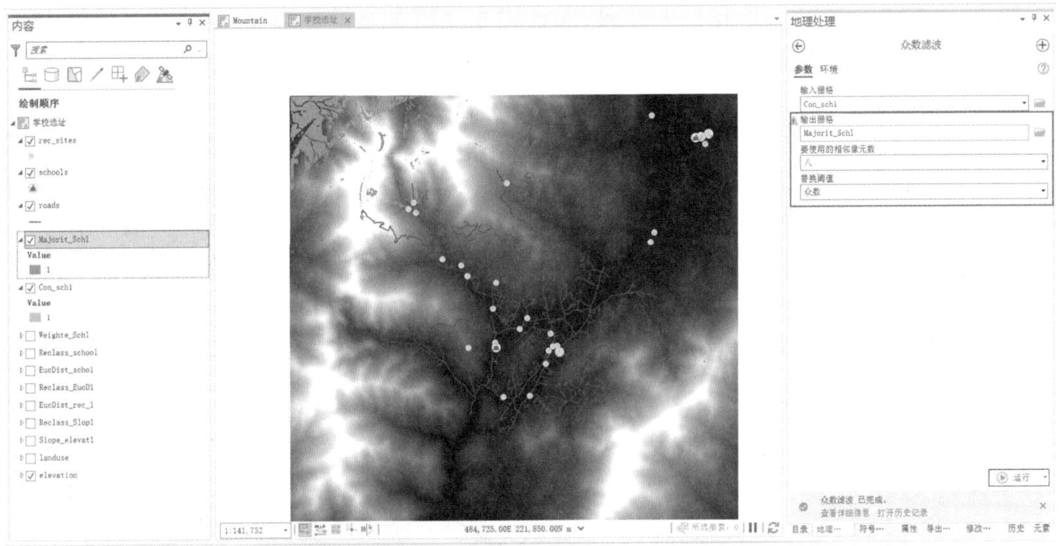

(b)众数滤波获得一致性区域

图 6-40　选择最佳区域

在“地理处理”窗格中搜索“众数滤波”(majority filter)工具，选择搜索结果“空间分析”中的“众数滤波”工具(“空间分析工具”→“栅格综合”→“众数滤波”)，“输入栅格”为“Con_sch1”，相邻像元数选择“八”，意味着该工具将“众数”用作替换阈值，表示 8 个连接像元中的 5 个必须具有相同值才能保留当前像元的值，输出结果为 Majorit_Schl。结果即为最佳选址，如图 6-40(b)所示。

完成整个步骤后我们发现，其中的道路数据并未参与运算。因此，图 6-40(b) Majorit_Schl 中的大块最佳区域均远离道路。读者可尝试对 road 图层进行距离分析、重分类后参与加权叠加，并比较筛选出的最佳区域与当前结果有何区别。

6.4　网络分析

6.4.1　网络分析功能概述

GeoScene Pro 中的网络分析功能能够实现路径分析(最短路径计算)、最近设施分析、服务区分析、位置分配分析、多路径配送、OD 成本矩阵分析，如图 6-41 所示。

路径分析用于查找从一个位置到达另一个位置或访问多个位置的最佳路线。最佳路径可以是考虑一天中某个给定时间段所对应的交通状况而得出的该时间段的最快路径，也可以是最小化行驶距离的最短路径。路径分析还可以找到在指定的允许时间内访问各个停靠点的最佳路径。如果要访问 2 个以上的停靠点，可以按照指定的停靠位置顺序确定最佳路径，这类路径称为简单路径。路径分析也可以确定访问位置的最佳顺序(旅行商问题)，这类路径称为优化路径。

最近设施分析通过测量事件点和设施点间的行程成本来确定最近的行程。查找最近设施点时，可以指定查找数量和行驶方向(驶向设施点或驶离设施点)。最近设施分析将给出并显示事件点与设施点间的最佳路径，报告它们的行程成本并返回驾车导航指示。

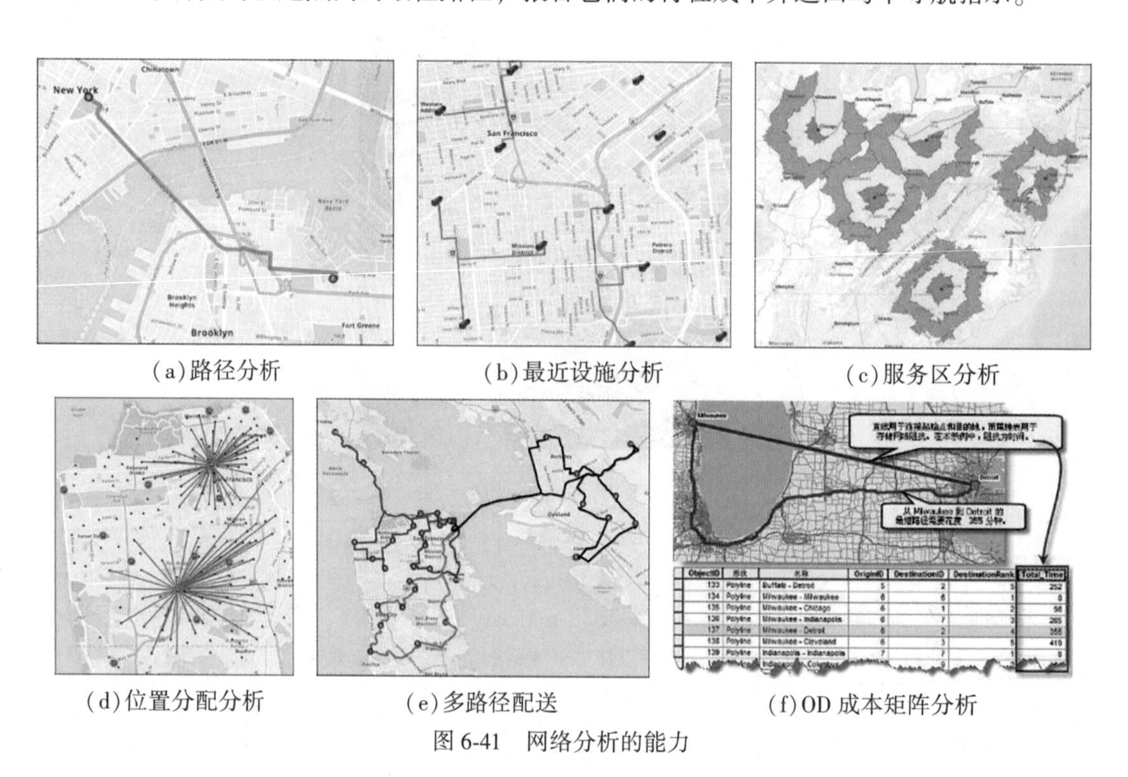

(a)路径分析　(b)最近设施分析　(c)服务区分析

(d)位置分配分析　(e)多路径配送　(f)OD 成本矩阵分析

图 6-41　网络分析的能力

服务区分析对沿网络移动的人或物进行路径建模分析，这与缓冲区分析不同，缓冲区分析假定任意方向均畅通无阻。例如，要了解某急救设施点 5km 驾驶范围内的人数，最好使用服务区分析沿公路测量距离，以对潜在病人的移动进行建模。而使用缓冲区统计人员数量将会高估实际可在 5km 行程距离范围内抵达设施点的人数。

在可提供货物与服务的设施点，以及消费这些货物和服务的请求点已经给定的情况下，位置分配分析的目标就是以合适的方式定位设施点，从而保证最高效地满足请求点的需求。顾名思义，位置分配就是定位设施点的同时将请求点分配到设施点的双重问题。从字面来理解，所有位置分配分析似乎是解决相同的问题，但对于不同类型的设施点，最佳位置并不相同。例如，急救中心的最佳位置就不同于制造工厂的最佳位置。通常，急救中心选址的目标就是要使救护车在规定的时间内可以到达尽可能多的人员所在的位置。具体问题可能是：要使救护车 4 分钟内可达范围覆盖到尽可能多的社区人员，3 个急救设施点应设置在何处？对服务于多个零售商店的制造工厂而言，位置分配分析需要回答一个商业成本问题：为使总运输成本降至最低，制造工厂应位于何处？

每个组织都需要确定各条路径(货车或监督员)所应服务的停靠点(住所、饭店或监督地点)及其对各停靠点的访问顺序。多路径决策制定的主要目标是为各停靠点提供最佳服务并使车队的总体运营成本最低。因此，尽管网络分析中路径分析可为单个车辆访问多个停靠点找出一条最佳路径，但是多路径分析(通常定义为车辆配送问题(Vehicle Routing Problem, VRP))针对一支车队为多个停靠点提供服务的情况查找最佳路径。此外，基于多路径配送可设置的多个选项，还可用于解决更多具体的问题，例如，将车辆载重与停靠点的配送量相匹配、指定驾驶员的中途休息时间，以及配对停靠点使其能够由同一路径提供服务。

起点-目的地(Originals to Destinations, OD)成本矩阵分析用于在网络中查找和测量从多个起始点到多个目的地的最小成本路径。配置 OD 成本矩阵分析时，可以指定要查找的目的地数目和搜索的最大距离。尽管 OD 成本矩阵分析不输出沿网络的线，但是存储在“线”属性表中的值反映了网络距离，而不是直线距离。OD 成本矩阵分析的结果通常会成为其他空间分析的输入，在这些空间分析中，网络成本比直线成本更适合分析。例如，预测建筑环境中的人员流动更适合采用网络成本模型，因为人们一般在道路和人行道上行走。

最近设施分析和 OD 成本矩阵分析非常相似，但两者的主要区别在于输出和计算速度不同。OD 成本矩阵可以更快地生成分析结果，但无法返回路径的实际形状或其导航指示。OD 成本矩阵用于快速解决大型 $M \times N$ 问题，因此，矩阵内部不包含生成路径形状和驾车指示所需的导航信息。而最近设施分析则能够返回路径和指示，但在分析速度方面比 OD 成本矩阵慢。如果需要路径的导航指示或实际形状，使用最近设施点求解程序；否则，可使用 OD 成本矩阵，以便减少计算时间。

作为网络分析的基础模型，网络是由相互连接的元素组成的系统(例如，边(线)和连接交汇点(点))，这些元素表示从一个位置到另一个位置的可能路径。人员、资源和货物都将沿着网络行进：汽车和货车在道路上行驶，飞机沿着预定的航线飞行，石油沿着管道铺设路线输送。通过使用网络构建潜在行进路径模型，可以执行与在网络流动方向上的石油、货车或其他对象的移动相关的分析。最常见的网络分析是找到两点之间的最短路径。

在 GeoScene Pro 中的网络共分为两类：定向网络和非定向网络。定向网络流向由源至汇，流动的资源自身不能决定流向。如水流的路径是预先设定好的，它只能按照预先设定好的路径进行流通。当然我们可以通过开关阀门来达到改变水流的流向目的，但这属于流通规则的内容。定向网络对应数据结构中的有向图。非定向网络的特征是流向不确定的，流动的资源可以决定流向。典型例子如交通系统，其中流通介质可以自行决定方向、速度和目的地。其对应数据结构中的无向图。因此，在 GeoScene Pro 软件中一般将两者称为公用设施网络和网络数据集。网络数据集为交通网(例如道路网)建模和分析，三维网络数据集可用于建筑物、矿山、洞穴等的内部路径进行建模。在 GeoScene Pro 软件使用网络分析需要 Network Analyst 许可。本节主要介绍网络数据集，公用设施网络、追踪网络等其他网络请读者查阅相关资料。

作为一种网络数据结构，网络数据集非常适用于构建交通网模型。它通过源要素创建(其中可以包括简单要素(线和点)和转弯要素)，并存储源要素的连通性。执行网络分析时，始终在网络数据集上实现。

图 6-42 中显示了网络数据集如何对街道网络进行建模，图中高亮显示了可以构建的单行道、转弯限制和天桥/隧道。对网络执行的分析(例如从停靠点 1 到停靠点 2 的路径)遵照这些属性和其他网络数据集属性。

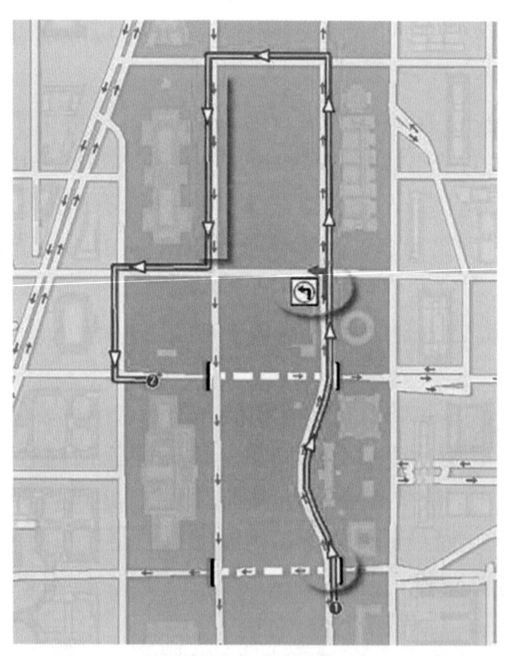

图 6-42 交通网络建模与路径分析示意图

为了理解连通性及其重要性，假设要素通常不知道彼此的存在。例如，如果两个线要素相交，则这两条线都不知道对方的存在。类似地，线要素末端的点要素不具有使其识别这条线的任何固有信息。但是，网络数据集会对重合的源要素进行追踪；它还具有连通性策略(可进行修改)，以进一步定义哪些重合要素是真正连接到一起的，这样无须将道路连接到一起，就可以构建天桥和地下通道。因此，网络分析执行的结果就会给出沿该网络的哪些路径是可行的或连通的。

GeoScene Pro 中还支持多模式网络数据集，用于多模式交通网络等更复杂的连通性分析，例如运输网中包含公路、铁路和公交网等多类网络。网络数据集还有一个丰富的网络属性模型，它有助于为网络构建阻抗（成本）、约束和等级。

网络数据集是由网络元素组成的。由源要素生成网络元素进而构建网络数据集，且必须存储于要素数据集中。源要素的几何有助于建立连通性。此外，网络元素中包含用于控制网络导航的属性。

构建网络数据集需要考虑两个方面：源要素的选择以及源要素的连通性。源要素，即网络要素（图 6-43），可分为三类。①边。边可连接到其他元素（交汇点），且是代理行进的链接。边也就是线要素，如道路、地铁线、桥梁、隧道等这些现实当中的路线都可以抽象为网络边。②交汇点。交汇点可连接边，便于从一条边导航至另一条边。它是点要素，如交叉路口、公交、地铁站点。③转弯。转弯用来更好地表达道路的转向策略，比如左转、右转、掉头等，它本质上也属于线要素。转弯可存储可能影响两条或多条边之间移动的信息。网络边和交汇点两类是创建网络数据必须存在的两类源数据，转弯则是可选要素。

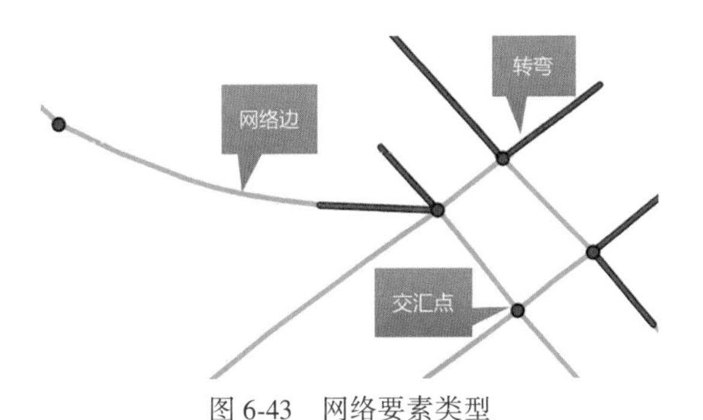

图 6-43 网络要素类型

网络数据集中的连通性不仅基于线端点、线折点和点的几何重叠，还取决于在网络数据集上设置为属性的连通性规则。连通性从定义连通性组开始。每个边源仅分配到一个连通性组，每个交汇点源可以分配到一个或多个连通性组。连通性组可以包含任意数量的源。连通性组用于对多模式交通系统进行建模。对于每个连通性组，可选择互连的网络源。在常见的地铁和街道组成的多模式公交网络中（图 6-44），上层图为地铁线路，下层图表示街道，中间的两层连接线则为地铁入口。地铁线路和地铁入口全部分配到同一连通性组 2，地铁入口还位于包含街道的连通性组中，即街道和地铁入口分配到另一个连通性组 1 中。因此，地铁入口在两个连通性组之间建立链接。两个组之间的所有路径必须穿过共享地铁入口。例如，路径求解器可能确定行人在市内两个位置之间的最佳路径，在街道上步行到地铁入口，进站乘坐地铁，在换乘站换乘另一辆地铁，然后从另一个地铁出口出站。连通性组既区别了两个网络，又通过共享交汇点（地铁入口）把二者连接在一起。

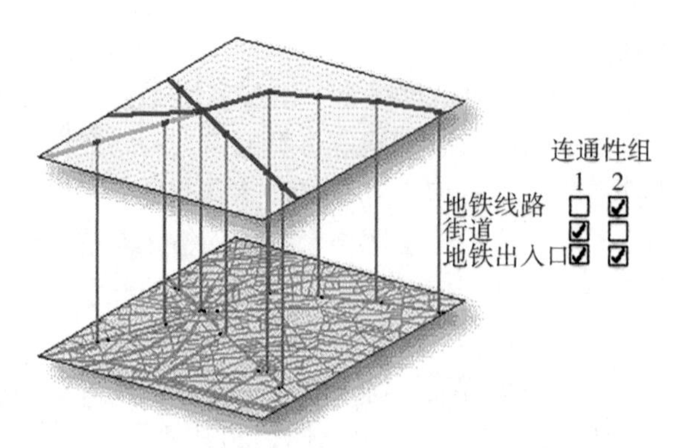

图 6-44 地铁街道多模式工具网络的连通性组

同一连通性组中的边可通过由边源上的连通性策略设置的两种方式(端点或折点)进行连通。如果设置了端点连通性，则线要素将成为仅在重合端点处连接的边。如果设置了端点连通性，则线要素将成为仅在重合端点处连接的边，如图 6-45(a)所示，典型例子如立交桥，从桥下方穿过的任何街道将不会与桥连通。桥将在端点处与其他街道连通。要对交叉式对象(如桥)进行建模，可构建具有端点连通性的网络。如果网络中仅包含一个要用于对天桥(桥)和地下通道(隧道)进行建模的源，则可以在平面数据上使用高程字段。

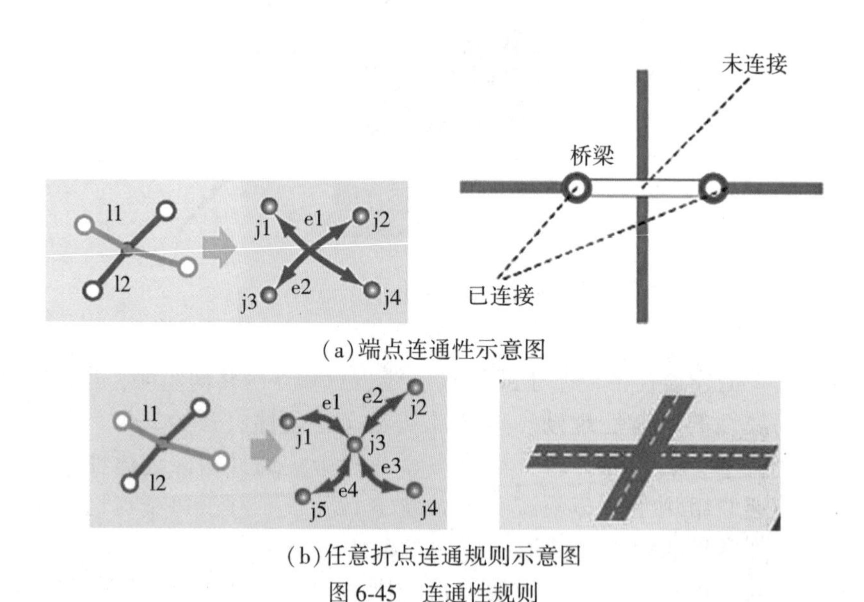

(a)端点连通性示意图

(b)任意折点连通规则示意图

图 6-45 连通性规则

如果设置了“任意折点”连通规则，则线要素将在重合折点处被分成多条边。如果构建街道数据的目的是要让街道在折点处与其他街道相交，则设置这一策略非常重要，如图 6-45(b)所示。

通过跨各连通性组的交汇点连接边(点和边连通)，处于不同连通性组中的边仅可通过两个连通性组共享的交汇点进行连接。例如，在多模式公交系统示例中，将从点源添加一个公交车站，并且该公交车站位于这两个连通性组中。公交车站的点位置必须与公交线路及其连接的街道线重合。添加公交车站的点位置后，其是否会成功变为交汇点取决于交汇点连通性策略。与边一样，交汇点会在端点或折点处与边连接，具体取决于目标边源的连通性策略。仍需注意，要实现任意节点连通，连通处必须有重合的节点。由此可见，网络数据集对数据的要求很高。

此外，还有垂直连通性。网络元素的连通性不仅可以取决于它们是否在 x 和 y 空间重合，还取决于它们是否共享同一高程。在 GeoScene Pro 中使用两个选项对高程进行建模：使用高程字段和使用几何中的 z 坐标值。对于网络边，需要提供起点的高程字段、终点的高程字段。如果存在于不同的连通性组，即使重合且有相同高程字段值，仍不会连通。

设置好源数据和连通性规则后，网络数据集就构建好了。要进行网络分析，还需设置出行属性。出行模式和网络属性统称为出行属性。网络属性是控制网络可达性的网络元素的属性。可配置以下属性以供出行模式使用：出行模式、成本、限制、描述符、时区和等级。

出行模式定义行人、汽车、货车或其他交通媒介在网络中的移动方式。出行模式可以是常规的，如对典型货车建模，也可以是比较具体的，如对消防车或救援车建模。出行模式本质上是由一长串出行设置构成的模板，这些出行配置可以定义车辆或行人的物理特征。执行网络分析会考虑这些移动对象的出行方式和位置特征。选择预定义的出行模式可以对这些特征的大量属性进行高效且持续的设置，能够有效节省时间并降低复杂程度，无须在每次分析时记住和配置最精确表征所建模车辆的参数值。

在路径计算(也称为查找最佳路径)过程中，网络分析经常涉及成本(也称为阻抗)最小化。常见示例包括查找最快路径(最小化行驶时间)或最短路径(最小化距离)。行程时间(行驶时间、步行时间)和距离(米)也是网络数据集的成本属性。成本属性可设置的特性：①名称，成本属性的名称；②单位，成本属性的单位，成本属性可以基于时间或距离，如果未指定单位，也可以选择其他；③数据类型，成本属性的数据类型，如长整型、浮点型、双精度型；④参数，是指值的占位符，可针对特定分析更改这些值，每个参数都有一个有意义的默认值，必要时可被覆盖。

约束条件可以在网络数据源上进行配置，在分析时，可完全禁止、避免，甚至首选使用具有特定特征的遍历道路。例如，约束条件可用于防止行人走上高速公路，或防止过高的卡车在没有足够净空高度的道路上行驶。约束条件属性可以配置为具有默认值的参数，且该默认值可以被使用该约束条件的出行模式覆盖。例如，可以将车辆高度参数添加到约束条件属性。参数值指示分析中建模车辆的高度。在任何情况下，约束条件属性经配置后均可为网络数据源中的每一个网络元素返回一个布尔值(true 或 false)。约束条件还有一种使用类型属性，该属性从 7 个值中选择其一：[禁止、避免(高)、避免、避免(低)、首选(低)、首选、首选(高)]。

描述符是用于描述网络或网络元素特征的属性。不同于成本属性，描述符属性是不可分配的。这意味着描述符数值不取决于边元素的长度。例如，车道数量是街道网络上的描述符的示例。街道速度限制是街道网络的另一个描述符属性。尽管描述符属性与成本属性不同，而且不能作为阻抗使用，但是它可以与距离结合使用来创建可作为阻抗使用的成本属性(如行驶时间)。

当车辆穿越一个时区时，它的当前时间(包括当前日期)会发生改变。如果未在横跨多个时区的网络数据集上配置时区属性，则分析中的当前时间值可能会发生混乱。而且，如果忽略了时区，启用流量的网络数据集可能会返回错误的行驶时间，而实时流量的网络数据集可能会渲染该错误时间的流量状况。为避免出现这些问题，可向网络数据集添加属性来管理时区。在较新版本的 Windows 系统中，时区和时区规则存储在 Windows 注册表中。GeoScene Pro 软件从 Windows 注册表中检索时区的 UTC 偏移和夏令时规则。在 GeoScene Pro 软件中构建网络数据集时，时区属性是可选项。

等级是指分配给网络元素的次序或级别，如街道网络源要素上的某个属性可能会将道路分为主要道路、次要道路等类型级别，利用源要素上的该属性在网络数据集上构建一个等级属性。等级属性建好后，在求解网络分析时便可以选择使用等级还是忽略等级。使用等级可以减少跨越大型网络求解分析时所要花费的时间，还可以用于模拟司机在高速公路和省际公路上通常会选择的行驶方式，因为在较高级别的道路上驾驶比在较低级别的道路上更简单且更容易预测。等级求解的缺点是不够精确，也就是说，如果忽略等级，反而可能会进一步减小分析中的行驶时间或距离。在 GeoScene Pro 软件中构建网络数据集时，等级属性也是可选项。

创建网络属性时需要定义属性名称及其用法、单位和数据类型。网络中定义的每个属性都必须具有与参与网络的每个源相对应的值。赋值器为每个源的属性指定值。存在多种类型的赋值器，包括常量、函数和元素脚本赋值器和字段脚本赋值器。字段脚本赋值器最常用，原因是它们可使用单个字段或基于字段的简单表达式来确定遍历边的成本，类似于属性表中的字段计算器。

GeoScene Pro 软件支持网络中的方向设置，方向也是可选项。方向是对如何通过路径的转弯说明。只要网络数据集支持方向，就可以为根据网络分析生成的任何路径创建方向。网络数据集能够支持方向的最低要求如下：具有长度单位的长度属性，至少一个边源，边源上至少有一个文本字段。在网络数据集级别对计算路径时生成的方向进行自定义，即用于报告方向的街道名称与网络数据集方案一起存储。还可通过修改这些设置来自定义方向。GeoScene Pro 中的网络还支持“地标”，用于帮助识别转弯并验证当前所沿路径是否正确，地标与特定的边源相关联。两个边源附近可以存在一个地标，但仅当路径遍历与地标相关的边源时，才会在方向上引用该地标。

GeoScene Pro 提供了一些键盘快捷键用于出行属性设置。但也需要注意，更改任何网络属性时，必须构建网络数据集以重新建立连通性、计算受影响的属性，以及更新网络元素。

6.4.2　路网分析练习

本节使用路网数据练习网络数据集构建、设置成本和等级出行属性，比较不同网络配置下的最短路径。

1. 新建地图、查看数据特点

新建地图，并重命名为“网络分析”，在目录窗格中添加 GeospatialAnalyst 文件夹下 SAPractice. gdb 数据库中“城市”和“路网”两个要素类至地图中。本练习中“路网”数据用来构建网络数据集，“城市”则作为网络分析时网络分析图层中的停靠点。在地图中点击查看路网数据，发现路网不仅在交点处断开，还在线中间断开，如图 6-46 所示。从“城市”点图层的属性表中看到只有“张家口”“承德”和“赤峰”三个地点。

点击菜单中“分析”→“地理处理”→“环境”，将这个工程当前的分析环境设置为：“处理范围”→范围设置为与“路网”一致。

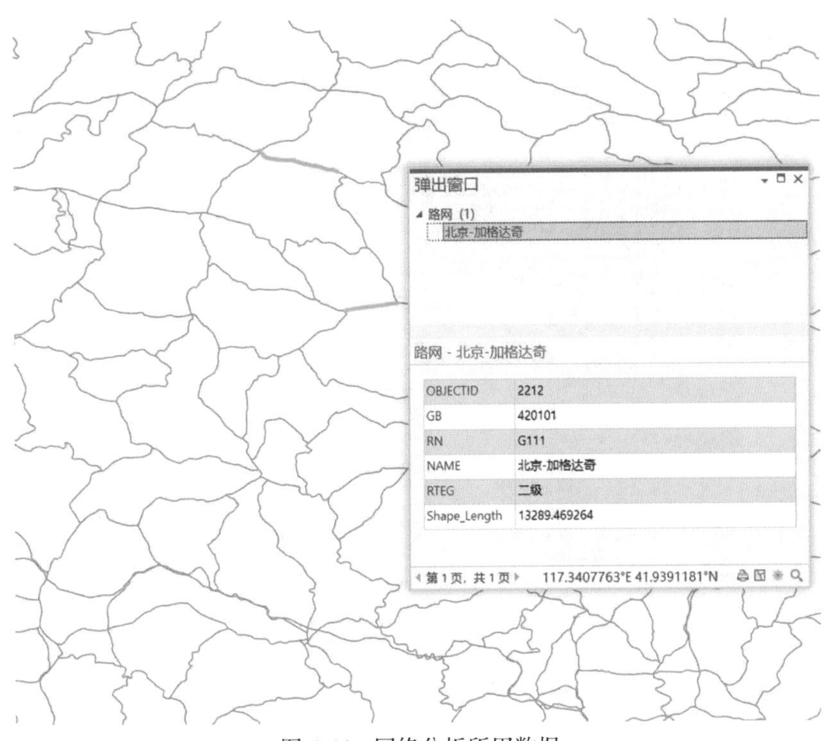

图 6-46　网络分析所用数据

2. 构建网络数据集、开展网络分析

网络数据集必须存储于要素数据集中。在 SAPractice. gdb 数据库中，新建一个名为“RoadNet”的要素数据集，通过坐标系导入功能使用与路网数据一样的坐标系“WGS_1984_Web_Mercator…”。再将“路网”要素类复制到 RoadNet 要素数据集中，具体操作步骤：右击“路网”，选择“复制”；再右击“RoadNet”，选择“粘贴”。粘贴完后要素类中的路网要素名称变成了“路网_1”，这是因为要素类名称在地理数据库中只能存在一次，包括所有要素数据集中的要素类。这里将“路网_1”重命名为“NCRoad”。当然，要素的“复制粘贴”→“重命名”操作也可以替换成“要素导入”功能来完成：在 RoadNet 要素数据集上右击，选择“导入”→“要素类”。

在 RoadNet 要素集上右击，选择“新建”→“网络数据集”，网络数据集名称设为“NCRoadNet”，勾选“NCRoad”，高程模型设置为无高程（NCRoad 数据中本身无高程信息），点击“运行”，得到网络数据集，GeoScene Pro 自动将该网络加入地图中，见图6-47。前面提到网络数据集中必须包含网络边和交汇点的要素，这里只选择了网络边。这是因为

GeoScene Pro 支持这种操作，在构建网络时，直接利用网络边的节点补充为交汇点。图 6-47 中 NCRoadNet_Junctions 就是 GeoScene Pro 自动补充建立的网络交汇点要素类，故在“源”下方的表格里显示为“交汇点(系统)”。

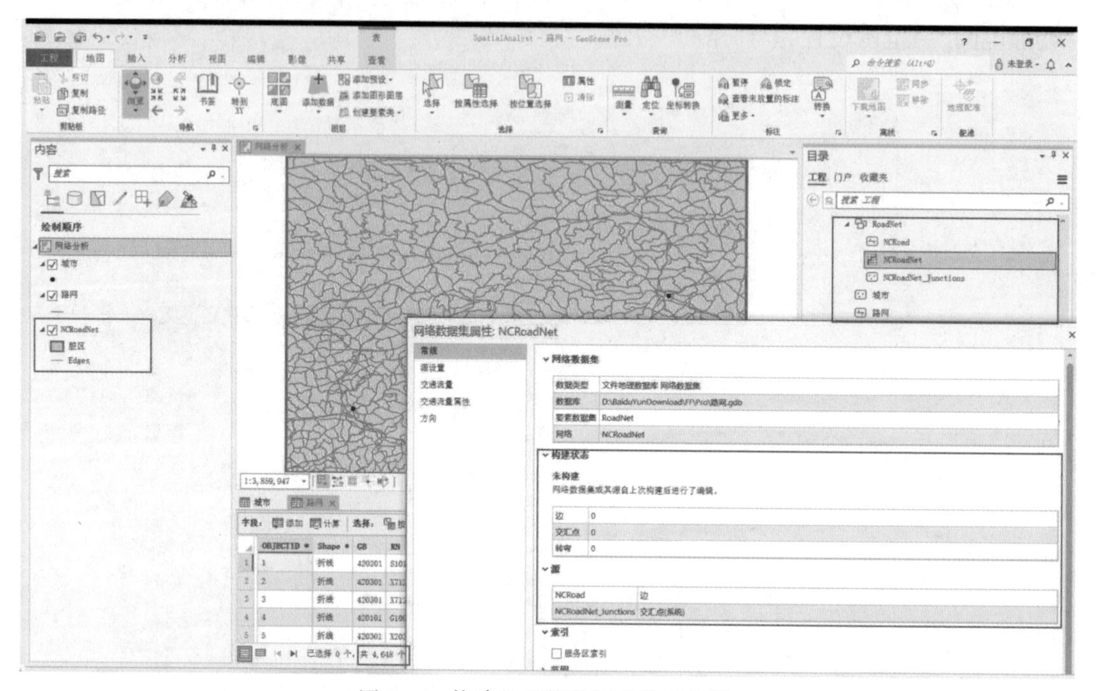

图 6-47　构建的网络数据集及其属性

在网络数据集 NCRoadNet 上，右键单击，选择“属性”，查看其属性信息，可以看到“边”“交汇点”“转弯”的数量均为 0，“构建状态”为“未构建”等，如图 6-47 所示。

右击网络数据集“NCRoadNet”，选择“构建”，在弹出的“构建网络”工具页面上，直接点击下方的“运行”。得到构建的网络后，地图显示窗口中的脏区已不显示；再次查看网络的常规属性，如图 6-48 所示，其状态、点和边数量均有更新，而且边的数量为路网要素数量的 2 倍。这是因为路网数据是双向的，每条道路可以分成沿着路网矢量化的方向及相反的方向。切换到属性中的“源设置”页面，可以查看源要素、垂直连通性及组连通性。当前只有一个路网数据，只有一个组连通性，如果还有地铁或公交线路数据，也可加入。边连通策略中默认使用端点连接，可以把交汇点数据 NCRoadNet_Junctions 加入地图中，浏览该数据就可以发现图 6-46 中所示的道路交点处都有交汇点，道路端点也有交汇点。

点击菜单中“分析”→“工作流”→“网络分析”→“路径”，网络分析模块创建一个网络路径分析图层组“路线/路径”，并将其添加至内容窗格中的最上面，网络路径分析图层组中包括停靠点、路径、点障碍、线障碍和面障碍 5 个要素类图层，见图 6-49。“停靠点”要素类最初存储访问输出路径的所需位置。运行路径分析后，停靠点要素类会存储路径到达的位置、未到达的位置(及未到达的原因)、访问停靠点的顺序及其他信息。路径要素类存储通过分析生成的路径，其为仅输出类；在运行分析时，路径分析图层会覆盖或删除任何路径要素。点、线、面障碍用于在分析时需要考虑绕行的附加条件。

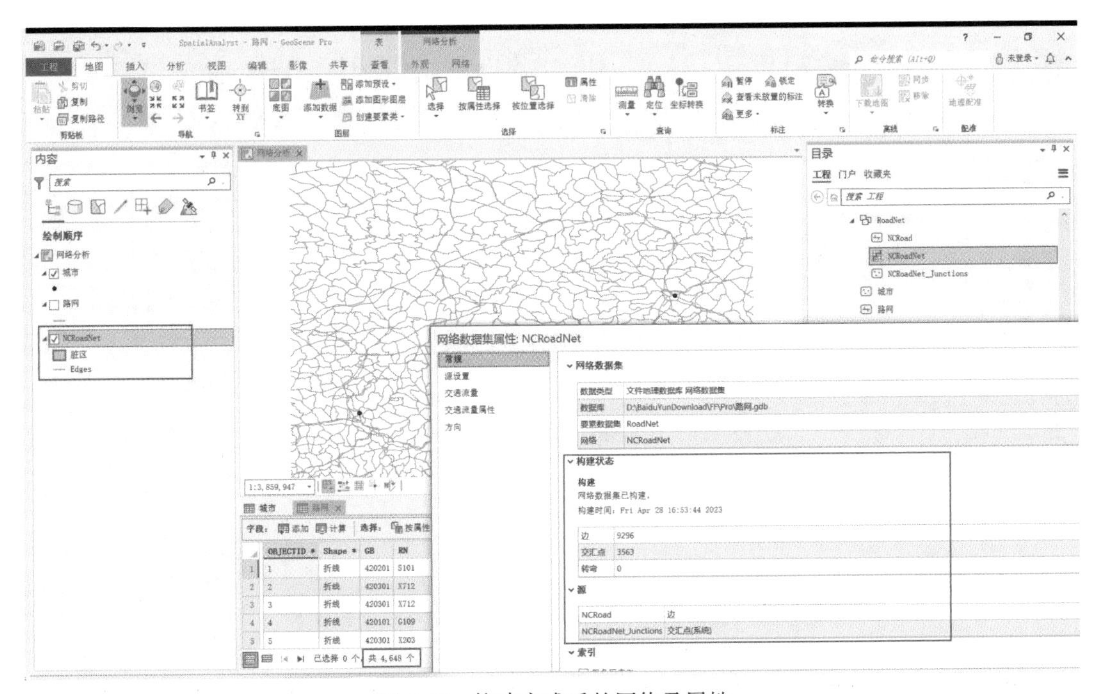

图 6-48　构建完成后的网络及属性

此时，默认选择的图层是“路线/路径”，菜单区上自动添加了一个“网络分析”→“路径”功能页面。该菜单页面上“输入数据菜单区”可以导入停靠点和点、线、面障碍，也可以使用创建要素功能交互式添加这些要素。交互式添加时，创建要素窗格的模板会显示 5 个要素类图层，如图 6-49 所示，点线面添加方式与编辑功能相同。

这里以“张家口—承德”之间的最短路径为例使用网络分析功能。在“创建要素模板”窗格中，选择停靠点；在地图中依次点选“张家口”和“承德”两处，可使用捕捉功能，捕捉到“城市”的点要素；再点击菜单中“路径”→“运行”，得到一条路径，如图 6-50 所示。打开路径要素类的属性表，查看路径长度，为 356610.647m。此时，“网络分析”地图的坐标系与最先添加的“城市”要素类一致，为 CGCS2000 地理坐标系，且路网、网络数据集及网络路径分析图层的坐标系均为 WGS 1984 Web Mercator (auxiliary sphere)，而结果单位却是米。这说明 GeoScene Pro 在进行路径分析时，后台已经将坐标系进行了转换。需要注意的是，并不是所有的工具或功能都支持在后台进行坐标转换。

在互联网地图上，搜索“张家口—承德”之间的路线，给出了不同的方案，里程分别为 369km、370km、394km，距离和线路差别明显，原因在于网络数据集的出行属性不同。

在路径中间某处，添加一个“点障碍”，表示该路径上的某点因设置路障出现了道路封闭的情况，需绕行。添加点类型障碍后，再点击菜单中“路径”→“运行”，查看得到的路径及其属性。

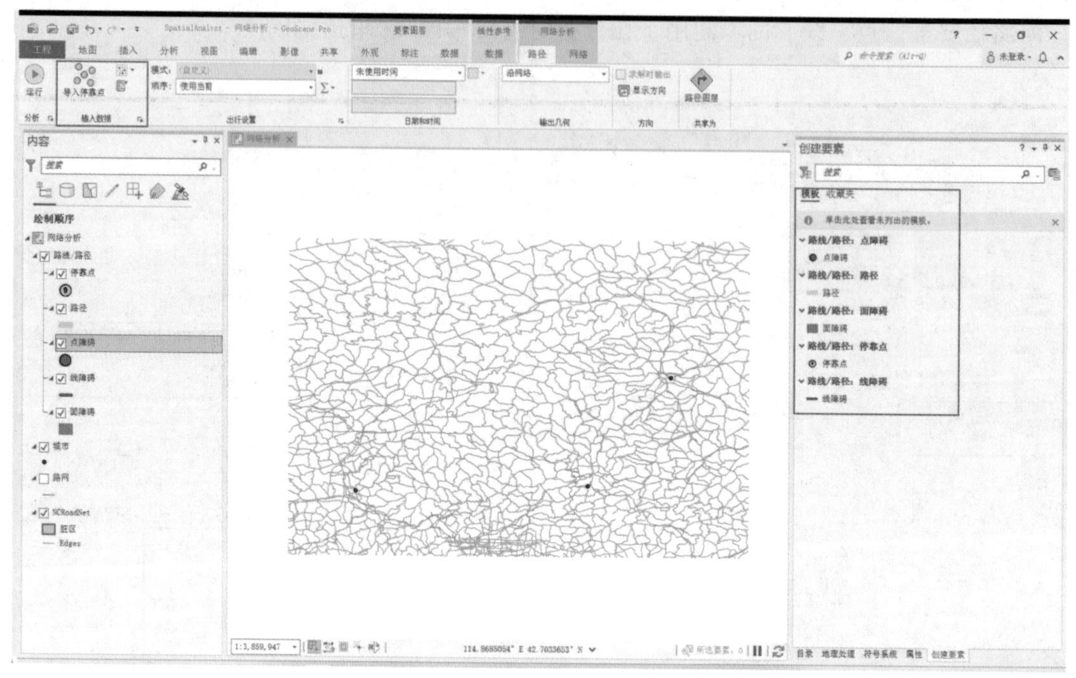

图 6-49 网络路径分析菜单功能区与交互式创建要素

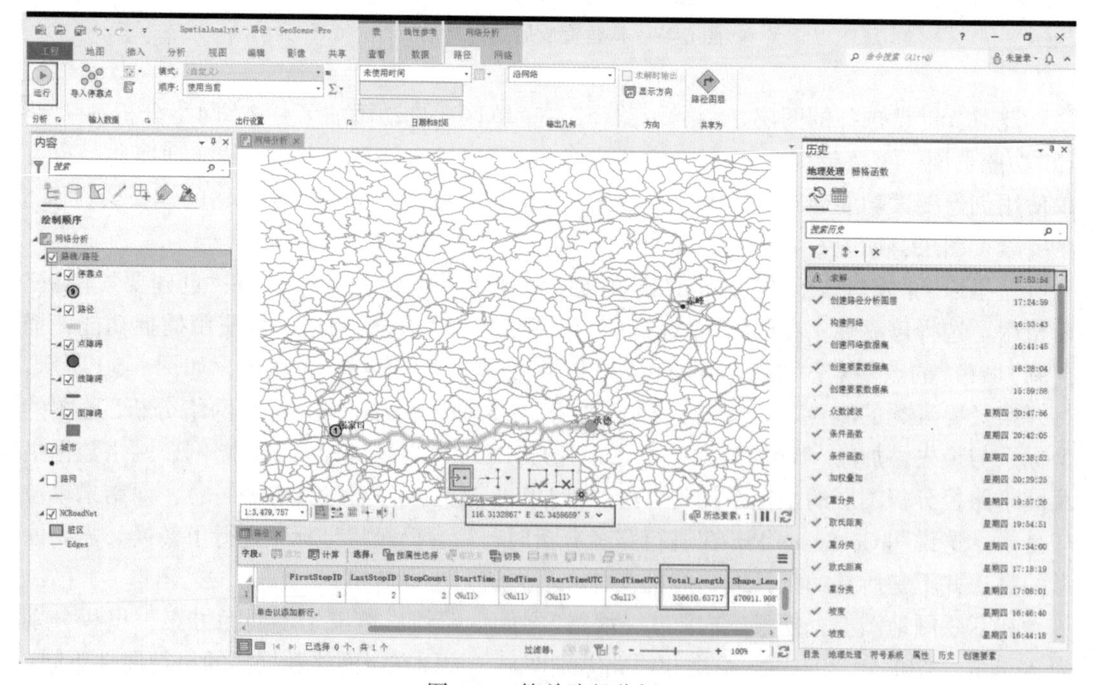

图 6-50 简单路径分析

类似地，尝试存在线障碍的路径分析。先删除刚刚添加的点障碍：编辑菜单功能区中的要素→删除按钮或在点障碍属性表中第一行上右击“删除行”。再添加一条“线障碍”，表示该路径上出现了拥堵等特殊情况，需绕行。添加线类型障碍后，再点击菜单中“路径”→“运行”，查看新路径及其属性。

与之类似，删除线障碍后，测试面障碍的效果。在路径区域中间部位添加一个“面障碍”，表示该区域出现了暴雨、团雾等极端天气情况，需避开该路段。添加面类型障碍后，再点击菜单中“路径”→“运行”，查看新路径及其属性。

3. 修改网络出行属性

首先，添加等级信息。将 NCRoad 添加至地图中，移除“路网”图层。打开 NCRoad 要素类图层的属性表，其中有一个名为 RTEG 的字段，表示了网络的等级信息，右击该字段选择“统计数据”，可见有高速、一级、二级、三级、四级和等外六个类别，此外浏览 RTEG 字段值，发现部分行还存在<Null>空值。由于网络分析考虑等级时需采用整型字段，因此，添加一个名为 Grade 的长整型字段，别名“道路等级”，并将 RTEG 字段的值转换过去。使用“计算字段”工具进行转换，如图 6-51 所示。这里忽略了<Null>空值，表示忽略不适合车辆通行的要素，不让其参与交通网络的构建。

等级属性计算完后，需要重新构建路网，以便路网属性中能够读取新添加的字段及其值。在目录窗格中，右击网络数据集“NCRoadNet”，点击“构建”并运行。在设置网络数据集属性时，需先关闭路径分析图层“路线/路径”和网络数据集图层“NCRoad”及“NCRoadNet”。在目录窗格中，右击网络数据集“NCRoadNet”→“属性”，切换至“交通流量属性”页面，打开“等级”选项卡，勾选“添加等级属性”，将“主要道路”设置为“1-2”，“次要道路”设置为“3-4”，在赋值器下的表格中为边设置类型为“字段脚本”的值，这里反方向设置为与沿路方向相同，默认设置常量 1，如图 6-52 所示。

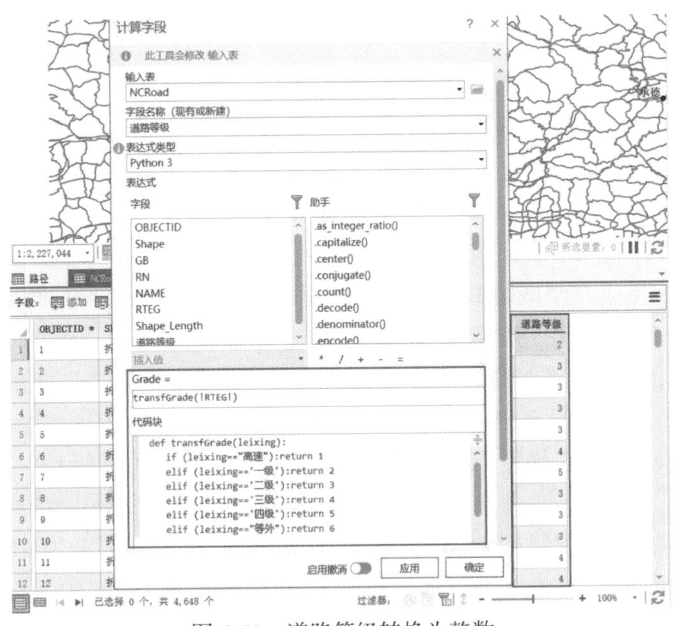

图 6-51　道路等级转换为整数

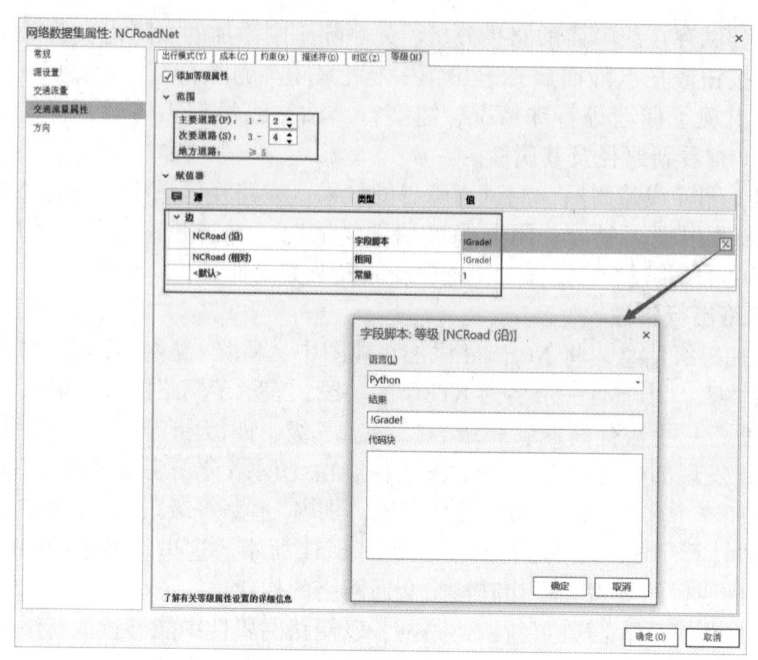

图 6-52 道路等级属性设置

如图 6-52 所示，点击“确定”，道路等级属性设置完毕，此时网络数据集的属性发生变化，需要重新构建网络数据集。此时构建所耗时间比之前略长，构建完成后提示“存在警告”，点击“查看详细信息”，提示存在错误，详细信息存在×××\×××\BuildErrors. txt 中，打开该文本文件，提示有 812 行数据存在无效等级值，打开 NCRoad 要素类的属性表，查看对应 ObjectID，发现这些要素的 RTEG 属性均为 Null。因此，该警告可忽略。

其次，计算道路的通行时间，不同等级的道路通行时间是不同的。为 NCRoad 要素类再新建一个类型为浮点型的字段“TravelTime”，别名为“通行时间”，再次使用“计算字段”工具进行转换，如图 6-53 所示。这里时间的单位是小时，不同类型的速度单位是千米/小时(km/h)，例如高速公路预计的速度是 120km/h。

通行时间字段计算完后，需要重新构建路网，以便路网属性中能够读取新添加的字段及其值。再打开 NCRoadNet 网络数据集的属性窗口，切换到交通流量属性页面，选择“成本”选项卡，点击右侧“菜单”按钮☰，选择“新建”，新增一个名为“时间”的成本，单位为分钟，并在“赋值器”设置下的表格中为边设置类型为“字段脚本”的值，这里反方向设置为与沿路方向相同，如图 6-54 所示。

如图 6-54 所示，点击“确定”后，再次构建网络，完成时仍然提示“存在警告”，点击“查看详细信息”。发现与之前的提示一致，仍可忽略。构建完成的同时，网络 NCRoadNet 已添加至内容窗格和地图视图中。点击菜单中“分析”→“工作流”→“网络分析”→“路径”，启动路径分析，再添加“张家口”和“承德”两处作为停靠点，得到其路径信息，结果如图 6-55 所示。

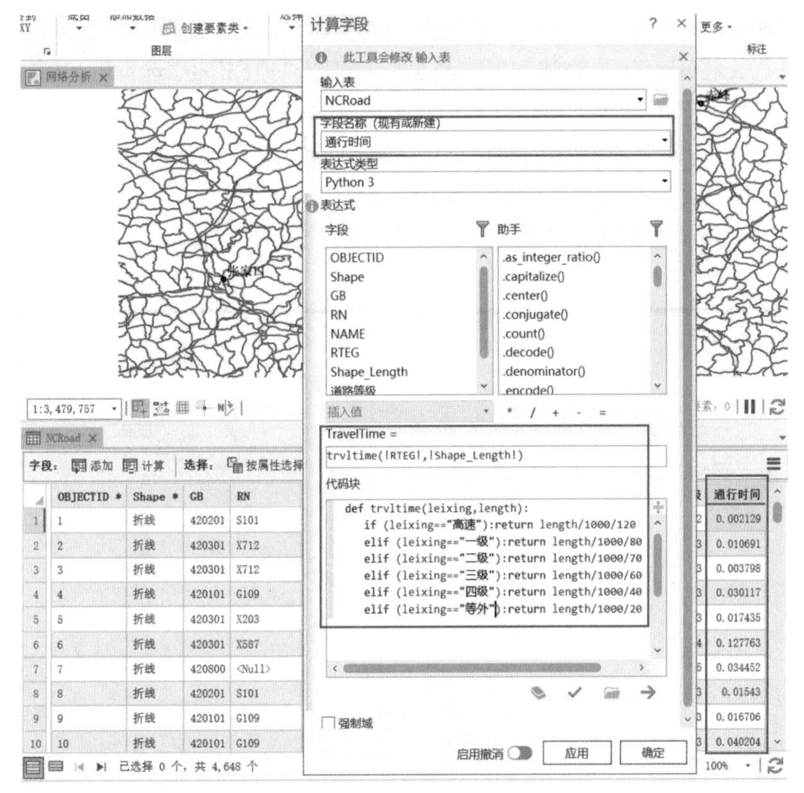

图 6-53　计算通行时间

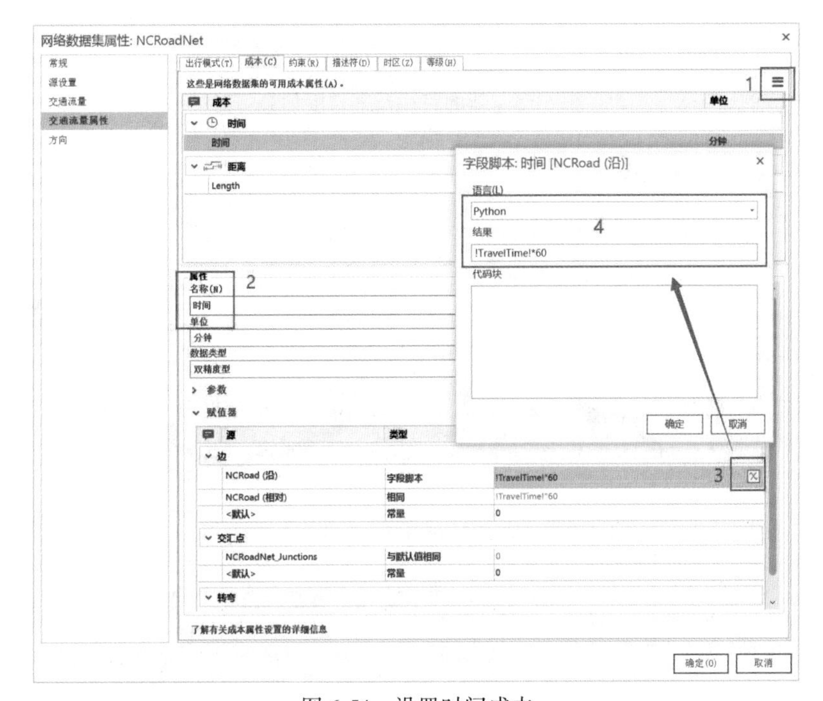

图 6-54　设置时间成本

打开当前的“路线/路径”图层组中的“停靠点”图层的属性表，选中当前的两个停靠点，右击→“删除行”，将现有交互添加的停靠点删除，点击“地图”→“选择”→“清除”，将之前路径的选择状态去掉。下一步，尝试导入城市要素类作为停靠点，点击菜单中“路径”→“输入数据”→“导入停靠点”，在弹出的对话框中，输出位置设为“城市”，其他保持不变，点击“确定”。再点击“路径”→“运行”，查看新的路径信息，打开“路径”图层的属性表，其中仅有一行。这说明每一次新的路径计算结果会覆盖此前的信息，如图6-56(a)所示。

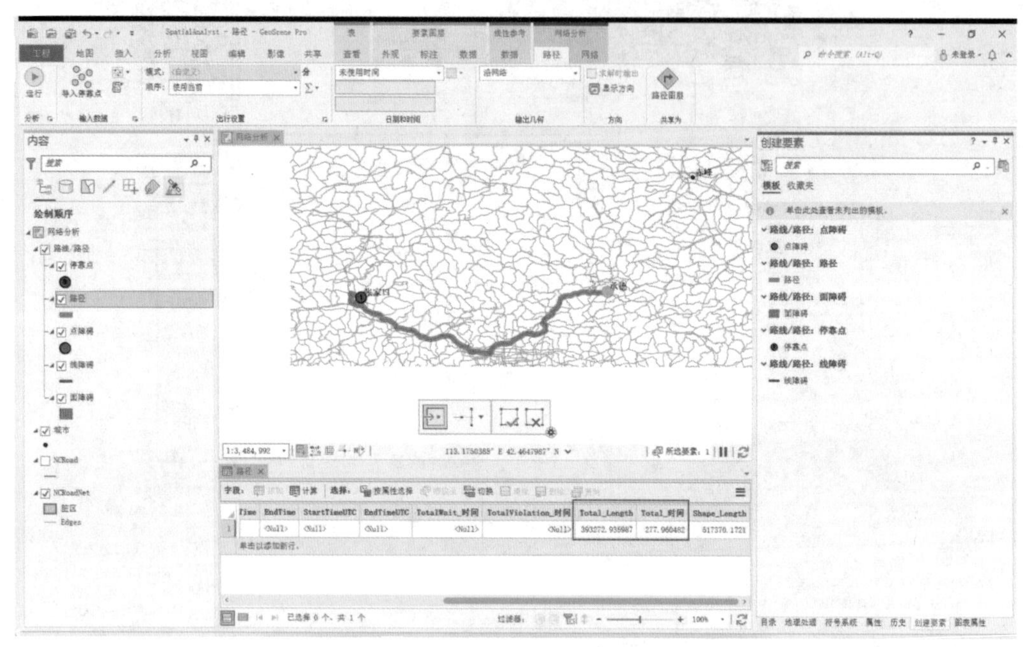

图6-55　新的路径及其长度信息

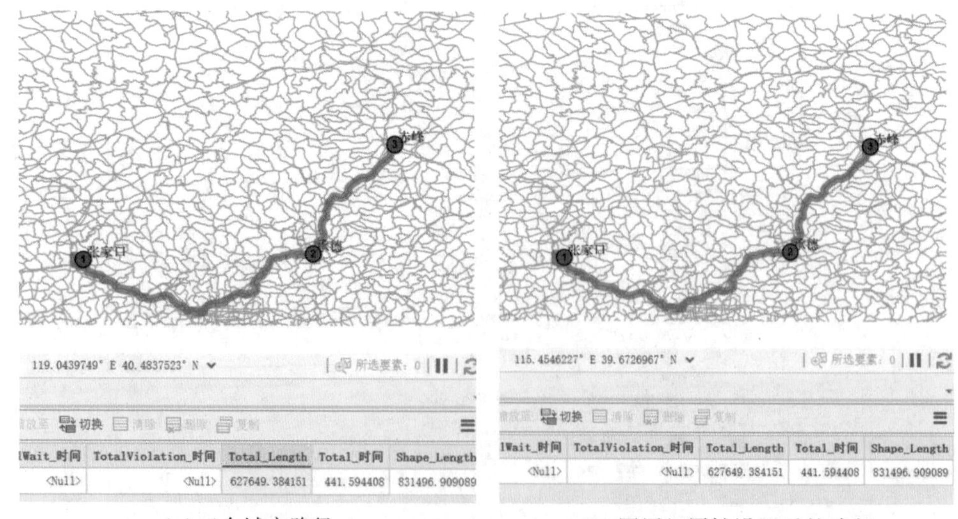

(a)三个城市路径　　　　(b)图层组属性设置后的路径

图6-56　设置出行属性后的路径分析结果

打开“路线/路径”图层组的属性，设置其出行模式属性，在“高级”勾选“使用等级”，在“成本”选择“阻抗选择时间”，点击“确定”，再次运行路径分析(菜单“路径”→“运行”)，查看新的路径计算结果，如图 6-56(b)所示。两者一致，说明在网络中已经考虑了道路等级和时间成本。

如果要查看具体的导航指引信息，需在网络数据集中设置方向属性。打开 NCRoadNet 的属性表，切换到“方向”页面，勾选“支持方向”，在“字段映射”选项卡中的“基本名称”选择“NAME”字段，点击“确定”后，再次构建网络。

选择一个“路线/路径”图层组，点击菜单中“路径”→“方向”→勾选“求解时输出”，最后点击“路径”→“运行”，得到结果路径信息；再点击菜单中“路径”→“方向”→“显示方向”，在右侧的窗格中给出了导航指引信息，以及所用的时间和总长度。如图 6-57 所示，时间总计 7 小时 22 分，距离为 628km。

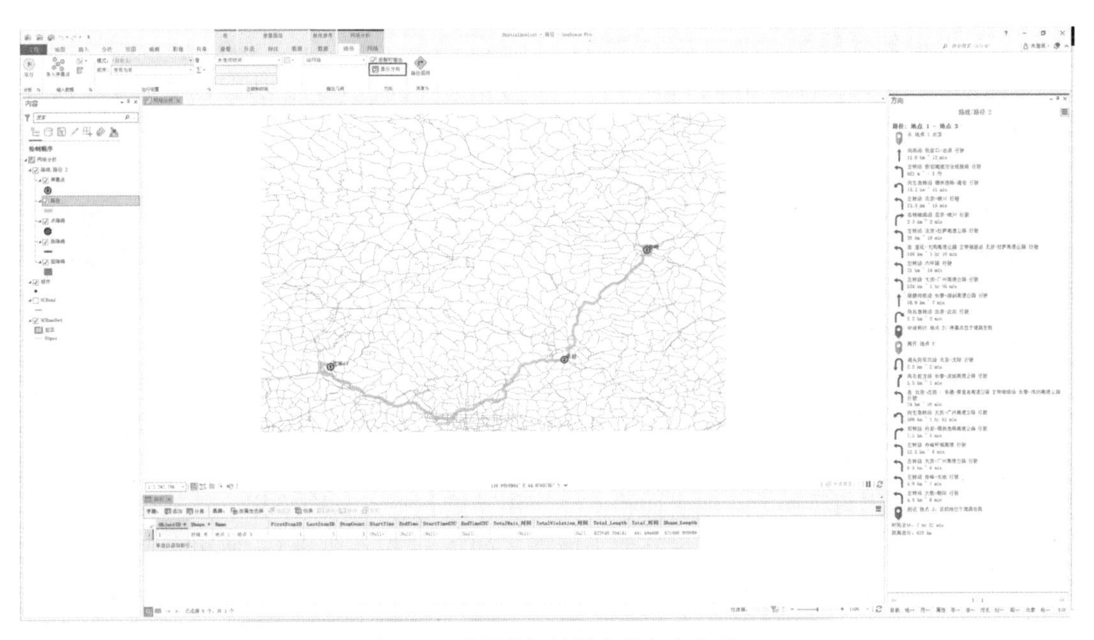

图 6-57　路径分析结果中的方向查看

6.5　三维分析

业界论及三维 GIS，更多的是指三维数据模型、管理与可视化，而较少讨论三维空间分析。当然，三维数据模型、管理与可视化是三维空间分析的基础。相对二维数据分析，三维分析算法复杂、效率低下，许多三维分析功能处于研究阶段，未实现成熟应用。当前，商业软件提供的三维分析一般包含日照分析、阴影分析、通视分析、视域分析、天际线分析、剖面分析、淹没分析、三维量算等功能。

6.5.1　三维分析工具箱简介

GeoScene Pro 软件提供了多种类型三维数据创建和执行三维(3D)分析，例如 3D 点、3D 线、3D 面、点云、多面体、TIN、Terrain 数据集和栅格，并支持在不同格式之间创建、导入和转换 3D 数据，同时分析表面和 3D 要素数据，还提供了对这些数据的可视化。软件中的三维分析模块(3D Analyst Extension)提供针对表面模型和三维矢量数据进行各种分析、数据管理和数据转换操作的地理处理工具，包括几何关系和要素属性分析、栅格和各种 TIN 模型的插值及表面属性分析等。以下简要说明各工具集的作用，这里 3D 要素包含 3D 点、点云、线和多面体要素等。

"3D 要素"工具集为 3D 要素几何属性的构造、转换和评估提供了工具集合，包括利用要素属性创建 3D 要素，具有 3D 属性的要素图层导出为 3D 线或多面体要素，使用表面来更新 3D 要素折点的 Z 坐标，使用表面为二维要素插入 Z 值创建 3D 要素，利用激光雷达数据中的屋顶点自动创建建筑物模型，规则化建筑物覆盖区，从已分类点云数据中提取供电线路的 3D 线要素等。

"3D 相交"工具集包含可以在 3D 模式下进行相交分析的工具，功能包括构建表面集合的垂直截面、计算多面体要素的交集、3D 要素相交等。

"3D 邻近性"工具集包含的工具可描绘出包含 3D 要素的空间量，并对 3D 点、线和多面体要素进行距离分析，包括 3D 缓冲区、生成 3D 要素周围的净空面区域、是否包含在封闭多面体内部、LAS 点云邻域搜索、3D 邻近分析(与周边或邻近分析类似)、对存在重叠的封闭多面体要素进行合并等。

"面积和体积"工具集包含用于计算 3D 数据之间的空间面积和体积的工具，包括填挖方，对存在重叠的封闭多面体要素进行作差，在两个 TIN 间拉伸要素形成 3D 要素，最小包围体计算，表面 Z 值差异计算，表面和参考平面之间区域的面积和体积计算等。

"点云"工具集提供用于使用点云的各种工具，对激光雷达点进行重新分类、提取信息，并将 LAS 数据集转换为其他表面格式。实用功能包括点云降采样、裁剪分割、切片和着色，以及将 LAS 数据集转换为其他表面格式(TIN 或多点要素)；使用深度学习对特定真实要素的点云进行分类，或使用专门构建的分类工具之一对建筑物和地面进行分类；使用地理处理工具和交互式工具编辑激光雷达数据的点分类，例如使用剖面图对所选点进行手动分类；使用交互式选择工具在 3D 场景中快速、高效地选择和分类。

"栅格"工具集包含用于插值栅格表面、重新分类和执行各种数学运算、从栅格导出不同格式及生成表面派生产品(例如坡度、等值线、坡向和曲率)的工具。提供了多种插值工具，可从点要素生成连续的栅格表面，包括符合真实地表的表面模型(地形转栅格)；用于对栅格数据集执行数学运算的工具及可重分类栅格数据的工具；提供了可确定栅格表面属性的分析工具，例如等值线、坡度、坡向、山体阴影和差异计算，这些表面分析工具与"空间分析"工具箱中的工具是一样的。

"统计数据"工具集提供了对来自要素、点云、栅格和三角化网格面中启用 Z 值的数据的统计信息进行汇总的工具。

"Terrain 数据集"工具集提供了用于创建和管理 Terrain 数据集的工具。Terrain 数据集是基于 TIN 的多分辨率表面，它是基于存储在要素类中的测量值构建而成的。Terrain 位于要素数据集内部，由参与要素类和控制其参与活动的规则构成。该工具集中提供了创建和构建 Terrain 的工具，向 Terrain 中添加删除要素、追加或删除或替换点、添加等级的工具，以及 Terrain 转点/TIN/栅格的工具。

“TIN 数据集”工具集包含用于创建、修改和转换不规则三角网(TIN)数据集的工具。可通过点、线和面要素的测量值来对表面建模而生成 TIN。该工具集提供了复制 TIN、抽稀 TIN 节点、删除 TIN 中的过长边(描绘 TIN 数据区工具)、TIN 编辑工具、获取 TIN 范围，以及 TIN 转换为要素的工具等。针对 TIN 编辑，GeoScene Pro 还提供了 TIN 编辑菜单功能区，其中有添加删除节点、添加新隔断线/面、连接节点、表换边、更换 TIN 的数据区、节点高度，以及将 TIN 设置为受约束的表面等功能。

“表面三角化”工具集提供了可确定 TIN、Terrain 和 LAS 数据集的表面属性(如等值线、坡度、坡向、定位异常值)的分析工具。该工具集内的表面坡向和坡度工具输出的是面要素，这与表面分析及空间分析中的工具不同。

“可见性”工具集包含使用不同类型的观察点要素和障碍源(包括表面)、适合于表示建筑物等结构的多面体及 3D 要素执行可见性分析的工具，包括视线、视域、通视、天际线、阴影(率)、可见性分析等工具。

6.5.2 二维数据转三维数据

本小节使用 4.2.2 小节中分层分类组织好的建筑数据进行练习。

首先插入一个“新建局部场景”，在目录窗格中右击“数据库”，选择“添加数据库”，浏览并添加 4.2.2 小节构建的数据库 WHUInfo.gdb 中的 JXKYL 要素类，并将周边的高建筑物要素类也加入进来，此时场景的坐标系与 JXKYL 相同，为 CGCS2000 3 Degree GK CM 114E。如 4.2.2 小节构建的数据库未保存，也可以直接从 Organization \ OSM \ WHUInfo_Area.shp 中选择并创建新的图层。为便于后续的分析，将 JXKYL(该区域一般称为“友谊广场”)和周边的建筑图层合并为一个新要素类，命名为“Friendship”，保存至工程数据库 SpatialAnalyst.gdb 中，结果如图 6-58 所示。合并前注意设置当前的处理范围，以免输出为空或不正确。输出后，注意观察该图层的属性，坐标不具有 Z 值，其属性列中有一个名为“building_l”的字段，从名称来看像是楼层数，但不完整。

首先，根据大致情况在属性表中直接编辑，完善 Friendship 图层的楼层信息。

其次，设置图层的三维显示方式。选中“Friendship”图层，点击菜单中“外观”→“拉伸”→“类型”中选择“基本高度”，点击字段后面的字段表达式构建器按钮 字段 ，在表达式构建器中，通过点击选择与交互的方式，输入如图 6-59 所示的表达式，点击“确定”后效果如图 6-59 所示。如果觉得当前显示的三维模型的框线不美观，还可以修改 Friendship 显示属性，点击图层名称下方的符号，在显示的“符号系统-Friendship”窗格上部，点击“属性”，切换到“符号属性”设置页面，进一步选择一行的 “图层”，勾掉单色笔画，只显示填充颜色，点击下部的“应用”即可得到白膜显示效果。此时，再次查看 Friendship 图层属性，可以看到该图层的坐标 Z 值仍然没变，当前只是三维场景中二维数据的三维显示效果。

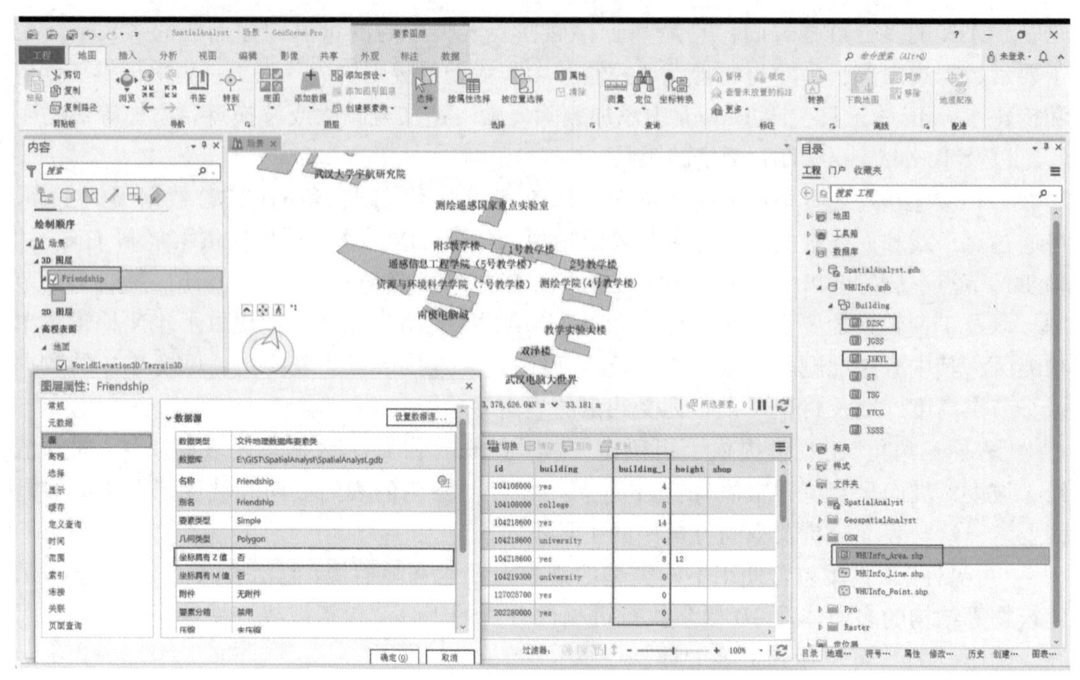

图 6-58　友谊广场周边建筑图

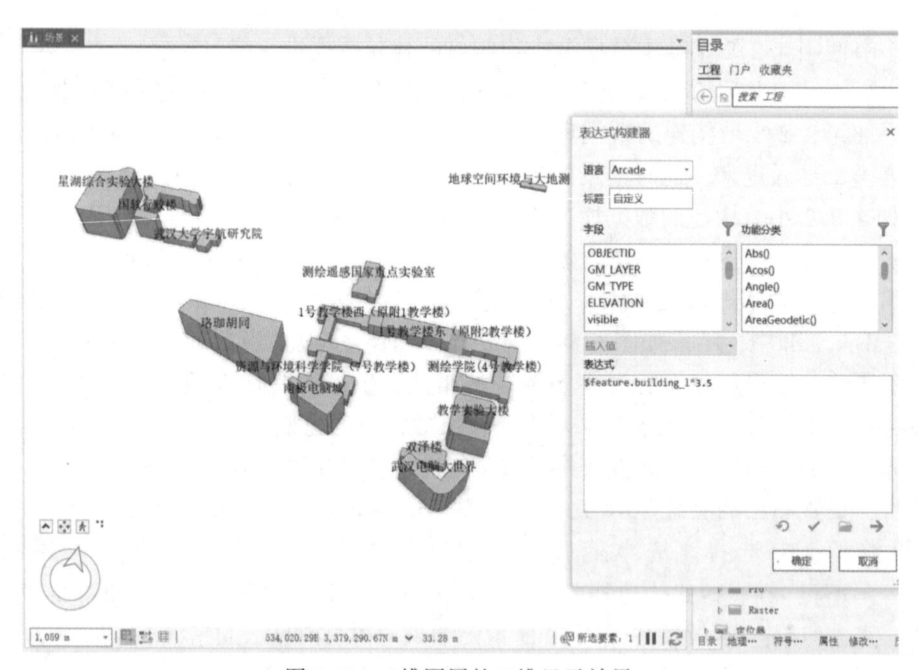

图 6-59　二维图层的三维显示效果

最后，使用“三维分析”工具→“3D 要素”→“转换”→“3D 图层转要素类”工具，将 Friendship 转换为 SpatialAnalyst. gdb \ Friendship3D。查看 Friendship3D 的属性，可以看到该图层为多面体要素类 Multipatch。

本小节又介绍了一种得到三维要素的方法。除了 3.1.2.4 小节中介绍的多面体要素编辑构建方式外，GeoScene Pro 软件还支持“基于 CityEngine 规则转换要素”和“导入 3D 文件”，这两个工具都在“三维分析”工具→“3D 要素”→“转换”工具集内。导入 3D 文件工具支持的格式为 3D Studio Max(*.3ds)、VRML 和 GeoVRML(*.wrl)、OpenFlight(*.flt)、COLLADA(*.dae)及 Wavefront OBJ 模型(*.obj)。此外，对于 .fbx 和 .x 格式，则需要用到数据互操作模块。

6.5.3 天际线分析

本小节使用上一小节得到的 Friendship3D 多面体要素类来生成友谊广场中心的天际线，并计算天际线有效边界的总长度，查找哪些建筑会遮挡广场的视线。需要注意：GeoScene Pro 中的天际线工具要求所有输入数据都位于投影坐标系中。

(1)打开“三维分析”工具→“可见性”→“天际线”工具，使用创建点要素作为输入，“输入要素”选择“Friendship3D”，“要素细节层次”为“详细信息”，输出为 SpatialAnalyst.gdb \ Skyline，点击“运行”，得到如图 6-60 所示的结果，修改 Skyline 的颜色以便观测。查看 Skyline 的属性表，其中只有一个线要素，且线的长度较长。

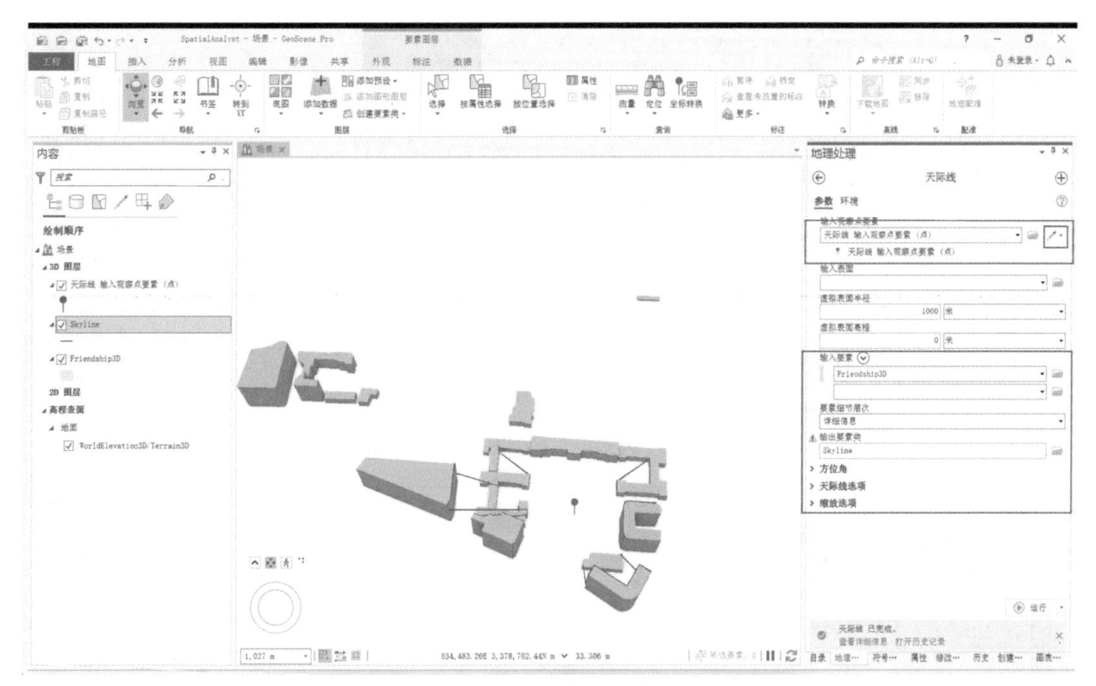

图 6-60 生成天际线

(2)统计天际线的有效边界长度。这里天际线的有效边界是指建筑顶部与天空交界的边界。使用“三维分析”工具→“3D 相交”→“3D 线与多面体相交”工具，得到天际线与建筑的交集，打开该工具，“输入线要素”为“Skyline”，“输入多面体要素”为“Friendship3D”，“连接属性”选择“所有属性”，以便于后续的统计，“输出线”为“Skyline_split”，如图 6-61 所示。打开 Skyline_split 的属性表，可以看到多条线信息。在属性表中还可以看到“FROM_MP_ID”和“TO_MP_ID”两个属性，表示线是从哪个 MultiPatch 到哪个 MultiPatch，如果这两个属性相同，就表示该条线为同一建筑上。这里使用属性选择工具，在 Skyline_split 找到属性相同的天际线要素，随后右击“Skyline_split”图层，点击“选择”→“根据所选要素创建图层”，如图 6-62 所示。

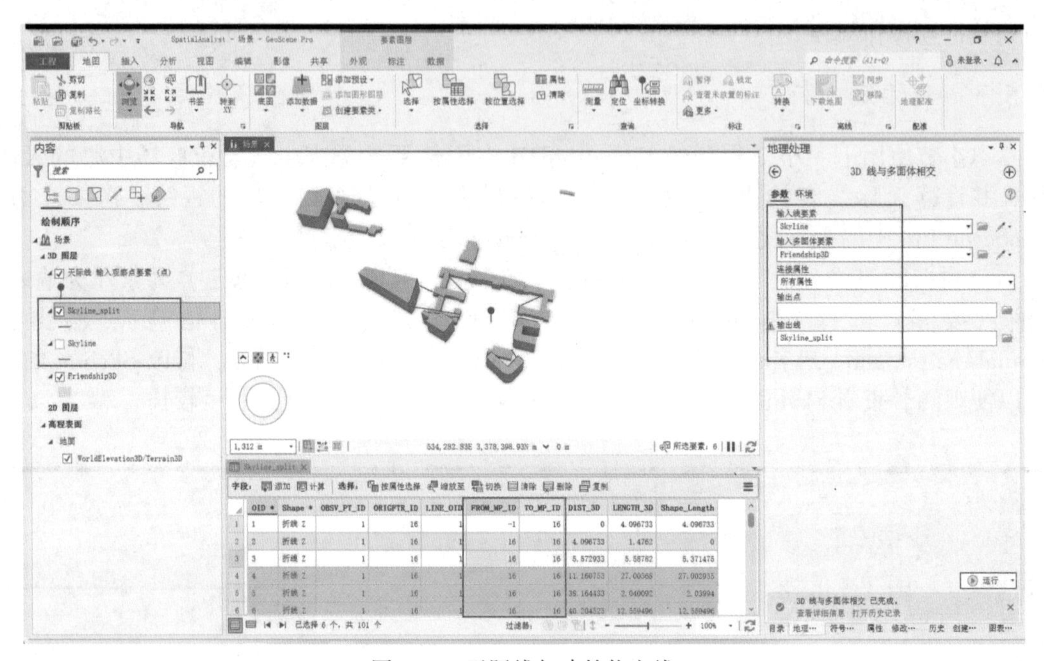

图 6-61　天际线与建筑物交线

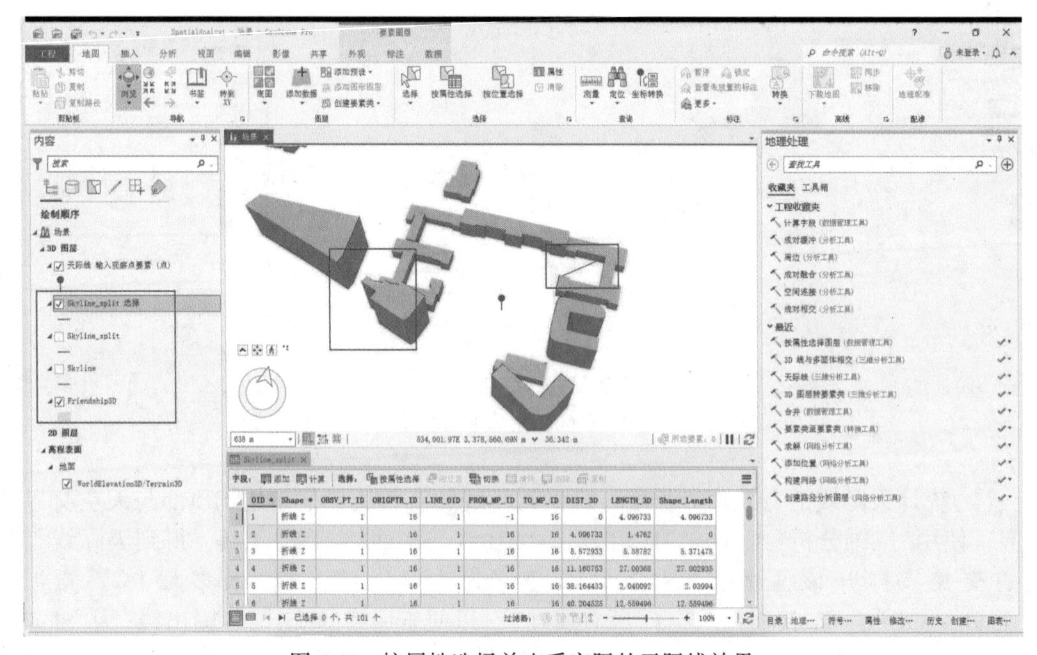

图 6-62　按属性选择并查看实际的天际线效果

(3)将 Skyline_split、Skyline 图层隐藏，注意观察"Skyline_split 选择"图层，如图 6-62 中框选区域，同一建筑上还存在垂直的天际线，这不是我们想要的。可使用相交工具滤除垂直方向天际线，从而得到最终的天际线。打开"分析工具"→"叠加分析"→"相交"，"输入要素"为"Skyline_split 选择"图层和数据库中的"Friendship"，输出设置为 SpatialAnalyst. gdb \ Skyline_Valid，其他保持不变，结果如图 6-63 所示。查看 Skyline_Valid 要素类的属性，可以看到该图层是具有 Z 值的线要素类。

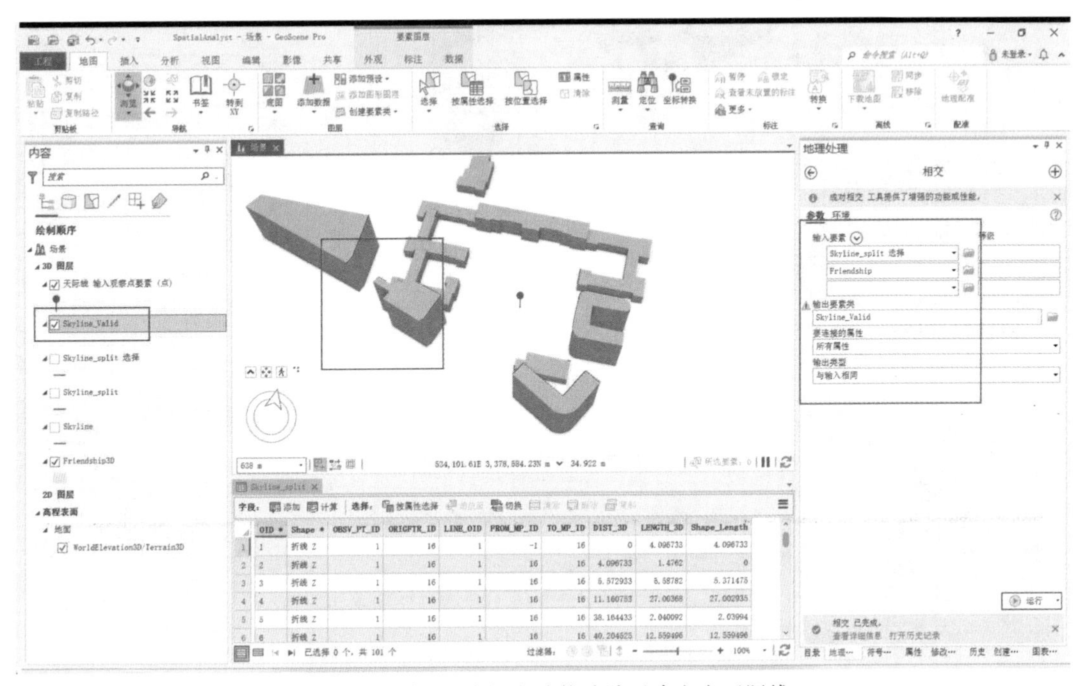

图 6-63　利用二维相交功能滤除垂直方向天际线

(4)使用"分析"工具→"统计数据"→"汇总统计数据"工具，得到有效天际线长度总和，输入选择"Skyline_Valid"，输出为数据库中的 Skyline_Valid_Length，字段选择"Shape_Length"，统计类型为"总和"。也可对 Skyline_Valid 属性表中的 Shape_Length 字段使用"统计数据"查看总和，结果如图 6-64 所示。

(5)找到遮挡了当前视点天际线的建筑。点击菜单中"地图"→"选择"→"按位置选择"，"输入要素"选择"Friendship3D"，"关系"选择"相交"，"选择要素"设置为"Skyline_Valid"，点击"应用"，就可以看到哪些建筑遮挡了当前视点的天际线，结果如图 6-65 所示。

天际线除了在景观分析、环境分析中具有重要作用外，还能应用于计算机视觉中，如 2014 年计算机视觉领域顶级会议 CVPR 的一篇论文将天际线用于定位①；在能源领域用于

① Bansal M, Daniilidis K. Geometric urban geo-localization[C]//IEEE Conference on Computer Vision and Pattern Recognition, 2014: 3978-3985.

城市太阳能潜力评估，如 Nature Energy 子刊的一篇论文①。

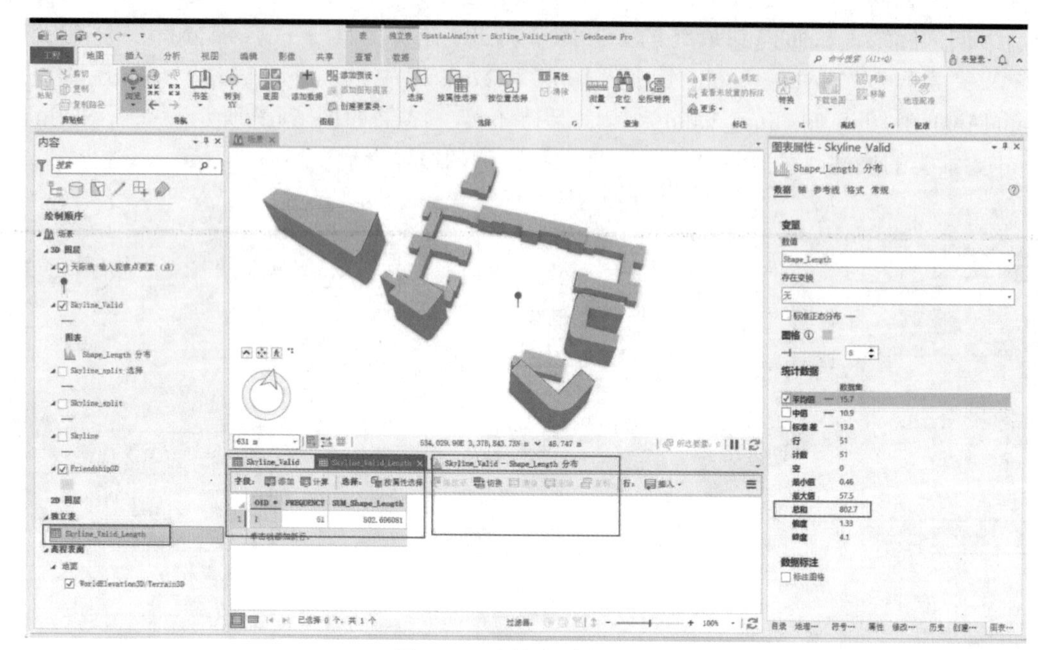

图 6-64　有效天际线长度

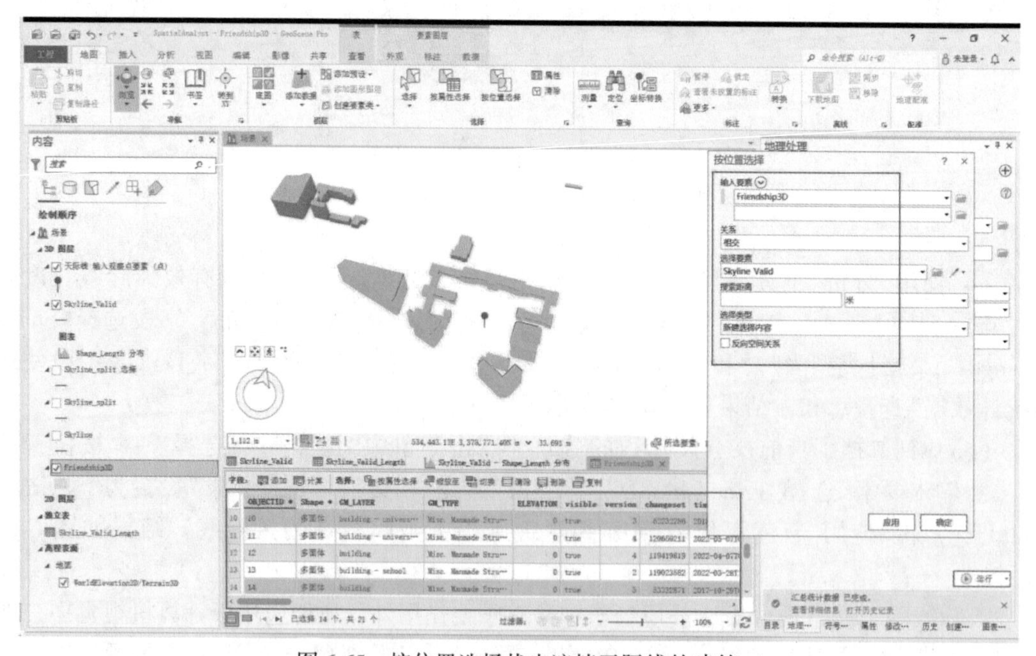

图 6-65　按位置选择找出遮挡天际线的建筑

① Calcabrini A, Ziar H, Isabella O, Zeman M. A simplified skyline-based method for estimating the annual solar energy potential in urban environments[J]. Nature Energy, 2019, 4(3): 206-215.

6.5.4 创建 TIN 与 DEM 及三维场景

不规则三角网(Triangulated Irregular Network, TIN)通常为高程表面，表示某一范围内的高度值。TIN 是基于矢量的数字地理数据的一种形式，通过三角化一系列折点(点)进行构造。各折点通过由一系列边进行连接，最终形成一个三角网。TIN 的各边形成不叠置的连续三角面，可用于捕获在表面中发挥重要作用的线状要素(例如山脊线或河道)的位置。由于节点可以不规则地放置在表面上，因此在表面起伏变化较大的区域，TIN 具有较高的分辨率，而在表面起伏变化较小的区域，则具有较低的分辨率。

TIN 图层位于 GeoScene Pro 的地图和场景视图中。TIN 的单位应该为英尺或米，而非十进制度(°)。当使用地理坐标系的角度坐标进行 TIN 构建时，Delaunay 三角测量插值会无效，即应使用带投影坐标系的数据生成 TIN。TIN 模型的适用范围不及栅格表面模型广泛，且构建和处理所需的开销更大。获得优良源数据的成本可能会很高，并且，由于数据结构非常复杂，处理 TIN 的效率要比处理栅格数据低。

GeoScene Pro 默认使用彩色地貌晕渲绘制高程来显示 TIN。地貌晕渲模拟地球表面的太阳照明度，地貌着色使用户可以轻松查看山脊、山谷和山坡及其对应高度。通过这种方式查看数据可有助于解释为何其他地图要素处于其原本所在位置。还可以仅显示其中一种 TIN 要素类型(如仅显示三角形)，也可以显示所有 TIN 要素。还可以使用单独的符号系统符号化每种要素类型。TIN 节点和三角形可用整数值标记以用于存储其他相关信息。例如，这些整数值可用作查找编码，以指示输入要素数据源的精度或表面上某些区域的土地使用类型编码，可从输入要素类的字段中获取编码，也可使用唯一值符号化已标记的要素。在 ArcGIS Pro 中提供了几种可用于 TIN 表面的符号系统渲染器。与其他矢量图层类似，也是通过符号系统修改 TIN 显示属性。

这里使用 4.1 节中的数据生成 TIN 和 DEM，并构建三维场景。

1. 创建 TIN

TIN 表面可由表面源测量值生成，也可由另一功能性表面转换而来，一般使用包含高程信息的要素(如点、线和面)来创建 TIN。

在 GeoScene Pro 中新建一个局部场景，命名为“3DMine”，修改场景“3DMine”坐标系为 CGCS2000 3 Degree GK CM 102E 投影坐标系，并将地图显示单位修正为“米”。

将 4.1 节中得到的 ElePts. shp 拖入场景中，查看该数据的属性表中的 Elevation 字段，该字段为每一点的高程值，确保高程在 1300~2000m 范围内，将范围外的点删除后，点击“保存”。

在环境中设置当前分析范围与 ElePts. shp 相同，打开“三维分析”工具→“TIN 数据集”→“创建 TIN”工具，“输出 TIN”设置为工程目录下的“MineTIN”，“坐标系”选择当前地图，即 CGCS2000 3 Degree GK CM 102E，“输入要素”选择“ElePts”，“高程字段”选择“Elevation”，点击“运行”即可得到当前区域的 TIN 数据，如图 6-66 所示。这里高程字段之所以选择 Elevation 属性而非要素的 Z 值(Shape. Z)，是因为 4.1 节中处理时一直保留了该属性，且不确定测图时是否给定正确的 Z 值。

在“符号系统”中勾选边绘制方式，观察该 TIN 可以发现在外部存在边长较大的狭长三角形，内部缺失数据区域也存在边长较长的三角形，如图 6-67 所示。使用“量测”功能量测内部、边界上较长三角形边的长度。使用“三维分析”→“TIN 数据集”→“描绘 TIN 数据区”工具优化该 TIN，打开工具后，“输入 TIN”选择“MineTIN”，根据刚刚量距的信息最大边长设置为 150，“方法”为“周围边”，点击“运行”后，可以看到 TIN 边界上边长大于 150 的三角形被隐藏了。注意：最大边长参数需根据实际数据情况设置，例如在处理 LAS 数据生成的 TIN 时，通常设置已知平均点间距的 2~3 倍。

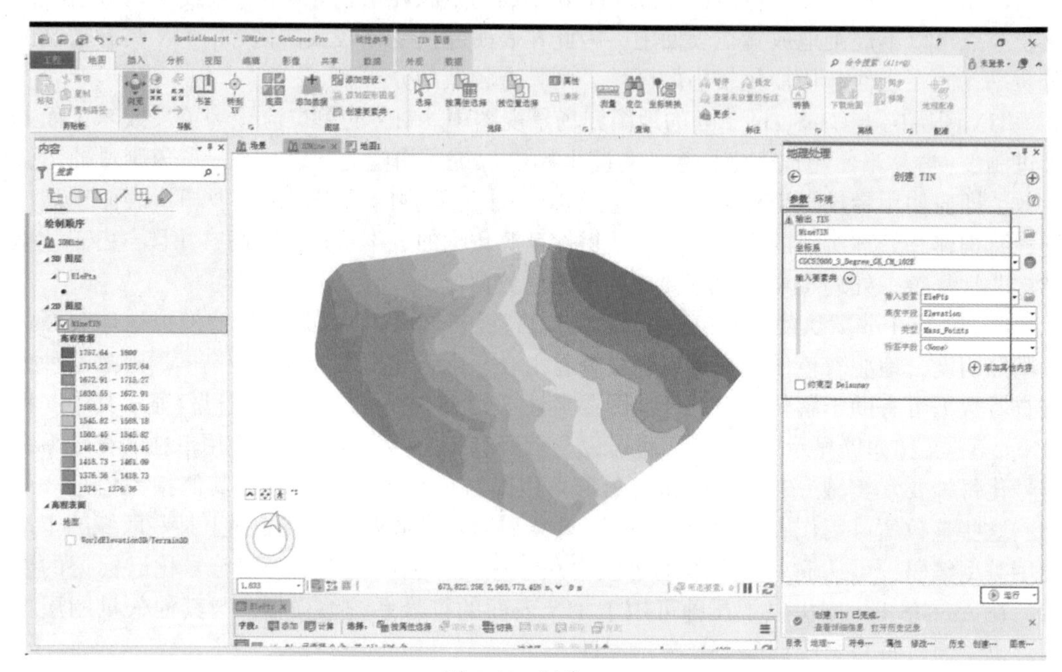

图 6-66 创建 TIN

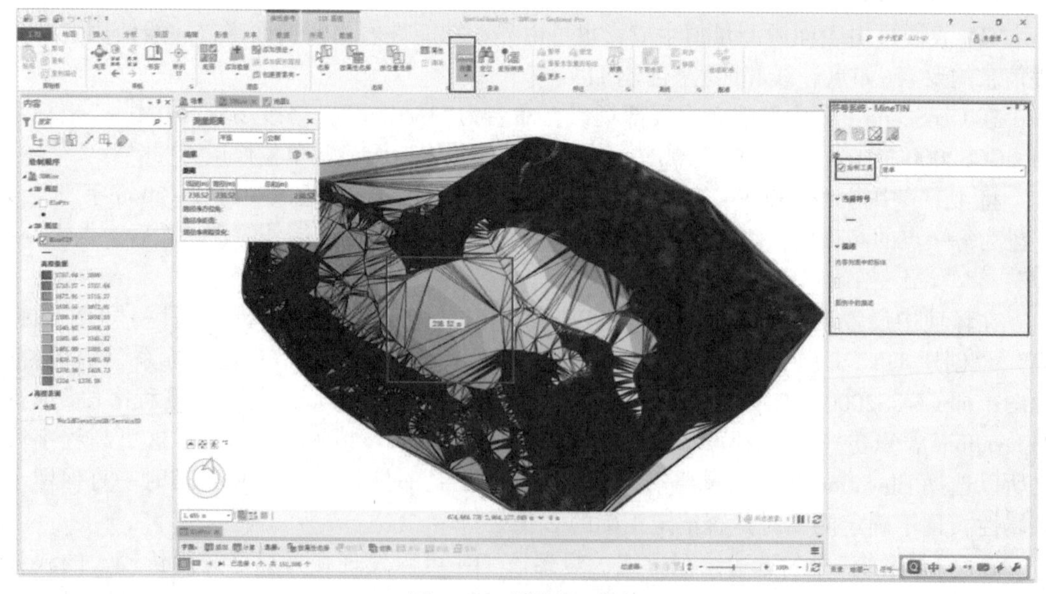

图 6-67 观测 TIN 边长

这里只用了点数据 ElePts. shp 生成 TIN，还可以利用多个不同类型的矢量数据同时作为输入来生成 TIN，图中可以添加多个输入。尝试使用 4.1 节中的 ASSIST、DGX、ShouQuX、JiQux 和 GCD 这几个点和线要素类一起来生成 TIN。注意：在生成之前先通过属性选择或图形选择选中具有正确高程的要素，生成的 TIN 高程应在合理的范围内，否则意味着将错误的要素选中并参与 TIN 的生成。读者可比较两种数据生成的 TIN 的差异。

2. 生成 DEM

首先设置环境，点击菜单中“工具”→“地理处理”→“环境”，将栅格分析部分的“像元大小”设置为 5，表示输出栅格的分辨率为 5m。使用“三维分析”工具→“TIN 数据集”→“转换”→“TIN 转栅格”工具，生成该区域 DEM。“输入 TIN”为当前得到的“MineTIN”，输出栅格设置为当前工程路径下的 DEM. tif，采样距离选择“像元大小”，采样值设置为 5，其他参数保持不变，在该工具的“环境”页面中将坐标系设置为与当前地图相同。点击运行查看结果，可修改该图层的符号系统，配色方案选择从绿到红，查看该图层的属性，包括栅格像元大小和坐标系，如图 6-68 所示。

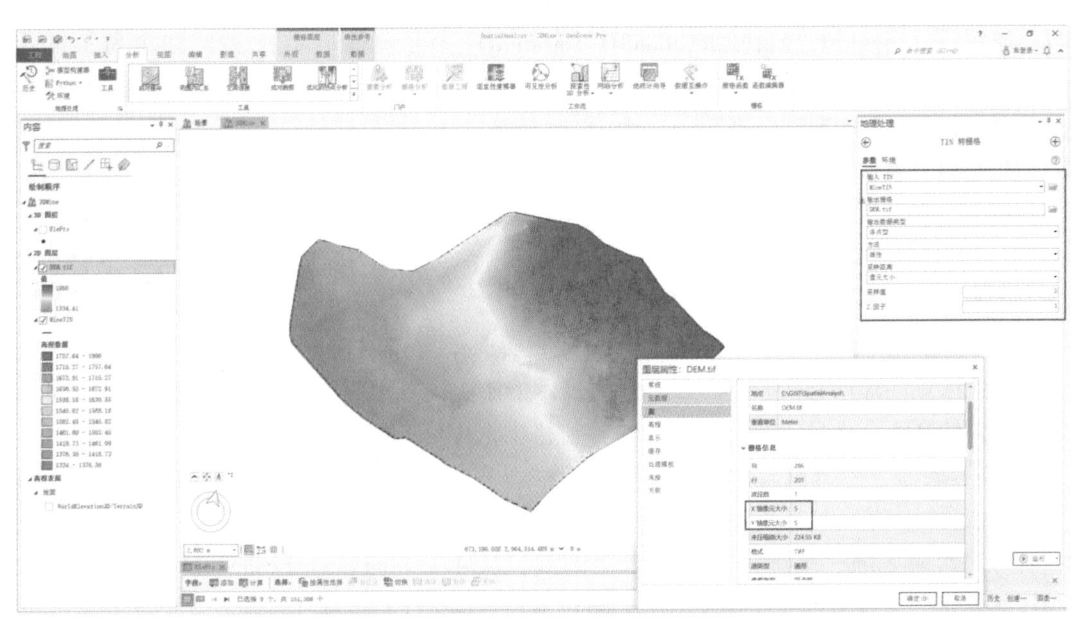

图 6-68 TIN 转栅格结果

在“三维分析”工具→“栅格”→“插值”或“空间分析工具”→“插值分析”工具集中，还有一个“地形转栅格”工具，可直接利用 ASSIST、DGX、ShouQuX、JiQux 和 GCD 这几个点和线要素类一并用于生成栅格，而不必先生成 TIN。同时也需要注意，先通过属性选择或图形选择选中具有正确高程的要素。

在使用该工具时，应注意到在“三维分析”工具→“栅格”→“插值”或“空间分析工具”→“插值分析”工具集中还有“反距离权重法”“克里金法”“趋势面”“样条”“自然邻域法”

等多个插值方法，大部分插值方法的输入要求为点要素。请尝试使用这些方法，利用合并多个点图层得到的 ElePts. shp 点数据生成 DEM，并比较这些 DEM 的视觉效果与地形表达精度。

3. 构建三维场景

首先，利用“三维分析”工具→“TIN 数据集”→“转换”→“TIN 范围”工具生成 TIN 范围，稍后用于制作淹没效果。打开 TIN 范围工具后，“输入 TIN”设置为“MineTIN”，“输出要素”设置为当前工程数据库内的 TIN_border，输出要素类类型选择“面”。右键点击查看 TIN_border 图层属性，可看到该要素类具有坐标 Z 值；加入场景时，其高程属性自动设置“在绝对高度”，将其修改为“在地面上”，再将该图层隐藏。

其次，加载 DOM 影像，构建三维场景。在 GeospatialAnalyst 目录下找到 DOM. tif，将其加入场景中，通过场景视图左下角的浏览工具调整视角，查看该 DOM 显示为平面，如图 6-69(a)所示。在左侧的内容窗格中，勾选最下方的“WorldElevation3D/Terrain3D”，通过缩放和浏览工具调整视角，再次查看 DOM 显示效果，已经呈现一定的三维起伏效果，但与等高线或 DEM 的走势不尽相同，显得不真实。这是因为当前的高程表面是 GeoScene Pro 自带 DEM 高程数据，较陈旧且分辨率较低。再在内容窗格中将“MineTIN”拖至高程表面→地面下，并勾掉“WorldElevation3D/Terrain3D”，再调整显示比例尺和视角，查看 DOM 的显示效果，此时展现了接近真实的该地区三维场景，如图 6-69(b)所示。注意：查看 DOM. tif 图层的属性→高程一直为“在地面上”。

此处相当于将“MineTIN”添加为“高程表面”。除此之外，高程表面还有另外的添加方法：右击内容窗格中的“高程表面”→添加“高程表面”，单击后，自动添加一个“表面 1”，在“表面 1”，单击右键→添加“高程源”，选择 DEM 或 TIN 等表面数据源。这种添加方式下，还需要设置影像的高程属性：设置影像，右键单击→“属性”→“高程”，“要素位于”选择“在自定义高程表面上”，下方的自定义表面选择“表面 1”。

有些区域的地形起伏较小，没有当前展示的矿山区域大高差时，可利用 GeoScene Pro 软件提供的高程夸大显示功能：先在内容窗格中选中“高程表面”→“地面”，菜单中多了一项“高程表面”→“外观”，在其中“绘制”→“垂直夸大”处修改为更大的数值，如 2、10 等，默认为 1。

为使当前区域三维虚拟场景效果更圆满，从 4. 1 节的 august-mine. dwg 数据中导出 JMD 面要素，加载至当前场景视图中，删除不在当前 DOM 范围内的要素及形状异常的要素，并保存编辑。为该图层添加一个“Floor”字段，表示楼层数，并给各要素添加属性值。点击 JMD 面要素的“属性”→“高程”→“要素在地面上”，操作与 6. 5. 1 小节类似，设置该建筑图层的拉伸显示模式，查看其显示效果，如图 6-70 所示。如果楼层高度高低起伏效果不明显，可将楼层高度值调高，或在“图层属性”→“高程”页面将制图偏移设置为 10 或 20 等数值，单位为米。

与 JMD 图层操作类似，在当前视图中还可以添加道路(路灯)、植被、车辆等图层或修改其显示符号，从而制作更逼真的三维场景。

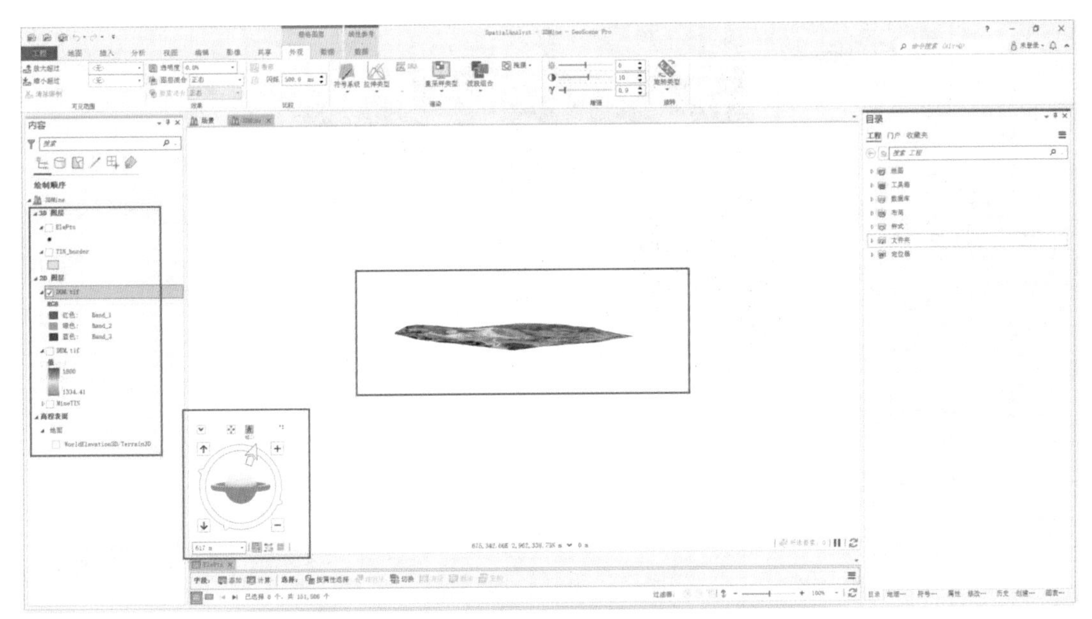

(a)未设置高程表面的视图

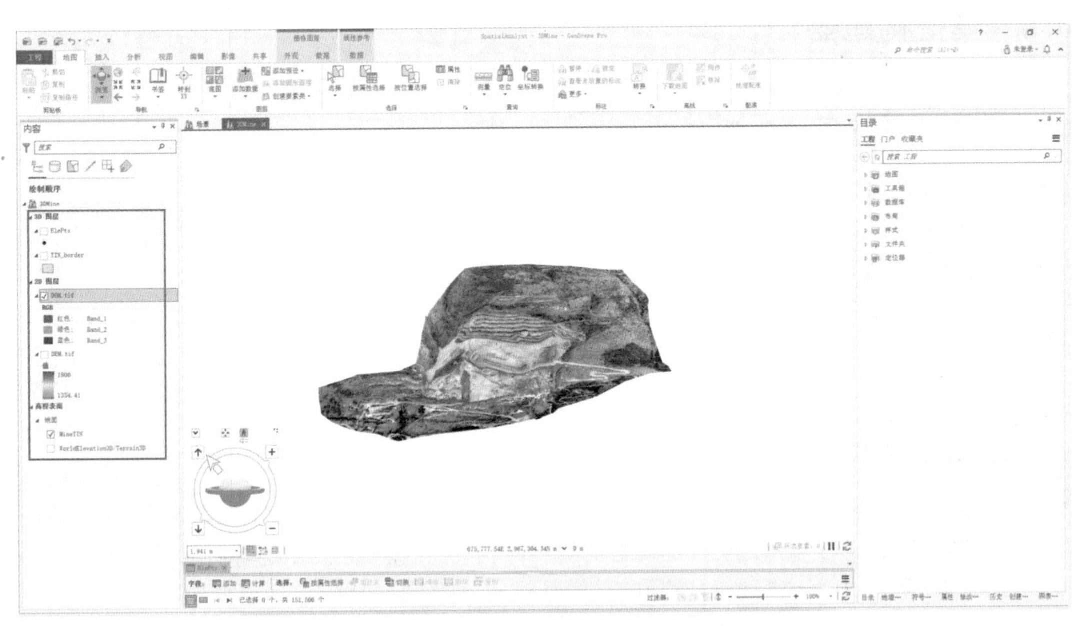

(b)设置真实高程表面后的三维场景效果

图 6-69　三维场景构建

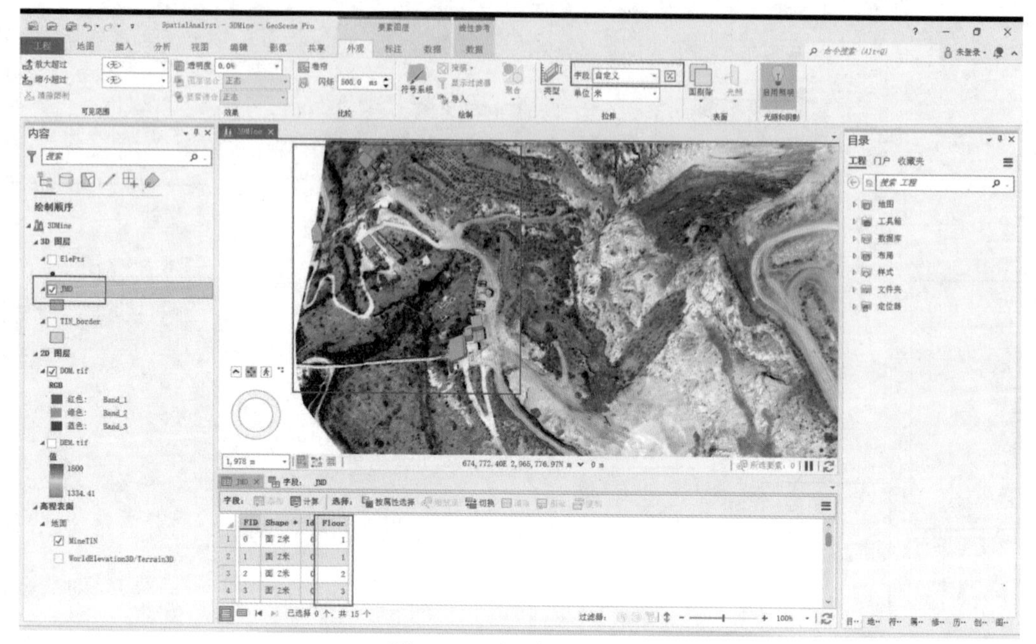

图 6-70 面要素三维效果

6.6 模型构建器

6.6.1 模型构建器的功能

模型构建器(ModelBuilder)是一种可视化编程语言，用于构建地理处理工作流。地理处理模型，用于自动执行空间分析和数据管理流程并进行记录。可创建并修改模型构建器中的地理处理模型，其中模型表示为将一系列流程和地理处理工具串联在一起的示意图，并将一个流程的输出用作另一个流程的输入。模型，通俗来讲就是将一系列地理处理工具串联在一起组成的工具流、工作流，不仅有助于构造和执行重复的工作流，还可将模型看成可视化的编程语言(Python)。此外，还能将工具作为拓展进行共享，并与其他程序进行集成。

GeoScene Pro 中的模型构建器可用于执行以下操作：通过添加和连接数据与工具构建模型；以迭代方式处理每个要素类、栅格、文件或工作空间中的表；以易于理解的图表显示工作流顺序；分步运行模型，一直到所选步骤，或运行整个模型；将模型设置为地理处理工具，以共享或在 Python 脚本和其他模型中使用。

在模型构建器中编辑模型时看到的是模型逻辑示意图，其中包括模型中所有工具和变量的外观及其布局。模型元素是基本的模型构建块，模型元素主要分为 4 个类型，即地理处理工具、变量、连接符和组，如图 6-71 所示，注意其中各类型的颜色和形状，这些正是模型构建器中各元素类型的表征。

图 6-71 中，数据变量是用于在磁盘上存储路径和其他数据属性的模型元素。常用数据变量包括要素类、要素图层、栅格数据集和工作空间。派生或输出数据是模型中的工具创建的新数据。将地理处理工具添加到模型中时，会自动为工具输出参数创建变量并将这

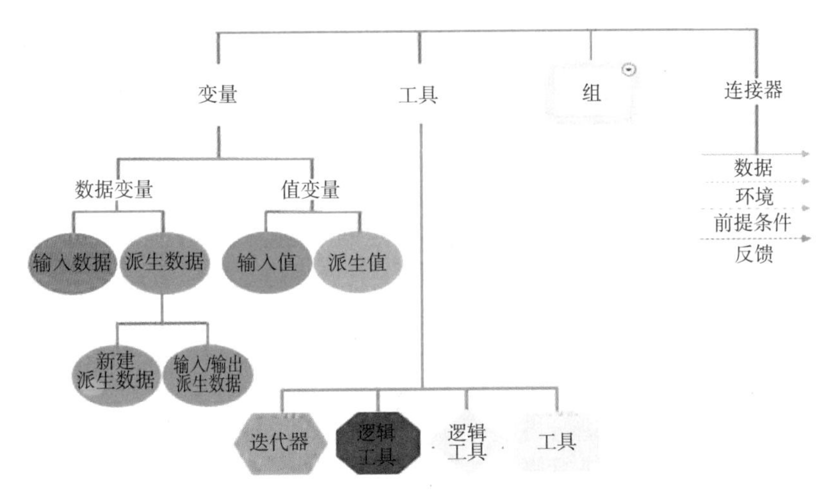

图 6-71 模型构建器中的元素

些变量连接到工具。值变量是诸如字符串、数值、布尔(true/false 值)、空间参考、线性单位或范围等的值。值变量包含除对磁盘图层或数据的引用之外的所有信息。作为工具结果的值，派生值可以是其他数据的输入，例如，计算值工具会输出逻辑计算或数学计算的结果。工具是添加到模型的地理处理工具，这些包括可在系统工具箱中找到的所有工具和自定义模型及脚本工具。模型构建器中的工具还包括迭代器、模型构建器和逻辑工具等特殊工具。迭代器用于重复同一操作或循环访问一组输入数据或值。迭代很重要，因为自动执行重复的任务会节省执行任务所需的时间和精力。在模型构建器中进行迭代时，每次可以使用不同的设置或数据来反复运行同一进程。逻辑工具用于根据不同的条件对模型进行分支化。逻辑工具用于控制模型的逻辑流，例如停止就是一个逻辑工具。图 6-71 中最下部的"工具"特指只能在模型构建器中运行，不能在脚本中运行。组是包含模型内其他元素的可见类别，可将这些组展开和折叠。模型流程由工具和所有与之相关的变量组成。连接线表示处理顺序。许多流程可以链接在一起，创建一个更大的流程。

此外，模型中的输入变量可以是单值、多值或值表变量。单值和多值变量支持单一数据类型。值表变量可用于添加多个数据类型。要创建模型变量，可在"模型构建器"选项卡上单击"变量"按钮，或在模型视图中右键单击快捷菜单→"创建变量"按钮。在"变量数据类型"对话框中，可选中"多个值"复选框创建多值变量，或选中"值表"复选框创建值表变量。某些数据类型具有特殊用户控件，例如字段映射、范围、坐标系等，用于进行特定于控件的交互。

与工具的运行类似，模型可以通过设置环境影响模型或其中工具的具体处理。这些设置可用于确保在可控的环境中执行地理处理任务。例如，可以设置处理范围将处理限制为特定的地理区域，或设置所有输出地理数据集的坐标系。模型构建器中支持 3 个级别的环境设置：①工程级别环境设置，适用于在当前工程中运行的任何工具，这些环境设置会随工程一起保存；②模型级别环境设置，使用某种模式指定和保存，并且会覆盖工程级别设置；③模型流程级别环境设置，将应用到工具的单次运行，与模型一起保存，并会覆盖工程级别设置和模型级别设置。

模型构建器还支持5种工作空间环境，来简化模型数据管理，主要是针对模型中工具运行产生的中间数据的管理。①"临时 GDB"环境设置是可以用来写入临时数据的文件地理数据库的位置，临时 GDB(地理数据库)是在模型中写入中间输出的首选位置，通过指定输出数据集的路径(例如%Scratchgdb% \ output)来使用此地理数据库。②"临时文件夹"环境设置是一个文件夹位置，可用来写入基于文件的数据(如 Shapefile、文本文件和图层文件)。③支持"当前工作空间"环境的工具将指定的工作空间用作地理处理工具输入和输出的默认位置。④支持"临时工作空间"环境的工具可将指定的位置用作输出数据集的默认工作空间。"临时工作空间"用于存放不希望保留的输出数据。⑤除了上述工作空间之外，还可以将模型输出写入内存。该方法比存入磁盘的其他方法要快得多，且写入内存的数据是临时性的，将在应用程序关闭时自动清除。

一般在设计完模型后，会进行模型验证，模型验证指确保所有模型变量(数据或值)均有效的过程，如发现问题则进行修改，重复该过程，直至验证通过。如果修改、移动、重新命名或删除了模型中的数据或工具，抑或模型内的所有进程已经运行并且想再次运行，都需要再次进行模型验证。验证成功后，模型元素变为"准备好运行状态"。

在模型构建器中运行模型意味着需要先打开模型进行编辑，然后在模型构建器窗口内运行模型。GeoScene Pro 支持运行单个工具、一系列工具或整个模型。①运行单个工具可一次运行一个工具、逐步运行模型，操作方法是右键单击此工具，并选择"运行"。②运行一系列工具时需要注意，依赖其他工具的工具将会运行所有流程直至运行到该工具，即会运行一系列流程中的前期流程，但不运行后期流程，操作方法是右键单击此工具并选择"运行"。③运行整个模型直接单击"模型构建器"选项卡中的"运行"按钮时，将按顺序执行所有可随即运行的工具。如果某些工具已运行，则其不会再次执行；模型将从尚未运行的第一个工具执行，还可以右键单击模型中的任意位置并选择"运行"。

在"模型构建器"窗口中运行模型时，可以通过右键单击"输出数据变量"并选择"添加至显示"，将输出数据集添加到地图。如果该工具已经运行，则数据将添加到地图中。如果尚未运行该工具，则在工具执行后，数据将添加到地图中。GeoScene Pro 为便于图层管理，输出将添加到内容窗格中的专用 ModelBuilder 图层组，图层名称包括 ModelBuilder 变量名称和变量值。不需要输出的图层添加至 ModelBuilder 图层组，则右击该变量并取消选中"添加至显示"。

6.6.2　模型构建器练习

这里使用一个简单例子练习模型的构建。一般在进行模型构建器前，先梳理数据处理分析流程，并依次使用工具进行处理，验证流程的正确性后，再构建模型。本练习的流程如图 6-72 所示，基本要求和思路是对北京市的两个乡镇点数据进行合并，一方面需要统计各区的乡镇数量，另一方面需要判断水系附近的乡镇。

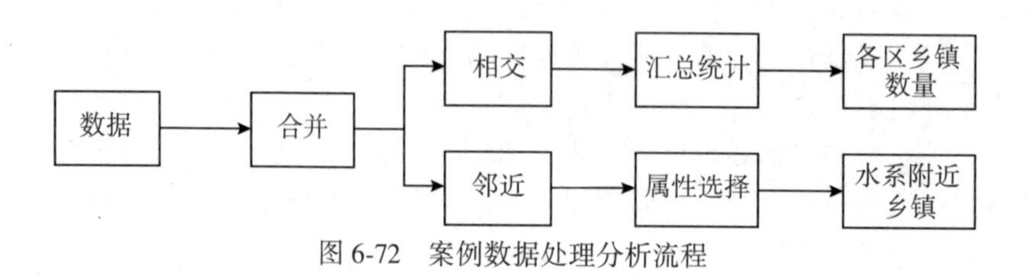

图 6-72　案例数据处理分析流程

首先，查看现有的数据及其属性。新建一个地图“BJMB”，将GeospatialAnalyst文件夹下SAPractice.gdb数据库中的“北京”要素集拖入地图视图中，查看四个图层的要素形状、位置及其属性，从中可见“北京乡镇K50”和“北京乡镇J50”分别位于北京上、下部，其属性字段相同；“北京”图层则为北京市内各区行政区划图。

在右侧目录窗格中，依次找到“工具箱”→“SpatialAnalyst.tbx”，SpatialAnalyst.tbx为工程默认工具箱，在新建工程时，已自动创建。右击“SpatialAnalyst.tbx”，选择“新建”→“模型”。此时，在地图视图旁边，打开了一个名为“模型”的窗口。

找到“数据管理”工具→“常规”→“合并”，将其拖曳至“模型”窗口，如图6-73(a)所示，注意当前“合并”工具底色显示为灰色。再将“北京乡镇K50”和“北京乡镇J50”从内容窗格中拖入“模型”窗口，此时这两个数据是作为变量加入模型，但不是合并工具的输入。

点击鼠标左键摁住“北京乡镇J50”，并拖向“合并”工具，拖曳出一个箭头连接线，放开鼠标左键，弹出一个快捷菜单，如图6-73(b)所示，选择“输入数据集”。此时，“合并工具”底色变成黄色，“输出数据集”底色变成绿色，如图6-73(c)所示。类似地，为合并工具指定另一个输入“北京乡镇K50”。

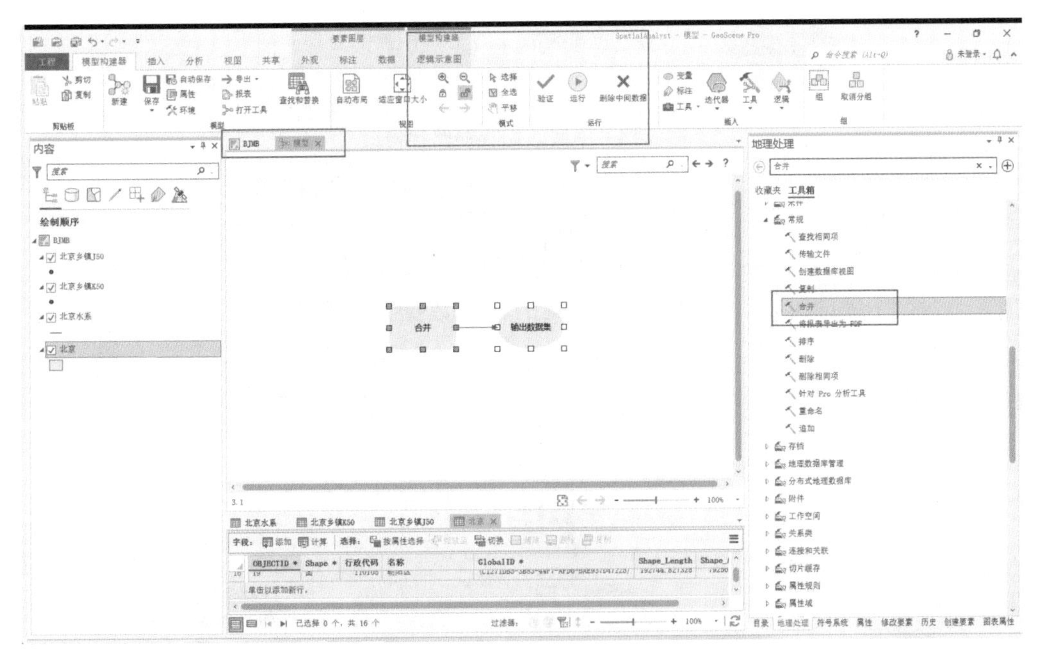

(a)加入合并工具

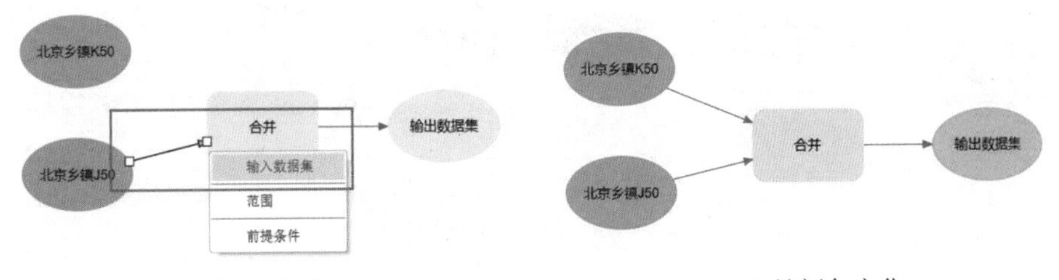

(b)添加连接线　　(c)工具颜色变化

图6-73　添加合并工具并设定输入数据

至此就完成了一个工具流的添加，包括输入、工具和输出。光标停在其中任意一个模型元素上时，都会有提示，输入、输出变量元素会显示名称或路径，工具则显示输入、输出数据集和参数等。可以看到当前输出数据集默认是存储在工程数据库中，如果需要修改存放位置，可以双击“输出数据集”并修改存储路径和名称。这里将其完整路径“X:\...\SpatialAnalyst\SpatialAnalyst.gdb\北京乡镇J50_Merge”改为“memory\北京乡镇_Merge”，如图6-74所示。如前所述，这表示将数据存储在内存中。

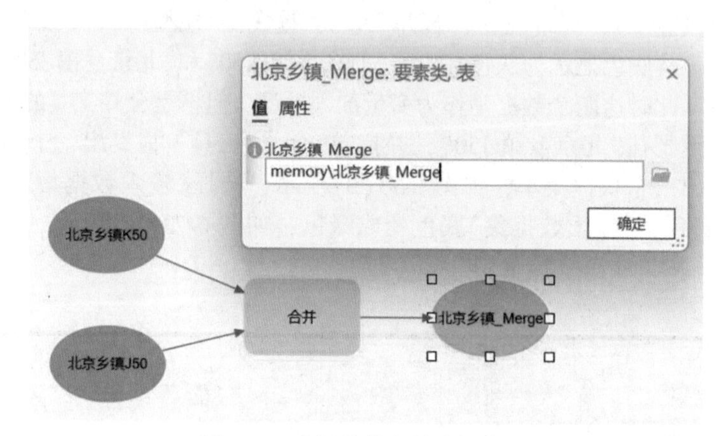

图6-74 中间数据存储路径修改

其次，添加相交工具。点击“分析”工具→“叠加分析”→“相交”，拖曳至“模型”窗口，连接“北京乡镇_Merge”，作为“相交”工具的输入数据集。将内容窗格中的“北京”图层拖曳至“模型”窗口，也作为“相交”工具的输入数据集。双击“相交”工具的输出要素类，将其路径和名称“X:\...\SpatialAnalyst\SpatialAnalyst.gdb\北京乡镇_Merge_Intersect”修改为“%scratchgdb%\BJCounty_Intersect”，如图6-75所示。

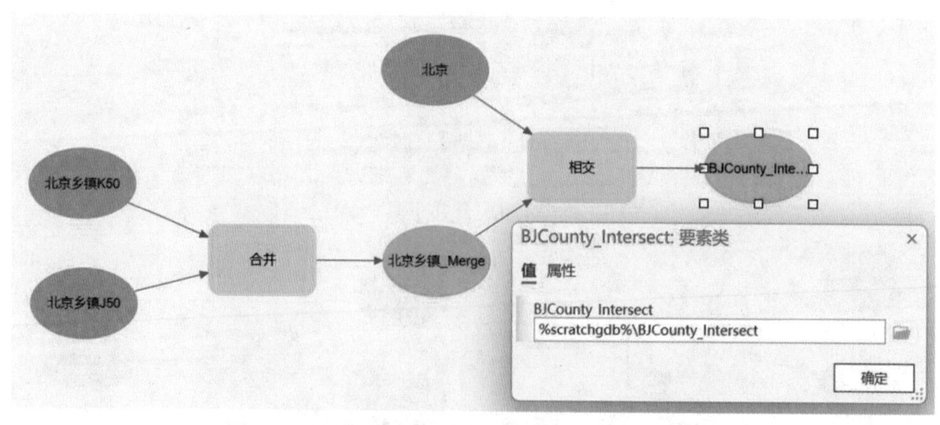

图6-75 添加相交工具并修改其输出要素类路径

随后，添加汇总统计数据工具，统计各区乡镇数量。点击“分析”工具→“统计数据”

→"汇总统计数据"，拖曳至"模型"窗口，连接 BJCounty_Intersect 作为"汇总统计数据"的输入表。此时，"汇总统计数据"仍为灰色，双击该工具(或右击该工具→"打开")，设置其统计和分组字段参数。如图 6-76 所示，输出表的名称改为"BJCounty_Town_Statistic"，"统计字段"选择"名称"，"统计类型"为"计数"(统计乡镇个数)，"案例分组字段"也选择"名称"。如果觉得当前"模型"窗口中的元素摆放较混乱，可点击菜单中"模型构建器"→"视图"→"自动布局"。注意只修改了 BJCounty_Town_Statistic 的名称，其存储路径仍在工程目录下的数据库中，这表示该表为输出结果数据，存放于数据库中。

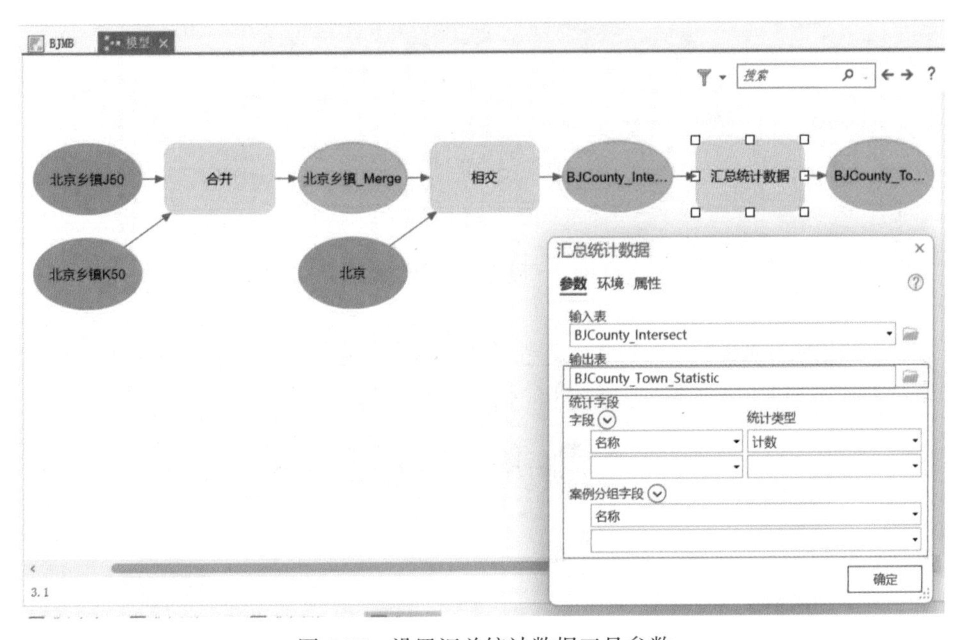

图 6-76 设置汇总统计数据工具参数

至此，北京各区的乡镇统计工作流就完成了。下一步，针对"水系附近的乡镇"需求，进一步完成模型构建。添加"分析"工具→"邻近分析"→"周边"(部分版本为"邻近")工具至"模型"窗口中，连接"北京乡镇_Merge"作为"周边"工具的输入要素。再将内容窗格中的"北京水系"图层拖入"模型"窗口，也进行连接并作为"周边"工具的邻近要素。输入要素和邻近要素设置完成后，"周边"工具颜色已变化，表示可以运行，但还需要设置搜索半径。双击"周边"，"搜索半径"设为"2000 米"；字段名称默认有"要素 ID"和"距离"，表示找到的距离最近要素 ID 及其距离，如图 6-77 所示。

下一步，使用"数据管理"工具→"图层和表视图"→"按属性选择图层"筛选"距离>0"的要素，因前一步已经设置了搜索距离。将"按属性选择图层"工具添加至"模型"窗口中，将"北京乡镇_Merge(2)"作为该工具的输入图层，双击"按属性选择图层"工具，添加表达式为"NEAR_DIST>0"，如图 6-78 所示。

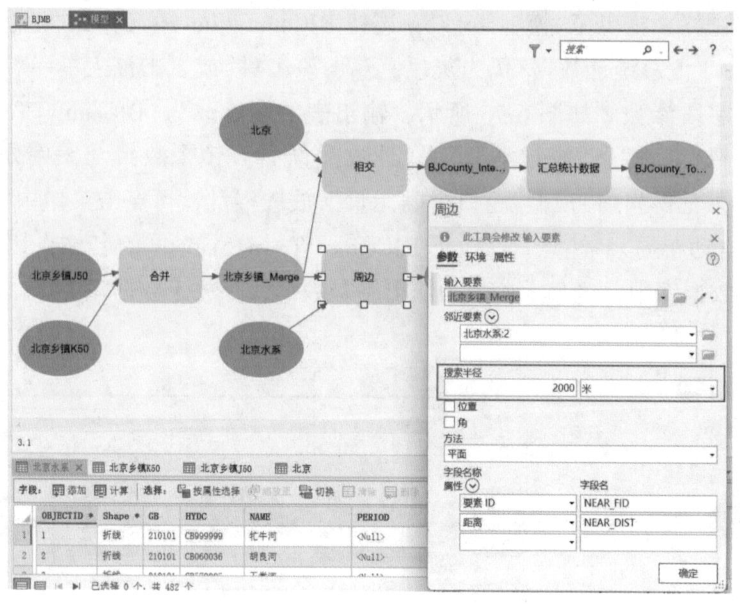

图 6-77　周边工具参数设置

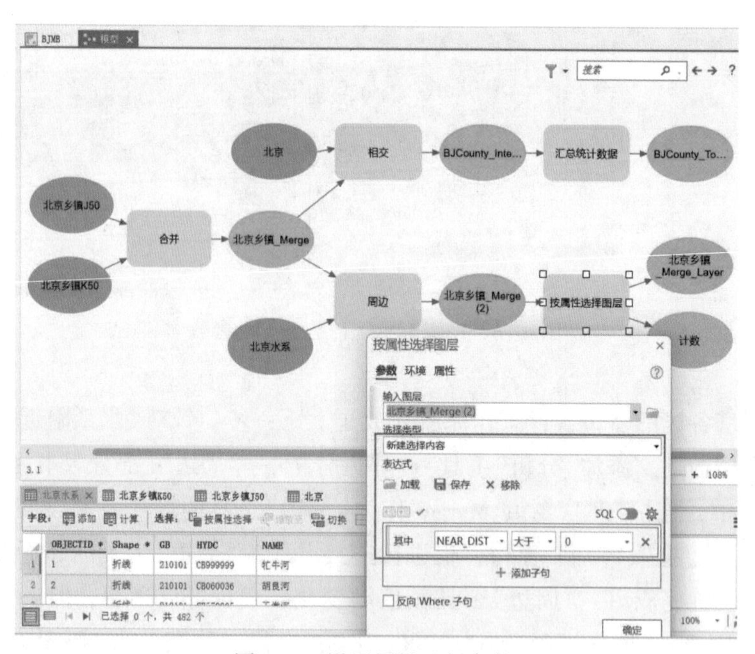

图 6-78　设置属性选择条件

至此，该工具练习已达到最初的设想。由于将“北京乡镇_Merge”视为中间数据保存至内存中，该工具运行完成后，数据可能丢失。使用“数据管理”工具→“要素”→“复制要素”工具，将“按属性选择图层”的输出“北京乡镇_Merge_Layer”复制保存至工程数据库中“X：\ ... \ SpatialAnalyst \ SpatialAnalyst. gdb \ 北京乡镇_Near_Water”，如图 6-79 所示。

在运行之前，还需注意当前工具的环境设置，如处理范围等。点击菜单中“模型构建器”→“模型”→“环境”设置，其中处理范围设置为与“北京”图层相同。

如果直接运行，最终结果不会直接显示在地图上。因此，在两条处理流程最后的输出结果“BJCounty_Town_Statistic”和“北京乡镇_Near_Water”上分别右击选择“添加至显示”，当该模型运行完，结果自动添加至当前地图进行显示。

先对整个模型进行验证，待验证通过后，点击菜单“运行▶”，等待运行完成。此后，可以发现所有的工具都变成了带阴影的显示效果，表示这些工具都是运行过的。内容窗格中也多了两个图层，查看其属性表，即统计的结果及离水系近的乡镇，结果如图 6-80 所示。

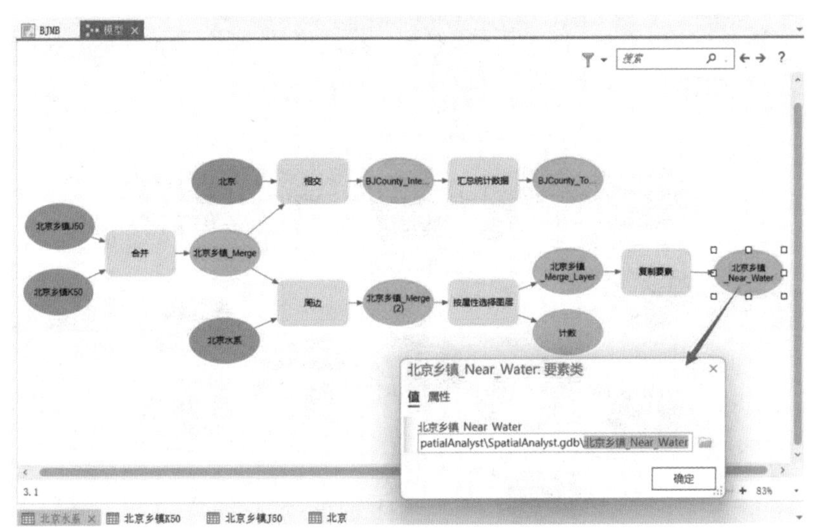

图 6-79 结果复制并保存至数据库

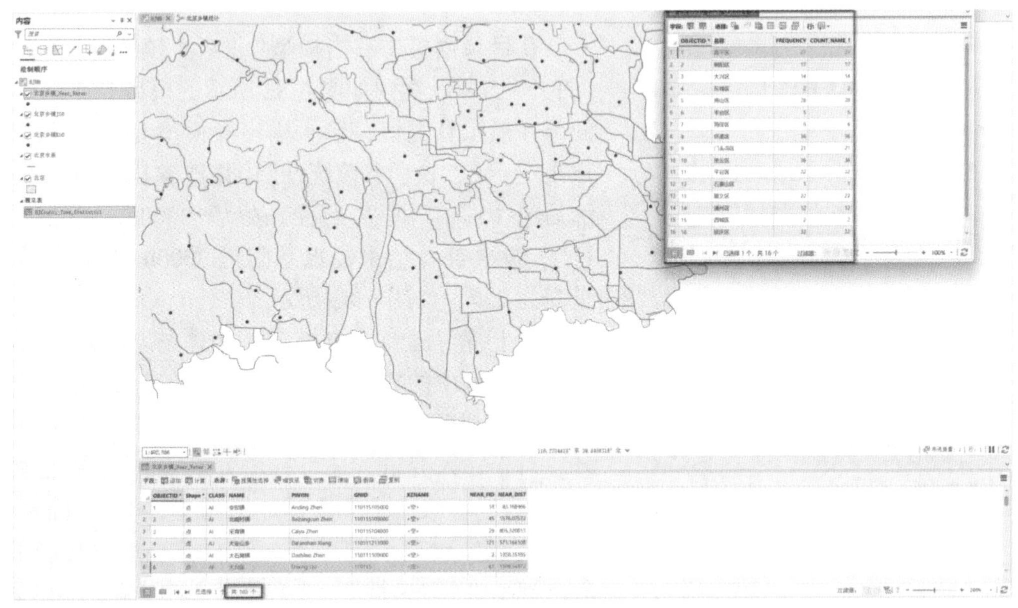
图 6-80 模型运行后自动将结果添加至地图中显示

模型构建的目的是能够重复利用该功能处理不同的数据。首先是模型的名称，模型一般命名为与内容、功能相关的名称，且名称中不能有空格。模型重命名需要先关闭模型视图，在目录窗格的“工程”选项卡中依次展开“工具箱”→“SpatialAnalyst. tbx”，在“模型”上点击，间隔 1 秒后再点击一次，模型名称变为可编辑状态，将其修改为“北京乡镇统计”，再点击回车键。其次，将模型的输入输出设置为“参数”，在该模型上右击，选择“编辑”，打开模型视图。在“北京乡镇 K50”上右击，选择“参数”，“北京乡镇 K50”右上部会多一个字母“P”。类似地，给其他输入“北京乡镇 J50”“北京”和“北京水系”设置为“参数”，两个输出“BJCounty_Town_Statistic”和“北京乡镇_Near_Water”也设置为“参数”。将“周边”工具的搜索半径也设置为“参数”，右击“周边”，选择“创建变量”→“从参数”→“搜索半径”，再将“搜索半径”设置为“参数”。参数设置完后，模型变成如图 6-81 所示。点击菜单中“模型构建器”→“模型”→“保存”，保存修改。

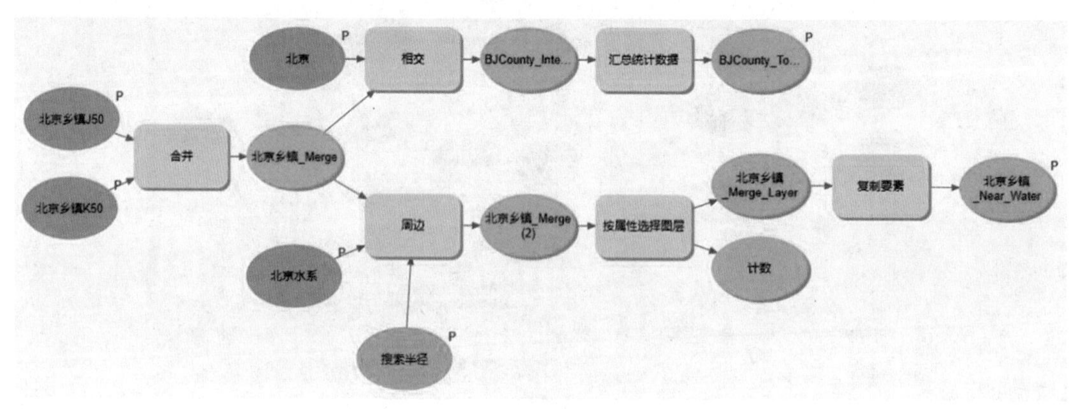

图 6-81　参数设置后的模型

地理处理
北京乡镇统计
参数　环境
北京乡镇K50
北京乡镇K50
北京乡镇J50
北京乡镇J50
北京
北京
北京水系
北京水系
BJCounty_Town_Statistic
BJCounty_Town_Statistic
北京乡镇_Near_Water
北京乡镇_Near_Water
搜索半径
2000　米

图 6-82　模型界面

在目录窗格中右击模型“北京乡镇统计”，选择“打开”，可以看到如图 6-82 所示的模型界面，该界面与一般工具类似，输入输出及模型参数均可由用户指定。在“北京乡镇统计”中修改输出名称，在名称后补“1”，“搜索半径”改为“3000”，点击“运行”，再次查看结果，水系附近 3000m 内的乡镇数量变为 235，如图 6-83 所示。

以上练习已经给出模型的构建与基本设置，可以看到模型中的相关设置，如变量等，为自定义工具构造提供了极大的便利。除了中间变量的存储外，对于输入变量，还可利用菜单中“模型构建器”→“插入”→“变量”，选择数据类型，单击“确定”。对于模型参数显示顺序等，则在模型属性中调整，右击模型选择“属性”，或点击菜单中“模型构建器”

→“模型”→“属性”。另外，优质模型工具非常重要的部分是其帮助文档，有助于用户快速了解工具的信息。在工具箱中右键单击“模型”工具，选择“查看元数据”，单击菜单中“管理”→“地理处理”→“元数据”→“编辑”。注意直接右击选择“编辑元数据”出现的界面与此不同。

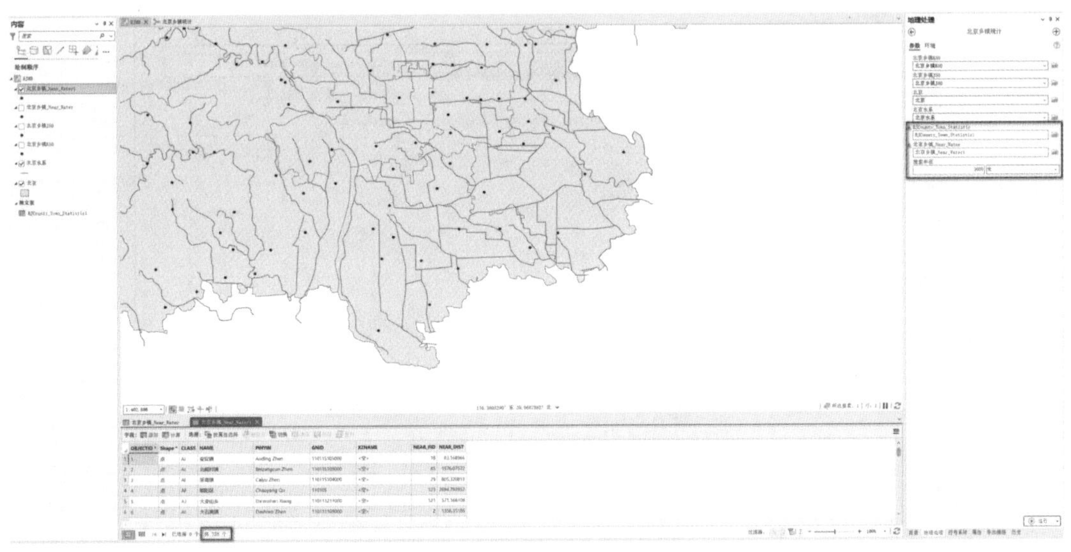

图 6-83　模型作为工具来运行

6.7　Python 工具

Python 是一种免费的跨平台开源编程语言，得到了广泛的应用和支持。Python 是 GeoScene Pro 中用于自动化的主要语言。GeoScene Pro 支持 5 种 Python 使用模式。①工具中的 Python 脚本，如字段计算中的 Python 脚本。②使用 Python 窗口，通过菜单中“分析”→“地理处理”→“Python”→“Python 窗口”打开。③Python Notebooks 以交互方式运行 Python，通过菜单中“分析”→“地理处理”→“Python”→“Python 窗口”打开。Notebooks 提供对地图内容的访问权限，因而可以通过名称或数据的路径获取地图的图层和其他内容，设置地理处理环境，处理结果默认添加至地图中。GeoScene Pro 中的所有 Python 功能均可通过 GeoScene Notebooks 使用，其中包括核心 Python 功能、Python 标准库、ArcPy、GeoScene API for Python 及 GeoScene Pro 所随附的众多第三方库，例如 NumPy 和 pandas。GeoScene Pro 可以使用 GeoScene Pro 包管理器通过开源库进行扩展。④运行独立脚本进行地理处理，GeoScene Pro 包括默认只读型基于 conda 的 Python。该 Python 用于运行独立脚本，依赖的默认 conda 环境 arcgispro-py3 既包含 GeoScene Pro 使用的所有 Python 库，还包含其他几种常用 Python 库，例如 scipy 和 pandas。可以通过一些快捷键来访问该环境，包括 Python 命令提示符快捷键，该快捷键可以打开通过 arcgispro-py3 环境初始化的命令提示符。⑤制作成 GeoProcessing 工具，在选定文件夹中可新建 Python 工具箱，其中默认添加了一个Python脚本工具，右击选择“编辑”，即可添加ArcPy代码。点击“分析”工具→“提取分析”→“按属性分割”工具，就是一个Python脚本工具，可在该工具上右击“选择编辑”，进而修改代码。查看“按属性分割”工具的属性，可以看到其中的参数、代码及脚本文件的位置，如图6-84所示。

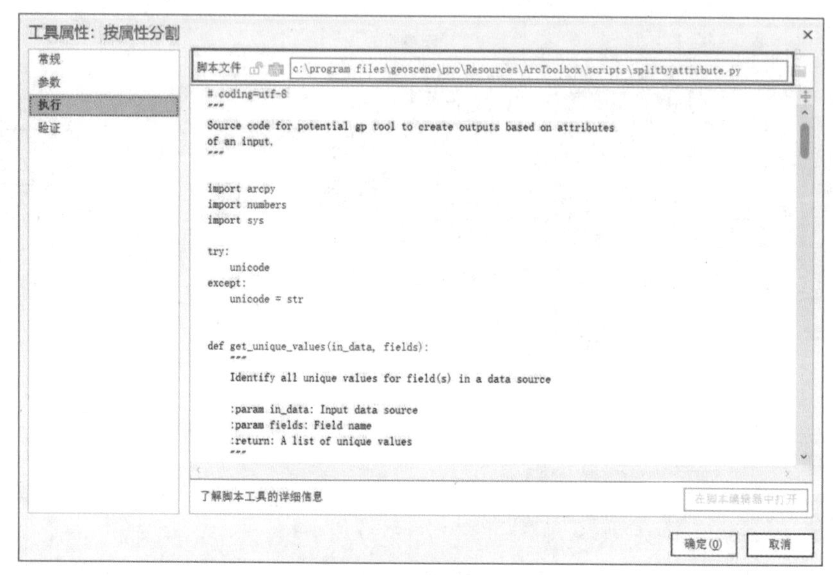

图6-84　按属性分割工具属性

在运行Python各类工具时，其工作原理在本质上相同并使用相同的地理处理工具。安装GeoScene Pro的时候，Python 3.x会随之一起安装，不建议独立再安装其他Python版本，使用不同的Python版本可能会导致软件兼容性的问题。GeoScene Pro包含一个名为ArcPy的Python API，可使用ArcPy访问所有地理处理工具及自动执行GIS任务的脚本函数和专用模块。ArcPy是一个Python站点包，可提供以实用高效的方式通过Python执行地理数据分析、数据转换、数据管理和地图自动化。

ArcPy(通常称为ArcPy站点包)为用户提供了使用Python语言操作所有地理处理工具(包括扩展模块)的接口，并提供了多种有用的函数和类，以用于处理和查询GIS数据。ArcPy函数用于执行特定的任务，方便执行地理处理工作流。ArcPy中的函数分为两种：地理处理函数和非地理处理函数。所有地理处理工具都由地理处理函数提供，但并非所有函数都是地理处理工具。除工具之外，ArcPy还提供多种函数来更好地支持Python地理处理工作流。函数(通常称为方法)可用于列出某些数据集、检索数据集的属性、将表添加到地理数据库之前验证表名称，或执行其他许多有用的脚本任务。GeoScene Pro的帮助文档在介绍大部分工具用法的最后会给出该工具函数的ArcPy调用方法。ArcPy类存储地理对象相关的信息，通常用于解析地理数据，或者作为地理处理工具的参数，如SpatialReference和Extent类，通常用作地理处理工具参数设置的快捷方式，否则，这些参数会使用更加复杂的代码。ArcPy模块是将共性的功能以模块方式提供，包含函数和类，方便调用。

本节仍然使用 SAPractice. gdb 数据库中的“北京”要素集进行练习，要求在 Python 窗口中使用 ArcPy，完成以下工作：列出“北京”要素集内所有要素类；提取大兴区行政区划；提取大兴区范围内的水系和乡镇数据。

首先，点击菜单中“分析”→“地理处理”→“Python”→“Python 窗口”，在软件底部显示了 Python 窗口，其中包括脚本和代码输入框，在初始情况下，均为空白。代码输入框在输入代码时会自动给予提示。输入代码时，按住 Shift 键，再点击回车键可换行。

第一个要求是列出“北京”要素集内所有要素类，该功能涉及的函数是 ListFeature Classes，在 GeoScene Pro 软件的帮助文档中搜索该工具，查看该函数的用法及示例。

在代码输入框中输入如图 6-85 所示代码，第一行为设置数据的工作空间，将其中的路径改为 SAPractice. gdb 的完整路径，第二行是利用 ListFeatureClasses 函数获取其中的要素集，第三、四行是一个循环、获取并输出其中每个要素的名称。点击回车键后自动输出“北京”要素集内所有要素类的名称。

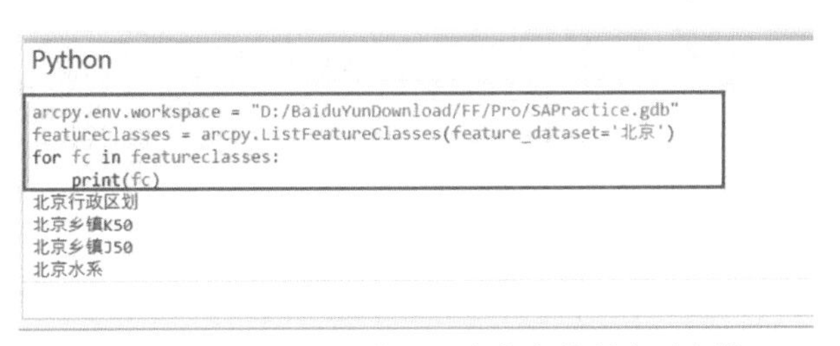

图 6-85　ArcPy 列出某一要素集中的所有要素类

第二个要求是提取大兴区行政区划，需要用到按属性选择工具；注意到第三个要求是提取大兴区范围内的水系和乡镇数据，因而需要水系、乡镇要素类与大兴区行政区划进行裁剪，因此最好将选中的大兴区数据导出为新的要素类，以便于后续使用。

在 Python 窗口中除了直接根据代码提示选择函数之外，还可以直接使用工具作为输入。在设置输入之前，先将“北京”要素集内所有要素类加入地图，便于工具函数选择输入的图层参数。找到“数据管理”工具→“图层和表视图”→“按属性选择图层”，或直接搜索得到，将该工具直接拖曳至代码输入框，再设置参数和值。如图 6-86 所示，依次输入参数类型和值，按逗号进行分隔：第一个参数是数据或图层，其值直接按提示选择地图中的图层；第二个参数是选择类型，根据提示用光标选择“新建选择内容”；第三个参数是 Where 子句，参考属性查询功能输入语句。第三个参数需要注意“北京”图层的“名称”属性，其字段名是“Name”，“名称”是其别名，这从字段表中可以看到。在构造 Where 查询子句时，应使用字段名“Name”，Where 子句为“NAME = ‘大兴区’”。再输入回车可得到结果“<Result ‘北京’>”，同时，大兴区在地图中变成选中状态。若输入回车提示错误，则根据错误提示修改代码后重新输入回车。

通常，选中要素使用图层的数据→导出要素快捷菜单，将大兴区行政区划导出，但 GeoScene Pro 软件工具箱中并不存在“导出要素”工具。与上一节类似，使用复制要素工具将选中结果导出(点击“数据管理”工具→“要素”→“复制要素”)。将复制要素工具拖入代码输入框，第一个参数是要复制的要素，选择“北京”，第二个要素是保存的路径，设置为“X：\...\SpatialAnalyst\SpatialAnalyst.gdb\大兴区”，输入完成后点击回车键，内容窗格中也多了一个“大兴区”，结果如图6-87所示。

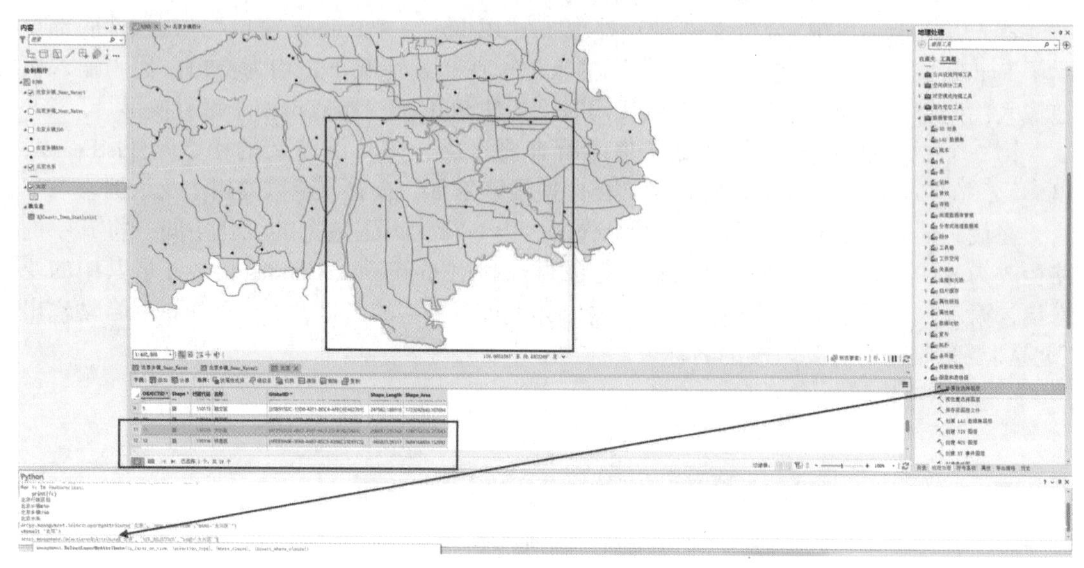

图6-86　Python窗口引入工具实现属性选择

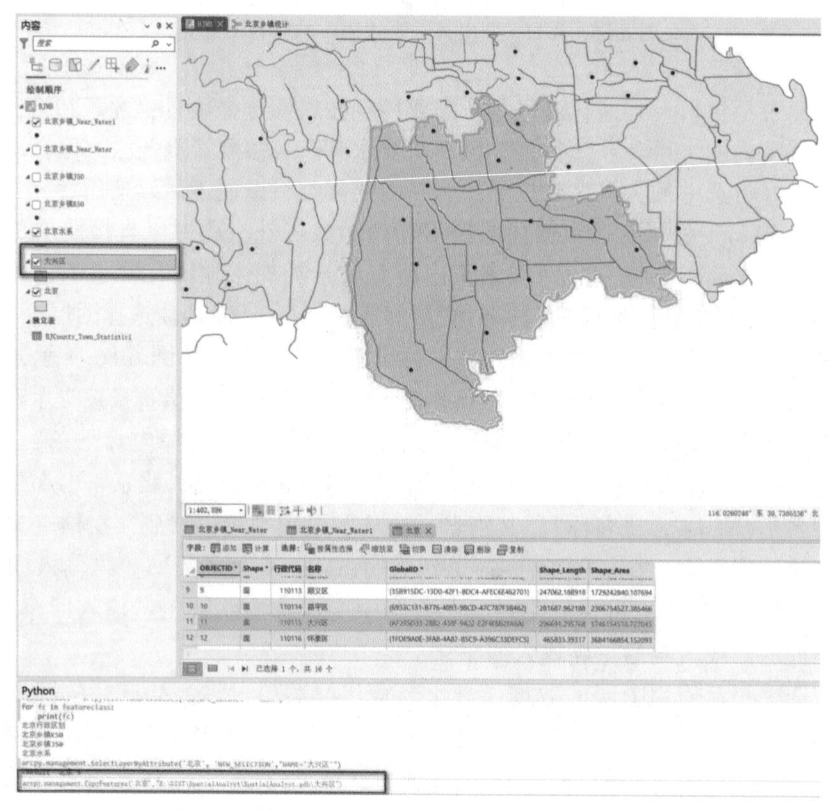

图6-87　导出选中的大兴区数据

第三个要求是提取大兴区范围内的水系和乡镇数据，需要使用裁剪工具，将水系和乡镇数据进行裁切。相对简单的实现思路是 2 次调用裁剪，而对于多个要素裁剪时则并不简单，因此，可参考第一个要求列举所有要素类的循环，依次裁剪。此时，可在代码输入框中使用上下箭头定位到之前的代码，并进行修改。先获取“北京”要素数据集内的要素类，对于每一个要素类，计算一个输出名称，需要使用到 Python 中的格式化输出函数 format，如图 6-88 所示，裁剪结果均输出在工程数据库中。再拖入“裁剪”工具，依次输入或选择参数。最后，点击回车键，得到结果，如图 6-88 所示。手动删掉“北京行政区划_Clip”和“北京乡镇 K50_clip”，其他的 clip 要素就是需要的结果。

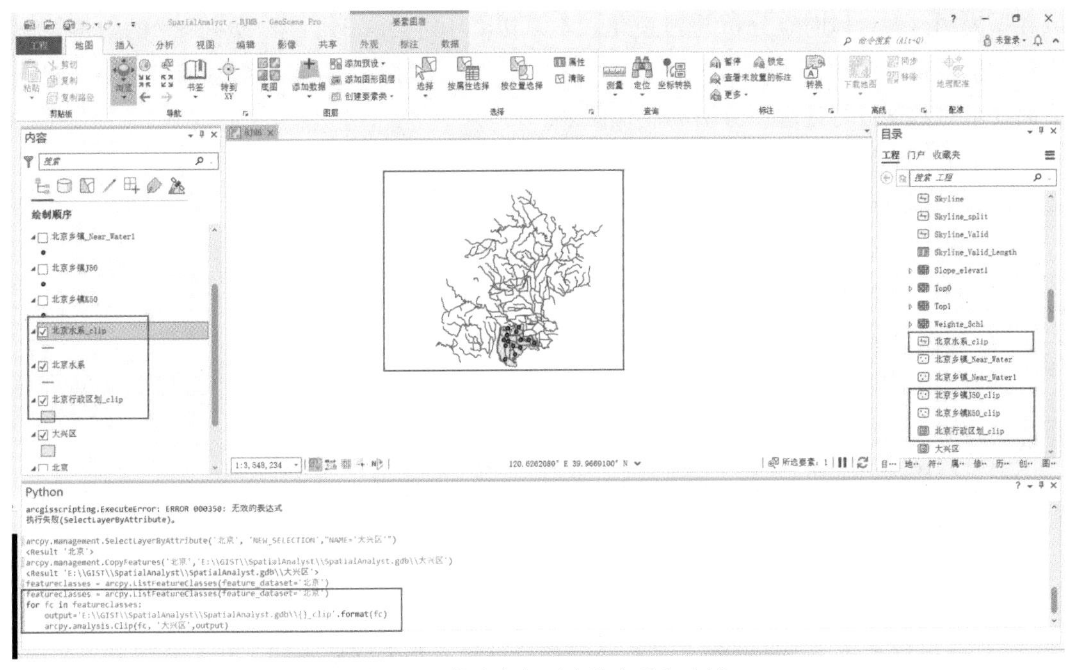

图 6-88　提取大兴区内的水系和乡镇

第7章 综合练习——台风时空分析与可视化

台风对我国沿海地区影响比较大，为了有效监测台风的轨迹和对我国的影响，以某台风数据为例，做台风时空分析与习视化。本章以2016年14号台风“莫拉蒂”的数据，制作台风移动轨迹图和台风移动轨迹动画，并分析台风何时开始影响我国、何时登陆。根据下面要求对数据进行整理、分析和制作图表。

要求如下：

(1)根据提供的数据，制作底图；

(2)制作台风轨迹图，并用不同的符号表示台风不同时刻的等级；

(3)根据提供的图片，制作台风符号。

(4)根据台风轨迹，录制台风移动轨迹动画。

(5)分析“莫拉蒂”台风影响我国大陆的哪些城市，并制作“莫拉蒂”台风影响城市分布图，并用不同符号表示影响程度。

要求分析项目如下：

(1)底图制作，考查坐标系选择与转换、标准地图制作等相关技能；

(2)台风轨迹图制作，考查数据输入、属性表操作、符号系统等相关技能；

(3)台风符号制作，考查符号系统相关技能；

(4)台风移动轨迹动画制作，考查时间信息处理、帮助文档查阅等相关技能；

(5)台风影响程度分析，考查空间分析(缓冲区、数据关联、图层交并、属性表操作等)相关技能。

基本思路如下：

(1)检查数据坐标系，选择合适的坐标系统，将所有数据统一到一个坐标框架下。

(2)台风轨迹数据为.xlsx格式，使用“向地图添加XY点”实现数据导入；台风轨迹的制作需要将X、Y坐标点连成线，因此需要对属性表进行处理，构建每一段台风轨迹的首尾坐标信息。

(3)动画制作的操作不常被用到，可在软件帮助文档中搜索“动画”关键词，参考文档中的动画制作说明。

(4)台风影响范围的确定需要用到缓冲区分析和图层交并等操作；台风影响程度的评估需要构建数学模型，通过数据关联、属性表操作等，计算并量化分析不同等级台风对周围城市的影响程度。

7.1　基础地图制作

1. 数据入库

首先创建“Hurricane. gdb”数据库用于存放处理过程中的重要结果，创建“TmpData. gdb”数据库用于存放临时中间数据。将数据文件夹中的“.. \ Hurricane \ xxx. shp”数据导入数据库，如图 7-1 所示。

2. 坐标转换

使用“投影”工具，将“省会城市”“九段线”“河流”“中国省界”“南海诸岛及其他岛屿”“国家”图层进行坐标投影转换，统一为“China_Lambert_Conformal_Conic”投影坐标系，输出结果保存在“TmpData. gdb”中，如图 7-2 所示。

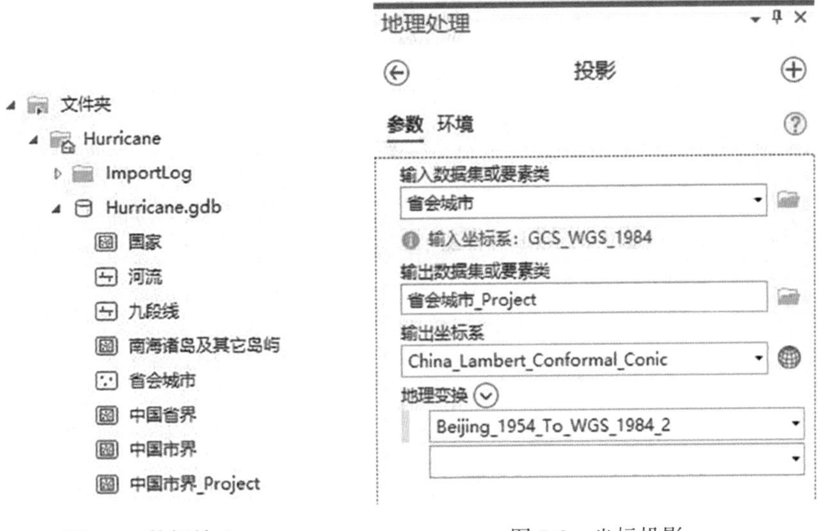

图 7-1　数据输入　　　　图 7-2　坐标投影

3. 台风数据导入

点击“添加数据”，如图 7-3 所示，选择数据文件夹中的“.. \ Hurricane \ 莫拉蒂 . xls”表格数据，导入台风数据，如图 7-4 所示。

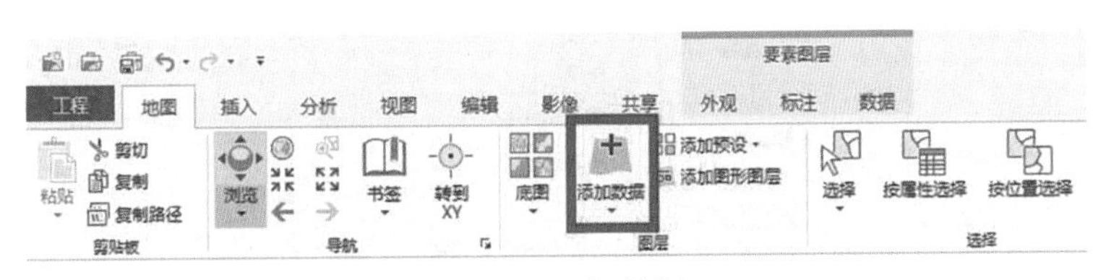

图 7-3　添加数据

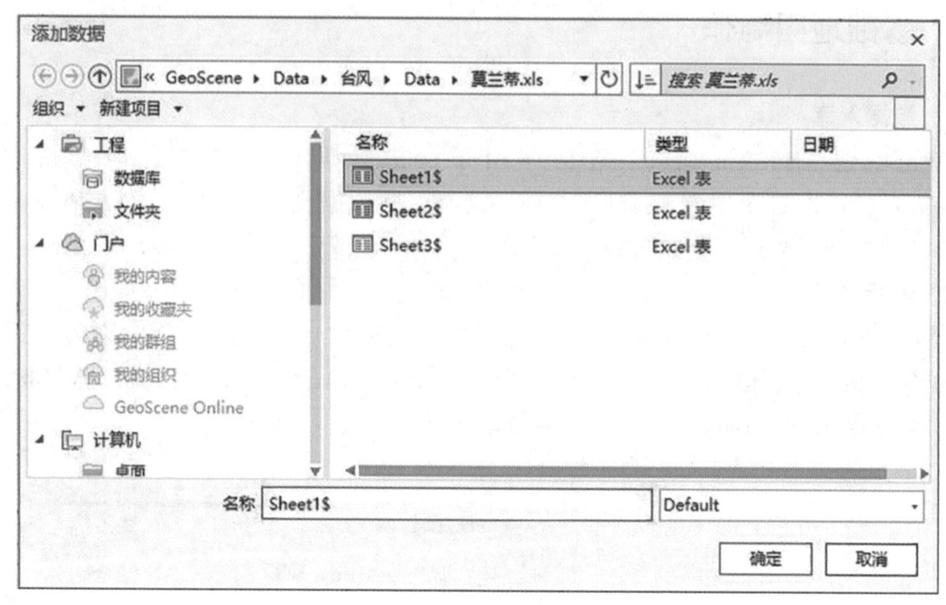

图 7-4　添加表格数据

右键点击“Sheet1”，选择“显示 XY 数据”，使用表格中的“经度”作为“X 字段”，使用“纬度”作为“Y 字段”，将台风表格数据转化为矢量点数据，结果保存在“Hurricane. gdb”数据库中，如图 7-5～图 7-7 所示。

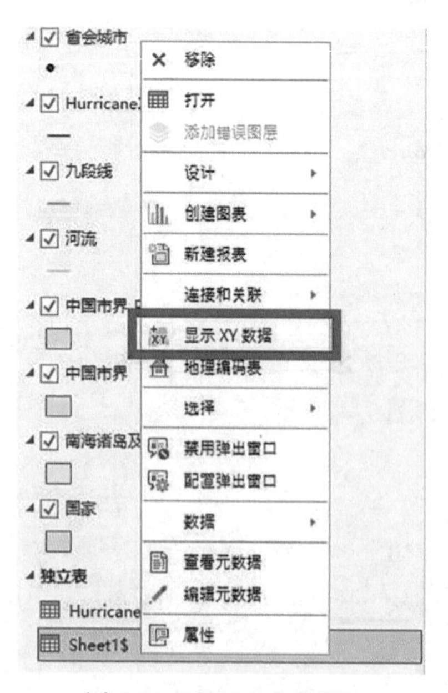

图 7-5　“显示 XY 数据”

图 7-6　“显示 XY 数据”参数设置

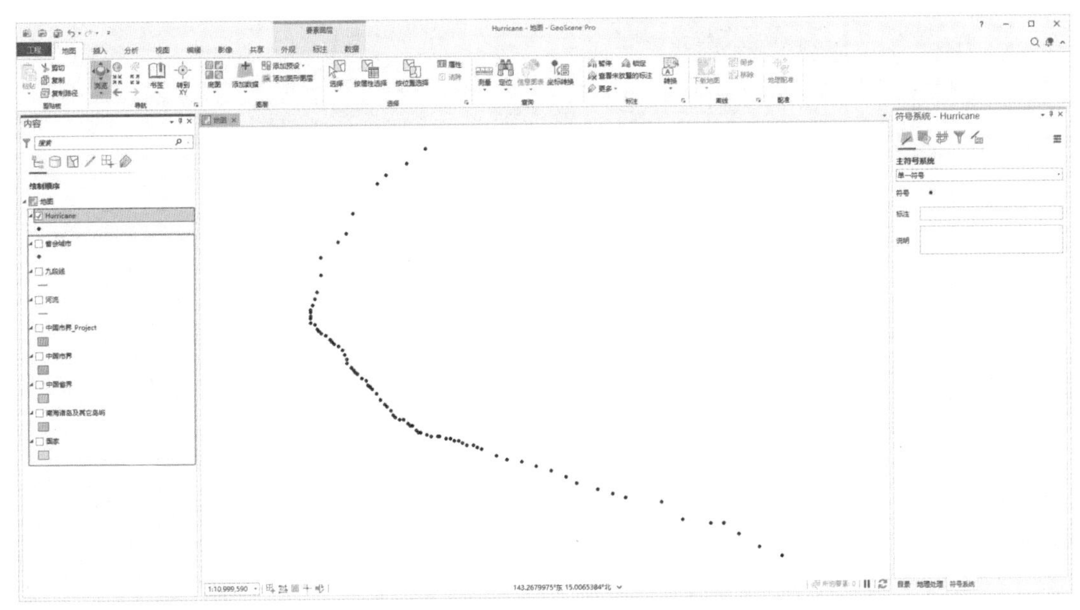

图 7-7　台风矢量点数据

4. 属性表操作

导出 Hurricane 要素的属性表为 dbf 格式的“Hurricane_table”，用于后续制作台风的行驶轨迹，输出位置为“TmpData. gdb”，如图 7-8 所示。

修改“Hurricane_table”中的“编号”字段，使编号值减 1，用以后续与原始属性表作连接，如图 7-9、图 7-10 所示。

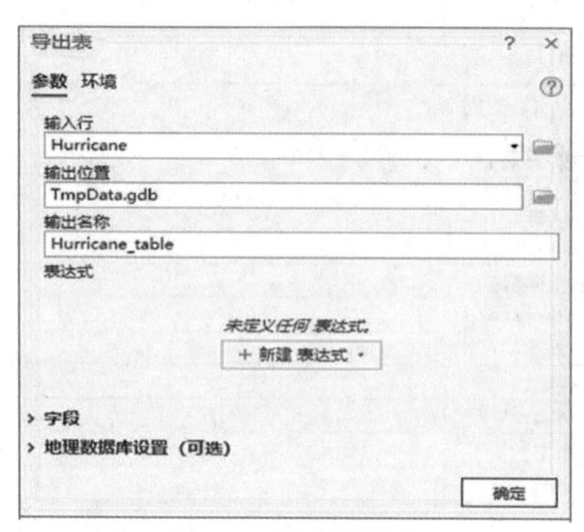

图 7-8　导出属性表

Hurricane　Hurricane_table

字段: 添加 计算　选择: 按属性选择 缩放至 切换 清除 删除 复制

OBJECTID *	编号	经度	纬度	时间	中心气压	最大风速	风力	等级	移动速度	移动方向	七级半径	十级半径
1	0	139.1	14.9	2016/9/10 14:00:00	998	18	8	热带风暴	20	西北西	120	<空>
2	1	138	15.3	2016/9/10 20:00:00	998	18	8	热带风暴	21	西北西	120	<空>
3	2	137	15.9	2016/9/11 2:00:00	990	23	9	热带风暴	21	西北西	120	<空>
4	3	136.3	16.4	2016/9/11 5:00:00	990	23	9	热带风暴	24	西北西	200	<空>
5	4	135.7	16.4	2016/9/11 8:00:00	990	23	9	热带风暴	24	西北西	200	<空>
6	5	134.4	16.6	2016/9/11 14:00:00	985	25	10	强热带风暴	25	西北西	200	<空>
7	6	133.4	17.4	2016/9/11 20:00:00	982	28	10	强热带风暴	25	西北西	200	80
8	7	131.7	17.6	2016/9/12 2:00:00	970	35	12	台风	20	西北西	220	80
9	8	131.1	17.8	2016/9/12 5:00:00	960	40	13	台风	20	西北西	220	80
10	9	130.4	18	2016/9/12 8:00:00	955	42	14	强台风	22	西北西	220	80
11	10	131.1	17.8	2016/9/12 11:00:00	960	40	13	台风	20	西北西	220	80
12	11	129.4	18.3	2016/9/12 14:00:00	925	58	17	强台风	22	西北西	240	100
13	12	128.9	18.6	2016/9/12 17:00:00	915	62	18	强台风	22	西北西	300	120
14	13	128.2	18.9	2016/9/12 20:00:00	915	62	18	强台风	22	西北西	300	120
15	14	127.5	19.1	2016/9/12 23:00:00	910	65	18	强台风	22	西北西	300	120
16	15	126.8	19.3	2016/9/13 2:00:00	910	65	18	超强台风	22	西北西	300	120
17	16	126.1	19.4	2016/9/13 5:00:00	910	65	18	超强台风	22	西北西	300	120

图 7-9　重新计算编号值

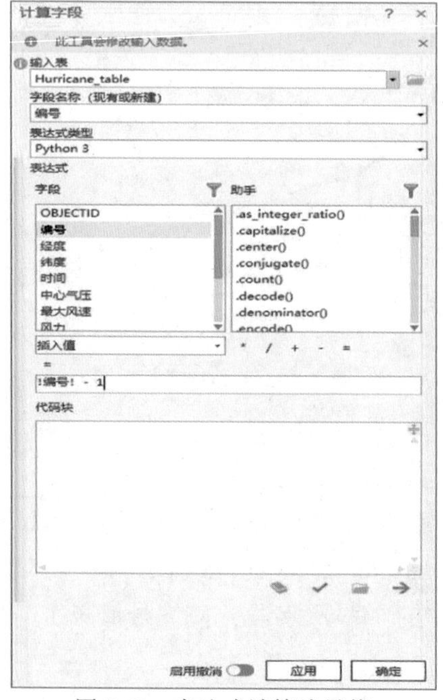

图 7-10　表达式计算编号值

分别修改“Hurricane_table”中“经度”和“纬度”的字段名为“经度终点”和“纬度终点”，如图 7-11 所示。

当前图层　Hurricane_table

可见	只读	字段名	别名	数据类型	允许空值	高亮显示	数字格式	属性域	默认	长度
☑	☑	OBJECTID	OBJECTID	对象 ID	☐	☐	数值			
☑	☐	编号	编号	双精度	☑	☐	数值			
☑	☐	经度终点	经度终点	双精度	☑	☐	数值			
☑	☐	纬度终点	纬度终点	双精度	☑	☐	数值			
☑	☐	时间	时间	日期	☑	☐				
☑	☐	中心气压	中心气压	双精度	☑	☐	数值			
☑	☐	最大风速	最大风速	双精度	☑	☐	数值			
☑	☐	风力	风力	双精度	☑	☐	数值			
☑	☐	等级	等级	文本	☑	☐				255
☑	☐	移动速度	移动速度	双精度	☑	☐	数值			
☑	☐	移动方向	移动方向	文本	☑	☐				255
☑	☐	七级半径	七级半径	双精度	☑	☐	数值			
☑	☐	十级半径	十级半径	双精度	☑	☐	数值			

图 7-11　修改字段名称

为了保证修改后的“Hurricane_table”能与原始属性表连接，还需要手动添加一条编号为 85 的数据，数据内容可以与 84 号数据一致，如图 7-12 所示。

OBJECTID *	编号	经度终点	纬度终点	时间	中心气压	最大风速	风力	等级	移动速度	移动方向	七级半径	十级半径	纬度_终点
74	73	116.9	26.6	2016/9/15 18:00:00	1000	16	7	热带低压	15	北	180	50	<空>
75	74	117	26.9	2016/9/15 19:00:00	1000	16	7	热带低压	18	北	180	50	<空>
76	75	117.1	27.2	2016/9/15 20:00:00	1000	16	7	热带低压	25	北北东	180	50	<空>
77	76	117.3	28	2016/9/15 23:00:00	1002	16	7	热带低压	30	北北东	180	50	<空>
78	77	117.3	28.8	2016/9/16 2:00:00	1002	16	7	热带低压	30	北北东	180	50	<空>
79	78	118.1	29.5	2016/9/16 5:00:00	1002	16	7	热带低压	30	北北东	180	50	<空>
80	79	118.5	29.9	2016/9/16 8:00:00	1002	16	7	热带低压	30	北北东	180	50	<空>
81	80	118.8	30.8	2016/9/16 11:00:00	1002	16	7	热带低压	30	北北东	180	50	<空>
82	81	120	32.2	2016/9/16 16:00:00	1002	16	7	热带低压	30	北北东	180	50	<空>
83	82	120.4	32.6	2016/9/16 16:00:00	1002	16	7	热带低压	35	北北东	180	50	<空>
84	83	121.4	33.1	2016/9/16 16:00:00	1002	16	7	热带低压	35	北北东	180	50	<空>
85	84	122.3	33.8	2016/9/16 16:00:00	1002	16	7	热带低压	35	北北东	180	50	<空>
86	85	122.3	33.8	2016/9/16 16:00:00	1002	16	7	热带低压	35	北北东	180	50	<空>

已选择 1 个，共 86 个

图 7-12　手动添加数据

点击图 7-13 中“添加连接”按钮，按照图 7-14 的参数进行设置，根据编号值进行连接，得到原始“Hurricane”属性表和“Hurricane_table”表格的连接结果(图 7-15)。

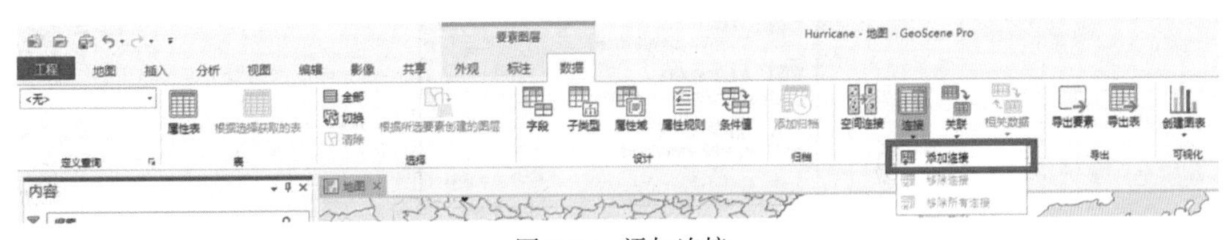

图 7-13　添加连接

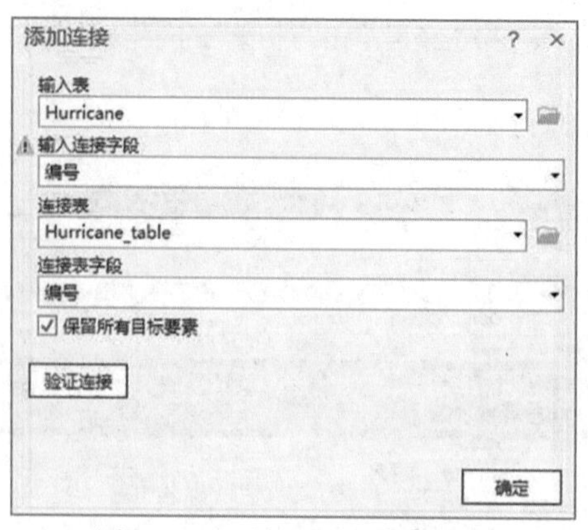

图 7-14　“添加连接”参数设置

ObjectID *	Shape *	编号	经度	纬度	时间	中心气压	最大风速	风力	等级	移动速度	移动方向	七级半径	十级半径	OBJECTID	编号	经度终点	纬度终点	时间
1	点	1	139.1	14.9	2016/9/10 14:00:00	998	18	8	热带风暴	20	西北西	120	<空>	2	1	138	15.3	2016/9/10 20:00:00
2	点	2	138	15.3	2016/9/10 20:00:00	998	18	8	热带风暴	21	西北西	120	<空>	3	2	137	15.9	2016/9/11 2:00:00
3	点	3	137	15.9	2016/9/11 2:00:00	990	23	9	热带风暴	21	西北西	120	<空>	4	3	136.3	16.4	2016/9/11 5:00:00
4	点	4	136.3	16.4	2016/9/11 5:00:00	990	23	9	热带风暴	24	西北西	200	<空>	5	4	135.7	16.4	2016/9/11 8:00:00
5	点	5	135.7	16.4	2016/9/11 8:00:00	990	23	9	热带风暴	24	西北西	200	<空>	6	5	134.4	16.6	2016/9/11 14:00:00
6	点	6	134.4	16.6	2016/9/11 14:00:00	985	25	10	强热带风暴	25	西北西	200	<空>	7	6	133.4	17.4	2016/9/11 20:00:00
7	点	7	133.4	17.4	2016/9/11 20:00:00	982	28	10	强热带风暴	25	西北西	200	80	8	7	131.7	17.6	2016/9/12 2:00:00
8	点	8	131.7	17.6	2016/9/12 2:00:00	970	35	12	台风	20	西北西	220	80	9	8	131.1	17.8	2016/9/12 5:00:00

图 7-15　连接结果

5. 矢量要素符号化

然后修改“Hurricane”台风符号，在图 7-16 所示的“符号系统”中选择“唯一值”，在图 7-17 中使用台风“等级”字段作为符号颜色的标识。

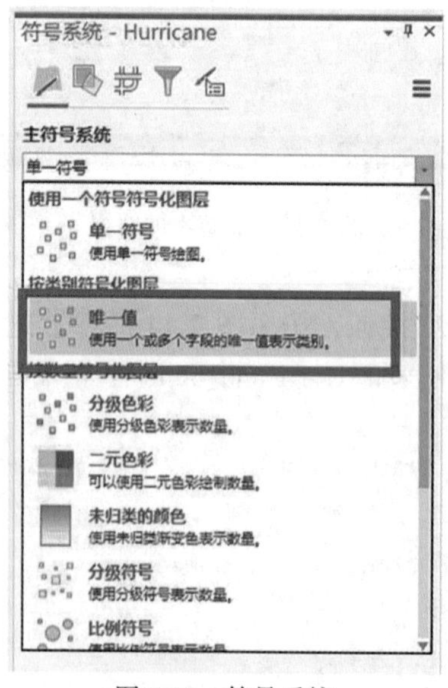

图 7-16　符号系统

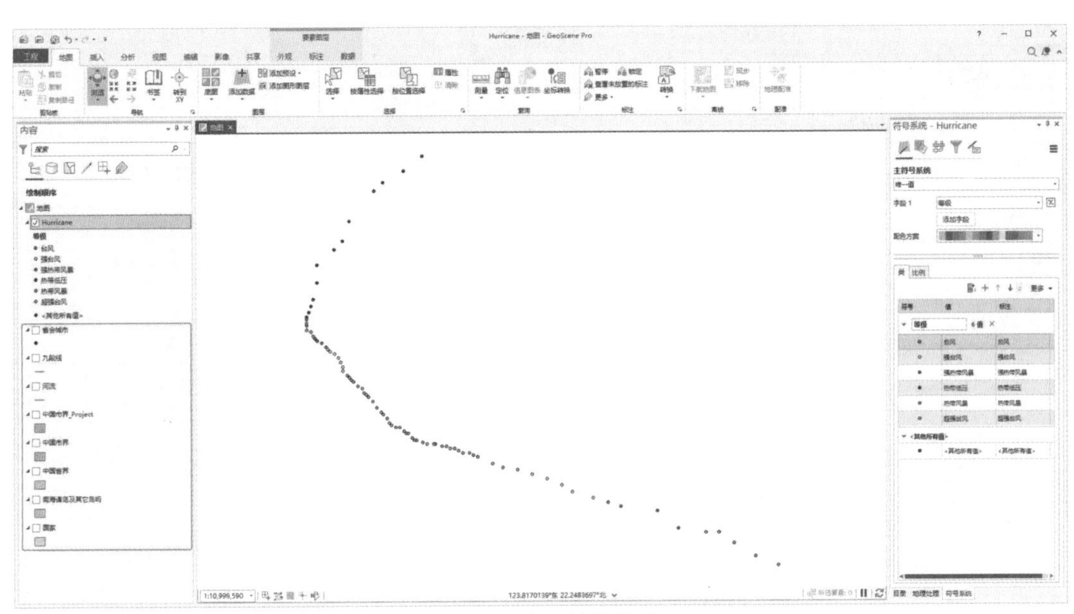

图 7-17 台风符号修改

6. 台风轨迹线生成

使用“XY 转线”工具，如图 7-18 所示，设置线段的起点终点对应的字段，得到图7-19 所示的台风轨迹线，结果保存在“Hurricane. gdb”数据库中。

图 7-18 “XY 转线”工具

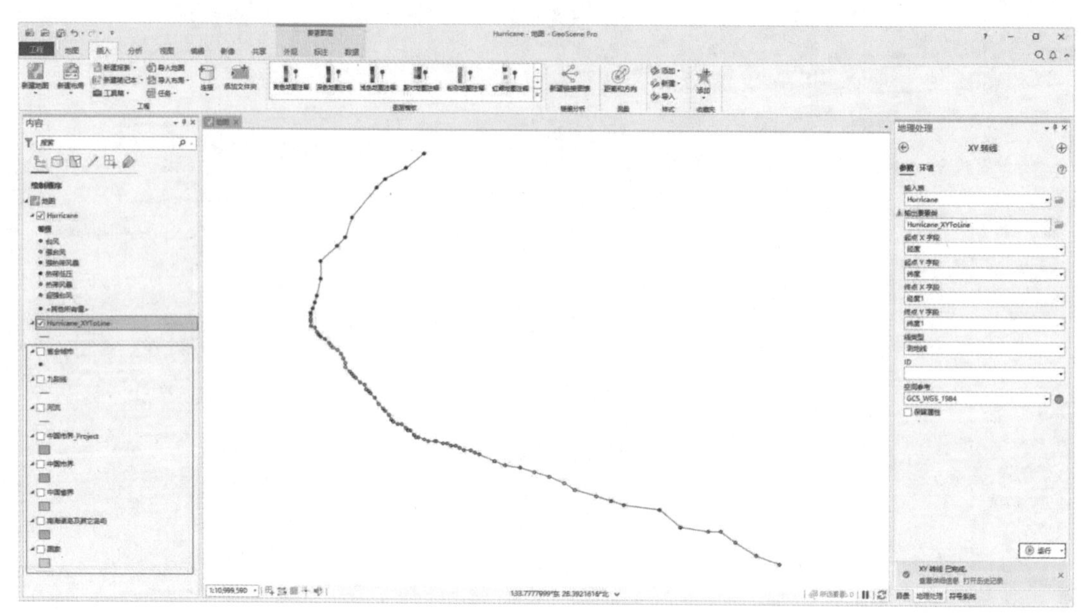

图 7-19　台风轨迹线

修改台风轨迹线的符号，使用箭头线表示台风运行的方向，如图 7-20 所示。

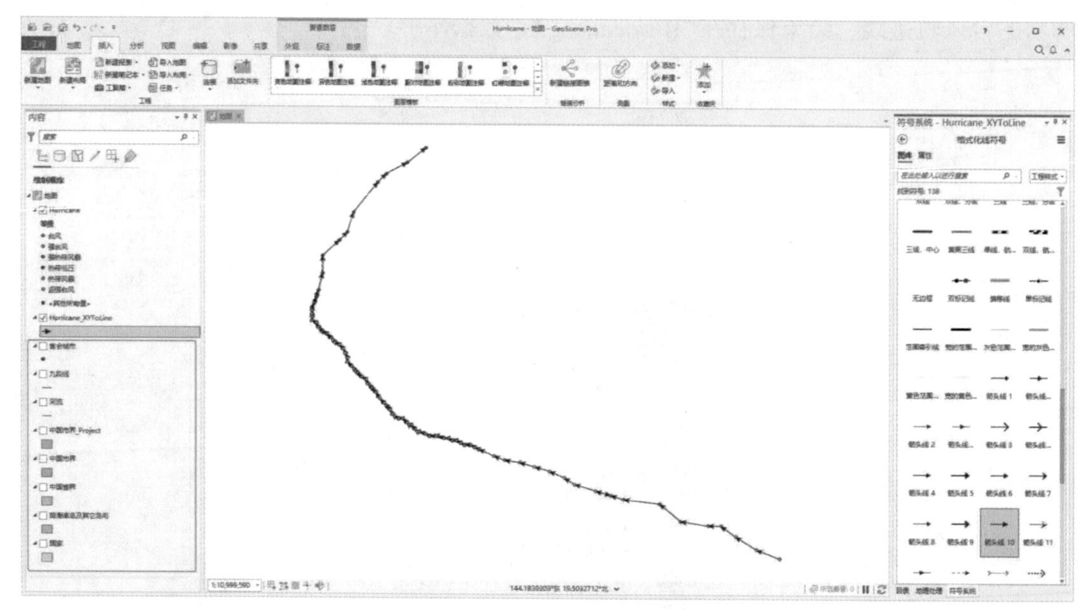

图 7-20　台风方向轨迹线

7. 台风移动轨迹图绘制

插入工程，“新建布局”选择“ISO 横向 A4”，生成布局画布，在画布上拉框画出数据。添加图例、指北针、比例尺、图名等信息，修改图幅尺寸，将整图按照图 7-21 所示输出，得到台风移动轨迹图。

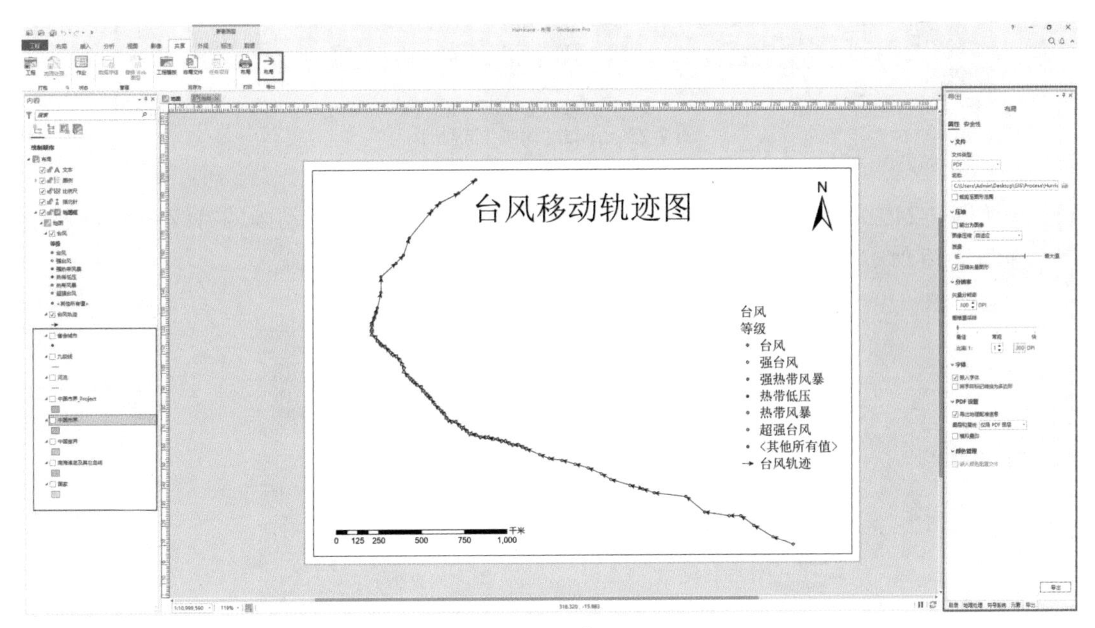

图 7-21 输出参数设置

7.2 制作台风轨迹动画

设置“台风”图层属性，在“时间”页中选择台风要素的“时间”字段，按照图 7-22 所示设置时间参数。

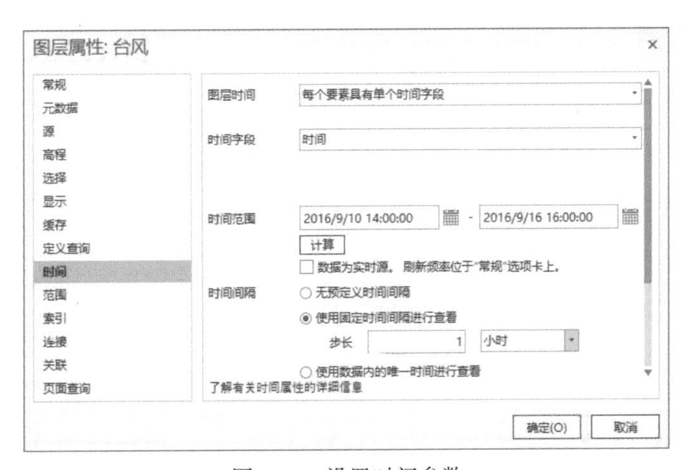

图 7-22 设置时间参数

按照图 7-23，在“视图”选项卡中点击“动画”→“添加”，得到图 7-24 所示的“动画”选项卡。

图 7-23　添加“动画”选项卡

按照图 7-24，在“动画”选项卡中导入“时间滑块步长”，设置动画的持续时间为 1 分钟，如图 7-25 所示。可以在图 7-26 中下方的动画时间轴上预览动画。

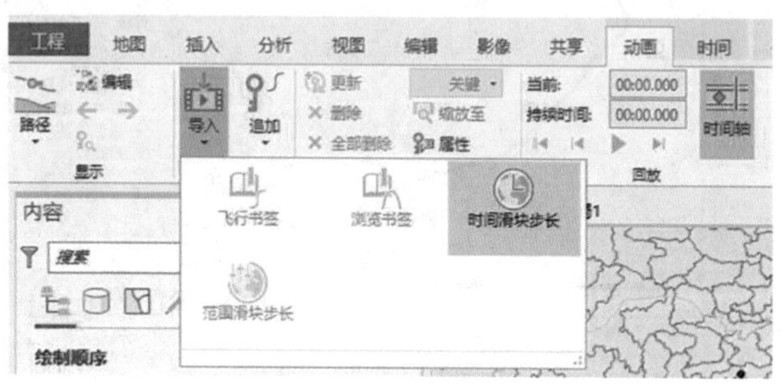

图 7-24　导入时间滑块步长

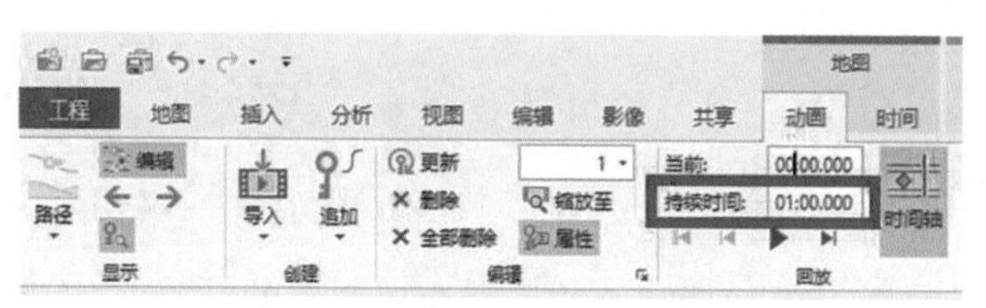

图 7-25　设置动画持续时间

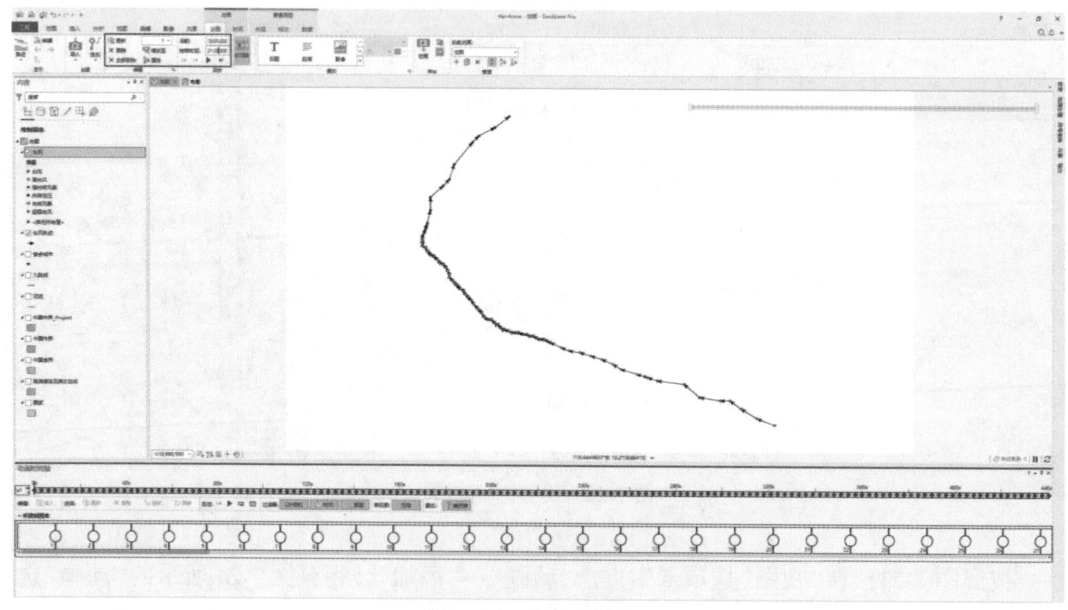

图 7-26　动画时间轴

按照图 7-27 所示设置参数，将动画导出为视频格式。

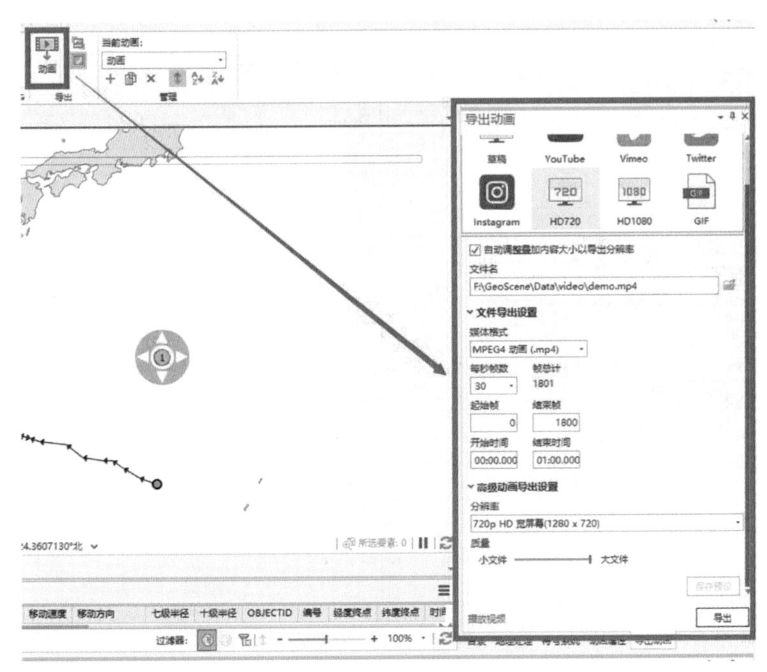

图 7-27　视频导出

7.3　台风影响范围计算

由于 WGS 1984 坐标系的单位为 degree，与台风要素的影响半径(米)不同，所以这里将地图转换到 WGSUTM 51 区的投影坐标系(其他合适坐标系亦可)，如图 7-28 所示。并设置默认单位为米。

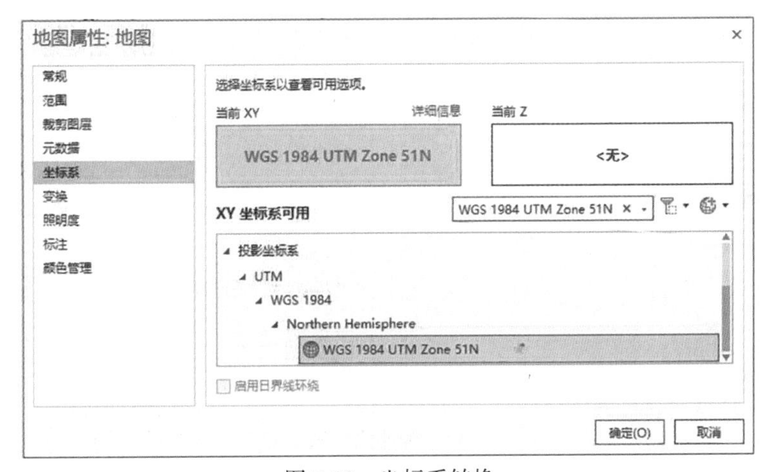

图 7-28　坐标系转换

由于台风属性表中的影响半径单位为 kilometer，而地图的单位为 meter，所以还需要对“七级半径”和“十级半径”字段进行处理，使其值扩大为原来的 1000 倍，如图 7-29 所示。

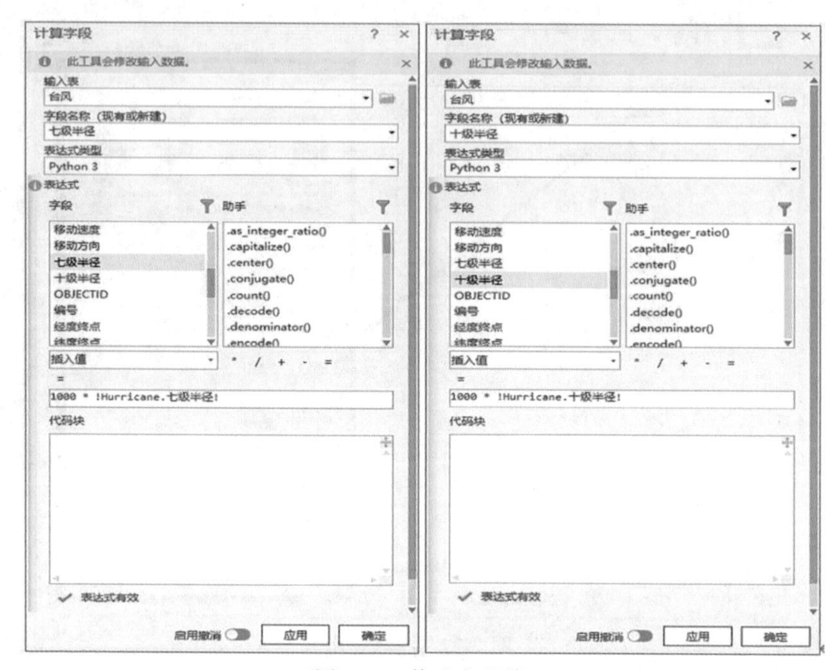

图 7-29　修改字段值

如图 7-30 所示，将修改后的两个字段作为缓冲距，对台风进行缓冲区分析，结果输出到 TmpData. gdb 中。得到如图 7-31 所示的结果，其中青色区域为七级风力半径影响范围，黄色区域为十级风力半径影响范围。此时缓冲区的坐标系为 WGS 1984，还需要将其投影至“China_Lambert_Conformal_Conic”投影坐标系，得到“台风_Buffer10_Project”和“台风_Buffer7_Project”。

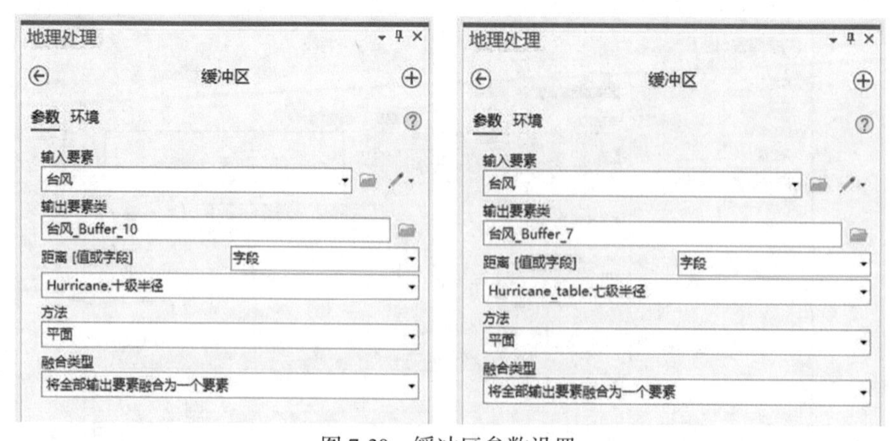

图 7-30　缓冲区参数设置

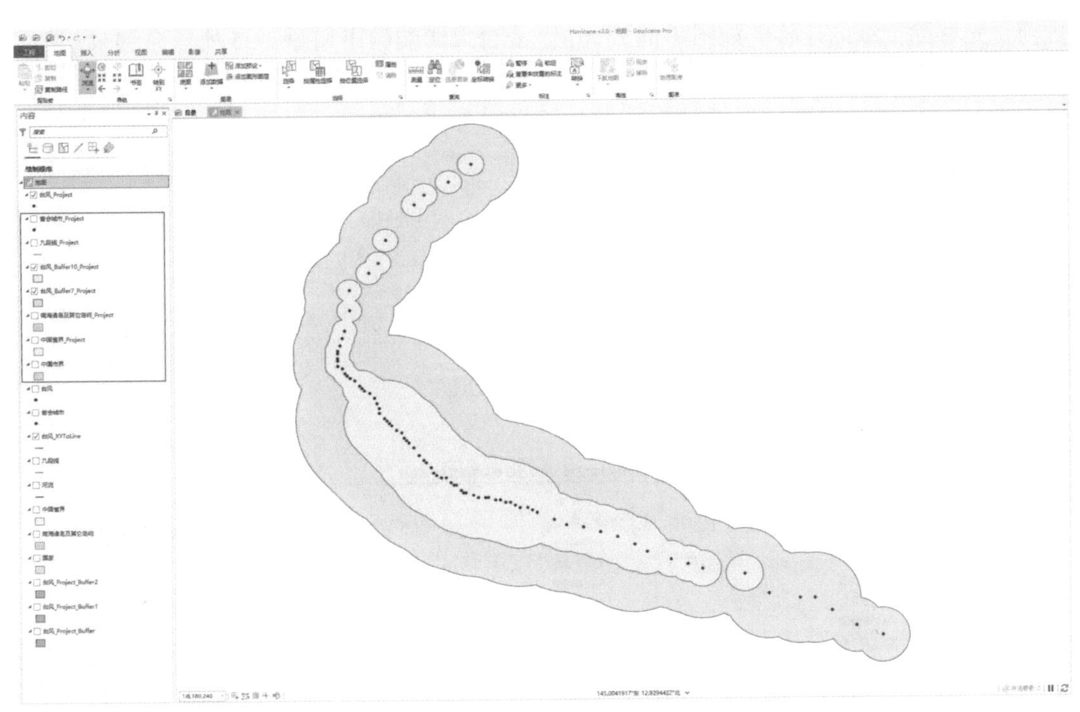

图 7-31　缓冲区分析结果

按照图 7-32，对“中国市界”和十级缓冲区图层“台风_Buffer10_Project”进行“相交”操作，结果保存在 TmpData. gdb 中。得到的图层再根据市名和“中国市界”图层进行连接(图 7-33)，取消勾选“保留所有目标要素”，将得到的图层输出即得到受十级风力的台风影响的市，输出结果保存在 Hurricane. gdb 中。

图 7-32　相交操作

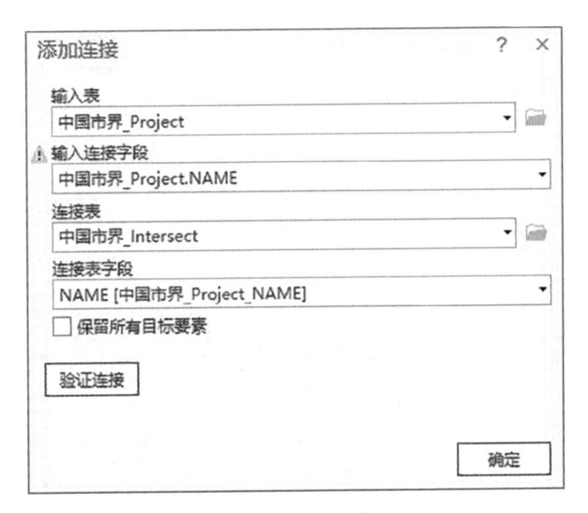

图 7-33　表连接操作

使用相同的方法处理七级缓冲区，得到受七级风力的台风影响的市(注意在对七级处理前要先移除十级的连接，如图 7-34 所示）。受台风影响的市如图 7-35 所示。

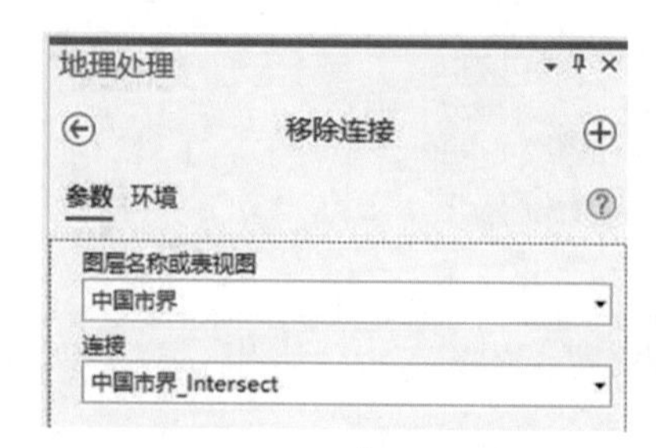

图 7-34　移除表连接

受7级影响的市 ×　十级台风影响区域　台风影响程度　七级台风影响区域 - 比较 总和 受影响程度 和 NAME

字段: 添加 计算　选择: 按属性选择 缩放至 切换 清除 删除 复制

OBJECTID_1 *	Shape *	NAME	id	OBJECTID	FID_中国市界	NAME	id	FID_台风_Project_Buffer1_Project	Shape_Length	Shape_Area
1	面	兴化市	3	1	11	兴化市	3	1	216018.502375	2304407263.785064
2	面	天长市	2	2	12	天长市	2	1	192424.755344	1858339545.65306
3	面	崇明县	3	3	13	崇明县	3	1	175678.441532	922807511.881844
4	面	莲花县	1	13	32	莲花县	4	1	378977.813612	5046259867.700261
5	面	平潭县	4	4	23	平潭县	4	1	111323.480671	313287031.166052
6	面	台北县	4	5	24	台北县	4	1	361483.790634	2326538816.848615
7	面	基隆市	3	6	25	基隆市	3	1	49428.355752	143177703.250852
8	面	台北市	1	7	26	台北市	1	1	76307.128765	284644445.604745
9	面	桃园县	3	8	27	桃园县	3	1	187534.116418	1214009412.849839
10	面	宜兰县	2	9	28	宜兰县	2	1	237699.058446	2490806755.003124
11	面	新竹县	1	10	29	新竹县	1	1	177831.416752	1440276217.097368
12	面	苗栗县	4	11	30	苗栗县	4	1	187290.363336	1770272640.797958
13	面	台中县	3	12	31	台中县	3	1	323525.101269	2155403453.288585
14	面	莲花县	4	13	32	莲花县	4	1	378977.813612	5046259867.700261
15	面	金门县	2	14	33	金门县	2	1	65170.391948	150544257.641492
16	面	南投县	1	15	34	南投县	1	1	293037.711183	4004863074.376648
17	面	台中市	2	16	35	台中市	2	1	60360.932459	163224304.764274
18	面	彰化县	4	17	36	彰化县	4	1	150577.586471	1137520934.503078
19	面	云林县	2	18	37	云林县	2	1	184554.617297	1219547996.315116

图 7-35　受台风影响的市

7.4　台风影响区域统计

台风的强度量化可用下列模型描述：

$$I = R_i \cdot \alpha \tag{7-1}$$

$$R_i = \begin{cases} 0.7, & i = 0 \\ 1.0, & i = 1 \end{cases} \tag{7-2}$$

式中，I 为影响强度；R_i 为归一化的台风级别系数；α 为各级别台风与市的相交面积。

使用“相交”工具，按图 7-36 所示输入参数，对十级风力半径缓冲区与十级风力半径影响的市进行相交处理，得到与十级风力半径缓冲区相交的区域。

上述操作得到受十级风力的台风影响的市与十级风力半径缓冲区相交的区域，打开其属性表添加双精度型的“面积”“受影响程度”属性字段，如图 7-37 所示。然后在“计算”中分别按照图 7-38、图 7-39 计算数值。

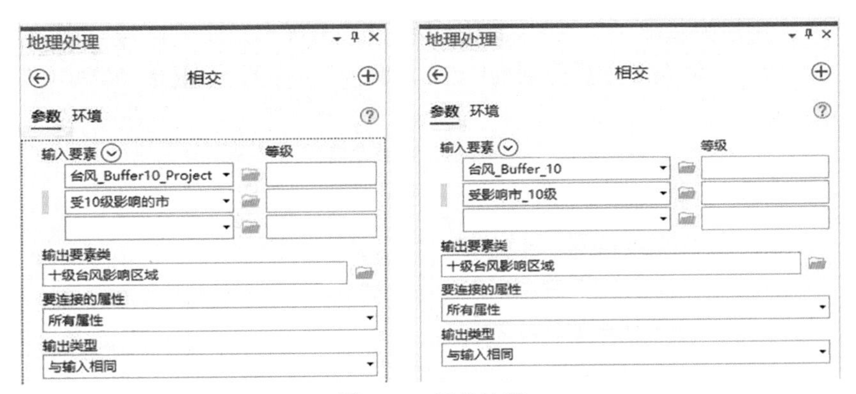

图 7-36　相交处理

当前图层　十级台风影响区域 (地图)

可见	只读	字段名	别名	数据类型	允许空值	高亮显示	数字格式	属性域	默认	长度
☑	☐	Hurricane_table_移动方向_1	移动方向	文本	☑	☐				255
☑	☐	Hurricane_table_七级半径_1	七级半径	双精度	☑	☐	数值			
☑	☐	Hurricane_table_十级半径_1	十级半径	双精度	☑	☐	数值			
☑	☐	Hurricane_table_纬度_终点_1	纬度_终点	双精度	☑	☐	数值			
☑	☐	BUFF_DIST_1	BUFF_DIST	双精度	☑	☐	数值			
☑	☐	ORIG_FID_1	ORIG_FID	长整型	☑	☐	数值			
☑	☐	Shape_Length_12	Shape_Length	双精度	☑	☐	数值			
☑	☐	Shape_Area_12	Shape_Area	双精度	☑	☐	数值			
☑	☑	Shape_Length	Shape_Length	双精度	☑	☐	数值			
☑	☑	Shape_Area	Shape_Area	双精度	☑	☐	数值			
☑	☐	面积	面积	浮点型	☑	☐	数值			
☑	☐	受影响程度	受影响程度	浮点型	☑	☐	数值			

图 7-37　添加字段

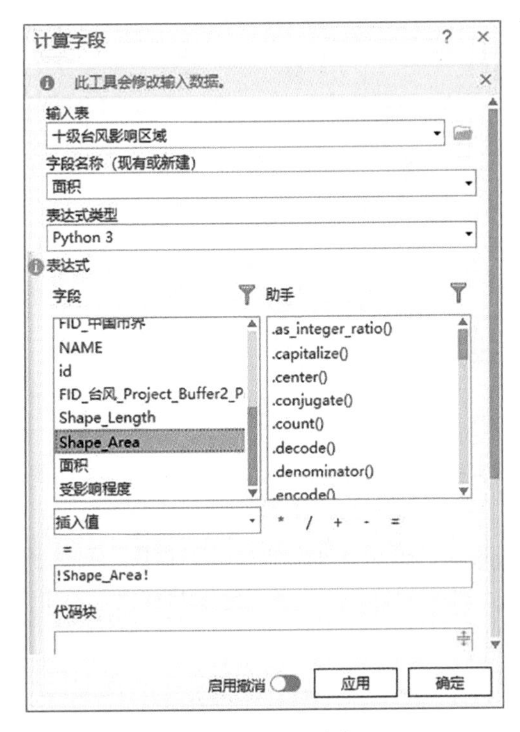

图 7-38　面积计算

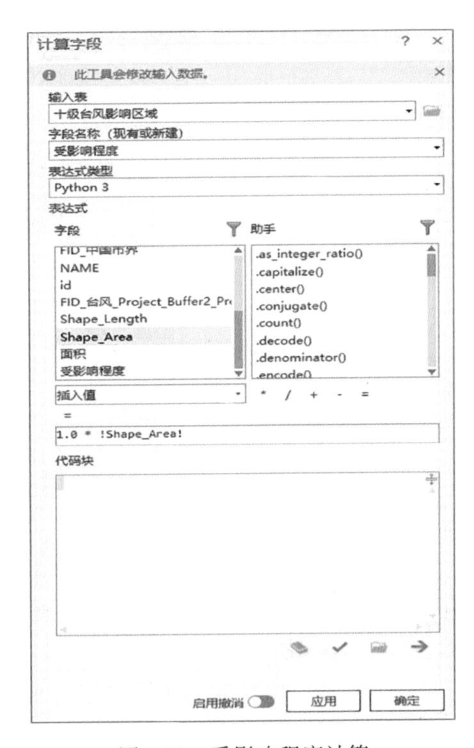

图 7-39　受影响程度计算

以“NAME”字段为基础对“十级半径影响市”和“十级台风影响区域”的属性表进行连接，如图7-40所示。将先前计算得到的“受影响程度”传递给“十级半径影响市”图层。

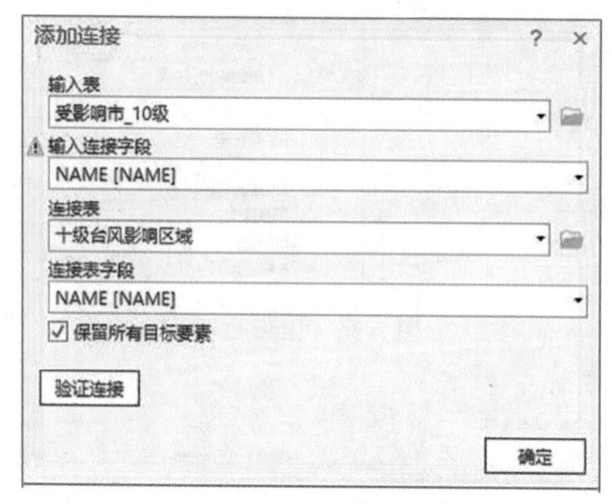

图7-40 属性表连接

同样的操作对“台风_七级半径”和“七级半径影响市”进行处理，注意七级半径的影响程度系数为0.7。

最后将进行了属性表连接后的“十级半径影响市”和“七级半径影响市”使用“联合”工具进行合并(图7-41)。

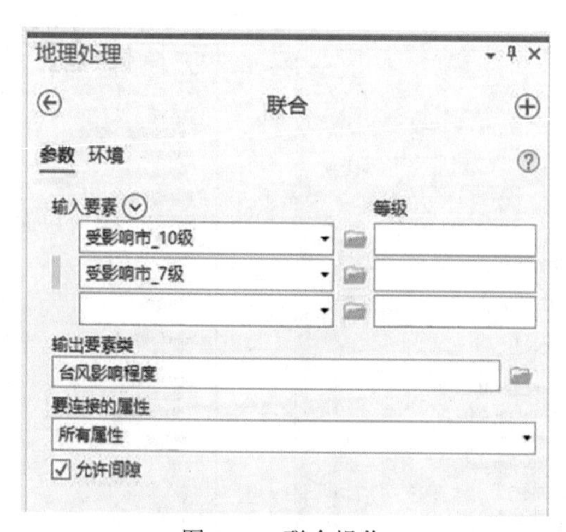

图7-41 联合操作

对于合并得到的“台风影响程度”图层，在其属性表中添加“总受影响程度”属性字段，其值为“七级半径影响市”的“受影响程度”和“十级半径影响市”的“受影响程度”之和，如图7-42、图7-43所示。

修改“台风影响程度”图层的符号化显示，进行分级量化显示，符号设置如图7-44所示。

受影响市_10级　受影响市_7级　台风影响程度　字段：台风影响程度

当前图层　台风影响程度

可见	只读	字段名	别名	数据类型	允许空值	高亮显示	数字格式	属性域	默认	长度
☑	☐	七级台风影响区域_id	id	长整型	☑	☐	数值			
☑	☐	七级台风影响区域_FID_台风_Buffer_7	FID_台风_Buffer_7	长整型	☑	☐	数值			
☑	☐	七级台风影响区域_Shape_Length	Shape_Length	双精度	☑	☐	数值			
☑	☐	七级台风影响区域_Shape_Area	Shape_Area	双精度	☑	☐	数值			
☑	☐	七级台风影响区域_面积	面积	浮点型	☑	☐	数值			
☑	☐	七级台风影响区域_受影响程度	受影响程度	浮点型	☑	☐	数值			
☑	☑	Shape_Length	Shape_Length	双精度	☑	☐	数值			
☑	☑	Shape_Area	Shape_Area	双精度	☑	☐	数值			
☑	☐	总体受影响程度	总体受影响程度	浮点型	☑	☐	数值			

单击此处添加新字段。

图 7-42　添加字段

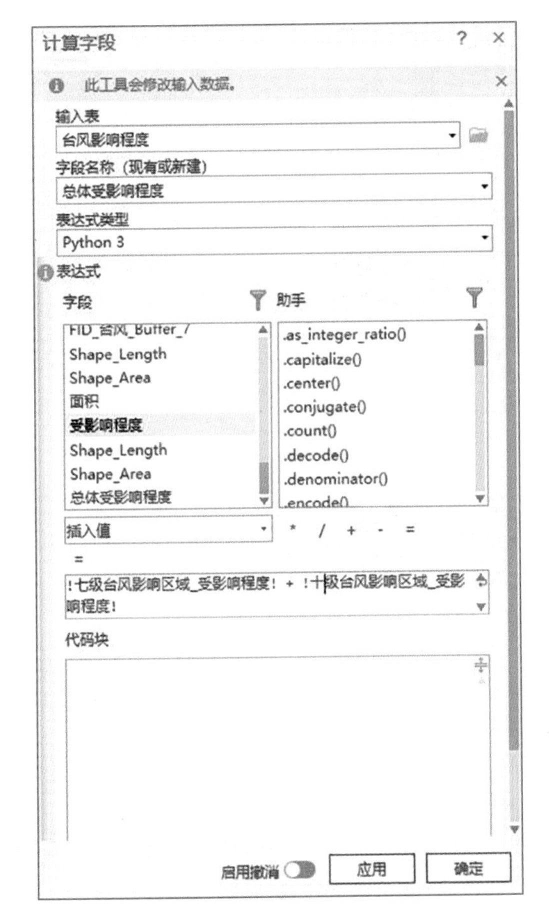

图 7-43　计算总体受影响程度

图 7-44　分级显示受影响程度符号设置

右键点击“七级半径影响区域”图层，创建各市受影响程度的条形图（图 7-45）。

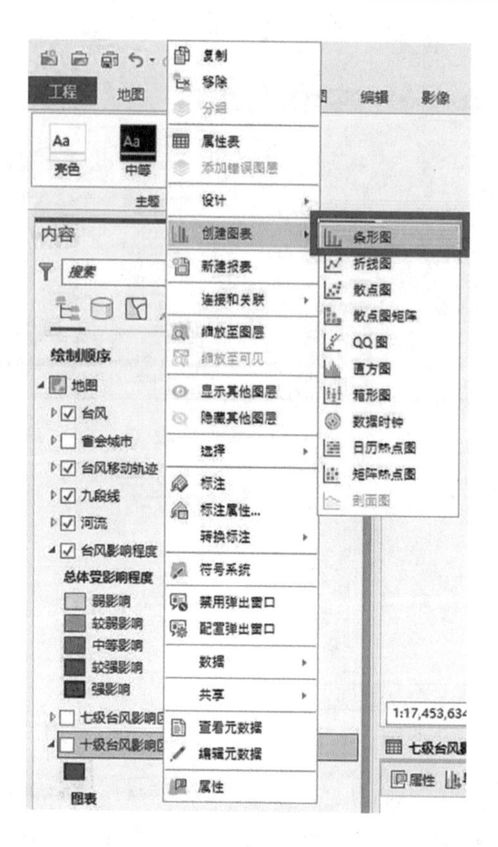
复制
移除
分组
属性表
添加错误图层
设计
创建图表
新建报表
连接和关联
缩放至图层
缩放至可见
显示其他图层
隐藏其他图层
选择
标注
标注属性...
转换标注
符号系统
禁用弹出窗口
配置弹出窗口
数据
共享
查看元数据
编辑元数据
属性
条形图
折线图
散点图
散点图矩阵
QQ 图
直方图
箱形图
数据时钟
日历热点图
矩阵热点图
剖面图
工程
地图
编辑
影像
亮色
中等
主题
内容
绘制顺序
地图
台风
省会城市
台风移动轨迹
九段线
河流
台风影响程度
总体受影响程度
弱影响
较弱影响
中等影响
较强影响
强影响
七级台风影响区
十级台风影响区
图表
1:17,453,634
七级台风影
属性

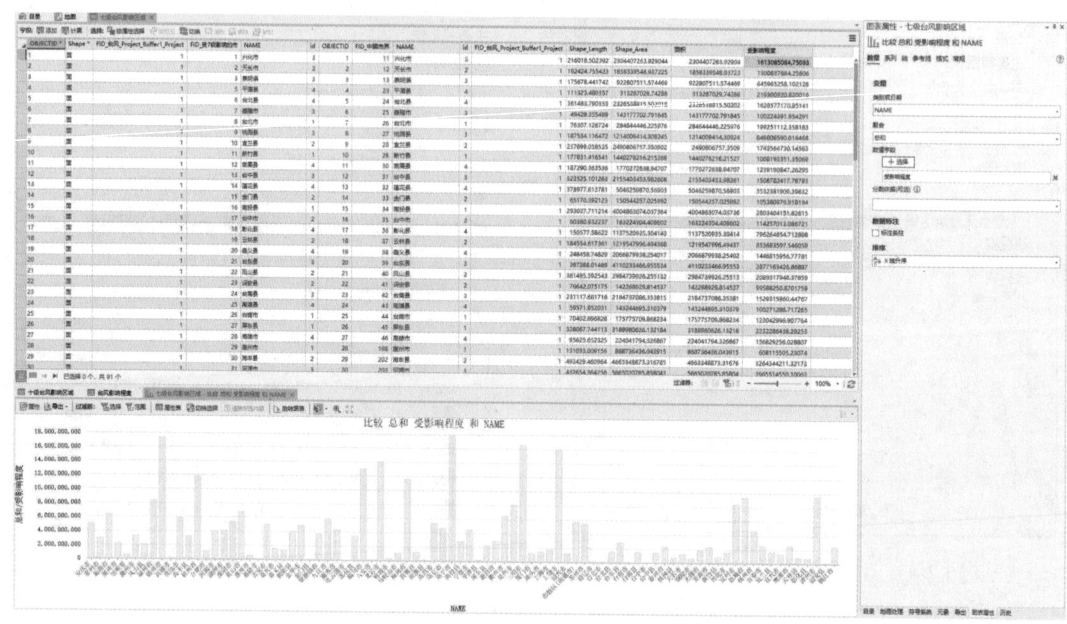
比较 总和 受影响程度 和 NAME
NAME

图 7-45　创建统计图表

第 8 章　GIS 基础能力测试

经过上述章节的学习和训练，本章将设计一项测试，主要考查对空间数据获取、编辑、处理、建库、地图制图、空间分析、三维可视化等基本理论的理解、知识运用和软件实践技能水平。

总体思路为，根据测试目标，搜集或获取能满足完成流程要求的数据，按要求利用 GeoScene Pro 软件进一步进行数据编辑和建库，二三维制图并输出，进行空间分析并得到结果。

8.1　数据获取

收集一块区域矢量或栅格数据，面积不宜过大，不超过 3km×3km，比例尺不宜过大，以 1 : 10000 左右为宜。如面向特定领域的 GIS 数据处理与分析，数据范围和比例尺可根据实际要求进行调整。如搜集到的数据来源为矢量，例如 OSM(Open Street Map)数据，则需进行分层分类处理；如数据源为栅格地形图(纸质地图扫描版)，则需参考图式符号分层进行矢量化；如数据源为栅格影像，例如卫星影像或正射影像，需分层进行矢量化。如收集到的数据不具有高程信息，应同时收集该区域的 DEM 数据，如 30m 分辨率的 ASTER GDEM v3、12.5m 分辨率的 ALOS DEM 等。

以常见矢量数据为例，说明数据获取的分层分类基本要求：高程数据中应包含等高线、高程点；交通数据应包含不同类型、等级的线状道路数据；水系包括河湖沟渠等，以面或线状地物表示；植被通常以面状区域表示，属性包含植被类型；建筑以线状或面状表示；其他附属设施根据实际地形地貌分层。

8.2　数据处理与建库

对获取的数据进行简单地物编辑和拓扑编辑，确保最终提交的数据满足如下基本要求：

(1)具有正确的坐标系，根据底图或数据来源确定投影、中央经线等坐标系信息。

(2)建筑、植被为面状数据，部分建筑、植被地物采集时为线状，则应进行转换等编辑处理，提交为面状数据。

(3)道路连接处不存在悬挂点等断点情况。

(4)根据地形地貌的实际情况，要求植被的边界应与其他高等级的线状或面状地物的相邻边界(如道路、水系、房屋等)必须重合。

(5)根据实际地形，等高线闭合，或中断于房屋或陡崖、堤岸等地物。

对编辑好的数据按提交要求进行整理，并存储至工程数据库中。注意：最终提交的成果文件夹中应删掉不必要的中间文件和临时文件，保证在所提交成果完整的前提下，文件夹所占空间尽量小，成果目录干净整洁。

要求以GeoScene Pro的工程形式管理本测试的数据和成果，包括编辑好的数据、二三维可视化地图和场景、分析结果、设计工具等。在工程数据库中建立要素数据集以存放数据；为工程数据库导入数据，将编辑好的数据及其他必要的矢量数据分类导入工程数据库中，其中等高线和高程点需具有正确的高程信息和高程坐标系；同时，自定义规则命名各个导入的要素类，规则清晰易懂，要素类名称一目了然。

8.3 二三维可视化

二三维可视化主要包括二维制图、三维数据转换生成及三维制图。

二维制图主要步骤：在GeoScene Pro软件中新建地图与布局，加载工程数据库中的数据；配置各图层显示的属性(包括符号Symbol、颜色Color、线型、线宽等)，道路、水系等线状地物名称采用沿线状地物标注，不同的植被类型用不同的符号可视化，制作视觉效果美观的地图；在布局中加上图名、图例等(必须添加制图者信息)；输出地图(*.jpg)文件。

三维数据转换生成主要为利用现有高程数据生成DEM与TIN，作为三维制图的三维基准。利用数据库中的等高线和高程点等具有正确高程的数据联合生成当前区域的DEM和TIN，要求设置DEM的分辨率为整数米级，如5m、10m等。不同的处理方法能得到的DEM的效果不一，应进行比较，分析哪种方法能得到视觉效果较好的DEM。要求将DEM比较分析的过程写入课程实习报告。

在三维可视化部分，则在GeoScene Pro工程中新建一个局部场景，利用TIN、DEM与地形图(数据库中的矢量数据)叠加，形成三维可视化效果，其中应以实际高程显示道路、等高线和高程点等，要根据(添加)某一字段合理地模拟房屋高低起伏、错落有致的三维景观效果。

8.4 空间分析应用

结合所学理论知识和实践内容，根据上述收集到的数据所构建的数据库中的数据内容及其特性，自拟分析主题，自主合理添加矢量数据的属性信息，利用GeoScene Pro进行空间分析，得出结论。

基本要求以一个主题进行空间分析的原始数据图层数量不少于两个，所用的空间分析工具不少于三类(个)，并按照给定的模板写出空间分析说明文档，叙述分析目的、方法及数据处理与分析的过程，给出分析结果并解释。将该综合分析过程使用ModelBuilder(或Python)制作成工具，存放于工程文件夹的工具箱中，并提交空间分析说明文档，给出该工具的使用说明和运行截图。

以下选题方向仅供参考，例如：

(1)空间数据提取与选择主题。筛选具有高程信息且相对均匀分布的点：将所在的区域以100m为间隔划分为多个小区域，统计落入每一个小区域的具有高程信息的点数量；高程仅来源于等高线和高程点等具有正确高程信息的数据；最终得到的每个格网内的点数量不得超过N(N设置为参数)。

(2)根据居民区人口分布和土地利用的情况，为学校选址，要求学校离3个居民区的距离尽可能近，或距离与人口密集程度成反比。

(3)根据地形起伏的特点、人口和土地分布的特点，为沟渠选线，便于农田灌溉。

(4)根据公路、果园等的地理分布，寻找合适的地方建立果品加工厂，便于果品收购和运输。

(5)路网功能或服务的分析、路网便利性的分析等。

(6)林地产值分析。

(7)利用局部区域DEM数据，通过坡度、坡向、流向、坡面长度等来计算地形因子数据。

参 考 文 献

[1]龚健雅，秦昆，唐雪华，等．地理信息系统基础[M]. 2 版. 北京：科学出版社，2019.

[2]GeoScene. GeoScene Pro 软件帮助[EB/OL].[2024-05-15]. https：//edutrial. geoscene. cn/geoscene/trial/GeoScenePro. html.

[3]极思课堂. GeoScene Pro 入门基础课[EB/OL].[2024-05-15]. https：//www. geosceneonline. cn/learn/.

[4]汤国安．地理信息系统教程[M]. 2 版. 北京：高等教育出版社，2019.

[5]汤国安，杨昕，张海平，等．ArcGIS 地理信息系统空间分析实验教程[M]. 3 版. 北京：科学出版社，2021.

[6]宋小冬，钮心毅．地理信息系统实习教程[M]. 4 版. 北京：科学出版社，2023.

[7]没脖子. 我的 Arcgis pro 学习手册[EB/OL].[2024-05-15]. https：//zhuanlan. zhihu. com/p/138193298.

[8]ArcGIS 应用. 山顶点的提取[EB/OL].[2024-05-15]. https：//blog. csdn. net/BigSun1993/article/details/50495827.

[9]艾明耀，陈智勇，万舒良，等．遥感科学与技术专业无人机数字测图实践教学设计[J]. 实验室研究与探索，2021，40(10)：172-175.

[10]艾明耀，胡庆武，潘励．卓越 GIS 工程师能力培养体系探索[J]. 测绘通报，2016(1)：142-145.

[11]艾明耀，潘励，张丰，等．卓越工程师能力考核探讨与分析——以“GIS 原理课程设计”为例[J]. 测绘通报，2014(11)：123-126.

[12]张玲．POI 的分类标准研究[J]. 测绘通报，2012(10)：82-84.

[13]张希瑞，方志祥，李清泉，等．基于浮动车数据的城市道路通行能力时空特征分析[J]. 地球信息科学学报，2015，17(3)：336-343.

[14]Open Geospatial Consortium. KML[EB/OL].[2024-05-15]. https：//www. opengeospatial. org/standards/kml/.

[15]张晓宇，韦波，杨昊宇，等．基于 GIS 的广东省台风灾害风险性评价[J]. 热带气象学报，2018，34(6)：783-790.

[16]高珊，朱翊，张福浩．基于 GIS 的台风案例推理模型[J]. 测绘科学，2013，38(6)：46-48.